建设工程与软件应用系列

市政工程安全管理与台账
编 制 范 例

主编 王云江 史文杰

中国建筑工业出版社

图书在版编目（CIP）数据

市政工程安全管理与台账编制范例/王云江等主编. —北京：中国
建筑工业出版社，2009
（建设工程与软件应用系列）
ISBN 978-7-112-10735-3

Ⅰ. 市… Ⅱ. 王… Ⅲ. 市政工程-安全生产-生产管理Ⅳ. TU99

中国版本图书馆 CIP 数据核字（2009）第 013720 号

本书主要内容包括：市政工程施工安全管理概论，建设工程安全生产法律、法规
简介，市政工程施工安全管理，市政工程施工安全技术管理，环境保护与安全生产文
明施工标准化工地的创建，市政工程安全台账编制范例，市政安全设施计算软件操作
简介。

本书的特点是以操作指南的形式展示市政工程安全台账编制方法。

本书可供从事市政工程的安全技术人员、安全管理员、安全资料员使用，同时也
可供市政工程专业大专院校师生教学参考。

* * *

责任编辑：王美玲　于莉　责任设计：崔兰萍　责任校对：刘钰　陈晶晶

本书附配套素材，下载地址如下：
www. cabp. com. cn/td/cabp17668. rar

建设工程与软件应用系列
市政工程安全管理与台账编制范例
主编　王云江　史文杰
*
中国建筑工业出版社出版、发行(北京西郊百万庄)
各地新华书店、建筑书店经销
北京红光制版公司制版
北京同文印刷有限责任公司印刷
*
开本：850×1168 毫米　1/16　印张：21½　插页：1　字数：612 千字
2009 年 8 月第一版　2017 年 8 月第二次印刷
定价：**48. 00** 元（附网络下载）
ISBN 978-7-112-10735-3
（17668）

前　言

市政施工安全台账资料是单位工程竣工备案的重要档案材料，全面反映了市政工程安全和验收情况，是反映工程安全状况的重要资料。

本书阐述了市政工程施工安全管理，安全生产法律、法规，安全技术管理，环境保护与安全生产文明施工重要内容，将市政工程十本安全台账的资料表格一一填写样本。

全书力求做到规范性、实用性、知识性和可操作性强，以便独立完成安全资料的整理工作。该书对促进施工现场安全生产管理资料工作向程序化、规范化发展、加强施工现场的管理有着一定的借鉴意义。

该书附有市政工程施工安全检查评分汇总表及市政工程安全检查评分表。

为实现"安全第一，预防为主"的方针，提高安全生产工作和文明施工的管理水平。确保在施工现场生产过程中的人生和财产安全，减少事故的发生，建立健全安全保障体系。同时，为从根本上全面提高施工现场设施安全计算水平，加强施工现场设施安全计算的数字化步伐，采用计算机标准软件规范分析标准和相应技术文档，能直接有效地加强施工企业现场设施安全技术和管理，提高技术含量和整体水平，满足建设需要。根据目前施行的各种施工规范要求，神机妙算软件公司对市政施工中关键部分编制了施工安全设施计算软件，这将提高安全专项施工方案的编制效率和质量。

本书由王云江、史文杰主编，伍华星、章德伟、吕国华、金涛、屈文参与编写。

由于编者自身知识水平有限，难免书中有疏漏和不够准确之处，恳请读者和有关专家批评指正，以便今后不断地改正和完善。

目　录

第 1 章

市政工程施工
安全管理概论

1.1 市政工程施工安全管理概述

1.1.1 安全生产管理

所谓生产安全，广义来说，是指生产系统中人员或财物发生非预期的伤害和状态改变。安全生产，则是指使生产过程在符合人员、物质条件和工作秩序的状态下进行，防止发生人身伤亡和非预期的财物损失等生产事故，消除或控制各类危险源和有害因素，从而保障人身安全与健康，防止设备机械遭受损害，避免环境受到破坏的总称。

安全生产管理，是指针对各种生产过程中可能存在的危险源和有害因素，通过运用有效的资源，采取适宜的工作程序和控制手段，对生产过程进行计划、组织、指挥、监控和协调活动，以期减少和消除危险源、控制有害因素，从而实现安全生产的目标。因此，安全生产管理的目标就是减少和消除危险源、控制有害因素，防止和尽可能地减少生产过程中由于危险源和有害因素引发事故所造成的人身伤害、财产损失以及环境污染等各类损失。

1.1.2 市政工程施工安全管理

市政工程安全是建设工程管理的重要内容之一。同建设工程安全管理一样，市政工程施工安全管理也是指建设行政主管部门、建设安全监督管理机构、建设施工企业以及相关单位对市政工程生产过程中的安全工作，依据相关法律、法规、标准以及规范，确定建设工程安全生产方针及实施安全生产方针的全部职能和工作内容，进行有效地计划、组织、指挥、控制和监督，并对其工作效果及管理绩效进行评价和持续改进的一系列活动。它包含了建设工程在施工过程中组织安全生产的全部管理活动，即通过对生产要素过程控制，使生产要素中涉及到的人的不安全行为和物的不安全状态得以消除、减少或控制，实现安全管理的目标。

随着我国劳动者劳动条件的改善和生产地位的不断提高，建设行业管理的逐步完善，工程建设中也越来越强调"以人为本，关爱生命"的理念。市政工程作为城市基础建设的重要组成部分，其生产安全的重要性勿庸置疑，市政工程生产安全事故高发则势必会给国家和社会造成巨大的损失和不良影响。因此，市政基础设施工程的每个建设者，都应当积极、主动地投入到安全生产管理活动中。

1.2 市政工程施工安全生产管理的重要性

我国建设工程安全生产管理水平还处于一个相对较低的程度，特别是市政工程安全生产管理，由于起步迟，管理部门重视度不够，导致了相关管理制度的不健全和管理手段的匮乏。

据统计，我国建设工程安全生产领域安全生产事故仍处于高发阶段。2000 年发生事故 846 起，死亡 987 人；2001 年发生事故 1004 起，死亡 1045 人；2002 年发生事故 1208 起，死亡 1292 人；2003 年发生事故 1278 起，死亡 1512 人；2004 年发生事故 1086 起，死亡 1264 人；2005 年

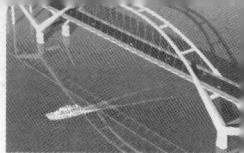

发生事故 1015 起，死亡 1193 人；2006 年发生事故 882 起，死亡 1041 人（以上统计均为房屋建筑和市政工程安全生产事故）。建设工程安全生产形势在总体上仍然比较严峻，事故一直居高不下，仅次于采矿业，在各产业系统中居第二位，严重地危及建筑从业人员人身安全。安全生产事故的发生带来了巨大的经济损失。据统计数据，美国建设工程安全事故造成的经济损失已占到总成本的 7.9%，英国建设工程安全事故造成的经济损失占总成本的 3%～6%，中国香港特别行政区则占到 8.5%，我国每年直接经济损失也逾百亿元。因此，建设工程安全生产是关系到国家经济发展和社会的和谐稳定团结的大事。

1.3　市政工程施工安全生产的特点

市政工程多数在城市内施工，施工周期短、战线长、露天作业、交叉施工、交通和环境影响大多是市政工程不同于其他建设类工程的一个显著特征。

1.3.1　作业场所移动导致了作业环境的复杂性

市政工程施工既有泵站、水厂等点式场区作业，也有战线较长的道路施工；既有城市立交等高空作业，也有地铁等地下空间施工；既有跨河流的大桥施工，也有穿越山体的隧道工程；既有一次性作业，也有改造、整治等维护内容；既有主体工程，也有管线配套施工；既有郊区空旷的作业场面，也有市区交通拥堵地段的作业环境。因此，市政工程的作业环境有着相当程度的复杂性，这也决定了市政工程安全管理的特点具有自身的特殊性。

1.3.2　协作单位的多样性导致了管理的复杂性

市政工程建设参与的主体单位很多，不仅包括建设、勘察、设计、施工、监理等单位，还往往涉及交通、环保、电力、电信、燃气、绿化等多个单位。只有各建设主体紧密配合、通力协作，才能保证按预定目标顺利完成工程项目，同时保证施工过程的生产安全。而各建设主体在施工管理中，往往存在较为复杂的关系和配合要求，需要通过诸多的法律法规、标准规范以及合同条款来进行规范。这就导致了管理的复杂性大大提高，对施工管理的水平也提出了较高要求。

1.3.3　产品的多样性对安全技术和管理规范提出了要求

如前所述，市政工程产品类型的繁多，必然对安全专业技术提出了较高要求。

（1）高处作业难度大，影响面广

城市市政高架、桥梁项目施工，不仅存在高空作业，而且往往下方两侧道路作为车辆、行人的交通通道，通行不断，对脚手架安全、高空吊装等要求更为严格。安全事故一旦发生，往往可能伤及过往车辆及行人，影响恶劣。

（2）作业强度高，工期短

由于机械化条件的限制，大多数工种仍然是手工作业。大量的手工作业的存在，加之市政工程抢工期的普遍现象，造成了施工人员劳动强度高，体力消耗大，容易因为不健康状态而导致人的不安全行为的发生。

（3）未知因素多

市政工程地下作业情况较多，地质情况变化较大，涉及的地下构筑物以及地上建筑也多，更有毒害气体等有害因素存在，这也增加了施工安全管理的不确定度。

（4）施工作业方法多样性

由于地理条件、地质情况等等的不同，即使是同一种作业项目，其施工作业方法也可能不同，这也导致了安全技术及安全管理上也可能存在很大的不同。

（5）作业环境差

市政工程由于露天作业情况较多，受天气、温度影响较大，气候的变化往往会严重影响到施工作业和生产安全。此外，受交通的影响，不少市区工程本身就存在着较大的交通安全隐患。

1.3.4 组织机构的不确定性

组织机构的不稳定性在市政工程中特别突出。

（1）人员流动性大

由于市政产品存在唯一性，因此，工程结束后，人员往往转移到新的工作场所或是产生事实上的岗位变更，人员难以保证持续的培训教育，造成了整体素质提升难度的加大。

（2）人员安全保护知识贫乏

目前，市政一线工人大量从农村中农民转化而来，缺乏市政工程施工经验，自身安全保护知识缺乏，对不良行为自控能力较差，人员流动性大。缺乏一系列的安全保护知识教育和安全保护制度的约束，容易造成这类群体中安全事故的发生。

（3）企业与项目管理脱节

市政行业管理尚存在不少亟待完善的环节。很多企业对工程管理仅仅是资金层面的管理，出现以包代管的案例经常发生，这也产生了企业信誉与其承揽的工程管理水平脱节的问题。如政府管理到了企业层面，往往忽视了企业安全管理的不作为。

（4）分包管理漏洞较多

市政工程存在不少分包情况。由于工期短，使得很多分包情况难以在施工期间建立和落实企业责任制，现场的管理和协调也往往难以落实，对工程质量和安全管理产生了较大影响。

1.4 市政工程施工安全管理的内容

1.4.1 施工安全制度管理

施工项目确定以后，施工单位就要根据国家及行业有关安全生产的政策、法规和标准、建立一整套符合项目工程特点的安全生产管理制度，包括安全生产责任制度、安全生产教育制度、电气安全管理制度、防火、防爆安全管理制度、高处作业安全管理制度、劳动卫生安全管理制度等。用制度约束施工人员的行为，达到安全生产的目的。

1.4.2 施工安全组织管理

为保证国家有关安全生产的政策、法规及施工现场安全管理制度的落实、企业应建立健全安全管理机构，并对安全管理机构的构成、职责及工作模式作出规定。企业应重视安全档案管理工作，及时整理、完善安全档案、安全资料，对预防，预测，预报安全事故提供依据。

1.4.3 施工现场设施管理

根据《建设工程施工现场管理规定》（1991年12月5日建设部令第15号），《建筑施工安全检查标准》（JGJ 59—99）及××省建设厅编制的《市政工程施工安全检查评分办法》中对施工现场的运输道路，附属加工设施，给水排水、动力及照明、通信等管线，临时性建筑（仓库、工棚、食堂、水泵房、变电所等），材料、构件、设备及工器具的堆放点，施工机械的行进路线，安全防火设施等一切施工所必须的临时工程设施进行合理的设计、有序摆放和科学管理。

1.4.4 施工人员操作规范化管理

施工单位要严格按照国家及行业的有关规定，按各工种操作规程及工作条例的要求规范施工人员的行为，坚持贯彻执行各项安全管理制度，杜绝由于违反操作规程而引发的工伤事故。

1.4.5 施工安全技术管理

在施工生产过程中，为防止和消除伤亡事故，保障职工的安全，企业应根据国家和行业的有关规定，针对工程特点、施工现场环境、使用机械以及施工中可能使用的有毒有害材料，提出安全技术和防护措施。安全技术措施应在开工前根据施工图编制。施工前必须以书面形式对施工人员进行安全技术交底，对不同工程特点和可能造成的安全事故，从技术上采取措施，消除危险，保证施工安全。施工中对各项安全技术措施要认真组织实施，经常进行监督检查。对施工中出现的新问题，技术人员和安全管理人员要在调查分析的基础上，及时提出新的安全技术措施。

第2章

建设工程安全生产
法律、法规简介

2.1 《宪法》、《刑法》、《劳动法》、《建筑法》有关规定

2.1.1 《中华人民共和国宪法》 (2004年3月14日第十届全国人民代表大会第二次会议通过)

第四十二条 中华人民共和国公民有劳动的权利和义务。

国家通过各种途径，创造劳动就业条件，加强劳动保护，改善劳动条件，并在发展生产的基础上，提高劳动报酬和福利待遇。

劳动是一切有劳动能力的公民的光荣职责。国有企业和城乡集体经济组织的劳动者都应当以国家主人翁的态度对待自己的劳动。国家提倡社会主义劳动竞赛，奖励劳动模范和先进工作者。国家提倡公民从事义务劳动。

国家对就业前的公民进行必要的就业训练。

第四十三条 中华人民共和国劳动者有休息的权利。国家发展劳动者休息和休养设施，规定职作时间和休假制度。

2.1.2 《中华人民共和国刑法》(1991年3月14日中华人民共和国主席令第83号发布，自1997年10月1日起施行)

第一百三十四条 工厂、矿山、林场、建筑企业或其他企业、事业单位的职工，由于不服管理，违反规章制度，或者强令工人违章作业，因而发生重大伤亡事故或者造成严重后果的，处三年以下有期徒刑或者拘役；情节特别恶劣的，处三年以上七年以下有期徒刑。

第一百三十五条 工厂、矿山、林场、建筑企业或其他企业、事业单位的劳动安全设施不符合国家规定，经有关部门或者单位职工提出后，对事故隐患仍不采取措施，因而发生重大伤亡事故或者造成其他严重后果的，对直接责任人员，处三年以下有期徒刑或者拘役；情节特别恶劣的，处三年以上七年以下有期徒刑。

第一百三十六条 违反爆炸性、易燃性、放射性、毒害性、腐蚀性物品的管理规定，在生产、储存、运输、使用中发生重大事故，造成严重后果的，处三年以下有期徒刑或者拘役；情节特别严重的，处三年以上七年以下有期徒刑。

第一百三十七条 建设单位、设计单位、施工单位、工程监理单位违反国家规定，降低工程质量标准，造成重大安全事故的，对直接责任人员，处五年以下有期徒刑或者拘役，并处罚金；后果特别严重的，处五年以上十年以下有期徒刑，并处罚金。

第一百三十九条 违反消防管理法规，经消防监督机构通知采取改正措施而拒绝执行，造成严重后果的，对直接责任人员，处三年以下有期徒刑或者拘役；情节特别严重的，处三年以上七年以下有期徒刑。

2.1.3 《中华人民共和国劳动法》（1994 年 7 月 5 日中华人民共和国第八届全国人民代表大会常务委员会第八次会议通过，1994 年 7 月 5 日中华人民共和国主席令第 28 号发布，自 1995 年 1 月 1 日起施行）

第五十二条 用人单位必须建立、健全劳动安全卫生制度，严格执行国家劳动安全卫生规程和标准，对劳动者进行劳动安全卫生教育，防止劳动过程中的事故，减少职业危害。

第五十三条 劳动安全卫生设施必须符合国家规定的标准。新建、改建、扩建工程的劳动安全卫生设施必须与主体工程同时设计、同时施工，同时投入生产和使用。

第五十四条 用人单位必须为劳动者提供符合国家规定的劳动安全卫生条件和必要的劳动防护用品，对从事有职业危害作业的劳动者应当定期进行健康检查。

第五十五条 从事特种作业的劳动者必须经过专门培训并取得特种作业资格。

第五十六条 劳动者在劳动过程中必须严格遵守安全操作规程。劳动者对用人单位管理人员违章指挥、强令冒险作业，有权拒绝执行；对危害生命安全和身体健康的行为，有权提出批评、检举和控告。

第五十七条 国家建立伤亡事故和职业病统计报告和处理制度。县级以上各级人民政府劳动行政部门、有关部门和用人单位应当依法对劳动者在劳动过程中发生的伤亡事故和劳动者的职业病状况，进行统计、报告和处理。

第九十二条 用人单位的劳动安全设施和劳动卫生条件不符合国家规定或者未向劳动者提供必要的劳动防护用品和劳动保护设施的，由劳动行政部门或者有关部门责令改正，可以处以罚款；情节严重的，提请县级以上人民政府决定责令停产整顿；对事故隐患不采取措施，致使发生重大事故，造成劳动者生命和财产损失的，对责任人员比照刑法第一百八十七条的规定追究刑事责任。

第九十三条 用人单位强令劳动者违章冒险作业，发生重大伤亡事故，造成严重后果的，对责任人员依法追究刑事责任。

2.1.4 《中华人民共和国建筑法》[中华人民共和国主席令（1997）第 91 号]

第三十六条 建筑工程安全生产管理必须坚持安全第一、预防为主的方针，建立健全安全生产的责任制度和群防群治制度。

第三十七条 建筑工程设计应当符合按照国家规定制定的建筑安全规程和技术规范，保证工程的安全性能。

第三十八条 建筑施工企业在编制施工组织设计时，应当根据建筑工程的特点制定相应的安全技术措施；对专业性较强的工程项目，应当编制专项安全施工组织设计，并采取安全技术措施。

第三十九条 建筑施工企业应当在施工现场采取维护安全、防范危险、预防火灾等措施；有条件的，应当对施工现场实行封闭管理。

施工现场对毗邻的建筑物、构筑物和特殊作业环境可能造成损害的，建筑施工企业应当采取安全防护措施。

第四十条 建设单位应当向建筑施工企业提供与施工现场相关的地下管线资料，建筑施工企业应当采取措施加以保护。

第四十一条 建筑施工企业应当遵守有关环境保护和安全生产的法律、法规的规定，采取控制和处理施工现场的各种粉尘、废气、废水、固体废物以及噪声、振动对环境的污染和危害的

措施。

第四十二条 有下列情形之一的，建设单位应当按照国家有关规定办理申请批准手续：

（一）需要临时占用规划批准范围以外场地的；

（二）可能损坏道路、管线、电力、邮电通信等公共设施的；

（三）需要临时停水、停电、中断道路交通的；

（四）需要进行爆破作业的；

（五）法律、法规规定需要办理报批手续的其他情形。

第四十三条 建设行政主管部门负责建筑安全生产的管理，并依法接受劳动行政主管部门对建筑安全生产的指导和监督。

第四十四条 建筑施工企业必须依法加强对建筑安全生产的管理，执行安全生产责任制度，采取有效措施，防止伤亡和其他安全生产事故的发生。

建筑施工企业的法定代表人对本企业的安全生产负责。

第四十五条 施工现场安全由建筑施工企业负责。实行施工总承包的，由总承包单位负责。分包单位向总承包单位负责，服从总承包单位对施工现场的安全生产管理。

第四十六条 建筑施工企业应当建立健全劳动安全生产教育培训制度，加强对职工安全生产的教育培训；未经安全生产教育培训的人员，不得上岗作业。

第四十七条 建筑施工企业和作业人员在施工过程中，应当遵守有关安全生产的法律、法规和建筑行业安全规章、规程，不得违章指挥或者违章作业。作业人员有权对影响人身健康的作业程序和作业条件提出改进意见，有权获得安全生产所需的防护用品。作业人员对危及生命安全和人身健康的行为有权提出批评、检举和控告。

第四十八条 建筑施工企业必须为从事危险作业的职工办理意外伤害保险，支付保险费。

第四十九条 涉及建筑主体和承重结构变动的装修工程，建设单位应当在施工前委托原设计单位或者具有相应资质条件的设计单位提出设计方案；没有设计方案的，不得施工。

第五十条 房屋拆除应当由具备保证安全条件的建筑施工单位承担，由建筑施工单位负责人对安全负责。

第五十一条 施工中发生事故时，建筑施工企业应当采取紧急措施减少人员伤亡和事故损失，并按照国家有关规定及时向有关部门报告。

2.2 《中华人民共和国安全生产法》

［中华人民共和国主席令（2002）第 70 号］

2.2.1 生产企业的安全生产保证

第十六条 生产经营单位应当具备本法和有关法律、行政法规和国家标准或者行业标准规定的安全生产条件；不具备安全生产条件的，不得从事生产经营活动。

第十七条 生产经营单位的主要负责人对本单位安全生产工作负有下列职责：

（一）建立、健全本单位安全生产责任制；

（二）组织制定本单位安全生产规章制度和操作规程；

（三）保证本单位安全生产投入的有效实施；

（四）督促、检查本单位的安全生产工作，及时消除生产安全事故隐患；

（五）组织制定并实施本单位的生产安全事故应急救援预案；

（六）及时、如实报告生产安全事故。

第十八条 生产经营单位应当具备的安全生产条件所必需的资金投入，由生产经营单位的决策机构、主要负责人或者个人经营的投资人予以保证，并对由于安全生产所必需的资金投入不足导致的后果承担责任。

第十九条 矿山、建筑施工单位和危险物品的生产、经营、储存单位，应当设置安全生产管理机构或者配备专职安全生产管理人员。

前款规定以外的其他生产经营单位，从业人员超过三百人的，应当设置安全生产管理机构或者配备专职安全生产管理人员；从业人员在三百人以下的，应当配备专职或者兼职的安全生产管理人员，或者委托具有国家规定的相关专业技术资格的工程技术人员提供安全生产管理服务。

生产经营单位依照前款规定委托工程技术人员提供安全生产管理服务的，保证安全生产的责任仍由本单位负责。

第二十条 生产经营单位的主要负责人和安全生产管理人员必须具备与本单位所从事的生产经营活动相应的安全生产知识和管理能力。危险物品的生产、经营、储存单位以及矿山、建筑施工单位的主要负责人和安全生产管理人员，应当由有关主管部门对其安全生产知识和管理能力考核合格后方可任职。考核不得收费。

第二十一条 生产经营单位应当对从业人员进行安全生产教育和培训，保证从业人员具备必要的安全生产知识，熟悉有关的安全生产规章制度和安全操作规程，掌握本岗位的安全操作技能。未经安全生产教育和培训合格的从业人员，不得上岗作业。

第二十二条 生产经营单位采用新工艺、新技术、新材料或者使用新设备，必须了解掌握其安全技术特性，采取有效的安全防护措施，并对从业人员进行专门的安全生产教育和培训。

第二十三条 生产经营单位的特种作业人员必须按照国家有关规定经专门的安全作业培训，取得特种作业操作资格证书，方可上岗作业。特种作业人员的范围由国务院负责安全生产监督管理的部门会同国务院有关部门确定。

第二十四条 生产经营单位新建、改建、扩建工程项目（以下统称建设项目）的安全设施，必须与主体工程同时设计、同时施工、同时投入生产和使用。安全设施投资应当纳入建设项目概算。

第二十五条 矿山建设项目和用于生产、储存危险物品的建设项目，应当分别按照国家有关规定进行安全条件论证和安全评价。

第二十六条 建设项目安全设施的设计人、设计单位应当对安全设施设计负责。

矿山建设项目和用于生产、储存危险物品的建设项目的安全设施设计应当按照国家有关规定报经有关部门审查，审查部门及其负责审查的人员对审查结果负责。

第二十七条 矿山建设项目和用于生产、储存危险物品的建设项目的施工单位必须按照批准的安全设施设计施工，并对安全设施的工程质量负责。

矿山建设项目和用于生产、储存危险物品的建设项目竣工投入生产者使用前，必须依照有关法律、行政法规的规定对安全设施进行验收；验收合格后，方可投入生产和使用。验收部门及其验收人员对验收结果负责。

第二十八条 生产经营单位应当在有较大危险因素的生产经营场所和有关设施、设备上，设置明显的安全警示标志。

第二十九条　安全设备的设计、制造、安装、使用、检测、维修、改造和报废，应当符合国家标准或者行业标准。

生产经营单位必须对安全设备进行经常性维护、保养，并定期检测，保证正常运转。维护、保养、检测应当做好记录，并由有关人员签字。

第三十条　生产经营单位使用的涉及生命安全、危险性较大的特种设备，以及危险物品的容器、运输工具，必须按照国家有关规定，由专业生产单位生产，并经取得专业资质的检测、检验机构检测、检验合格，取得安全使用证或者安全标志、方可投入使用。检测、检验机构对检测、检验结果负责。

涉及生命安全、危险性较大的特种设备的目录由国务院负责特种设备安全监督管理的部门制定，报国务院批准后执行。

第三十一条　国家对严重危及生产安全的工艺、设备实行淘汰制度。

生产经营单位不得使用国家明令淘汰、禁止使用的危及生产安全的工艺、设备。

第三十二条　生产、经营、运输、储存、使用危险物品或者处置废弃危险品的，由有关主管部门依照有关法律、法规的规定和国家标准或者行业标准审批并实施监督管理。

生产经营单位生产、经营、运输、储存、使用危险物品或者处置废弃危险物品，必须执行有关法律、法规和国家标准或者行业标准，建立专门的安全管理制度，采取可靠的安全措施，接受有关主管部门依法实施的监督管理。

第三十三条　生产经营单位对重大危险源应当登记建档，进行定期检测、评估、监控，并制定应急预案，告知从业人员和相关人员在紧急情况下应当采取的应急措施。

生产经营单位应当按照国家有关规定将本单位重大危险源及有关安全措施、应急措施报有关地方人民政府负责安全生产监督管理的部门和有关部门备案。

第三十四条　生产、经营、储存、使用危险物品的车间、商店、仓库不得与员工宿舍在同一座建筑物内，并应当与员工宿舍保持安全距离。

生产经营场所和员工宿舍应当设有符合紧急疏散要求、标志明显、保持畅通的出口。禁止封闭、堵塞生产经营场所或者员工宿舍的出口。

第三十五条　生产经营单位进行爆破、吊装等危险作业，应当安排专门人员进行现场安全管理，确保操作规程的遵守和安全措施的落实。

第三十六条　生产经营单位应当教育和督促从业人员严格执行本单位的安全生产规章制度和安全操作规程；并向从业人员如实告知作业场所和工作岗位存在的危险因素、防范措施以及事故应急措施。

第三十七条　生产经营单位必须为从业人员提供符合国家标准或者行业标准的劳动防护用品，并监督、教育从业人员按照使用规则佩戴、使用。

第三十八条　生产经营单位的安全生产管理人员应当根据本单位的生产经营特点，对安全生产状况进行经常性检查；对检查中发现的安全问题，应当立即处理；不能处理的，应当及时报告本单位有关负责人。检查及处理情况应当记录在案。

第三十九条　生产经营单位应当安排用于配备劳动防护用品、进行安全生产培训的经费。

第四十条　两个以上生产经营单位在同一作业区域内进行生产经营活动，可能危及对方生产安全的，应当签订安全生产管理协议，明确各自的安全生产管理职责和应当采取的安全措施，并指定专职安全生产管理人员进行安全检查与协调。

第四十一条　生产经营单位不得将生产经营项目、场所、设备发包或者出租给不具备安全生产条件或者相应资质的单位或者个人。

生产经营项目、场所有多个承包单位、承租单位的，生产经营单位应当与承包单位、承租单位签订专门的安全生产管理协议，或者在承包合同、租赁合同中约定各自的安全生产管理职责；生产经营单位对承包单位、承租单位的安全生产工作统一协调、管理。

第四十二条 生产经营单位发生重大生产安全事故时，单位的主要负责人应当立即组织抢救，并不得在事故调查处理期间擅离职守。

第四十三条 生产经营单位必须依法参加工伤社会保险，为从业人员缴纳保险费。

2.2.2 从业人员的权利和义务

第四十四条 生产经营单位与从业人员订立的劳动合同，应当载明有关保障从业人员劳动安全、防止职业危害的事项，以及依法为从业人员办理工伤社会保险的事项。

生产经营单位不得以任何形式与从业人员订立协议，免除或者减轻其对从业人员因生产安全事故伤亡依法应承担的责任。

第四十五条 生产经营单位的从业人员有权了解其作业场所和工作岗位存在的危险因素、防范措施及事故应急措施，有权对本单位的安全生产工作提出建议。

第四十六条 从业人员有权对本单位安全生产工作中存在的问题提出批评、检举、控告；有权拒绝违章指挥和强令冒险作业。

生产经营单位不得因从业人员对本单位安全生产工作提出批评、检举、控告或者拒绝违章指挥、强令冒险作业而降低其工资、福利等待遇或者解除与其订立的劳动合同。

第四十七条 从业人员发现直接危及人身安全的紧急情况时，有权停止作业或者在采取可能的应急措施后撤离作业场所。

生产经营单位不得因从业人员在前款紧急情况下停止作业或者采取紧急撤离措施而降低其工资、福利等待遇或者解除与其订立的劳动合同。

第四十八条 因生产安全事故受到损害的从业人员，除依法享有工伤社会保险外，依照有关民事法律尚有获得赔偿的权利的，有权向本单位提出赔偿要求。

第四十九条 从业人员在作业过程中，应当严格遵守本单位的安全生产规章制度和操作规程，服从管理，正确佩戴和使用劳动防护用品。

第五十条 从业人员应当接受安全生产教育和培训，掌握本职工作所需的安全生产知识，提高安全生产技能，增强事故预防和应急处理能力。

第五十一条 从业人员发现事故隐患或者其他不安全因素，应当立即向现场安全生产管理人员或者本单位负责人报告；接到报告的人员应当及时予以处理。

第五十二条 工会有权对建设项目的安全设施与主体工程同时设计、同时施工、同时投入生产和使用进行监督，提出意见。

工会对生产经营单位违反安全生产法律、法规，侵犯从业人员合法权益的行为，有权要求纠正；发现生产经营单位违章指挥、强令冒险作业或者发现事故隐患时，有权提出解决的建议，生产经营单位应当及时研究答复；发现危及从业人员生命安全的情况时，有权向生产经营单位建议组织从业人员撤离危险场所，生产经营单位必须立即作出处理。

工会有权依法参加事故调查，向有关部门提出处理意见，并要求追究有关人员的责任。

2.2.3 安全生产的监督管理

第五十三条 县级以上地方各级人民政府应当根据本行政区域内的安全生产状况，组织有关部门按照职责分工，对本行政区域内容易发生重大生产安全事故的生产经营单位进行严格检查；

发现事故隐患，应当及时处理。

第五十四条 依照本法第九条规定对安全生产负有监督管理职责的部门（以下统称负有安全生产监督管理职责的部门）依照有关法律、法规的规定，对涉及安全生产的事项需要审查批准（包括批准、核准、许可、注册、认证、颁发证照等，下同）或者验收的，必须严格依照有关法律、法规和国家标准或者行业标准规定的安全生产条件和程序进行审查；不符合有关法律、法规和国家标准或者行业标准规定的安全生产条件的，不得批准或者验收通过。对未依法取得批准或者验收合格的单位擅自从事有关活动的，负责行政审批的部门发现或者接到举报后应当立即予以取缔，并依法予以处理。对已经依法取得批准的单位，负责行政审批的部门发现其不再具备安全生产条件的，应当撤销原批准。

第五十五条 负有安全生产监督管理职责的部门对涉及安全生产的事项进行审查、验收，不得收取费用；不得要求接受审查、验收的单位购买其指定品牌或者指定生产、销售单位的安全设备、器材或者其他产品。

第五十六条 负有安全生产监督管理职责的部门依法对生产经营单位执行有关安全生产的法律、法规和国家标准或者行业标准的情况进行监督检查，行使以下职权：

（一）进入生产经营单位进行检查，调阅有关资料，向有关单位和人员了解情况；

（二）对检查中发现的安全生产违法行为，当场予以纠正或者要求限期改正；对依法应当给予行政处罚的行为，依照本法和其他有关法律、行政法规的规定作出行政处罚决定；

（三）对检查中发现的事故隐患，应当责令立即排除；重大事故隐患排除前或者排除过程中无法保证安全的，应当责令从危险区域内撤出作业人员，责令暂时停产停业或者停止使用；重大事故隐患排除后，经审查同意，方可恢复生产经营和使用；

（四）对有根据认为不符合保障安全生产的国家标准或者行业标准的设施、设备、器材予以查封或者扣押，并应当在15日内依法作出处理决定。

监督检查不得影响被检查单位的正常生产经营活动。

第五十七条 生产经营单位对负有安全生产监督管理职责的部门的监督检查人员（以下统称安全生产监督检查人员）依法履行监督检查职责，应当予以配合，不得拒绝、阻挠。

第五十八条 安全生产监督检查人员应当忠于职守，坚持原则，秉公执法。

安全生产监督检查人员执行监督检查任务时，必须出示有效的监督执法证件；对涉及被检查单位的技术秘密和业务秘密，应当为其保密。

第五十九条 安全生产监督检查人员应当将检查的时间、地点、内容、发现的问题及其处理情况，作出书面记录，并由检查人员和被检查单位的负责人签字；被检查单位的负责人拒绝签字的，检查人员应当将情况记录在案，并向负有安全生产监督管理职责的部门报告。

第六十条 负有安全生产监督管理职责的部门在监督检查中，应当互相配合，实行联合检查；确需分别进行检查的，应当互通情况，发现存在的安全问题应当由其他有关部门进行处理的，应当及时移送其他有关部门并形成记录备查，接受移送的部门应当及时进行处理。

第六十一条 监察机关依照行政监察法的规定，对负有安全生产监督管理职责的部门及其工作人员履行安全生产监督管理职责实施监察。

第六十二条 承担安全评价、认证、检测、检验的机构应当具备国家规定的资质条件，并对其作出的安全评价、认证、检测、检验的结果负责。

第六十三条 负有安全生产监督管理职责的部门应当建立举报制度，公开举报电话、信箱或者电子邮件地址，受理有关安全生产的举报；受理的举报事项经调查核实后，应当形成书面材料；需要落实整改措施的，报经有关负责人签字并督促落实。

第六十四条　任何单位或者个人对事故隐患或者安全生产违法行为，均有权向负有安全生产监督管理职责的部门报告或者举报。

第六十五条　居民委员会、村民委员会发现其所在区域内的生产经营单位存在事故隐患或者安全生产违法行为时，应当向当地人民政府或者有关部门报告。

第六十六条　县级以上各级人民政府及其有关部门对报告重大事故隐患或者举报安全生产违法行为的有功人员，给予奖励。具体奖励办法由国务院负责安全生产监督管理的部门会同国务院财政部门制定。

第六十七条　新闻、出版、广播、电影、电视等单位有进行安全生产宣传教育的义务，有对违反安全生产法律、法规的行为进行舆论监督的权利。

2.2.4　对生产安全事故的应急救援与调查处理

第六十八条　县级以上地方各级人民政府应当组织有关部门制定本行政区域内特大生产安全事故应急救援预案，建立应急救援体系。

第六十九条　危险物品的生产、经营、储存单位以及矿山、建筑施工单位应当建立应急救援组织；生产经营规模较小，可以不建立应急救援组织的，应当指定兼职的应急救援人员。

危险物品的生产、经营、储存单位以及矿山、建筑施工单位应当配备必要的应急救援器材、设备，并进行经常性维护、保养，保证正常运转。

第七十条　生产经营单位发生生产安全事故后，事故现场有关人员应当立即报告本单位负责人。

单位负责人接到事故报告后，应当迅速采取有效措施，组织抢救，防止事故扩大，减少人员伤亡和财产损失，并按照国家有关规定立即如实报告当地负有安全生产监督管理职责的部门，不得隐瞒不报、谎报或者拖延不报，不得故意破坏事故现场、毁灭有关证据。

第七十一条　负有安全生产监督管理职责的部门接到事故报告后，应当立即按照国家有关规定上报事故情况。负有安全生产监督管理职责的部门和有关地方人民政府对事故情况不得隐瞒不报、谎报或者拖延不报。

第七十二条　有关地方人民政府和负有安全生产监督管理职责的部门的负责人接到重大生产安全事故报告后，应当立即赶到事故现场，组织事故抢救。任何单位和个人都应当支持、配合事故抢救，并提供一切便利条件。

第七十三条　事故调查处理应当按照实事求是、尊重科学的原则，及时、准确地查清事故原因，查明事故性质和责任，总结事故教训，提出整改措施，并对事故责任者提出处理意见。事故调查和处理的具体办法由国务院制定。

第七十四条　生产经营单位发生生产安全事故，经调查确定为责任事故的，除了应当查明事故单位的责任并依法予以追究外，还应当查明对安全生产的有关事项负有审查批准和监督职责的行政部门的责任，对有失职、渎职行为的，依照本法第七十七条的规定追究法律责任。

第七十五条　任何单位和个人不得阻挠和干涉对事故的依法调查处理。

第七十六条　县级以上地方各级人民政府负责安全生产监督管理的部门应当定期统计分析本行政区域内发生生产安全事故的情况，并定期向社会公布。

2.2.5　法律责任

第七十七条　负有安全生产监督管理职责的部门的工作人员，有下列行为之一的，给予降级或者撤职的行政处分；构成犯罪的，依照刑法有关规定追究刑事责任：

（一）对不符合法定安全生产条件的涉及安全生产的事项予以批准或者验收通过的；

（二）发现未依法取得批准、验收的单位擅自从事有关活动或者接到举报后不予取缔或者不依法予以处理的；

（三）对已经依法取得批准的单位不履行监督管理职责，发现其不再具备安全生产条件而不撤销原批准或者发现安全生产违法行为不予查处的。

第七十八条　负有安全生产监督管理职责的部门，要求被审查、验收的单位购买其指定的安全设备、器材或者其他产品的，在对安全生产事项的审查、验收中收取费用的，由其上级机关或者监察机关责令改正，责令退还收取的费用；情节严重的，对直接负责的主管人员和其他直接责任人员依法给予行政处分。

第七十九条　承担安全评价、认证、检测、检验工作的机构，出具虚假证明，构成犯罪的，依照刑法有关规定追究刑事责任；尚不够刑事处罚的，没收违法所得，违法所得在五千元以上的，并处违法所得二倍以上五倍以下的罚款，没有违法所得或者违法所得不足五千元的，单处或者并处五千元以上两万元以下的罚款，对其直接负责的主管人员和其他直接责任人员处五千元以上五万元以下的罚款；给他人造成损害的，与生产经营单位承担连带赔偿责任。

对有前款违法行为的机构，撤销其相应资格。

第八十条　生产经营单位的决策机构、主要负责人、个人经营的投资人不依照本法规定保证安全生产所必需的资金投入，致使生产经营单位不具备安全生产条件的，责令限期改正，提供必需的资金；逾期未改正的，责令生产经营单位停产停业整顿。

有前款违法行为，导致发生生产安全事故，构成犯罪的，依照刑法有关规定追究刑事责任；尚不够刑事处罚的，对生产经营单位的主要负责人给予撤职处分，对个人经营的投资人处两万元以上二十万元以下的罚款。

第八十一条　生产经营单位的主要负责人未履行本法规定的安全生产管理职责的，责令限期改正；逾期未改正的，责令生产经营单位停产停业整顿。

生产经营单位的主要负责人有前款违法行为，导致发生生产安全事故，构成犯罪的，依照刑法有关规定追究刑事责任；尚不够刑事处罚的，给予撤职处分或者处两万元以上二十万元以下的罚款。

生产经营单位的主要负责人依照前款规定受刑事处罚或者撤职处分的，自刑罚执行完毕或者受处分之日起，五年内不得担任任何生产经营单位的主要负责人。

第八十二条　生产经营单位有下列行为之一的，责令限期改正；逾期未改正的，责令停产停业整顿，可以并处两万元以下的罚款：

（一）未按照规定设立安全生产管理机构或者配备安全生产管理人员的；

（二）危险物品的生产、经营、储存单位以及矿山、建筑施工单位的主要负责人和安全生产管理人员未按照规定经考核合格的；

（三）未按照本法第二十一条、第二十二条的规定对从业人员进行安全生产教育和培训，或者未按照本法第三十六条的规定如实告知从业人员有关的安全生产事项的；

（四）特种作业人员未按照规定经专门的安全作业培训并取得特种作业操作资格证书，上岗作业的。

第八十三条　生产经营单位有下列行为之一的，责令限期改正；逾期未改正的，责令停止建设或者停产停业整顿，可以并处五万元以下的罚款；造成严重后果，构成犯罪的，依照刑法有关规定追究刑事责任：

（一）矿山建设项目或者用于生产、储存危险物品的建设项目没有安全设施设计或者安全设施设计未按照规定报经有关部门审查同意的；

（二）矿山建设项目或者用于生产、储存危险物品的建设项目的施工单位未按照批准的安全

设施设计施工的；

（三）矿山建设项目或者用于生产、储存危险物品的建设项目竣工投入生产或者使用前，安全设施未经验收合格的；

（四）未在有较大危险因素的生产经营场所和有关设施、设备上设置明显的安全警示标志的；

（五）安全设备的安装、使用、检测、改造和报废不符合国家标准或者行业标准的；

（六）未对安全设备进行经常性维护、保养和定期检测的；

（七）未为从业人员提供符合国家标准或者行业标准的劳动防护用品的；

（八）特种设备以及危险物品的容器、运输工具未经取得专业资质的机构检测、检验合格，取得安全使用证或者安全标志，投入使用的；

（九）使用国家明令淘汰、禁止使用的危及生产安全的工艺、设备的。

第八十四条 未经依法批准，擅自生产、经营、储存危险物品的，责令停止违法行为或者予以关闭，没收违法所得，违法所得十万元以上的，并处违法所得一倍以上五倍以下的罚款，没有违法所得或者违法所得不足十万元的，单处或者并处两万元以上十万元以下的罚款；造成严重后果，构成犯罪的，依照刑法有关规定追究刑事责任。

第八十五条 生产经营单位有下列行为之一的，责令限期改正；逾期未改正的，责令停产停业整顿，可以并处两万元以上十万元以下的罚款；造成严重后果，构成犯罪的，依照刑法有关规定追究刑事责任：

（一）生产、经营、储存、使用危险物品，未建立专门安全管理制度、未采取可靠的安全措施或者不接受有关主管部门依法实施的监督管理的；

（二）对重大危险源未登记建档，或者未进行评估、监控，或者未制定应急预案的；

（三）进行爆破、吊装等危险作业，未安排专门管理人员进行现场安全管理的。

第八十六条 生产经营单位将生产经营项目、场所、设备发包或者出租给不具备安全生产条件或者相应资质的单位或者个人的，责令限期改正，没收违法所得；违法所得五万元以上的，并处违法所得一倍以上五倍以下的罚款；没有违法所得或者违法所得不足五万元的，单处或者并处一万元以上五万元以下的罚款；导致发生生产安全事故给他人造成损害的，与承包方、承租方承担连带赔偿责任。

生产经营单位未与承包单位、承租单位签订专门的安全生产管理协议或者未在承包合同、租赁合同中明确各自的安全生产管理职责，或者未对承包单位、承租单位的安全生产统一协调、管理的，责令限期改正；逾期未改正的，责令停产停业整顿。

第八十七条 两个以上生产经营单位在同一作业区域内进行可能危及对方安全生产的生产经营活动，未签订安全生产管理协议或者未指定专职安全生产管理人员进行安全检查与协调的，责令限期改正；逾期未改正的，责令停产停业。

第八十八条 生产经营单位有下列行为之一的，责令限期改正；逾期未改正的，责令停产停业整顿；造成严重后果，构成犯罪的，依照刑法有关规定追究刑事责任：

（一）生产、经营、储存、使用危险物品的车间、商店、仓库与员工宿舍在同一座建筑内，或者与员工宿舍的距离不符合安全要求的；

（二）生产经营场所和员工宿舍未设有符合紧急疏散需要、标志明显、保持畅通的出口，或者封闭、堵塞生产经营场所或者员工宿舍出口的。

第八十九条 生产经营单位与从业人员订立协议，免除或者减轻其对从业人员因生产安全事故伤亡依法应承担的责任的，该协议无效；对生产经营单位的主要负责人、个人经营的投资人处两万元以上十万元以下的罚款。

第九十条 生产经营单位的从业人员不服从管理，违反安全生产规章制度或者操作规程的，由生产经营单位给予批评教育，依照有关规章制度给予处分；造成重大事故，构成犯罪的，依照刑法有关规定追究刑事责任。

第九十一条 生产经营单位主要负责人在本单位发生重大生产安全事故时，不立即组织抢救或者在事故调查处理期间擅离职守或者逃匿的，给予降职、撤职的处分，对逃匿的处十五日以下拘留；构成犯罪的，依照刑法有关规定追究刑事责任。

生产经营单位主要负责人对生产安全事故隐瞒不报、谎报或者拖延不报的，依照前款规定处罚。

第九十二条 有关地方人民政府、负有安全生产监督管理职责的部门，对生产安全事故隐瞒不报、谎报或者拖延不报的，对直接负责的主管人员和其他直接责任人员依法给予行政处分；构成犯罪的，依照刑法有关规定追究刑事责任。

第九十三条 生产经营单位不具备本法和其他有关法律、行政法规和国家标准或者行业标准规定的安全生产条件，经停产停业整顿仍不具备安全生产条件的，予以关闭；有关部门应当依法吊销其有关证照。

第九十四条 本法规定的行政处罚，由负责安全生产监督管理的部门决定；予以关闭的行政处罚由负责安全生产监督管理的部门报请县级以上人民政府按照国务院规定的权限决定；给予拘留的行政处罚由公安机关依照治安管理处罚条例的规定决定。有关法律、行政法规对行政处罚的决定机关另有规定的，依照其规定。

第九十五条 生产经营单位发生生产安全事故造成人员伤亡、他人财产损失的，应当依法承担赔偿责任；拒不承担或者其负责人逃匿的，由人民法院依法强制执行。

生产安全事故的责任人未依法承担赔偿责任，经人民法院依法采取执行措施后，仍不能对受害人给予足额赔偿的，应当继续履行赔偿义务；受害人发现责任人有其他财产的，可以随时请求人民法院执行。

2.3 《安全生产许可证条例》

第一条 为了严格规范安全生产条件，进一步加强安全生产监督管理，防止和减少生产安全事故，根据《中华人民共和国安全生产法》的有关规定，制定本条例。

第二条 国家对矿山企业、建筑施工企业和危险化学品、烟花爆竹、民用爆破器材生产企业（以下统称企业）实行安全生产许可制度。

企业未取得安全生产许可证的，不得从事生产活动。

第三条 国务院安全生产监督管理部门负责中央管理的非煤矿矿山企业和危险化学品、烟花爆竹生产企业安全生产许可证的颁发和管理。

省、自治区、直辖市人民政府安全生产监督管理部门负责前款规定以外的非煤矿矿山企业和危险化学品、烟花爆竹生产企业安全生产许可证的颁发和管理，并接受国务院安全生产监督管理部门的指导和监督。

国家煤矿安全监察机构负责中央管理的煤矿企业安全生产许可证的颁发和管理。

在省、自治区、直辖市设立的煤矿安全监察机构负责前款规定以外的其他煤矿企业安全生产许可证的颁发和管理，并接受国家煤矿安全监察机构的指导和监督。

第四条 国务院建设主管部门负责中央管理的建筑施工企业安全生产许可证的颁发和管理。

省、自治区、直辖市人民政府建设主管部门负责前款规定以外的建筑施工企业安全生产许可证的颁发和管理，并接受国务院建设主管部门的指导和监督。

第五条 国务院国防科技工业主管部门负责民用爆破器材生产企业安全生产许可证的颁发和管理。

第六条 企业取得安全生产许可证，应当具备下列安全生产条件：

（一）建立、健全安全生产责任制，制定完备的安全生产规章制度和操作规程；

（二）安全投入符合安全生产要求；

（三）设置安全生产管理机构，配备专职安全生产管理人员；

（四）主要负责人和安全生产管理人员经考核合格；

（五）特种作业人员经有关业务主管部门考核合格，取得特种作业操作资格证书；

（六）从业人员经安全生产教育和培训合格；

（七）依法参加工伤保险，为从业人员缴纳保险费；

（八）厂房、作业场所和安全设施、设备、工艺符合有关安全生产法律、法规、标准和规程的要求；

（九）有职业危害防治措施，并为从业人员配备符合国家标准或者行业标准的劳动防护用品；

（十）依法进行安全评价；

（十一）有重大危险源检测、评估、监控措施和应急预案；

（十二）有生产安全事故应急救援预案、应急救援组织或者应急救援人员，配备必要的应急救援器材、设备；

（十三）法律、法规规定的其他条件。

第七条 企业进行生产前，应当依照本条例的规定向安全生产许可证颁发管理机关申请领取安全生产许可证，并提供本条例第六条规定的相关文件、资料。安全生产许可证颁发管理机关应当自收到申请之日起45日内审查完毕，经审查符合本条例规定的安全生产条件的，颁发安全生产许可证；不符合本条例规定的安全生产条件的，不予颁发安全生产许可证，书面通知企业并说明理由。

煤矿企业应当以矿（井）为单位，在申请领取煤炭生产许可证前，依照本条例的规定取得安全生产许可证。

第八条 安全生产许可证由国务院安全生产监督管理部门规定统一的式样。

第九条 安全生产许可证的有效期为3年。安全生产许可证有效期满需要延期的，企业应当于期满前3个月向原安全生产许可证颁发管理机关办理延期手续。

企业在安全生产许可证有效期内，严格遵守有关安全生产的法律法规，未发生死亡事故的，安全生产许可证有效期届满时，经原安全生产许可证颁发管理机关同意，不再审查，安全生产许可证有效期延期3年。

第十条 安全生产许可证颁发管理机关应当建立、健全安全生产许可证档案管理制度，并定期向社会公布企业取得安全生产许可证的情况。

第十一条 煤矿企业安全生产许可证颁发管理机关、建筑施工企业安全生产许可证颁发管理机关、民用爆破器材生产企业安全生产许可证颁发管理机关，应当每年向同级安全生产监督管理部门通报其安全生产许可证颁发和管理情况。

第十二条 国务院安全生产监督管理部门和省、自治区、直辖市人民政府安全生产监督管理部门对建筑施工企业、民用爆破器材生产企业、煤矿企业取得安全生产许可证的情况进行监督。

第十三条 企业不得转让、冒用安全生产许可证或者使用伪造的安全生产许可证。

第十四条　企业取得安全生产许可证后，不得降低安全生产条件，并应当加强日常安全生产管理，接受安全生产许可证颁发管理机关的监督检查。

安全生产许可证颁发管理机关应当加强对取得安全生产许可证的企业的监督检查，发现其不再具备本条例规定的安全生产条件的，应当暂扣或者吊销安全生产许可证。

第十五条　安全生产许可证颁发管理机关工作人员在安全生产许可证颁发、管理和监督检查工作中，不得索取或者接受企业的财物，不得谋取其他利益。

第十六条　监察机关依照《中华人民共和国行政监察法》的规定，对安全生产许可证颁发管理机关及其工作人员履行本条例规定的职责实施监察。

第十七条　任何单位或者个人对违反本条例规定的行为，有权向安全生产许可证颁发管理机关或者监察机关等有关部门举报。

第十八条　安全生产许可证颁发管理机关工作人员有下列行为之一的，给予降级或者撤职的行政处分；构成犯罪的，依法追究刑事责任：

（一）向不符合本条例规定的安全生产条件的企业颁发安全生产许可证的；

（二）发现企业未依法取得安全生产许可证擅自从事生产活动，不依法处理的；

（三）发现取得安全生产许可证的企业不再具备本条例规定的安全生产条件，不依法处理的；

（四）接到对违反本条例规定行为的举报后，不及时处理的；

（五）在安全生产许可证颁发、管理和监督检查工作中，索取或者接受企业的财物，或者谋取其他利益的。

第十九条　违反本条例规定，未取得安全生产许可证擅自进行生产的，责令停止生产，没收违法所得，并处 10 万元以上 50 万元以下的罚款；造成重大事故或者其他严重后果，构成犯罪的，依法追究刑事责任。

第二十条　违反本条例规定，安全生产许可证有效期满未办理延期手续，继续进行生产的，责令停止生产，限期补办延期手续，没收违法所得，并处 5 万元以上 10 万元以下的罚款；逾期仍不办理延期手续，继续进行生产的，依照本条例第十九条的规定处罚。

第二十一条　违反本条例规定，转让安全生产许可证的，没收违法所得，处 10 万元以上 50 万元以下的罚款，并吊销其安全生产许可证；构成犯罪的，依法追究刑事责任；接受转让的，依照本条例第十九条的规定处罚。

冒用安全生产许可证或者使用伪造的安全生产许可证的，依照本条例第十九条的规定处罚。

第二十二条　本条例施行前已经进行生产的企业，应当自本条例施行之日起 1 年内，依照本条例的规定向安全生产许可证颁发管理机关申请办理安全生产许可证；逾期不办理安全生产许可证，或者经审查不符合本条例规定的安全生产条件，未取得安全生产许可证，继续进行生产的，依照本条例第十九条的规定处罚。

2.4　《建设工程安全生产管理条例》

（中华人民共和国国务院令（2003）第 393 号）

第二十条　施工单位从事建设工程的新建、扩建、改建和拆除等活动，应当具备国家规定的注册资本、专业技术人员、技术装备和安全生产等条件，依法取得相应等级的资质证书，并在其

资质等级许可的范围内承揽工程。

第二十一条 施工单位主要负责人依法对本单位的安全生产工作全面负责。施工单位应当建立健全安全生产责任制度和安全生产教育培训制度，制定安全生产规章制度和操作规程，保证本单位安全生产条件所需资金的投入，对所承担的建设工程进行定期和专项安全检查，并做好安全检查记录。

施工单位的项目负责人应当由取得相应执业资格的人员担任，对建设工程项目的安全施工负责，落实安全生产责任制度、安全生产规章制度和操作规程，确保安全生产费用的有效使用，并根据工程的特点组织制定安全施工措施，消除安全事故隐患，及时、如实报告生产安全事故。

第二十二条 施工单位对列入建设工程概算的安全作业环境及安全施工措施所需费用，应当用于施工安全防护用具及设施的采购和更新、安全施工措施的落实、安全生产条件的改善，不得挪作他用。

第二十三条 施工单位应当设立安全生产管理机构，配备专职安全生产管理人员。专职安全生产管理人员负责对安全生产进行现场监督检查。发现安全事故隐患，应当及时向项目负责人和安全生产管理机构报告；对违章指挥、违章操作的，应当立即制止。

专职安全生产管理人员的配备办法由国务院建设行政主管部门会同国务院其他有关部门制定。

第二十四条 建设工程实行施工总承包的，由总承包单位对施工现场的安全生产负总责。

总承包单位应当自行完成建设工程主体结构的施工。

总承包单位依法将建设工程分包给其他单位的，分包合同中应当明确各自的安全生产方面的权利、义务。总承包单位和分包单位对分包工程的安全生产承担连带责任。

分包单位应当服从总承包单位的安全生产管理，分包单位不服从管理导致生产安全事故的，由分包单位承担主要责任。

第二十五条 垂直运输机械作业人员、安装拆卸工、爆破作业人员、起重信号工、登高架设作业人员等特种作业人员，必须按照国家有关规定经过专门的安全作业培训，并取得特种作业操作资格证书后，方可上岗作业。

第二十六条 施工单位应当在施工组织设计中编制安全技术措施和施工现场临时用电方案，对下列达到一定规模的危险性较大的分部分项工程编制专项施工方案，并附具安全验算结果，经施工单位技术负责人监理工程师签字后实施，由专职安全生产管理人员进行现场监督：

（一）基坑支护与降水工程；

（二）土方开挖工程；

（三）模板工程；

（四）起重吊装工程；

（五）脚手架工程；

（六）拆除、爆破工程；

（七）国务院建设行政主管部门或者其他有关部门规定的其他危险性较大的工程。

对前款所列工程中涉及深基坑、地下暗挖工程、高大模板工程的专项施工方案，施工单位还应当组织专家进行论证、审查。

本条第一款规定的达到一定规模的危险性较大工程的标准，由国务院建设行政主管部门会同国务院其他有关部门制定。

第二十七条 建设工程施工前，施工单位负责项目管理的技术人员应当对有关安全施工的技术要求向施工作业班组、作业人员作出详细说明，并由双方签字确认。

第二十八条　施工单位应当在施工现场入口处、施工起重机械、临时用电设施、脚手架、出入通道口、楼梯口、电梯井口、孔洞口、桥梁口、隧道口、基坑边沿、爆破物及有害危险气体和液体存放处等危险部位，设置明显的安全警示标志。安全警示标志必须符合国家标准。

　　施工单位应当根据不同施工阶段和周围环境及季节、气候的变化，在施工现场采取相应的安全施工措施。施工现场暂时停止施工的，施工单位应当做好现场防护，所需费用由责任方承担，或者按照合同约定执行。

　　第二十九条　施工单位应当将施工现场的办公、生活区与作业区分开设置，并保持安全距离；办公、生活区的选址应当符合安全性要求。职工的膳食、饮水、休息场所等应当符合卫生标准。施工单位不得在尚未竣工的建筑物内设置员工集体宿舍。

　　施工现场临时搭建的建筑物应当符合安全使用要求。施工现场使用的装配式活动房屋应当具有产品合格证。

　　第三十条　施工单位对因建设工程施工可能造成损害的毗邻建筑物、构筑物和地下管线等，应当采取专项防护措施。

　　施工单位应当遵守有关环境保护法律、法规的规定，在施工现场采取措施，防止或者减少粉尘、废气、废水、固体废物、噪声、振动和施工照明对人和环境的危害和污染。

　　在城市市区内的建设工程，施工单位应当对施工现场实行封闭围挡。

　　第三十一条　施工单位应当在施工现场建立消防安全责任制度，确定消防安全责任人，制定用火、用电、使用易燃易爆材料等各项消防安全管理制度和操作规程，设置消防通道、消防水源，配备消防设施和灭火器材，并在施工现场入口处设置明显标志。

　　第三十二条　施工单位应当向作业人员提供安全防护用具和安全防护服装，并书面告知危险岗位的操作规程和违章操作的危害。

　　作业人员有权对施工现场的作业条件、作业程序和作业方式中存在的安全问题提出批评、检举和控告，有权拒绝违章指挥和强令冒险作业。

　　在施工中发生危及人身安全的紧急情况时，作业人员有权立即停止作业或者在采取必要的应急措施后撤离危险区域。

　　第三十三条　作业人员应当遵守安全施工的强制性标准、规章制度和操作规程，正确使用安全防护用具、机械设备等。

　　第三十四条　施工单位采购、租赁的安全防护用具、机械设备、施工机具及配件，应当具有生产（制造）许可证、产品合格证，并在进入施工现场前进行查验。

　　施工现场的安全防护用具、机械设备、施工机具及配件必须由专人管理，定期进行检查、维修和保养，建立相应的资料档案，并按照国家有关规定及时报废。

　　第三十五条　施工单位在使用施工起重机械和整体提升脚手架、模板等自升式架设设施前，应当组织有关单位进行验收，也可以委托具有相应资质的检验检测机构进行验收；使用承租的机械设备和施工机具及配件的，由施工总承包单位、分包单位、出租单位和安装单位共同进行验收。验收合格的方可使用。

　　《特种设备安全监察条例》规定的施工起重机械，在验收前应当经有相应资质的检验检测机构监督检验合格。

　　施工单位应当自施工起重机械和整体提升脚手架、模板等自升式架设设施验收合格之日起30日内，向建设行政主管部门或者其他有关部门登记。登记标志应当置于或者附着于该设备的显著位置。

　　第三十六条　施工单位的主要负责人、项目负责人、专职安全生产管理人员应当经建设行政

主管部门或者其他有关部门考核合格后方可任职。

施工单位应当对管理人员和作业人员每年至少进行一次安全生产教育培训，其教育培训情况记入个人工作档案。安全生产教育培训考核不合格的人员，不得上岗。

第三十七条 作业人员进入新的岗位或者新的施工现场前，应当接受安全生产教育培训。未经教育培训或者教育培训考核不合格的人员，不得上岗作业。

施工单位在采用新技术、新工艺、新设备、新材料时，应当对作业人员进行相应的安全生产教育培训。

第三十八条 施工单位应当为施工现场从事危险作业的人员办理意外伤害保险。

意外伤害保险费由施工单位支付。实行施工总承包的，由总承包单位支付意外伤害保险费。意外伤害保险期限自建设工程开工之日起至竣工验收合格止。

第四十八条 施工单位应当制定本单位生产安全事故应急救援预案，建立应急救援组织或者配备应急救援人员，配备必要的应急救援器材、设备，并定期组织演练。

第四十九条 施工单位应当根据建设工程施工的特点、范围，对施工现场易发生重大事故的部位、环节进行监控，制定施工现场生产安全事故应急救援预案。实行施工总承包的，由总承包单位统一组织编制建设工程生产安全事故应急救援预案，工程总承包单位和分包单位按照应急救援预案，各自建立应急救援组织或者配备应急救援人员，配备救援器材、设备，并定期组织演练。

第五十条 施工单位发生生产安全事故，应当按照国家有关伤亡事故报告和调查处理的规定，及时、如实地向负责安全生产监督管理的部门、建设行政主管部门或者其他有关部门报告；特种设备发生事故的，还应当同时向特种设备安全监督管理部门报告。接到报告的部门应当按照国家有关规定，如实上报。

实行施工总承包的建设工程，由总承包单位负责上报事故。

第五十一条 发生生产安全事故后，施工单位应当采取措施防止事故扩大，保护事故现场。需要移动现场物品时，应当作出标记和书面记录，妥善保管有关证物。

第六十二条 违反本条例的规定，施工单位有下列行为之一的，责令限期改正；逾期未改正的，责令停业整顿，依照《中华人民共和国安全生产法》的有关规定处以罚款；造成重大安全事故，构成犯罪的，对直接责任人员，依照刑法有关规定追究刑事责任：

（一）未设立安全生产管理机构、配备专职安全生产管理人员或者分部分项工程施工时无专职安全生产管理人员现场监督的；

（二）施工单位的主要负责人、项目负责人、专职安全生产管理人员、作业人员或者特种作业人员，未经安全教育培训或者经考核不合格即从事相关工作的；

（三）未在施工现场的危险部位设置明显的安全警示标志，或者未按照国家有关规定在施工现场设置消防通道、消防水源、配备消防设施和灭火器材的；

（四）未向作业人员提供安全防护用具和安全防护服装的；

（五）未按照规定在施工起重机械和整体提升脚手架、模板等自升式架设设施验收合格后登记的；

（六）使用国家明令淘汰、禁止使用的危及施工安全的工艺、设备、材料的。

第六十三条 违反本条例的规定，施工单位挪用列入建设工程概算的安全生产作业环境及安全施工措施所需费用的，责令限期改正，处挪用费用20%以上50%以下的罚款；造成损失的，依法承担赔偿责任。

第六十四条 违反本条例的规定，施工单位有下列行为之一的，责令限期改正；逾期未改正的，责令停业整顿，并处5万元以上10万元以下的罚款；造成重大安全事故，构成犯罪的，对

直接责任人员，依照刑法有关规定追究刑事责任：

（一）施工前未对有关安全施工的技术要求作出详细说明的；

（二）未根据不同施工阶段和周围环境及季节、气候的变化，在施工现场采取相应的安全施工措施，或者在城市市区内的建设工程的施工现场未实行封闭围挡的；

（三）在尚未竣工的建筑物内设置员工集体宿舍的；

（四）施工现场临时搭建的建筑物不符合安全使用要求的；

（五）未对因建设工程施工可能造成损害的毗邻建筑物、构筑物和地下管线等采取专项防护措施的。

施工单位有前款规定第（四）项、第（五）项行为，造成损失的，依法承担赔偿责任。

第六十五条 违反本条例的规定，施工单位有下列行为之一的，责令限期改正；逾期未改正的，责令停业整顿，并处 10 万元以上 30 万元以下的罚款；情节严重的，降低资质等级，直至吊销资质证书；造成重大安全事故，构成犯罪的，对直接责任人员，依照刑法有关规定追究刑事责任；造成损失的，依法承担赔偿责任：

（一）安全防护用具、机械设备、施工机具及配件在进入施工现场前未经查验或者查验不合格即投入使用的；

（二）使用未经验收或者验收不合格的施工起重机械和整体提升脚手架、模板等自升式架设设施的；

（三）委托不具有相应资质的单位承担施工现场安装、拆卸施工起重机械和整体提升脚手架、模板等自升式架设设施的；

（四）在施工组织设计中未编制安全技术措施、施工现场临时用电方案或者专项施工方案的。

第六十六条 违反本条例的规定，施工单位的主要负责人、项目负责人未履行安全生产管理职责的，责令限期改正；逾期未改正的，责令施工单位停业整顿；造成重大安全事故、重大伤亡事故或者其他严重后果，构成犯罪的，依照刑法有关规定追究刑事责任。

作业人员不服管理、违反规章制度和操作规程冒险作业造成重大伤亡事故或者其他严重后果，构成犯罪的，依照刑法有关规定追究刑事责任。

施工单位的主要负责人、项目负责人有前款违法行为，尚不够刑事处罚的，处 2 万元以上 20 万元以下的罚款或者按照管理权限给予撤职处分；自刑罚执行完毕或者受处分之日起，5 年内不得担任任何施工单位的主要负责人、项目负责人。

第六十七条 施工单位取得资质证书后，降低安全生产条件的，责令限期改正；经整改仍未达到与其资质等级相适应的安全生产条件的，责令停业整顿，降低其资质等级直至吊销资质证书。

2.5 《生产安全事故报告和调查处理条例》

（2007 年 3 月 28 日国务院第 172 次常务会议通过，
自 2007 年 6 月 1 日起施行）

2.5.1 总则

第一条 为了规范生产安全事故的报告和调查处理，落实生产安全事故责任追究制度，防止

和减少生产安全事故，根据《中华人民共和国安全生产法》和有关法律，制定本条例。

第二条 生产经营活动中发生的造成人身伤亡或者直接经济损失的生产安全事故的报告和调查处理，适用本条例；环境污染事故、核设施事故、国防科研生产事故的报告和调查处理不适用本条例。

第三条 根据生产安全事故（以下简称事故）造成的人员伤亡或者直接经济损失，事故一般分为以下等级：

（一）特别重大事故，是指造成30人以上死亡，或者100人以上重伤（包括急性工业中毒，下同），或者1亿元以上直接经济损失的事故；

（二）重大事故，是指造成10人以上30人以下死亡，或者50人以上100人以下重伤，或者5000万元以上1亿元以下直接经济损失的事故；

（三）较大事故，是指造成3人以上10人以下死亡，或者10人以上50人以下重伤，或者1000万元以上5000万元以下直接经济损失的事故；

（四）一般事故，是指造成3人以下死亡，或者10人以下重伤，或者1000万元以下直接经济损失的事故。

国务院安全生产监督管理部门可以会同国务院有关部门，制定事故等级划分的补充性规定。

本条第一款所称的"以上"包括本数，所称的"以下"不包括本数。

第四条 事故报告应当及时、准确、完整，任何单位和个人对事故不得迟报、漏报、谎报或者瞒报。

事故调查处理应当坚持实事求是、尊重科学的原则，及时、准确地查清事故经过、事故原因和事故损失，查明事故性质，认定事故责任，总结事故教训，提出整改措施，并对事故责任者依法追究责任。

第五条 县级以上人民政府应当依照本条例的规定，严格履行职责，及时、准确地完成事故调查处理工作。

事故发生地有关地方人民政府应当支持、配合上级人民政府或者有关部门的事故调查处理工作，并提供必要的便利条件。

参加事故调查处理的部门和单位应当互相配合，提高事故调查处理工作的效率。

第六条 工会依法参加事故调查处理，有权向有关部门提出处理意见。

第七条 任何单位和个人不得阻挠和干涉对事故的报告和依法调查处理。

第八条 对事故报告和调查处理中的违法行为，任何单位和个人有权向安全生产监督管理部门、监察机关或者其他有关部门举报，接到举报的部门应当依法及时处理。

2.5.2 事故报告

第九条 事故发生后，事故现场有关人员应当立即向本单位负责人报告；单位负责人接到报告后，应当于1小时内向事故发生地县级以上人民政府安全生产监督管理部门和负有安全生产监督管理职责的有关部门报告。

情况紧急时，事故现场有关人员可以直接向事故发生地县级以上人民政府安全生产监督管理部门和负有安全生产监督管理职责的有关部门报告。

第十条 安全生产监督管理部门和负有安全生产监督管理职责的有关部门接到事故报告后，应当依照下列规定上报事故情况，并通知公安机关、劳动保障行政部门、工会和人民检察院：

（一）特别重大事故、重大事故逐级上报至国务院安全生产监督管理部门和负有安全生产监督管理职责的有关部门；

（二）较大事故逐级上报至省、自治区、直辖市人民政府安全生产监督管理部门和负有安全生产监督管理职责的有关部门；

（三）一般事故上报至设区的市级人民政府安全生产监督管理部门和负有安全生产监督管理职责的有关部门。

安全生产监督管理部门和负有安全生产监督管理职责的有关部门依照前款规定上报事故情况，应当同时报告本级人民政府。国务院安全生产监督管理部门和负有安全生产监督管理职责的有关部门以及省级人民政府接到发生特别重大事故、重大事故的报告后，应当立即报告国务院。

必要时，安全生产监督管理部门和负有安全生产监督管理职责的有关部门可以越级上报事故情况。

第十一条 安全生产监督管理部门和负有安全生产监督管理职责的有关部门逐级上报事故情况，每级上报的时间不得超过 2 小时。

第十二条 报告事故应当包括下列内容：

（一）事故发生单位概况；

（二）事故发生的时间、地点以及事故现场情况；

（三）事故的简要经过；

（四）事故已经造成或者可能造成的伤亡人数（包括下落不明的人数）和初步估计的直接经济损失；

（五）已经采取的措施；

（六）其他应当报告的情况。

第十三条 事故报告后出现新情况的，应当及时补报。

自事故发生之日起 30 日内，事故造成的伤亡人数发生变化的，应当及时补报。道路交通事故、火灾事故自发生之日起 7 日内，事故造成的伤亡人数发生变化的，应当及时补报。

第十四条 事故发生单位负责人接到事故报告后，应当立即启动事故相应应急预案，或者采取有效措施，组织抢救，防止事故扩大，减少人员伤亡和财产损失。

第十五条 事故发生地有关地方人民政府、安全生产监督管理部门和负有安全生产监督管理职责的有关部门接到事故报告后，其负责人应当立即赶赴事故现场，组织事故救援。

第十六条 事故发生后，有关单位和人员应当妥善保护事故现场以及相关证据，任何单位和个人不得破坏事故现场、毁灭相关证据。

因抢救人员、防止事故扩大以及疏通交通等原因，需要移动事故现场物件的，应当做出标志，绘制现场简图并做出书面记录，妥善保存现场重要痕迹、物证。

第十七条 事故发生地公安机关根据事故的情况，对涉嫌犯罪的，应当依法立案侦查，采取强制措施和侦查措施。犯罪嫌疑人逃匿的，公安机关应当迅速追捕归案。

第十八条 安全生产监督管理部门和负有安全生产监督管理职责的有关部门应当建立值班制度，并向社会公布值班电话，受理事故报告和举报。

2.5.3　事故调查

第十九条 特别重大事故由国务院或者国务院授权有关部门组织事故调查组进行调查。

重大事故、较大事故、一般事故分别由事故发生地省级人民政府、设区的市级人民政府、县级人民政府负责调查。省级人民政府、设区的市级人民政府、县级人民政府可以直接组织事故调查组进行调查，也可以授权或者委托有关部门组织事故调查组进行调查。

未造成人员伤亡的一般事故，县级人民政府也可以委托事故发生单位组织事故调查组进行

调查。

第二十条 上级人民政府认为必要时，可以调查由下级人民政府负责调查的事故。

自事故发生之日起30日内（道路交通事故、火灾事故自发生之日起7日内），因事故伤亡人数变化导致事故等级发生变化，依照本条例规定应当由上级人民政府负责调查的，上级人民政府可以另行组织事故调查组进行调查。

第二十一条 特别重大事故以下等级事故，事故发生地与事故发生单位不在同一个县级以上行政区域的，由事故发生地人民政府负责调查，事故发生单位所在地人民政府应当派人参加。

第二十二条 事故调查组的组成应当遵循精简、效能的原则。

根据事故的具体情况，事故调查组由有关人民政府、安全生产监督管理部门、负有安全生产监督管理职责的有关部门、监察机关、公安机关以及工会派人组成，并应当邀请人民检察院派人参加。

事故调查组可以聘请有关专家参与调查。

第二十三条 事故调查组成员应当具有事故调查所需要的知识和专长，并与所调查的事故没有直接利害关系。

第二十四条 事故调查组组长由负责事故调查的人民政府指定。事故调查组组长主持事故调查组的工作。

第二十五条 事故调查组履行下列职责：

（一）查明事故发生的经过、原因、人员伤亡情况及直接经济损失；

（二）认定事故的性质和事故责任；

（三）提出对事故责任者的处理建议；

（四）总结事故教训，提出防范和整改措施；

（五）提交事故调查报告。

第二十六条 事故调查组有权向有关单位和个人了解与事故有关的情况，并要求其提供相关文件、资料，有关单位和个人不得拒绝。

事故发生单位的负责人和有关人员在事故调查期间不得擅离职守，并应当随时接受事故调查组的询问，如实提供有关情况。

事故调查中发现涉嫌犯罪的，事故调查组应当及时将有关材料或者其复印件移交司法机关处理。

第二十七条 事故调查中需要进行技术鉴定的，事故调查组应当委托具有国家规定资质的单位进行技术鉴定。必要时，事故调查组可以直接组织专家进行技术鉴定。技术鉴定所需时间不计入事故调查期限。

第二十八条 事故调查组成员在事故调查工作中应当诚信公正、恪尽职守，遵守事故调查组的纪律，保守事故调查的秘密。

未经事故调查组组长允许，事故调查组成员不得擅自发布有关事故的信息。

第二十九条 事故调查组应当自事故发生之日起60日内提交事故调查报告；特殊情况下，经负责事故调查的人民政府批准，提交事故调查报告的期限可以适当延长，但延长的期限最长不超过60日。

第三十条 事故调查报告应当包括下列内容：

（一）事故发生单位概况；

（二）事故发生经过和事故救援情况；

（三）事故造成的人员伤亡和直接经济损失；

（四）事故发生的原因和事故性质；

（五）事故责任的认定以及对事故责任者的处理建议；

（六）事故防范和整改措施。

事故调查报告应当附具有关证据材料。事故调查组成员应当在事故调查报告上签名。

第三十一条　事故调查报告报送负责事故调查的人民政府后，事故调查工作即告结束。事故调查的有关资料应当归档保存。

2.5.4　事故处理

第三十二条　重大事故、较大事故、一般事故，负责事故调查的人民政府应当自收到事故调查报告之日起 15 日内做出批复；特别重大事故，30 日内做出批复，特殊情况下，批复时间可以适当延长，但延长的时间最长不超过 30 日。

有关机关应当按照人民政府的批复，依照法律、行政法规规定的权限和程序，对事故发生单位和有关人员进行行政处罚，对负有事故责任的国家工作人员进行处分。

事故发生单位应当按照负责事故调查的人民政府的批复，对本单位负有事故责任的人员进行处理。

负有事故责任的人员涉嫌犯罪的，依法追究刑事责任。

第三十三条　事故发生单位应当认真吸取事故教训，落实防范和整改措施，防止事故再次发生。防范和整改措施的落实情况应当接受工会和职工的监督。

安全生产监督管理部门和负有安全生产监督管理职责的有关部门应当对事故发生单位落实防范和整改措施的情况进行监督检查。

第三十四条　事故处理的情况由负责事故调查的人民政府或者其授权的有关部门、机构向社会公布，依法应当保密的除外。

2.5.5　法律责任

第三十五条　事故发生单位主要负责人有下列行为之一的，处上一年年收入 40％至 80％的罚款；属于国家工作人员的，并依法给予处分；构成犯罪的，依法追究刑事责任：

（一）不立即组织事故抢救的；

（二）迟报或者漏报事故的；

（三）在事故调查处理期间擅离职守的。

第三十六条　事故发生单位及其有关人员有下列行为之一的，对事故发生单位处 100 万元以上 500 万元以下的罚款；对主要负责人、直接负责的主管人员和其他直接责任人员处上一年年收入 60％至 100％的罚款；属于国家工作人员的，并依法给予处分；构成违反治安管理行为的，由公安机关依法给予治安管理处罚；构成犯罪的，依法追究刑事责任：

（一）谎报或者瞒报事故的；

（二）伪造或者故意破坏事故现场的；

（三）转移、隐匿资金、财产，或者销毁有关证据、资料的；

（四）拒绝接受调查或者拒绝提供有关情况和资料的；

（五）在事故调查中作伪证或者指使他人作伪证的；

（六）事故发生后逃匿的。

第三十七条　事故发生单位对事故发生负有责任的，依照下列规定处以罚款：

（一）发生一般事故的，处 10 万元以上 20 万元以下的罚款；

（二）发生较大事故的，处 20 万元以上 50 万元以下的罚款；

（三）发生重大事故的，处 50 万元以上 200 万元以下的罚款；

（四）发生特别重大事故的，处 200 万元以上 500 万元以下的罚款。

第三十八条 事故发生单位主要负责人未依法履行安全生产管理职责，导致事故发生的，依照下列规定处以罚款；属于国家工作人员的，并依法给予处分；构成犯罪的，依法追究刑事责任：

（一）发生一般事故的，处上一年年收入 30% 的罚款；

（二）发生较大事故的，处上一年年收入 40% 的罚款；

（三）发生重大事故的，处上一年年收入 60% 的罚款；

（四）发生特别重大事故的，处上一年年收入 80% 的罚款。

第三十九条 有关地方人民政府、安全生产监督管理部门和负有安全生产监督管理职责的有关部门有下列行为之一的，对直接负责的主管人员和其他直接责任人员依法给予处分；构成犯罪的，依法追究刑事责任：

（一）不立即组织事故抢救的；

（二）迟报、漏报、谎报或者瞒报事故的；

（三）阻碍、干涉事故调查工作的；

（四）在事故调查中作伪证或者指使他人作伪证的。

第四十条 事故发生单位对事故发生负有责任的，由有关部门依法暂扣或者吊销其有关证照；对事故发生单位负有事故责任的有关人员，依法暂停或者撤销其与安全生产有关的执业资格、岗位证书；事故发生单位主要负责人受到刑事处罚或者撤职处分的，自刑罚执行完毕或者受处分之日起，5 年内不得担任任何生产经营单位的主要负责人。

为发生事故的单位提供虚假证明的中介机构，由有关部门依法暂扣或者吊销其有关证照及其相关人员的执业资格；构成犯罪的，依法追究刑事责任。

第四十一条 参与事故调查的人员在事故调查中有下列行为之一的，依法给予处分；构成犯罪的，依法追究刑事责任：

（一）对事故调查工作不负责任，致使事故调查工作有重大疏漏的；

（二）包庇、袒护负有事故责任的人员或者借机打击报复的。

第四十二条 违反本条例规定，有关地方人民政府或者有关部门故意拖延或者拒绝落实经批复的对事故责任人的处理意见的，由监察机关对有关责任人员依法给予处分。

第四十三条 本条例规定的罚款的行政处罚，由安全生产监督管理部门决定。

法律、行政法规对行政处罚的种类、幅度和决定机关另有规定的，依照其规定。

2.5.6 附则

第四十四条 没有造成人员伤亡，但是社会影响恶劣的事故，国务院或者有关地方人民政府认为需要调查处理的，依照本条例的有关规定执行。

国家机关、事业单位、人民团体发生的事故的报告和调查处理，参照本条例的规定执行。

第四十五条 特别重大事故以下等级事故的报告和调查处理，有关法律、行政法规或者国务院另有规定的，依照其规定。

第四十六条 本条例自 2007 年 6 月 1 日起施行。国务院 1989 年 3 月 29 日公布的《特别重大事故调查程序暂行规定》和 1991 年 2 月 22 日公布的《企业职工伤亡事故报告和处理规定》同时废止。

第3章

市政工程施工
安全管理

3.1 市政工程安全生产管理的方针与原则

3.1.1 安全生产方针

我国安全生产的方针经历了从"安全第一"到"安全第一、预防为主"再到现在的"安全第一、预防为主、综合治理"的产生和发展过程。

"安全第一、预防为主、综合治理"的方针体现了我国安全生产的基本思想。

3.1.2 安全生产方针体现的原则

（1）管生产必须管安全的原则（"五同时"原则）

"管生产必须管安全"的原则即参与工程项目建设的各级领导或管理者以及全体员工，在生产过程中必须坚持抓生产的同时抓好安全工作。这里的生产过程包括计划、布置、检查、总结、评价等五个环节，也就是安全生产的"五同时"原则。

（2）安全具有否决权原则

"安全具有否决权"的原则充分体现了"安全第一"的方针。安全生产工作是衡量工程项目管理的一项基本内容，对各项指标的考核，对管理业绩进行评价时，首先应考虑安全指标的完成情况，安全具有一票否决的作用。

（3）"三同时"原则

"三同时"原则是指基本建设和技术改造工程项目中的职业安全与卫生技术措施和设施，必须与主体工程同时设计、同时施工、同时投产使用。

（4）"四不放过"原则

国务院《关于加强安全生产工作的通知》（国务院［1993］50号文）要求，对伤亡事故和职业病处理时，必须坚持和实施"四不放过"原则，即：事故原因没有查清不放过；事故责任者没有严肃处理不放过；广大群众没有受到教育不放过；防范措施没有落实不放过。

3.1.3 安全管理六项原则

（1）法制原则

所有安全管理的措施、规章、制度以及施工管理行为都应当符合国家的有关法律和地方政府制订的相关法规及文件。依法施工，依法做好环境保护、交通管理、征地拆迁等工作，只有这样，才能最大程度地降低安全风险，提高安全管理的有效性。

（2）管生产同时管安全的原则

安全寓于生产过程中，并对生产发挥促进与保证作用。在工程建设过程中，没有生产就不可能谈及安全事故，安全不可能脱离生产而存在，安全管理是生产管理的重要组成部分，国务院在《关于加强企业生产中安全工作的几项规定》中明确指出："各级领导人员在管理生产的同时，必须负责管理安全工作"。"企业中有关专职机构，都应该在各自业务范围内，对实现安全生产的要求负责"。

管理生产同时管安全，不仅是对各级领导人员明确安全管理责任，同时也向一切与生产有关的机构，人员，明确了业务范围内的安全管理责任。由此可见，一切与生产有关的机构，人员，

都必须参与安全管理并在管理中承担责任。认为安全管理只是安全部门的事，是一种片面的，错误的认识。因此，安全应是生产管理中的一项基本要素，要同步进行管理。生产管理人员必须对生产安全负责。

（3）坚持目标管理原则

安全管理的内容是对生产的人、物、环境因素状态的管理，有效地控制人的不安全行为和物的不安全状态，达到保护人身和财产安全的目的。因此，安全管理也是相对的，既不可能无限制地投入安全费用，也不能放任不管。没有目标的安全管理是盲目的，也无法评价对危害因素控制的有效程度。因此，安全生产应坚持目标管理原则。

（4）坚持预防为主的原则

从安全管理的性质上来讲，就是针对生产的特点，对生产因素采取管理措施，有效地控制不安全因素的产生、发展和扩大，把可能的安全事故消除在萌芽状态，确保人身和财产安全。这正是预防为主原则的体现。只有做好了预防工作，才可能最大程度地消除安全隐患，使得安全成本降到最佳限度，使企业获得最佳经济利益。

贯彻预防为主，首先要端正对生产中不安全因素的认识，端正消除不安全因素的态度，选准消除不安全因素的时机。在安排与布置生产内容的时候，针对施工生产中可能出现的危险因素，采取措施，明确责任，尽快地、坚决地予以消除，是安全管理应有的鲜明态度。

（5）坚持全面动态管理的原则

全面动态管理，就是落实"全员、全过程、全方位、全天候"的管理。生产不是一个人或者少数人的事情，同样，寓于生产过程中的安全也不是仅仅一个人或少数人的责任。安全管理涉及生产活动的各个环节，涉及从开工到竣工的全部过程，涉及全部的生产时间，涉及一切变化着的生产因素，也受到各种外界环境的影响。因此，安全生产活动中必须坚持全员、全过程、全方位、全天候的全面动态管理。

（6）坚持持续改进、发展、提高的原则

最佳安全技术措施、最佳安全成本不是一个项目、一个环节就可以确定的，也不是一成不变的。对企业来说，寻求最佳的投入点、投入量和投入方式是一个不断探索、不断改进的过程。企业施工管理本身也就是一种动态管理，需要不断地探索和总结管理控制的方法和经验，通过持续的改进来不断提高施工安全管理水平。

3.2 市政工程安全管理的对象

市政工程安全管理的内容、形式依据工程的实际情况而发生调整，但其管理的基本对象是不变的。生产过程中的各类危害因素导致了安全生产事故的发生，因此，市政工程安全管理的对象其实质就是引发安全生产事故的危害因素及其触发条件。狭义上讲，主要是以人身安全和工程安全作为管理对象，广义上讲，是围绕人的不安全行为、物的不安全状态以及不安全的作业环境及管理缺陷来进行的。

3.2.1 人的不安全行为的管理

在市政工程施工安全管理中，尚需协调一些不可预见的非安全行为，如施工地段通行的车辆

及行人、施工周边居民与施工安全的交叉影响，上级管理人员盲目地逼抢工期和违章指挥行为等。

（1）施工各方管理人员。施工各方管理人员的不安全行为集中体现在违章指挥，强行指令工程施工单位缩短工期，提供不符合要求的安全构件等。管理人员的不安全行为直接导致整个施工安全管理的有效性。应当建立各项规章制度、落实安全生产责任，对各方管理人员的施工管理行为予以有效约束，消除管理人员的不安全行为。

（2）施工作业人员。施工作业人员的不安全行为集中体现在违章作业，不听从指挥。施工作业人员的不安全行为直接导致了生产安全事故的发生。安全管理中强调安全生产教育和专业技术培训管理的首要目的就是为了消除施工作业人员的不安全行为。

（3）过往车辆和行人。市政工程施工过程中，由于无法对过往车辆和行人进行有效地控制，因而导致的人身伤害事故不在少数。在安全生产管理过程中，涉及到交通车辆和行人的管理应当做好预先考虑，合理地设置围挡和安排监护。

（4）施工范围影响到城市居民。市政工程战线长的特点影响了较大范围内的环境。扬尘、噪声等都是对周围环境的污染。因此市政工程在管理过程中，应当充分考虑到城市居民因素，安排好拆迁工作，降低和消除对施工环境的污染。

3.2.2 物的不安全状态的管理

物的不安全状态是一个需要综合考虑的因素，其不安全状态既可能由内部因素触发、也可能由外部环境或是人的不安全行为触发，从而转变为生产安全事故。物的管理主要包括施工车辆、机械、设备、安全材料、安全防护用具等。导致物的不安全状态触发的主要内部原因可以归结为物的有效度、物的安全度和物的可操作度。

（1）物的有效度

物的有效度，也就是物的保持原有状态的可靠性。当物受到内部或是外部因素影响而导致其状态发生了非预期的改变，就可能处于不安全的状态。如钢管扣件式脚手架作业。当扣件在外力作用下发生崩裂、脱扣情况而不能保证其初始的扣紧效果时，就可能导致脚手架处于不安全状态。因此，施工前就必须对扣件进行测试，验证其可靠性。

（2）物的安全度

物的安全度，也就是物本身的安全性。如果安全性达不到要求，本身就产生了物的不安全状态。如施工常见的木工圆盘锯，往往存在没有防护挡板的情况，这些本身就是导致安全事故发生的危害因素。此时，圆盘锯显然就已经处于不安全状态，作为一个危害因素而存在了。

（3）物的可操作度

安全事故的发生往往同时存在人的不安全行为和物的不安全状态。物体的可操作性也是其是否会成为危险源的一个重要因素。如道路人行道板的铺设，改小尺寸的道板为大尺寸的道板时，就有可能带来搬运上的困难，产生人身伤害或是道板破损的危害。再如设备旋转部件的控制采用倒顺开关的，由于识别上可能存在的疏忽就可能因为转向的错误而造成伤害。

3.2.3 不安全环境

环境是市政工程施工不可忽视的一个环节。作业环境的变化往往会引发安全生产事故的发生。对市政工程施工安全产生影响的环境因素包括：

（1）工程技术环境，如地质、水文、气象等；

（2）工程作业环境，如施工环境作业面大小、防护设施、通风照明和通信条件等；

（3）工程管理环境，如组织体制、合同条件、安全管理制度等；

（4）工程周边环境，如毗邻的地下管线、建（构）筑物、交通状况、山坡河流等。

3.2.4 管理缺陷

施工安全必须坚持持续改进的原则，很重要的一个目的就是消除管理缺陷。管理上的问题往往是安全事故发生的诱因。

（1）管理条件

管理条件，广义来说就是管理的前置基础，包括工程造价和合同工期。

1）工程造价。由于我国目前建设市场、招投标市场管理尚未规范，建设单位严重压价的情况屡见不鲜。施工单位为了追求自身的经济效益，势必会减少施工安全费用的投入，这直接导致了安全生产管理水平的不足和安全事故的高发。为此，《建设工程安全生产管理条例》第八条规定："建设单位在编制工程概算时，应当确定建设工程安全作业环境及安全施工措施所需费用。"《建设工程安全生产管理条例》第二十二条规定："施工单位对列入建设工程概算的安全作业环境及安全施工措施所需费用，应当用于施工安全防护用具及设施的采购和更新、安全施工措施的落实、安全生产条件的改善，不得挪作他用"。建设部《关于印发〈建筑工程安全防护、文明施工措施费用及使用规定〉的通知》（建办［2005］89号文）也要求："建设单位在编制工程概（预）算时，应当依据工程所在地工程造价管理机构测定的相应费率，合理确定工程安全防护、文明施工措施费。"

2）合同工期。合同工期是从开工至竣工验收交付使用的全过程所需的时间。市政工程最突出的特点就是施工工期变化大。由于受征地拆迁工作的影响，很多工程边施工边拆迁，严重影响了工期。而施工收尾时间往往因为各种原因而受到限制，建设单位为了确保工程的按期完工，对工期提出不合理要求，盲目压缩工期，抢进度，长时间加班加点，打乱了施工节奏，造成人员和设备的疲劳，导致安全事故的发生。

《建设工程安全生产管理条例》第七条规定："建设单位不得压缩合同约定的工期"。

（2）管理行为

管理行为主要指施工单位根据工程特点，建立健全各类安全生产规章制度和操作规程，以消除人和物之间不安全因素的交叉影响，确保施工安全的一系列管理行为。

3.2.5 安全生产技术资料

安全生产技术资料是工程项目施工安全生产管理的重要内容，它既体现了安全生产责任和各项规章制度的落实情况，也是对各项管理要求落实情况的记录。

（1）安全生产保证相关体系资料

1）企业资质、安全生产许可证、三类人员及特殊工种上岗证；

2）各级人员安全生产责任及岗位责任制；

3）企业及项目部各项规章制度及各类安全技术操作规程；

4）项目安全生产保证计划；

5）合同及人身意外伤害保险资料；

6）施工组织设计；

7）专项施工方案；

8）安全生产事故应急救援预案；

9）安全生产组织机构设置；

10）安全生产措施费用清单。

（2）安全预控记录

1）项目危险源及控制措施清单；

2）相关单位协调记录：交通方案、排污许可证、夜间施工许可证等；

3）重大危险源控制目标及管理方案；

4）安全设备、材料清单；

5）安全记录清单；

6）专项施工方案（安全技术措施）清单。

（3）施工过程安全生产记录

1）分包单位安全资质及安全责任；

2）项目人员名册及各类安全教育培训记录；

3）特种作业人员名册及资质证书；

4）文件收发记录；

5）班组活动记录；

6）物资进场报验及检测记录；

7）安全材料、大型设备、临时设施进场验收、交底、安装验收、检测及拆除记录；

8）分包单位安全交底、验收记录；

9）分部、分项、分工种及专项施工方案安全技术交底记录；

10）机械设备及施工机具维护保养及检查验收记录；

11）各类专项施工方案实施验收记录；

12）内外部安全检查记录；

13）工伤事故月报记录；

14）安全评估记录；

15）内部审核记录。

3.3　市政工程安全管理组织

建立以企业厂长（经理）为领导，总工程师为技术总责任，由各职能部门参加的，以项目经理（或主任、总工长）为项目安全生产总责任人，以班组长和安全员为执行人的安全管理网络体系，是保障安全生产的重要组织手段。没有规章制度，就没有准绳，就无章可循；有管理制度，没有组织保证体系，制度就是一纸空文，没有任何意义。

3.3.1　施工安全管理组织

施工安全管理网络体系可以分为两大体系：一是以企业厂长（经理）为安全第一责任人、由各职能部门参加的安全生产管理体系；二是以项目经理（或主任、总工长）为项目安全生产总责

任人的安全生产管理制度执行系统。各自的组织系统见图 3-1、图 3-2。

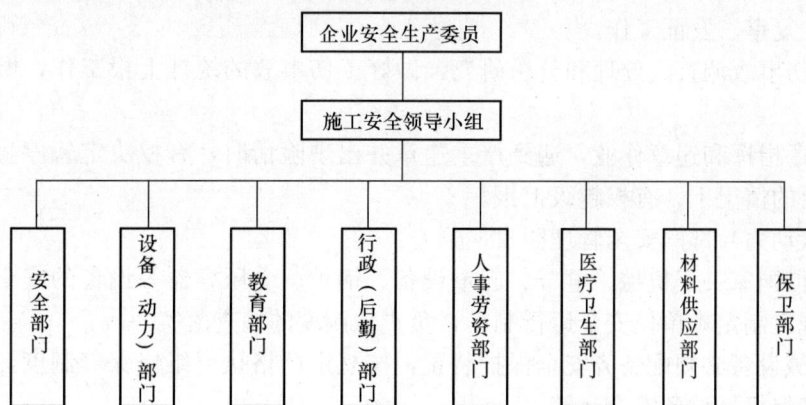

```
              企业安全生产委员
                    │
              施工安全领导小组
    ┌────┬────┬────┬────┬────┬────┬────┬────┐
  安全  设备  教育  行政  人事  医疗  材料  保卫
  部门  （动  部门  （后  劳资  卫生  供应  部门
        力）        勤）  部门  部门  部门
        部门        部门
```

图 3-1　企业安全生产管理组织

3.3.2　安全生产管理责任制

1. 职能部门安全管理职责

（1）安全生产管理委员会暨安全领导小组安全管理职责

1）认真贯彻执行国家有关安全生产的法律、法令、法规、条例以及操作规程等，并根据国家有关规定，主持制定本企业安全生产管理制度，组织编写安全技术措施。

```
              项目经理
    ┌────┬────┬────┬────┬────┬────┐
  安全  施工  机械  材料  劳资  质量  其他
  员    员    员    员    员    员    有关
                                      人员
```

图 3-2　工程项目安全生产管理组织

2）建立和完善基层安全管理组织体系，选拔业务好、责任心强的同志担任各级安全管理工作。

3）定期组织安全教育培训，使各级干部和广大职工都懂得国家有关政策，懂操作规程，并按照操作规程办事。

4）定期组织安全检查和总结评比，发现事故苗头及时纠正，对安全规程做得好的工地和个人给予表彰和奖励。

5）负责对伤亡事故的调查和处理，主持安全事故分析会，总结经验教训，对于相互间问题的环节，积极采取补救措施，把事故消灭在萌芽状态。

安全领导小组由企业经理、主管安全工作的副经理、安全部门负责人等构成，代替安全委员会行使日常管理职能，是安全生产委员会的执行机构，负责安全委员会的重大决策以及日常安全检查工作的贯彻落实，负责伤亡事故的调查和处理。

（2）安全部门安全管理职责

1）企业的安全科、室是专职从事安全管理的职能部门，在安全生产委员会和安全领导小组的领导下，做好安全生产的领导教育和管理工作。

2）组织制定修改企业安全生产管理制度，参加审查施工组织设计和编制安全技术措施计划，并对执行情况进行监督检查。

3）深入基层，指导下级安全员的工作，掌握安全生产情况，调查研究，组织评比，总结推广先进经验。

4）定期组织安全检查，发现事故隐患限期整改，及时向上级领导汇报安全生产情况。

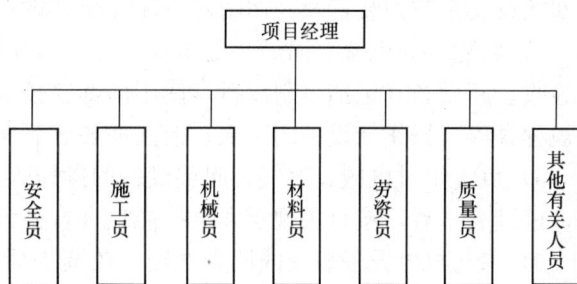

5）抓好专兼职安全员的业务培训工作，会同有关部门做好新工人、特殊工种工人的安全技术培训、考核、复审、发证工作。

6）参加工伤事故调查、处理和分析研究，做好工伤事故的统计上报工作，做好事故档案的管理工作。

7）制止违章指挥和违章作业，遇到严重违章并出现险情时，有权决定暂停生产，并报告上级处理。在必要的情况下，有权越级上报。

（3）设备（动力）部门安全管理职责

1）认真贯彻国家关于机械、电气、起重设备、锅炉、受压容器等设备的安全操作规程，并根据国家有关规定制定本单位安全运行制度，负责该制度的检查落实。

2）各类机械设备必须配备齐安全保护装置，按规定严格执行维修保养制度，易损零部件定时更换制度，确保机械设备安全运转。

3）负责机械、电气、起重、锅炉、受压容器等设备的安全管理，按照安全技术规范的要求，定期检查安全防护装置及一切附件，保证全部设备处于良好状态。

4）新购置的机械、锅炉、受压容器等，必须符合安全技术要求。负责组织投产使用前的检查验收。新设备（包括自制设备）使用前都要按照国家有关规定制定安全操作规程并严格按照操作规程办事。操作新设备的工人，上岗前要进行岗位培训。

5）负责组对机械、电气、起重设备的操作人员，锅炉、受压容器的运行人员定期培训、考核，成绩合格者，按有关规定发给技能培训合格证，杜绝无证上岗。

6）参与机电设备事故的调查处理，在调查研究的基础上提出技术与管理方面的改进措施。对违章作业人员要严肃处理。

（4）教育部门安全管理职责

1）凡举办各种技能培训班时，都必须安排相关的安全教育课程。通过职工教育渠道广泛开展安全生产宣传教育活动，普及安全知识，增加职工的安全意识。

2）将安全教育纳入职工培训计划，定期举办安全技术培训班，通过理论学习和现场演练，使施工人员都能自觉地遵守安全生产规章制度，按操作规程办事。教育部门有责任配合有关部门做好新工人入场，老工人换岗及临时工、合同工、农民工、机械操作工、特种作业人员的培训、考核、发证工作。

（5）行政（后勤）部门安全管理职责

1）后勤部门岗位多，人员复杂也是安全问题多发区。行政（后勤）部门领导要经常对本单位职工进行安全教育，转变那种只有工地才有安全问题的错误观念，使后勤职工都能增强安全意识，自觉做好安全工作。

2）对行政（后勤）部门管理的机电设备，炊事机具，取暖设备，要指定专人负责，定期检查维修，保证安全防护措施齐全、灵敏、有效。

3）夏季要向工地足额供应符合卫生要求的清凉饮料，做好防暑降温工作。保证饭菜质量，防止食物中毒，冬季要做好防寒保温工作。

4）督促有关部门做好劳动保护，防暑降温用品以及防寒保暖材料的采购、保管、加工、发放工作。

5）会同保卫部门定期组织对宿舍、食堂、仓库的安全工作大检查，防止垮塌、爆炸、食物中毒和交通事故的发生。食堂和仓库要重点防止火灾。

（6）人事劳动部门安全管理职责

1）负责新人招工、体格检查与职工干部的教育，会同有关部门做好新工人入场安全教育。

2) 负责对实习培训人员、临时工、合同工的安全教育、考核发证工作，未经考核或考核不及格者不予分配工作。

3) 负责对劳动用品发放标准的执行情况进行监督检查，并根据上级有关规定，修改和制订劳动保护用品发放标准实施细则。

4) 负责审查认证外来民工队的安全技术资质证书，审查不合格的不予签订劳动承包合同。

5) 会同安全部门共同做好特殊作业人员的技术培训工作，保持特殊作业人员的稳定，对不适宜从事特殊作业的人员负责另行安排工作。合理安排劳动组合，严格控制加班加点。加强女工劳动保护，禁止使用童工。

6) 加强职工劳动教育，对严重违反劳动纪律的职工及违章指挥的干部，经说服教育仍屡教不改者，应提出处理意见。参加重大伤亡事故的调查，对工伤者提出鉴定意见和善后处理意见。

(7) 医疗卫生部门安全管理职责

1) 经常深入施工现场，对职工进行安全卫生教育，定期聘请卫生技术部门对施工现场进行测毒、测尘工作，提出预防措施，降低职业病发生率。

2) 定期组织从事有毒、有害、高温、高空作业的人员以及新工人进行健康检查，做好职业病的治疗工作和建档、建卡工作。

3) 普及现场急救知识，做好食品卫生的质量检查和炊事人员、清凉饮料制作人员的体检工作。

4) 发生工伤事故后，积极采取抢救、治疗措施，并向事故调查部门提供工伤人员的伤残程度鉴定。

(8) 材料供应部门安全管理职责

1) 供应施工现场使用的各种防护用品、机具和附件等，在购入时必须有出厂合格证明，发放时必须保证符合安全要求，回收后必须检修。

2) 对危险品的发放，应建立严格的管理制度并认真执行。

3) 对施工现场提供的一切机电设备都要符合安全要求，复杂的、容易发生事故的设备、机具购买时应与厂家订立安全协议，并要求厂家派人定期检查。

4) 施工现场安全设施所用材料应纳入计划，及时供应。超过使用期限、老化的设施应纳入计划，及时更换。

(9) 保卫部门安全管理职责

1) 协同有关部门对职工进行安全防火教育，开展群众性安全生产活动。

2) 主动配合有关部门开展安全大检查，狠抓事故苗头，消除事故隐患。

3) 重点抓好防火、防爆、防毒工作。对已发生的重大事故，协同有关部门组织抢救，查明性质；对性质不明的事故要参与调查，一查到底；对破坏和破坏嫌疑事故，要协助公安部门调查处理。

(10) 总包和分包单位安全管理职责

总包单位安全管理职责如下：

1) 总包单位对整个工程施工过程中的安全问题负领导和管理责任。

2) 负责审查分包单位的施工方案中是否具备安全生产保证体系，安全生产设施是否到位，不具备安全生产条件的，不予发包工程。

3) 负责向分包工程单位做详细的技术交底，提出明确的安全要求，并认真监督检查。

4) 在承包合同中要明确总、分包单位各自应承担的安全责任，发现分包单位有违反安全规定，冒险蛮干或安全设施偷工减料等现象，总包单位有权勒令其停产。

5）对施工中发生的伤亡事故负管理责任，并参与处理分包单位的伤亡事故。

分包单位安全管理职责如下：

1）承担合同规定的安全生产责任，负责搞好本单位的安全生产管理工作。

2）服从总包单位的安全生产管理，执行总包单位有关安全生产的规章制度。

3）定期向总包单位汇报合同规定的安全措施落实情况，及时报告伤亡事故，并按承包合同规定处理伤亡事故。

2. 项目主要相关人员的安全生产职责

安全生产"人人有责"，施工单位各级人员都应承担相应的安全生产责任。

（1）施工单位主要负责人的安全生产责任

1）施工单位主要负责人依法对本单位的安全生产工作全面负责。

2）建立健全安全生产责任制度和安全生产教育培训制度，制定安全生产规章制度和操作规程。

3）保证本单位安全生产条件所需资金的投入。

4）对所承担的建设工程进行定期和专项安全检查，并做好安全检查记录。

（2）施工单位主管生产负责人的安全职责。

1）对本单位的安全生产工作负直接领导责任。

2）协助企业负责人认真贯彻落实安全生产方针、政策、法规，落实各项规章制度。

3）组织和实施落实安全生产责任制。

4）参与编制和审核施工组织设计及专项施工方案。审批项目安全技术管理措施，制定施工生产中安全技术措施费用的使用计划。

5）组织落实安全生产教育培训和考核工作。

6）组织安全生产检查工作，及时解决施工过程中的安全生产隐患。

7）组织事故调查、分析及处理中的具体工作。

8）组织保证企业安全生产保障体系的正常运转。

（3）技术负责人的安全生产责任

1）组织制定安全技术规章制度及批准专项施工方案的实施，对生产安全技术负全面责任。

2）组织及时研究并解决安全技术问题。

3）组织或参与安全生产检查及事故调查。

4）组织新产品、新材料、新设备的安全技术管理。

（4）项目经理的安全责任

1）落实安全生产责任制度、安全生产规章制度和操作规程。

2）确保安全生产费用的有效使用。

3）根据工程的特点组织制定安全施工措施，消除安全事故隐患。

4）及时、如实报告生产安全事故。

（5）项目工程技术负责人安全职责

1）对项目安全生产负技术责任。

2）主持安全技术交底，贯彻、落实安全技术规程。

3）组织或参加施工组织设计和专项方案的编制工作，审查施工方案中安全技术措施的制定和执行情况。

4）及时解决安全技术问题。

5）参加安全生产检查和事故调查，分析和纠正安全技术隐患。

6）组织安全防护设施和设备的验收。

（6）安全员安全职责

1）负责对安全生产进行现场监督检查。

2）发现安全事故隐患，应当及时向项目负责人和安全生产管理机构报告。

3）对违章指挥、违章操作的，应当立即制止。

（7）施工员安全职责

1）认真实施安全生产技术措施及安全操作规程，对安全生产负直接责任。

2）经常对现场安全措施执行情况进行检查并及时纠正违章作业。

3）对作业人员进行安全培训，进行安全技术措施交底。

4）发生安全事故时及时上报，组织抢救并保护好现场。

（8）班组长安全职责

1）组织班组认真学习执行各项安全生产规章制度，对本班组成员安全和健康负责。

2）认真落实安全技术交底内容，组织班前检查工作。

3）做好新工人岗位教育，发现事故及隐患及时上报。

（9）分包队伍负责人安全职责

1）认真履行安全生产责任，对本施工现场安全工作负责。

2）服从承包人安全生产管理，遵守各项安全生产规章制度。

3）及时向承包人报告安全生产情况及安全事故。

（10）操作工安全职责

1）认真学习和执行各项安全生产规章制度，不违章作业。

2）做好自我防护，正确使用防护用具。

3）认真参加培训及安全技术交底。

4）发现安全隐患及时提出，拒绝违章作业。

3.4　施工单位的安全责任

　　市政工程由于受政府行为的影响，管理难度远远大于房屋建筑工程，因此，安全生产管理的深度和力度也往往难于落实。《建设工程安全生产管理条例》的出台，为市政工程安全生产管理提供了明确的法律依据，同时，也明确了建设工程安全生产责任体系。

　　（1）施工单位从事建设工程的新建、扩建、改建和拆除等活动，应当具备国家规定的注册资本、专业技术人员、技术装备和安全生产等条件，依法取得相应等级的资质证书，并在其资质等级许可的范围内承揽工程。

　　（2）施工单位主要负责人依法对本单位的安全生产工作全面负责。施工单位应当建立健全安全生产责任制度和安全生产教育培训制度，制定安全生产规章制度和操作规程，保证本单位安全生产条件所需资金的投入，对所承担的建设工程进行定期和专项安全检查，并做好安全检查记录。施工单位的项目负责人应当由取得相应执业资格的人员担任，对建设工程项目的安全施工负责，落实安全生产责任制度、安全生产规章制度和操作规程，确保安全生产费用的有效使用，并根据工程的特点组织制定安全施工措施，消除安全事故隐患，及时、如实报告生产安全事故。

（3）施工单位对列入建设工程概算的安全作业环境及安全施工措施所需费用，应当用于施工安全防护用具及设施的采购和更新、安全施工措施的落实、安全生产条件的改善，不得挪作他用。

（4）施工单位应当设立安全生产管理机构，配备专职安全生产管理人员。专职安全生产管理人员负责对安全生产进行现场监督检查。发现安全事故隐患，应当及时向项目负责人和安全生产管理机构报告；对违章指挥、违章操作的，应当立即制止。

（5）建设工程实行施工总承包的，由总承包单位对施工现场的安全生产负总责。总承包单位应当自行完成建设工程主体结构的施工。总承包单位依法将建设工程分包给其他单位的，分包合同中应当明确各自的安全生产方面的权利、义务。总承包单位和分包单位对分包工程的安全生产承担连带责任。分包单位应当服从总承包单位的安全生产管理，分包单位不服从管理导致生产安全事故的，由分包单位承担主要责任。

（6）垂直运输机械作业人员、安装拆卸工、爆破作业人员、起重信号工、登高架设作业人员等特种作业人员，必须按照国家有关规定经过专门的安全作业培训，并取得特种作业操作资格证书后，方可上岗作业。

（7）施工单位应当在施工组织设计中编制安全技术措施和施工现场临时用电方案，对下列达到一定规模的危险性较大的分部分项工程编制专项施工方案，并附具安全验算结果，经施工单位技术负责人、总监理工程师签字后实施，由专职安全生产管理人员进行现场监督。

1）基坑支护与降水工程；

2）土方开挖工程；

3）模板工程；

4）起重吊装工程；

5）脚手架工程；

6）拆除、爆破工程；

7）国务院建设行政主管部门或者其他有关部门规定的其他危险性较大的工程。

（8）对如下涉及深基坑、地下暗挖工程、高大模板工程的专项施工方案，施工单位应当组织专家进行论证、审查。

1）基坑支护与降水工程：开挖深度超过5m（含5m）的基坑（槽）并采用支护结构施工的工程；或基坑虽未超过5m，但地质条件和周围环境复杂、地下水位在坑底以上等工程。

2）土方开挖工程：开挖深度超过5m（含5m）的基坑、槽的土方开挖。

3）模板工程：各类工具式模板工程，包括滑模、爬模、大模板等；水平混凝土构件模板支撑系统及特殊结构模板工程。

4）起重吊装工程。

5）脚手架工程：高度超过24m的落地式钢管脚手架；附着式升降脚手架，包括整体提升与分片式提升；悬挑式脚手架；门型脚手架；挂脚手架；吊篮脚手架；卸料平台。

6）拆除、爆破工程：采用人工、机械拆除或爆破拆除的工程。

7）其他危险性较大的工程：建筑幕墙的安装施工；预应力结构张拉施工；隧道工程施工；桥梁工程施工（含架桥）；特种设备施工；网架和索膜结构施工；6m以上的边坡施工；大江、大河的导流、截流施工；港口工程、航道工程；采用新技术、新工艺、新材料，可能影响建设工程质量安全，已经行政许可，尚无技术标准的施工。

（9）建设工程施工前，施工单位负责项目管理的技术人员应当对有关安全施工的技术要求向施工作业班组、作业人员作出详细说明，并由双方签字确认。

（10）施工单位应当在施工现场入口处、施工起重机械、临时用电设施、脚手架、出入通道口、楼梯口、电梯井口、孔洞口、桥梁口、隧道口、基坑边沿、爆破物及有害危险气体和液体存放处等危险部位，设置明显的安全警示标志。安全警示标志必须符合国家标准。施工单位应当根据不同施工阶段和周围环境及季节、气候的变化，在施工现场采取相应的安全施工措施。施工现场暂时停止施工的，施工单位应当做好现场防护，所需费用由责任方承担，或者按照合同约定执行。

（11）施工单位应当将施工现场的办公、生活区与作业区分开设置，并保持安全距离；办公、生活区的选址应当符合安全性要求。职工的膳食、饮水、休息场所等应当符合卫生标准。施工单位不得在尚未竣工的建筑物内设置员工集体宿舍。施工现场临时搭建的建筑物应当符合安全使用要求。施工现场使用的装配式活动房屋应当具有产品合格证。

（12）施工单位对因建设工程施工可能造成损害的毗邻建筑物、构筑物和地下管线等，应当采取专项防护措施。施工单位应当遵守有关环境保护法律、法规的规定，在施工现场采取措施，防止或者减少粉尘、废气、废水、固体废物、噪声、振动和施工照明对人和环境的危害和污染。在城市市区内的建设工程，施工单位应当对施工现场实行封闭围挡。

（13）施工单位应当在施工现场建立消防安全责任制度，确定消防安全责任人，制定用火、用电、使用易燃易爆材料等各项消防安全管理制度和操作规程，设置消防通道、消防水源，配备消防设施和灭火器材，并在施工现场入口处设置明显标志。

（14）施工单位应当向作业人员提供安全防护用具和安全防护服装，并书面告知危险岗位的操作规程和违章操作的危害。作业人员有权对施工现场的作业条件、作业程序和作业方式中存在的安全问题提出批评、检举和控告，有权拒绝违章指挥和强令冒险作业。在施工中发生危及人身安全的紧急情况时，作业人员有权立即停止作业或者在采取必要的应急措施后撤离危险区域。

（15）作业人员应当遵守安全施工的强制性标准、规章制度和操作规程，正确使用安全防护用具、机械设备等。

（16）施工单位采购、租赁的安全防护用具、机械设备、施工机具及配件，应当具有生产（制造）许可证、产品合格证，并在进入施工现场前进行查验。

施工现场的安全防护用具、机械设备、施工机具及配件必须由专人管理，定期进行检查、维修和保养，建立相应的资料档案，并按照国家有关规定及时报废。

（17）施工单位在使用施工起重机械和整体提升脚手架、模板等自升式架设设施前，应当组织有关单位进行验收，也可以委托具有相应资质的检验检测机构进行验收；使用承租的机械设备和施工机具及配件的，由施工总承包单位、分包单位、出租单位和安装单位共同进行验收。验收合格的方可使用。《特种设备安全监察条例》规定的施工起重机械，在验收前应当经有相应资质的检验检测机构监督检验合格。施工单位应当自施工起重机械和整体提升脚手架、模板等自升式架设设施验收合格之日起30日内，向建设行政主管部门或者其他有关部门登记。登记标志应当置于或者附着于该设备的显著位置。

（18）施工单位的主要负责人、项目负责人、专职安全生产管理人员应当经建设行政主管部门或者其他有关部门考核合格后方可任职。施工单位应当对管理人员和作业人员每年至少进行一次安全生产教育培训，其教育培训情况记入个人工作档案。安全生产教育培训考核不合格的人员，不得上岗。

（19）作业人员进入新的岗位或者新的施工现场前，应当接受安全生产教育培训。未经教育培训或者教育培训考核不合格的人员，不得上岗作业。施工单位在采用新技术、新工艺、新设备、新材料时，应当对作业人员进行相应的安全生产教育培训。

(20) 施工单位应当为施工现场从事危险作业的人员办理意外伤害保险。意外伤害保险费由施工单位支付。实行施工总承包的，由总承包单位支付意外伤害保险费。意外伤害保险期限自建设工程开工之日起至竣工验收合格止。

3.5 市政工程安全生产管理制度

市政工程安全生产管理属于建设工程安全生产管理的一部分，它同样依照《建设工程安全生产管理条例》等法律、法规实施管理。根据条例，主要监管制度如下：

（1）三类人员考核任职制度

施工单位的主要负责人、项目负责人、专职安全生产管理人员应当经建设行政主管部门或者其他有关部门考核合格后方可任职。

施工企业的主要负责人是指对企业日常生产经营活动和安全生产工作全面负责、有生产经营决策权的人员，包括企业法定代表人、经理、企业分管安全生产工作的副经理等。施工企业项目负责人，是指由企业法定代表人授权，负责工程项目管理的负责人等。施工企业专职安全生产管理人员，是指在企业专职从事安全生产管理工作的人员，包括企业管理机构的负责人及其工作人员和施工现场专职安全生产管理人员。

国务院建设行政主管部门负责全国建筑施工企业管理人员安全生产的考核工作，并负责中央管理的建筑施工企业管理人员安全生产考核和发证工作。省、自治区、直辖市人民政府建设行政主管部门负责本行政区域内中央管理以外的建筑施工企业管理人员安全生产考核和发证工作。

（2）依法批准开工报告的建设工程和拆除工程备案制度

建设单位应当自开工报告批准之日起15日内，将保证安全施工的措施报送建设工程所在地的县级以上地方人民政府建设行政主管部门或者其他有关部门备案。

建设单位应当在拆除工程施工15日前，将施工单位资质等级证明，拟拆除建筑物、构筑物以及可能危及毗邻建筑的说明，拆除施工组织方案，以及堆放、清除废弃物的措施报送建设工程所在地的县级以上地方人民政府建设行政主管部门或其他有关部门备案。

（3）特种作业人员持证上岗制度

《建设工程安全生产管理条例》第二十五条规定，垂直运输机械作业人员、起重机械安装拆卸工、爆破作业人员、起重信号工、登高架设作业人员等特种作业人员，必须按照国家有关规定经过专门的安全作业业务培训，并取得特种作业操作资格证书后，方可上岗作业。

根据《特种作业人员安全技术培训考核管理办法》规定，特种作业是指容易发生人员伤亡事故，对操作者本人、他人及周围设施的安全有重大危害的作业。特种作业人员具备的基本条件是：年满18周岁；身体健康、无妨碍从事相应工种作业的疾病和生理缺陷；初中以上文化程度，具备相应工程的安全技术知识，参加国家规定的安全技术理论和实际操作考核并合格；符合相应工种作业特点需要的其他条件。

（4）政府安全监督检查制度

县级以上人民政府负有建设工程安全生产监督管理职责的部门在各自的职责范围内履行安全监督检查职责时，有权纠正施工中违反安全生产要求的行为，责令立即排除检查中发现的安全事故隐患，对重大安全事故隐患可以责令暂时停止施工。建设行政主管部门或者其他有关部门可以

将施工现场的安全监督检查委托给建设工程安全监督机构具体实施。

（5）危及施工安全工艺、设备、材料淘汰制度

《建设工程安全生产管理条例》规定国家对严重危及施工安全的工艺、设备、材料实行淘汰制度。

（6）安全生产事故报告制度

《建设工程安全生产管理条例》第五十条规定："施工单位发生生产安全事故，应当按照国家有关伤亡事故报告和调查处理的规定，及时、如实地向负责安全生产监督管理的部门、建设行政主管部门或者其他有关部门报告；特种设备发生事故的，还应当同时向特种设备安全监督管理部门报告。接到报告的部门应当按照国家有关规定，如实上报。实行施工总承包的，由总承包单位负责上报事故。"

（7）施工起重机械使用登记制度

《建设工程安全生产管理条例》第三十五条规定"施工单位应当自施工起重机械和整体提升脚手架、模板等自升式架设设施验收合格之日起三十日内，向建设行政主管部门或者其他有关部门登记。登记标志应当置于或者附着于该设备的显著位置。"

当前市政施工项目施工过程中，不少企业使用自制产品或是非定型产品，也有的起重设施多次使用，缺乏检查和维护。因此，通过登记备案制度的实施，能有效地提高企业的安全程度，落实管理程序，保障施工安全。

（8）专项施工方案专家论证制度

建设部《危险性较大工程安全专项施工方案编制及专家论证审查办法》（〔2004〕213号文）规定，建筑施工企业应当组织专家组进行论证审查的工程：

1）深基坑工程

开挖深度超过5m（含5m）或地下室3层以上（含3层），或深度虽未超过5m（含5m），但地质条件和周围环境及地下管线极其复杂的工程。

2）地下暗挖工程

地下暗挖及遇有溶洞、暗河、瓦斯、岩爆、涌泥、断层等地质复杂的隧道工程。

3）高大模板工程

水平混凝土构件模板支撑系统高度超过8m，或跨度超过18m，施工总荷载大于10kN/m²，或集中线荷载大于15kN/m的模板支撑系统。

4）30m及以上高空作业的工程

5）大江、大河中深水作业的工程

6）城市房屋拆除爆破和其他土石大爆破工程

专家论证审查需符合如下要求：

1）建筑施工企业应当组织不少于5人的专家组，对已编制的安全专项施工方案进行论证审查。

2）安全专项施工方案专家组必须提出书面论证审查报告，施工企业应根据论证审查报告进行完善，施工企业技术负责人、总监理工程师签字后，方可实施。

3）专家组书面论证审查报告应作为安全专项施工方案的附件，在实施过程中，施工企业应严格按照安全专项方案组织施工。

（9）安全生产教育培训制度

《建设工程安全生产管理条例》规定："施工单位应当建立健全安全生产责任制度和安全生产教育培训制度"，"施工单位应当对管理人员和作业人员每年至少进行一次安全生产教育培训，其

教育培训情况记入个人工作档案。安全生产教育培训考核不合格的人员，不得上岗”，“作业人员进入新的岗位或者新的施工现场前，应当接受安全生产教育培训。未经教育培训或者培训考核不合格的人员，不得上岗作业。施工单位在采用新技术、新工艺、新设备、新材料时，应当对作业人员进行相应的安全生产教育培训。”

市政工程由于规范性建设起步迟，在标准规范及安全技术能力上存在诸多不足，因而人员的教育培训愈加重要。通过安全教育培训，尽可能地消除人员的不安全行为。

（10）施工现场消防安全责任制度

《建设工程安全生产管理条例》第三十一条规定“施工单位应当在施工现场建立消防安全责任制度，确定消防安全责任人，制定用火、用电、使用易燃易爆材料等各项消防安全管理制度和操作规程，设置消防通道、消防水源，配备消防设施和灭火器材，并在施工现场入口处设置明显标志。”

（11）意外伤害保险制度

《建设工程安全生产管理条例》第三十八条规定“施工企业应当为现场从事危险作业的人员办理人身意外伤害保险。

《建筑法》第四十八条对建筑施工意外伤害提出了强制性保险的规定。

（12）生产安全事故应急救援预案

《建设工程安全生产管理条例》第六章规定：

1）县级以上地方人民政府建设行政主管部门应当根据本级人民政府的要求，制定本行政区域内建设工程特大生产安全事故应急救援预案。

2）施工单位应当制定本单位生产安全事故应急救援预案，建立应急救援组织或者配备应急救援人员，配备必要的应急救援器材、设备，并定期组织演练。

3）施工单位应当根据建设工程施工的特点、范围，对施工现场易发生重大事故的部位、环节进行监控，制定施工现场生产安全事故应急救援预案。实行施工总承包的，由总承包单位统一组织编制建设工程生产安全事故应急救援预案，工程总承包单位和分包单位按照应急救援预案，各自建立应急救援组织或者配备应急救援人员，配备救援器材、设备，并定期组织演练。

生产安全事故应急救援预案能有效地提高事故处理的效率，防止事故的扩大，降低事故损失。

（13）依法批准开工报告的建设工程和拆除工程备案制度

依法批准开工报告的建设工程，建设单位应当自开工报告批准之日起15日内，将保证安全施工的措施报送建设工程所在地的县级以上地方人民政府建设行政主管部门或者其他有关部门备案。

建设单位应当在拆除工程施工15日前，将下列资料报送建设工程所在地的县级以上地方人民政府建设行政主管部门或者其他有关部门备案：

1）施工单位资质等级证明；

2）拟拆除建筑物、构筑物及可能危及毗邻建筑的说明；

3）拆除施工组织方案；

4）堆放、清除废弃物的措施。

实施爆破作业的，应当遵守国家有关民用爆炸物品管理的规定。

（14）安全生产责任制度

建设单位、勘察单位、设计单位、施工单位、工程监理单位及其他与建设工程安全生产有关的单位，必须遵守安全生产法律、法规的规定，保证建设工程安全生产，依法承担建设工程安全

生产责任。

施工企业的安全责任主要包括：

1) 企业主要负责人、企业项目负责人、企业技术负责人、专职安全生产管理人员、各层次管理及作业人员等各级人员的安全责任。安全责任制应落实到与生产相关的每个人；

2) 企业对分包单位的安全生产责任以及分包单位的安全生产责任；

3) 配置安全管理机构和落实专职安全生产管理人员的责任。

3.6 建立企业项目安全保证体系

3.6.1 安全保证体系的结构

安全保证体系是以安全生产为目的，有确定的组织结构形式，明确的安全生产责任和内容，规范的活动程序，合理的人员、资金、设施和设备等资源配给，按规定的技术要求和方法，去完成安全生产目标的一个系统的整体。施工企业应当根据实际情况和工程项目的特点，在建立企业安全保证体系中落实以下体系的建设。

（1）组织保证体系

安全保证体系必须要求全员参与。企业在建立安全保证体系时不应仅仅把安全生产放在工程部门和安全部门，应当从工程招投标至竣工交付的各个环节进行考虑。组织中各级人员都应落实相应的安全职责。

企业负责人是安全生产的第一责任人，对安全工作全面负责。安全保证体系必须得到企业负责人的绝对支持，企业负责人应当明确相应的目标和责任。企业内部管理人员及施工作业人员都应承担相应的安全责任，遵循规定的规章制度，确保安全指令的顺利下达，安全措施的落实以及安全防护设施的到位。做到分工管理、逐级负责、全面监督、层层考核。

施工企业对施工管理过程的体系建设应当全面考虑必要的因素，做到全员、全过程、全方位、全天候实施管理，突出系统管理的思维方法。

（2）程序保证体系

施工企业在项目施工安全管理过程包括策划过程和施工过程两个主要阶段，在这两个阶段的管理过程中必须落实安全保证体系文件的建立、实施和评价。

（3）监督保证体系

安全管理必须有明确的规章制度予以保证。监督保证体系包括两个方面的内容，一是规章制度，通过规章制度的建立和实施来减少安全风险；二是安全检查，安全检查是安全管理中，事故隐患发现和排除的有效手段，也是PDCA循环中的重要阶段，只有通过不断的安全检查，才能发现安全隐患，从而进行改进。

3.6.2 项目安全保证体系的实施与运作

1. 识别施工主要过程的危险源

根据企业安全管理方针和目标，项目施工安全管理必须首先确定施工现场的危险源。

（1）土方工程

土方工程的特点是使用机械的频率比较高，场地狭窄，地质情况变化较大，因而容易发生土

方坍塌和机械伤害事故。

（2）钢筋工程

现代建设工程大多数为钢筋混凝土结构，钢筋在这种结构中占有极其重要的地位，钢筋施工中包括钢筋加工制作和钢筋绑扎两个方面。在施工过程中一般都要使用钢筋加工机械，进行钢筋的调直、切断、弯曲、除锈、冷拉、焊接。因而在实际操作中会经常发生机械伤害事故和触电事故。

（3）模板工程

模板是工程施工中必须使用的工具材料之一。随着现代工程建设中现浇结构的数量越来越大，模板使用的数量和频率也越来越大。模板系统包括模板和支架系统两大部分，这两部分承受了新浇混凝土的重量和侧压力，以及在施工过程中产生的各种荷载。由于模板的大量使用，模板施工中所发生的事故越来越多，诸如模板整体倒塌、炸模等事故也经常发生。

（4）混凝土工程

包括钢筋混凝土、沥青混凝土等。混凝土包括配料、拌制、运输、浇筑、养护、拆模等一系列施工过程，机械化和半机械化施工也容易产生安全事故。特别是道路沥青摊铺，不仅对施工人员安全健康产生影响，对过往行人安全也产生了很多不确定因素。

（5）预制构件吊装工程

预制构件吊装是用各种起重机械将预制的结构构件安装到设计位置的施工过程，由于该施工过程涉及构件的运输、大型起重机械的使用、起重期间的监护，各环节都有可能产生安全事故。

（6）其他重要施工工程

不同的施工类型以及不同施工部位都可能产生安全隐患源。如桥梁工程、隧道工程、砌筑工程、脚手架工程、钢结构施工等等。施工现场直接使劳动者受到伤害的原因较多，主要有：

1）高处坠落：包括从架子、屋顶上坠落以及从平地坠入地坑等；

2）物体打击：指落物、滚石、锤击、碎裂崩块、碰伤等伤害，包括因爆炸而引起的物体打击；

3）车辆、机械伤害。包括挤、压、撞、倾覆；绞、碾、碰、割、戳等；

4）触电：包括雷击伤害；

5）基坑坍塌；

6）中毒和窒息；

7）火灾、灼烫、刺割伤；

8）起重伤害；

9）冒顶片帮；

10）淹溺；

11）透水；

12）爆破施工；

13）高压容器、易燃易爆物质爆炸；

14）其他伤害扭伤、跌伤、咬伤等。

2. 设置安全生产管理机构

安全管理机构的设置必须体现全员参与的思想。

（1）公司级安全管理机构

当前一些公司安全管理机构往往未承担项目现场的安全管理责任，造成公司与项目部安全管理的脱节，公司安全管理机构必须实施对项目现场的安全管理。

1）对项目现场实施安全检查，督促项目现场实施安全隐患的整改；

2）核查项目现场安全技术措施的落实情况，向管理者进行汇报；

3）协助项目现场进行培训管理。

（2）工程项目部安全管理机构

工程项目部是施工第一线的管理机构，必须依据工程特点，建立以项目经理为首的安全生产领导小组，并建立和落实安全生产责任制，对工程现场实施安全检查，督促项目部解决和处理安全隐患和安全技术问题。

（3）分包单位安全管理机构

分包单位的安全行为往往影响到整个项目的安全保证能力。因此，分包单位必须设置安全管理机构和专职安全管理人员，配合总包单位实施安全管理。

（4）生产班组安全管理

加强班组安全管理能力是安全保证体系得以顺利实施的基础。班组应设置兼职安全员，协助班组长搞好安全生产管理。

3. 建立安全技术资料

安全技术资料是对项目施工安全行为的指导和安全行为的记录。通过安全技术资料的健全和规范，使得安全保证体系系统、有效，具备较强的可操作性和可评价性，为持续改进提供了依据。施工企业应当对各个环节制定书面化的内容，形成文件并加以实施。

4. 安全教育与培训

安全教育的目的和作用是使项目各级管理和施工人员真正认识到安全生产的重要性、必要性，懂得项目施工管理的安全生产、文明施工的相关知识，牢固树立安全第一的思想，自觉地遵守各项安全生产规章制度。

安全生产教育与培训包括如下内容：

（1）安全生产教育制度；

（2）新工人入场安全教育；

（3）特种作业人员安全生产教育；

（4）企业各级管理人员的安全生产培训；

（5）经常性的安全教育；

（6）项目风险预知培训；

（7）项目应急救援预案演练。

5. 专项施工方案（安全技术措施）的管理

专项施工方案是施工重要环节生产安全保证的前提和基础。它包括五个基本控制环节：

（1）编制环节。专项施工方案的编制应由专业技术人员进行，并落实相应的安全技术措施。

（2）审核环节。专项施工方案的审核应由生产技术部门进行审核，确保针对性和可操作性。

（3）批准环节。企业技术负责人对安全技术负总责，专项施工方案必须经过企业技术负责人的批准。

（4）交底环节。专项施工方案在实施前必须得到明确交底，确保相关人员知晓。

（5）验收环节。施工企业必须对专项施工方案中涉及到的安全技术措施组织验收，确保专项施工方案得到有效实施。

6. 安全检查和评价

安全检查是安全保证体系重要的环节，项目安全保证体系通过安全检查来对现有安全技术落实情况进行核查。安全检查包括：

（1）定期安全生产检查；

（2）经常性安全生产检查；

（3）专业安全检查；

（4）季节性、节假日安全生产检查；

（5）自检、交接检查；

（6）整改和复查。

安全生产评价是对安全保证能力的验证。

7. 伤亡事故处理

（1）组织营救受害人员，组织撤离或采取其他措施保护危害区域内的其他人员。

（2）迅速控制事态，及时控制造成事故的危险源，防止事故的继续扩展。

（3）消除危害后果，做好现场恢复。

（4）查清事故原因，评估危害程度。

（5）安全事故处理必须坚持"四不放过"原则：事故原因不清楚不放过，事故责任者和员工没有受到教育不放过，事故责任者没有处理不放过，没有制定防范措施不放过。

3.7 建设工程安全生产事故的应急救援与调查处理

3.7.1 安全事故应急救援预案的编制

1. 概述

应急救援预案，是指事先制定的、应对可能发生的需要进行紧急救援工作的生产安全事故，以便及时救助受伤的和处于危险境况下的人员、防止事态和伤害扩大、并为善后工作创造较好条件的组织、程序、措施和协调工作及其责任的方案。

应急救援预案分为三级，即政府级、企业级和项目级，预案的适应范围逐级缩小。政府级预案为县级以上地方人民政府建设行政主管部门制定的本行政区域内建设工程特大生产安全事故应急救援预案。应迅速调集和投入巨大的应急救援资源（人力、物力、财力），并在强有力的统一组织和指挥下进行抢险救援工作，以实现迅速排除险情、抢救人员和减轻损失的要求。企业级预案为具有法人资格的施工企业制定的本企业发生生产安全事故的应急救援预案。需针对事故的严重程度和救援难度，分别采取企业全部承担（或基本上承担）、大部分承担和先行抢险救助求援、而后服从上级统一指挥的预案。项目级预案为施工单位针对在施工程项目情况和条件制定的特定施工现场生产安全事故的应急救援预案。

2. 应急救援预案的编制要求

（1）把握好"应急救援"的核心要求

预案的核心是应急救援，且在确保安全的前提下，争分夺秒实施紧急的抢险和排险救援工作，实施"安、急、抢、排、救"的五字应急救援要求。

（2）突出重点

预案应突出下列五项重点内容：

1）对纳入预案的突发事态及其急迫和困难程度类别界定的阐述；

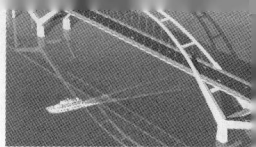

2）各类事态下进行安全抢（排）险救援工作的总体方案、各环节的工作要求和技术措施；

3）抢（排）险救援工作的机制、组织和指挥系统；

4）抢（排）险救援工作总体和分项的工作（作业）程序与监控要求；

5）应急救援所需人力、设备、物资的配备、调集和供应安排。

（3）加强针对性

即密切结合本行政区域、本行业、本企业和本工程在安全生产方面的实际情况、基础条件和存在问题，分析可能发生事故的类型、级别及引起原因，有针对性地制定预案。

（4）确保反应迅速、启动及时

在预案中，必须建立起通畅的、保证不会发生贻误和阻滞、不会影响及时启动应急救援工作的迅速反应系统，包括事故上报系统、应急救援机制启动系统、应急救援期间人员上岗就位系统和应急救援资源调配系统等，以实现在事故发生后，及时上报和启动救援工作的要求。

（5）确保操作程序简单、工作要求明确，并可以实现快速调整

在编制预案时，应同时编制修改调节程序，根据情况和安排的变化，可以迅速完成对预案的修改；亦可采用在编制中多考虑几种可能性及相应的安排。

（6）确保分工合理、责任明确、协调配合顺畅

在政府级预案中，应当明确政府行政主管部门、施工单位及其他有关方面的分工、配合和协调要求及相应的责任；在企业级和项目级预案中，也需要考虑政府行政主管部门介入后的相应安排。预案实施还需要有统一的指挥与各部门各司其职、各尽其责。

3. 应急救援预案的编制

（1）应予考虑编制应急救援预案的生产安全事故

在建设工程施工期间，有应急救援需要的生产安全事故共有由各种原因引起而呈现各种危险事（状）态的火灾事故、坍塌和倒塌事故、电气事故、起重吊装和安装事故、机械和设备事故以及中毒和窒息事故等六大类。这六类有应急救援需要的事故中，电气事故与火灾事故之间有较多关联，可以合到一起编制"火灾与电气事故应急救援预案"，起重吊装和安装事故与机械和设备事故之间也有较多联系，也可合在一起编制"机械设备和起重安装事故应急救援预案"，再加上"坍塌和倒塌事故应急救援预案"和"中毒和窒息事故应急救援预案"共有四种专项应急救援预案。

应急救援预案除应有上述四类应急救援预案内容外，还应有一节"其他类型事故应急救援工作安排的要点"。"其他类型事故"包括爆炸、天灾（暴风、暴雨、暴雪、龙卷风）、特种工程事故和其他不可预见事件等。

（2）应急救援措施的编制安排

应急救援措施，就是及时抢救在事故中受伤和被困人员，使被困人员安全脱险、受伤人员及时送往医院救治的措施。措施的时段从进入现场救援人员（包括在现场未受伤和撤出并参与抢险救助工作的人员）进行救援工作开始，到使全部被困人员平安脱险和将全部受伤人员交给医院人员进行急救处置后送往医院为止。在这个过程中，必须采取措施控制事态的进一步发展，排除或消除救援通道的险情，确保救援人员的安全与受伤和遇险人员不受二次伤害。因此，纳入预案的应急救援措施，实际上就是以可靠的技术保障，实现安全抢险、安全排险和安全施救工作的措施，亦可称其为"三安措施"，而抢（时）、排（险）、救（助）则是其核心内容。

应急救援措施应依事故及其事态情况和"三安"要求进行编制，并在执行时常需依实际的情况及变化做必要的调整。因此，在编制时应深入考虑和研究可能出现的事态变化、纳入预案，使其具有对实际情况较好的适应性。因为救援措施决定了应急救援工作的资源投入和组织实施，所

以，应急救援措施在预案编制中占有极为重要的位置，并需要早些确定下来。

火灾和坍（倒）塌事故应急救援措施的内容一般包括以下9个部分：事故的险情判断和救援任务；救援工作程序；控制事态的发展和变化；开辟救援的工作面或通道；移开或吊运阻碍救援工作的大、重物件的措施；清除或稳固影响救援安全的危险物的措施；需要及时处置新出现的事态；安全救出遇险和受伤人员的措施；对救出人员的现场急救处置的措施。

(3) 应急反应系统的考虑事项

1) "三个快速"。它包括快速报告事故、快速上岗就位和快速展开救援。

2) "四个有备"。它包括救援组织和指挥系统有准备；救援方案、措施和工作程序有准备；第一批投入的救援资源（人力、物力、设备）有准备；救援资源的后续投入有准备。

3) "两个准确"。它包括传递信息要准确和传达指令要准确。

3.7.2　建设工程生产安全事故的上报和调查处理

1. 生产安全事故的上报、应急处置和事故现场的保护

在发生生产安全事故之后，事故现场有关人员应当立即报告施工单位负责人，单位负责人接到报告后，应做好如下工作：

(1) 立即赶到事故现场，认真查明情况。

(2) 立即向当地负有安全生产监督管理职责的部门报告并向建设行政主管部门如实报告。

(3) 立即组织进行抢（排）险、疏散和救援工作，防止或阻滞事态发展与事故扩大、最大限度地减少人员伤亡和财产损失，同时做好事故现场的保护工作。已办理职工意外伤害保险者，还应立即通知保险公司派人到场，以便其查验事故情况并着手理赔工作。

负有安全生产管理职责的部门接到事故报告后，应当立即逐级上报。死亡事故应上报到省（自治区、直辖市）安全生产监管部门；重大死亡事故应报至国务院安全生产监管部门；特大事故应立即报告所在地省（自治区、直辖市）人民政府和国务院有关部门，省（自治区、直辖市）人民政府和国务院有关部门接到报告后，应立即向国务院报告。

2. 生产安全事故的调查处理

建设行政主管部门主持或参与（安全生产监管部门组织和主持的）对建设工程生产安全事故的调查，并依法对事故责任单位和责任人进行处罚、处理。处罚和处理工作的主要法律依据有《安全生产法》、《建筑法》、《中华人民共和国刑法》、《中华人民共和国行政处罚法》、《国务院关于特大安全事故行政责任追究的规定》、《特别重大事故调查程序暂行规定》、《企业职工伤亡事故报告和处理规定》和《工程建设重大事故和调查程序规定》等。

事故的调查和处理工作，应当按照严肃认真、实事求是和尊重科学的原则，及时准确地查清事故原因，查明事故性质和责任，总结事故教训，提出整改措施，并对事故责任者提出处理意见。对于事故调查和处理必须坚持"四不放过"原则。

3.8　市政施工安全工作的科学管理

市政施工安全的科学管理的核心是："两高"（高度的重视、高度的责任心）和"三性"（科学性、全员性、严格性）。没有高度的重视和高度的责任心，就很难认真地去实现安全生产管理

的科学性、全员性和严格性，而疏于对"三性"的要求，则也谈不上具有了"两高"。

3.8.1 市政施工安全科学管理的基本框架

市政施工安全的科学管理要求由以下四个前后衔接的基本环节所组成：

（1）第一环节为充分掌握三项基本依据，即：安全生产的法律、法规和强制性标准；安全生产工作经验；安全生产事故教训等。

（2）第二环节为研究掌握三类内在规律，即：事故发生规律；安全防范规律；管理工作规律等。

（3）第三环节为健全安全保证体系，即由组织、制度、技术、投入和信息等安全保证体系所组成等。

（4）第四环节为全面落实六项安全工作管理，即：安全教育培训工作管理；对各级人员安全责任的管理；对安全作业环境和条件的管理；对安全施工操作要求的管理；对安全检查与整改工作的管理和对异常、应急事态处置工作的管理等。它们构成了市政施工安全科学管理的躯干或主线，前一环节为后一环节的前提、依据或基础，而后一环节为前一环节的目的或结果，且又可反过来发现前一环节的不足和问题，以促使其改进和完善。

政府主管部门对安全生产的监督管理工作则是站在全局的高度，依据第一、二环节的全局性把握，对施工单位的第三、四环节进行安全生产监督。图3-3所示为市政施工安全科学管理的基本框架。

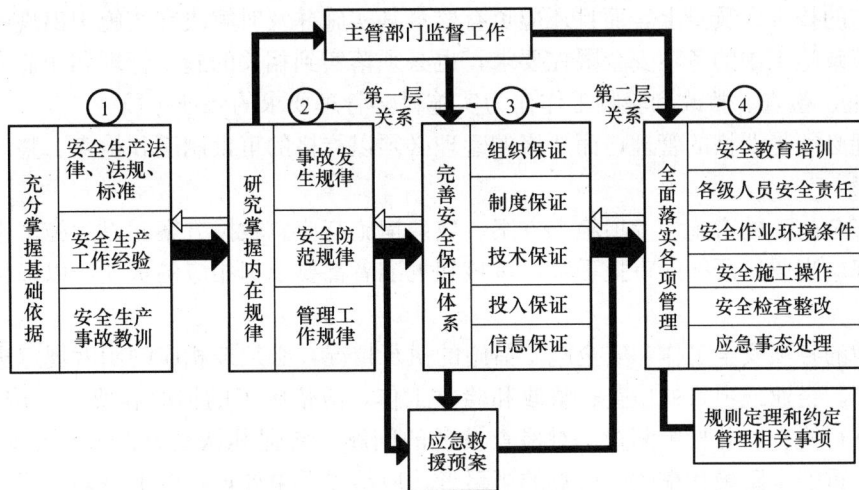

图 3-3　市政施工安全科学管理的基本框架

图3-3所示市政施工安全科学管理的基本框架可以用以下24个字完整地表达出来，即：

掌握依据 ——→ 研究规律 ——→ 完善保障 ——→ 落实管理 ——→ 接受监督 ——→ 预案应急。

3.8.2 施工安全科学管理工作的实施

1. 着力打造强有力的施工安全技术保证体系

施工安全的技术保证体系是全面的施工安全保证体系的核心和主体，而组织、制度、投入和信息等其余四个保证体系，则都是为技术保证体系的实施服务的。

技术保证体系所具有的可靠性技术、限控技术、保险与排险技术和保护技术，是从施工安全事故的发生规律和安全防范规律总结出来的，前后相承、紧密相接、环环相扣，形成了有四道安

全保障、已较为成熟的科学体系，是建筑施工安全技术措施的科学架构。

施工安全技术措施只要能够按照安全技术保证体系的架构和要求去编制，则一定能够达到最有力和有效地确保施工安全的要求。因此也可以说，着力打造强有力的施工安全技术保证体系，是能否正确实施建筑施工安全科学管理要求的关键所在。

2. 着力改善安全施工作业的环境和条件

为施工作业创造安全的环境和条件，是施工安全科学管理工作中的重要环节，不仅在开始施工时要做好，而且在施工的整个过程中都应保持良好的状态。

安全施工作业的环境和条件包括软、硬两个方面。软的环境和条件主要为安全施工的氛围，包括安全宣传环境、安全人员上岗就位、安全防护用品使用、班前的安全交底、班中的安全"三检"（自检、互检、交接检）以及安全警示设施等，共同构成浓厚的施工安全科学管理的整体氛围，这也正是科学管理所要求的"全员性"的体现。若没有全员参与并严格遵守的安全生产氛围，则很难达到科学管理的高度。

必须将营造安全工作的氛围放到十分重要的地位上。至于硬的环境和条件，则必须按照安全施工措施和有关的制度、规定做好。硬的环境和条件则包括现场条件、安全设施条件（架设设施、防护设施、保护设施、隔离设施等）和安全措施条件等。并由软、硬两方面的条件营造出安全文明施工的工地。

3. 在落实各级人员安全责任的基础上实施最为严格的管理

在编制市政工程安全施工措施中的安全可靠性要求，就必须具体和明确地落实到承担编制和设计计算工作的技术人员身上，而且还应负有监督其实施并及时解决在实施中出现的新问题的责任；有关在市政施工中的各项安全限控要求，也必须落实到相关的施工管理和作业人员身上。

4. 将审批、检查、整改和验收工作作为实施科学管理要求的保证手段

科学管理必须是严格的管理，而严格的管理必须以严格的审批制度和检查、整改、验收制度作为保证手段。

对市政安全施工的措施、专项施工方案、应急措施与应急救援方案，以及施工中对有关措施的变动等，都应当履行严格的审批手续，审核和批准者都要承担相应的责任，以确保审查的各项要求。

对施工中的各项安全工作和安全施工措施的执行情况，必须按相应的制度规定进行检查、整改和验收工作。企业或项目的检查、整改和验收工作，应依施工的情况和要求，按阶（时）段、部位和环节进行检查，并杜绝漏查。对检查发现的问题，督促其认真整改并严格地进行验收工作。对存在严重安全隐患和整改不认真的当事者，应给以严肃处理，以确保科学管理工作的认真实施。

第4章

市政工程施工
安全技术管理

4.1 土方工程安全施工技术

4.1.1 土的开挖

1. 挖土的一般规定

（1）人工开挖时，两个人操作间距应保持2～3m，并应自上而下逐层挖掘，严禁采用掏洞的挖掘操作方法。

（2）挖土时要随时注意土壁的变异情况，如发现有裂纹或部分塌落现象，要及时进行支撑或改缓放坡，并注意支撑的稳固和边坡的变化。

（3）上下坑沟应先挖好阶梯或设木梯，不应踩踏土壁及其支撑上下。

（4）用挖土机施工时，挖土机的作业范围内，不得进行其他作业，且应至少保留0.3m厚不挖，最后由人工修挖至设计标高。

（5）在坑边堆放弃土、材料和移动施工机械，应与坑边保持一定距离，当土质良好时，要距坑边1m以外，堆放高度不能超过1.5m。

2. 斜坡地段的挖方

在斜坡地段挖方时，必须符合下列规定：

（1）土坡坡度要根据工程地质和土坡高度，结合当地同类土体的稳定坡度值确定。

（2）土方开挖宜从上到下分层分段依次进行，并随时做成一定的坡度以利泄水，且不应在影响边坡稳定的范围内积水。

（3）在斜坡上方弃土时，应保证挖方边坡的稳定。弃土堆应连续设置，其顶面应向外倾斜，以防山坡水流入挖方场地。但坡度陡于1/5或在软土地区，禁止在挖方上侧弃土。

（4）在挖方下侧弃土时，要将弃土堆表面整平，并向外倾斜，弃土表面要低于挖方场地的设计标高，或在弃土堆与挖方场地间设置排水沟，防止地表水流入挖方场地。

3. 滑坡地段的挖方

在滑坡地段挖方时，必须符合下列规定：

（1）施工前先了解工程地质勘察资料、地形、地貌及滑坡迹象等情况。不宜雨期施工，同时不应破坏挖方上坡的自然植被，并要事先做好地面和地下排水设施。

（2）遵循先整治后开挖的施工顺序，在开挖时，须遵循由上到下的开挖顺序，严禁先切除坡脚。如若爆破施工时，严防因爆破振动产生滑坡。

（3）抗滑挡土墙要尽量在旱季施工，基槽开挖应分段进行，并加设支撑，开挖一段就要做好这段的挡土墙。

（4）开挖过程中如发现滑坡迹象（如裂缝、滑动等）时，应暂停施工，必要时，所有人员和机械要撤至安全地点。

4. 基坑（槽）和管沟的挖方

在基坑（槽）和管沟挖方时，必须符合下列规定：

（1）施工中应防止地面水流入坑、沟内，以免边坡塌方。

（2）挖方边坡要随挖随撑，并支撑牢固，且在施工过程中应经常检查，如有松动、变形等现象，要及时加固或更换。

5. 湿土地区的挖方

在湿土地区开挖时，必须符合下列规定：

（1）施工前需要做好地面的排水和降低地下水位的工作，若为人工降水时，要降至坑底0.5～1.0m时，方可开挖，采用明排水时可不受此限。

（2）相邻基坑和管沟开挖时，要先深后浅，并要及时做好基础。

（3）挖出的土不应堆放在坡顶上，应立即转运至规定的距离以外。

6. 膨胀土地区的挖方

在膨胀土地区开挖时，要符合下列规定：

（1）在开挖膨胀土前要做好排水工作，防止地表水、施工用水和生活废水浸入施工现场或冲刷边坡。

（2）开挖膨胀土后的基土，不许受烈日暴晒或水浸泡；开挖、做垫层、基础施工和回填土等要连续进行。

（3）当采用砂地基时，要先将砂浇水至饱和后再铺填夯实，不能在基坑（槽）或管沟内浇水使砂沉落的方法施工。

（4）对于钢（木）支撑的拆除，要按照回填顺序依次进行。多层支撑应自下而上逐层拆除，随拆随填。

7. 坑壁的支撑

（1）采用钢板桩、钢筋混凝土预制桩作坑壁支撑时，要符合下列规定：

1）应尽量减少打桩时对邻近建筑物和构筑物的影响，当土质较差时，宜采用啮合式板桩；

2）采用钢筋混凝土灌注桩时，要在桩身混凝土达到设计强度后，方可开挖；

3）在桩身附近挖土时，不能伤及桩身。

（2）采用钢板桩、钢筋混凝土桩作坑壁支撑并设有锚杆时，要符合下列规定：

1）锚杆宜选用螺纹钢筋，使用前应清除油污和浮锈，以便增强粘结的握裹力并防止发生意外；锚固段应设置在稳定性较好土层或岩层中，长度应大于或等于计算规定；

2）钻孔时不应损坏已有管沟、电缆等地下埋设物；

3）施工前需测定锚杆的抗拉力，验证可靠后，方可施工；

4）锚杆段要用水泥砂浆灌注密实，并需经常检查锚头紧固和锚杆周围土质情况。

4.1.2 基坑（槽）边坡的稳定

1. 基坑（槽）边坡的规定

当地质情况良好、土质均匀、地下水位低于基坑（槽）底面标高时，可不加支撑。这时的边坡最陡坡度应按表4-1的规定确定。

深度在5m以内的基坑（槽）边的最陡坡度 表4-1

土的类别	边坡坡度（高：宽）		
	坡顶无荷载	坡顶有静载	坡顶有动载
中密的砂土	1:1.0	1:1.25	1:1.50
中密的碎石土	1:1.075	1:1.00	1:1.25
硬塑的粉土	1:0.67	1:0.75	1:1.00
中密的碎石土（充填物为黏土）	1:0.50	1:0.67	1:0.75
硬塑的粉质黏土、黏土	1:0.33	1:0.50	1:0.67
老黄土	1:0.10	1:0.25	1:0.33
软土（轻型井点降水后）	1:1.0	—	—

注：1. 静载指堆土或材料等，动载指机械挖土或汽车运输作业等。静载或动载挖边缘距离应在1m以外，堆土或材料堆积高度不应超过1.5m。

2. 若有成熟的经验或科学的理论计算并经试验证明者可不受本表限制。

2. 基坑（槽）土壁垂直挖深规定

基坑（槽）不放边坡，垂直挖深高度的规定如下：

（1）无地下水或地下水位低于基坑（槽）底面且土质均匀时，土壁不加支撑的垂直挖深不宜超过表4-2的规定。

基坑（槽）土壁垂直挖深规定　　　　　　　　　　　　　　表4-2

土 的 类 别	挖土深度（m）
密实、中密的砂土和碎石类土	1.00
硬塑、可塑的粉土及粉质黏土	1.25
硬塑、可塑的黏土和碎石类土（充填物为黏性土）	1.50
坚硬的黏土	2.00

（2）当天然冻结的速度和深度，能确保挖土时的安全操作，对于4m以内深度的基坑（槽）开挖时可以采用天然冻结法垂直开挖而不加设支撑。但是对于干燥的砂土应严禁采用冻结法来施工。

（3）黏性土不加支撑的基坑（槽）最大垂直挖深可根据坑壁的重量、内摩擦角、坑顶部的均布荷载及安全系数等进行计算。

4.1.3　浅基础土壁的支撑形式

浅基础指的是基坑深度在5m以内的基础，对于浅基础边坡支护形式是多种多样的，下面将列举8种常见方法，见表4-3。

浅基础土壁支撑形式适用范围与支撑方法表　　　　　　　　表4-3

支撑名称	适用范围	支撑简图	支撑方法
间断式水平支撑	干土或天然湿度的黏土类土，深度在2m以内		两侧挡土板水平放置，用撑木加木楔顶紧，挖一层土支顶一层
断续式水平支撑	挖掘湿度小的黏性土及挖土深度小于3m时		挡土板水平放置，中间留出间隔，然后两侧同时对称立上竖木方，再用工具式横撑上下顶紧
连续式水平支撑	挖掘较潮湿的或散粒的土及挖土深度小于5m时		挡土板水平放置、相互靠紧，不留间隔，然后两侧同时对称立上竖木方上下各顶一根撑木，端头加木楔撑木，端头加木楔顶紧

支撑名称	适用范围	支撑简图	支撑方法
连续式垂直支撑	挖掘松散的或湿度很高的土（挖土深度不限）		挡土板垂直放置，然后每侧上下各水平放置木方一根用撑木顶紧，再用木楔顶紧
锚拉支撑	开挖较大基坑或使用较大型的机械挖土，而不能安装横撑时		挡土板水平顶在柱桩的内侧，柱桩一端打入土中，另一端用拉杆与远处锚桩拉紧，挡土板内侧回填土
斜柱支撑	开挖较大基坑或使用较大型的机械挖土，而不能采用锚拉支撑时		挡土板1水平钉在柱桩的内侧，柱桩外侧由斜撑支牢，斜撑的底端只顶在撑桩上，然后在挡土板内侧回填土
短柱横隔支撑	开挖宽度大的基坑，当部分地段下部放坡不足时		打入小短木桩，一半露出地面，一半打入地下，地上部分背面钉上横板，在背面填土
临时挡土墙支撑	开挖宽度大的基坑，当部分地段下部放坡不足时		坡角用砖、石叠砌或用草袋装土叠砌，使其保持稳定

表中图注：1—水平挡土板；2—垂直挡土板；3—竖木方；4—横木方；5—撑木；6—工具式横撑；7—木楔；8—柱桩；9—锚桩；10—拉杆；11—斜撑；12—撑桩；13—回填土；14—装土草袋。

4.1.4 深基础土壁支撑的形式

深基础是指的基坑深度在 5m 以上的基础，对于深基础边坡支护形式是多种多样的，下面将列举 8 种常见方法，见表 4-4。

支撑名称	适用范围	支撑简图	支撑方法
钢构架支护	在软弱土层中开挖较大、较深基坑，而不能用一般支护方法时		在开挖的基坑周围打板桩，在柱位置上打入暂设的钢柱，在基坑中挖土，每下挖 3~4m，装上一层幅度很宽的构架式横撑，挖土在钢构架网格中进行
地下连续墙支护	开挖较大较深，周围有建筑物、公路的基坑，作为复合结构的一部分，或用于高层建筑的逆作法施工，作为结构的地下外墙		在开挖的基槽周围，先建造地下连续墙，待混凝土达到强度后，在连续墙中间用机械或人工挖土，直至要求深度。对跨度、深度不大时，连续墙刚度能满足要求，可不设内部支撑。用于高层建筑地下室逆作法施工，每下挖一层，把下一层梁板、柱浇筑完成，以此作为连续墙的水平框架支撑，如此循环作业，直到地下室的底层全部挖完土，浇筑完成
地下连续墙锚杆支护	开挖较大较深（>10m）的大型基坑，周围有高层建筑物，不允许支护有较大变形，采用机械挖土，不允许内部设支撑时		在开挖基坑的周围，先建造地下连续墙、在墙中间用机械开挖土方，至锚杆部位，用锚杆钻机在要求位置钻锚孔，放入锚杆，进行灌浆，待达到设计强度，固定锚杆，然后继续下挖至设计深度，如设有 2~3 层锚杆，每挖一层装一层锚杆，采用快凝砂浆灌浆
挡土护坡桩支撑	开挖较大较深（>6m）基坑，临近有建筑，不允许支撑有较大变形时		在开挖基坑的周围，用钻机钻孔，现场灌注钢筋混凝土桩，待达到强度，在中间用机械或人工挖土，下挖 1m 左右，装上横撑，在桩背面已挖沟槽内拉上锚杆，并将它固定在已预先灌注的锚桩上拉紧，然后继续挖土至设计深度，在桩中间土方挖成向外拱形。使其起土拱作用，如邻近有建筑物，不能设置锚拉杆，则采取加密桩距或加大桩径处理
挡土护坡桩与锚杆结合支撑	大型较深基坑开挖，邻近有高层建筑物，不允许支护有较大变形时		在开挖基坑的周围钻孔，浇筑钢筋混凝土灌注桩，达到强度，在桩中间沿桩垂直挖土，挖到一定深度，安上横撑，每隔一定距离向桩背面斜下方用锚杆钻机打孔，在孔内放钢筋锚杆，用水泥压力灌浆，达到强度后，拉紧固定，在桩中间进行挖土直至设计深度，如设两层锚杆，可挖一层土，装设一次锚杆
板桩中央横顶支撑	开挖较大、较深基坑，板桩刚度不够，又不允许设置过多支撑时		在基坑周围先打板桩或灌注钢筋混凝土护坡桩，然后在内侧放坡挖中央部分土方到坑底，先施工中央部分框架结构至地面，然后再利用此结构作支承，向板桩支水平横顶梁，再挖去放坡的土方，每挖一层、支一层横顶梁，直至坑底，最后建造靠近板桩部分的结构

市政工程安全管理与台账编制范例

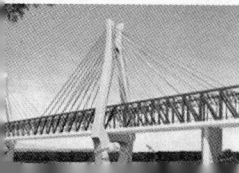

支撑名称	适用范围	支撑简图	支撑方法
板中央斜顶支撑	开挖较大，较深基坑，板桩刚度不够，坑内又不允许设置过多支撑时		在基坑周围先打板桩或灌注护坡桩，在内侧放坡开挖中央部分土方至坑底，并先灌注好中央部分基础，再从这个基础向板桩上方支斜顶梁，然后再把放坡的土方逐层挖除运出，每挖去一层支一道斜顶撑，直至设计深度，最后建靠近板桩部分地下结构
分层板桩支撑	开挖较大、较深基坑，当主体与裙房基础标高不等而又无重型板桩时		在开挖裙房基础周围先打钢筋混凝土板桩或钢板支护，然后在内侧普遍挖土至裙房基础底标高。再在中央主体结构基础四周打二级钢筋混凝土板桩，或钢板桩挖主体结构基础土方，施工主体结构至地面。最后施工裙房基础，或边继续向上施工主体结构、边分段施工裙房基础

表中图注：1—钢板桩；2—钢横撑；3—钢撑；4—钢筋混凝土地下连续墙；5—地下室梁板；6—土层锚杆；7—直径400～600mm现场钻孔灌注钢筋混凝土桩，间距1～1.5m；8—斜撑；9—连系板；10—先施工框架结构或设备基础；11—后挖土方；12—后施工结构；13—锚筋；14—一级混凝土板桩；15—二级混凝土板桩；16—拉杆；17—锚杆

4.1.5 顶管施工

顶管法施工应注意事项

（1）顶管前，根据地下顶管法施工技术要求，按实际情况制定出符合规范、标准、规程的专项安全技术方案和措施。

（2）顶管后座安装时，如发现后背墙面不平或顶进时枕木压缩不均匀，必须调整加固后方可顶进。

（3）顶管工作坑采用机械挖上部土方时，现场应有专人指挥装车，堆土应符合有关规定，不得损坏任何构筑物和预埋立撑；工作坑如果采用混凝土灌注桩连续墙，应严格执行有关的安全技术规程操作；工作坑四周或坑底必须有排水设备及措施；工作坑内应设符合规定的和固定牢固的安全梯，下管作业的全过程中，工作坑内严禁有人。

（4）在吊装顶铁或钢管的时候，严禁在扒杆回转半径内停留；往工作坑内下管时，应穿保险钢丝绳，并缓慢地将管子送入导轨就位，以便防止滑脱坠落或冲击导轨，同时坑下人员应站在安全角落。

（5）插管及止水盘根处理必须按操作规程要求，尤其要在工具管就位（应严格复测管子的中线和前、后端管底标高，确认合格后）并接长管子，安装水力机械、千斤顶、油泵车、高压水泵、压浆系统等设备全部运转正常后方可开封插扳管顶进。

（6）对于垂直运输设备的操作人员，作业前要对卷扬机等设备各部分进行安全检查，确认无异常后方可作业，作业时要精力集中，服从指挥，严格执行卷扬机和起重作业有关的安全操作规定。

（7）安装后的导轨应牢固，不得在使用中产生位移，并应经常检查校核；两导轨应顺直、平行、等高，其纵坡应与管道设计坡度一致。

（8）在拼接管段前或因故障停顿时，应加强联系，及时通知工具管头部操作人员停止冲泥出

土，防止由于冲吸过多造成塌方，并应在长距离顶进过程中，加强通风。

（9）当因吸泥莲蓬头堵塞、水力机械失效等原因，需要打开胸板上的清石孔进行处理时，必须采取防止冒顶塌方的安全措施。

（10）顶进过程中，油泵操作工应严格注意观察油泵车压力是否均匀渐增，若发现压力骤然上升，应立即停止顶进，待查明原因后方能继续顶进。

（11）管子的顶进或停止，应以工具管头部发出信号为准。遇到顶进系统发生故障或在拼管子前20min时，即应发出信号给工具管头部的操作人员引起注意。

（12）顶进过程中，一切操作人员不得在顶铁两侧操作，以防发生崩铁伤人事故。

（13）如顶进不是连续三班作业，在中班下班时，应保持工具管头部有足够多的土塞；若遇土质差、因地下水渗流可能造成塌方时，则应将工具管头部灌满以增大水压力。

（14）管道内的照明电信系统应采用安全电压，每班顶管前电工要仔细检查各种线路是否正常，确保安全施工。工具管中的纠偏千斤顶应绝缘良好，操作电动高压油泵应戴绝缘手套。

（15）顶进中应有防毒、防燃、防爆、防水淹的措施，顶进长度超50m时，应有预防缺氧、窒息的措施；氧气瓶与乙炔瓶（罐）不得进入坑内。

4.2 脚手架安全施工技术

4.2.1 落地式脚手架

基础与立杆的施工

（1）脚手架地基与基础，必须根据脚手架搭设高度、搭设场地土质情况与现行国家标准《建筑地基基础工程施工质量验收规范》（GB 50202—2002）的有关规定进行施工，脚手架底座底面标高宜高于自然地坪50mm。

（2）基础应该做到表面坚实平整、无积水，垫板无晃动，底座不滑动不沉降。垫板宜采用长度不少于2跨，厚度不小于50mm的木垫板，也可采用槽钢。每根立杆底部应设置底座。

（3）脚手架必须设置纵、横向扫地杆。纵向扫地杆应采用直角扣件固定在距底座上皮不大于200mm处的立杆上。横向扫地杆也应采用直角扣件固定在紧靠纵向扫地杆下方的立杆上。当立杆基础不在同一高度上时，必须将高处的纵向扫地杆向低处延长两跨与立杆固定，高低差应不大于1m。靠边坡上方的立杆轴线到边坡的距离应不小于500mm。

（4）脚手架底层步距应不大于2m；立杆必须用连墙件与建筑物可靠连接；立杆接长除顶层顶步外，其余各层各步接头必须采用对接扣件连接。

（5）立杆顶端宜高出女儿墙上皮1m，高出檐口上皮1.5m。双管克杆中，副立杆的高度不应低于3步，钢管长度应不小于6m。

4.2.2 连墙件的施工

（1）连墙件的布置宜靠近主节点设置，偏离主节点的距离应不大于300mm；连墙件应从底层第一步纵向水平杆处开始设置，当该处设置有困难时，应采用其他可靠措施固定。

（2）连墙件宜优先采用菱形布置，也可采用方形，矩形布置；一字形、开口型脚手架的两端必须设置连墙件，连墙件的垂直间距应不大于建筑物的层高，并应不大于4m（两步）。

（3）对于高度在24m以下的单、双排脚手架，宜采用刚性连墙件与建筑物可靠连接，亦可采用拉筋和顶撑配合使用的附墙连接方式。严禁使用仅有拉筋的柔性连墙件。

（4）对于高度24m以上的双排脚手架，必须采用刚性连墙件与建筑物可靠连接。

（5）连墙件的构造应符合下列规定：

1）连墙件中的连墙杆或拉筋宜呈水平设置，当不能水平设置时，与脚手架连接的一端应下斜连接，不应采用上斜连接；连墙件必须采用可承受拉力和压力的构造；

2）当脚手架下部暂不能设连墙件时可搭设抛撑。抛撑应采用通长杆件与脚手架可靠连接，与地面的倾角应在45°～60°之间；连接点中心至主节点的距离应不大于300mm。抛撑应在连墙件搭设后方可拆除。

（6）架高超过40m且有风涡流作用时，应采取抗上升翻流作用的连墙措施。

4.2.3 水平杆和剪刀撑的施工

1. 纵向水平杆的构造应符合下列规定

纵向水平杆宜设置在立杆内侧，其长度不宜小于3跨；纵向水平杆接长宜采用对接扣件连接，也可采用搭接。对接、搭接应符合下列规定：

（1）纵向水平杆的对接扣件应交错布置：两根相邻纵向水平杆的接头不宜设置在同步或同跨内；不同步或不同跨两个相邻接头在水平方向错开的距离应不小于500mm；各接头中心至最近主节点的距离不宜大于纵距的1/3，如图4-1所示。

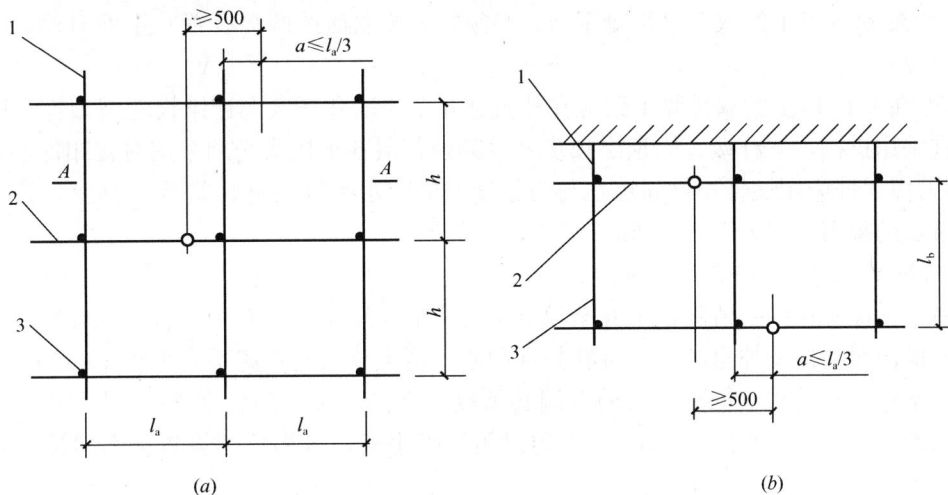

图 4-1　纵向水平杆对接接头布置
（a）接头不在同步内（立面）；（b）接头不在同跨内（平面）
1—立杆；2—纵向水平杆；3—横向水平杆

（2）搭接长度应不小于1m，应等间距设置3个旋转扣件固定，端部扣件盖板边缘至搭接纵向水平杆杆端的距离应不小于100mm。

（3）当使用冲压钢脚手板、木脚手板、竹串片脚手板时，纵向水平杆应作为横向水平杆的支座，用直角扣件固定在立杆上；当使用竹笆脚手板时，纵向水平杆应采用直角扣件固定在横向水平杆上，并应等间距设置，间距应不大于400mm，如图4-2所示。

2. 横向水平杆的构造应符合下列规定

（1）主节点处必须设置一根横向水平杆，用直角扣件扣接且严禁拆除。作业层上非主节点处

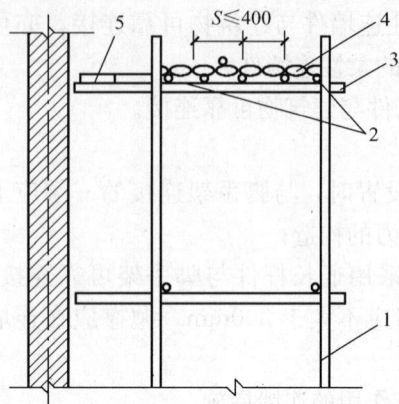

图 4-2　铺设竹笆脚手板时纵向
水平杆的构造示意图

1—立杆；2—纵向水平杆；3—横向水平杆；
4—竹笆脚手板；5—其他脚手板

的横向水平杆，宜根据支承脚手板的需要等间距设置，最大间距应不大于纵距的 1/2。

（2）当使用冲压钢脚手板、木脚手板、竹串片脚手板时，双排脚手架的横向水平杆两端均应采用直角扣件固定在纵向水平杆上；单排脚手架的横向水平杆的一端，应用直角扣件固定在纵向水平杆上，另一端应插入墙内，插入长度应不小于 180mm。

（3）使用竹笆脚手板时，双排脚手架的横向水平杆两端，应用直角扣件固定在立杆上；单排脚手架的横向水平杆的一端，应用直角扣件固定在立杆上，另一端应插入墙内，插入长度亦应不小于 180mm。

3. 剪刀撑与横向斜撑的构造应符合下列规定

（1）双排脚手架应设剪刀撑与横向斜撑，单排脚手架应设剪刀撑。

（2）剪刀撑的设置应符合下列规定：

1）每道剪刀撑跨越立杆的根数宜按撑斜杆与地面的倾角为 45°时（剪刀撑跨越立杆的根数最多是 7 根）、50°时（剪刀撑跨越立杆的根数最多是 6 根）、60°时（剪刀撑跨越立杆的根数最多是 5 根）的顺序确定。每道剪刀撑宽度应不小于 4 跨，且应不小于 6m；

2）高度在 24m 以下的双、单排脚手架，必须在外侧立面的两端设置一道剪刀撑，并应由底至顶连续设置；

3）高度在 24m 以上的双排脚手架应在外侧立面全长度和高度上连续设置剪刀撑；剪刀撑斜杆的接长宜采用搭接，立杆接长除顶层顶步外，其余各层各步接头必须采用对接扣件连接；

4）剪刀撑斜杆应用旋转扣件固定在与之相交的横向水平杆的伸出端或立杆上，旋转扣件中心线至主节点的距离不宜大于 150mm。

4. 横向斜撑的设置应符合下列规定

（1）横向斜撑应在同一节间，由底至顶层呈之字形连续布置，斜腹杆宜采用旋转扣件固定在与之相交的横向水平杆的伸出端上，旋转扣件中心线至主节点的距离不宜大于 150mm；

（2）一字形、开口型双排脚手架的两端必须设置横向斜撑。高度在 24m 以下的封闭型双排脚手架可不设横向斜撑，高度在 24m 以上的封闭型脚手架，除拐角应设置横向斜撑外，中间应每隔 6 跨设置一道。

4.2.4　脚手板与防护栏杆的施工

1. 脚手板的设置应符合下列规定

（1）作业层脚手板应铺满、铺稳，离开墙面 120～150mm。

（2）冲压钢脚手板、木脚手板、竹串片脚手板等，应设置在三根横向水平杆上。当脚手板长度小于 2m 时，可采用两根横向水平杆支承，但应将脚手板两端与其可靠固定，严防倾翻。此三种脚手板的铺设可采用对接平铺，亦可采用搭接铺设。

（3）脚手板对接平铺时，接头处必须设两根横向水平杆，脚手板外伸长应取 130～150mm，两块脚手板外伸长度的和应不大于 300mm；脚手板搭接铺设时，接头必须支在横向水平杆上，搭接长度应大于 200mm，其伸出横向水平杆的长度应不小于 100mm。

（4）竹笆脚手板应按其主竹筋垂直于纵向水平杆方向铺设，且采用对接平铺，四个角应用直

径为 1.2mm 的镀锌钢丝固定在纵向水平杆上。

（5）作业层端部脚手板探头长度应取 150mm，其板长两端均应与支承杆可靠地固定。

（6）在拐角、斜道平台口处的脚手板，应与横向水平杆可靠连接，防止滑动。

（7）自顶层作业层的脚手板往下计，宜每隔 12m 满铺一层脚手板。

2. 脚手板的检查应符合下列规定

（1）冲压钢脚手板的检查应符合下列规定：新脚手板应有产品质量合格证；对于冲压钢脚手板，当板长 $l < 4$m 时，其板面挠曲不大于 12mm；板长 $l > 4$m 时，其板面挠曲不大于 16mm，板面扭曲不得大于 5mm，且不得有裂纹、开焊与硬弯；新、旧钢脚手板均应涂防锈漆。

（2）竹木脚手板的检查应符合下列规定：木脚手板的宽度不宜小于 200mm，厚度应不小于 50mm；两端应各设直径为 4mm 的镀锌钢丝箍两道，其质量应符合《木结构设计规范》（GB 50005-2003）中Ⅱ级材质的规定，腐朽的脚手板不得使用。竹脚手板宜采用由毛竹或铺竹制作的竹串片板、竹笆板。

3. 斜道脚手板构造应符合下列规定

（1）脚手板横铺时，应在横向水平杆下增设纵向支托杆，纵向支托杆间距应不大于 500mm。

（2）脚手板横铺时，接头宜采用搭接；下面的板头应压住上面的板头，板头的凸棱处宜采用三角木填顺。

（3）人行斜道和运料斜道的脚手板上应每隔 250～300mm 设置一根防滑木条，木条厚度宜为 20～30mm。

4. 防护栏杆的设置应符合下列规定

栏杆和挡脚板均应搭设在外立杆的内侧、上栏杆上皮高度应为 1.2mm、挡脚板高度应不小于 180mm、中栏杆应居中设置。

4.2.5 悬挑式脚手架

1. 悬挑一层的脚手架的施工应符合下列规定

（1）悬挑架斜立杆的底部必须搁置在楼板、梁或墙体等建筑结构部位，并有固定措施。斜立杆与墙面的夹角不宜大于 30°。

（2）斜立杆必须与建筑结构进行连接固定，不得与模板支架进行连接。

（3）作业层除应按规定满铺脚手板和设置临边防护外，还应在脚手板下部挂一层平网，在斜立杆里侧用密目网封严。

2. 悬挑多层的脚手架的施工应符合下列规定

（1）悬挑支承结构必须专门设计计算，应保证有足够的强度、稳定性和刚度，并将脚手架的荷载传递给建筑结构。

（2）悬挑支承结构可采用悬挑梁或悬挑架等不同结构形式。悬挑梁应采用型钢制作，悬挑架应采用型钢或钢管制作成三角形桁架，其节点必须是螺栓或焊接的刚性节点，不得采用扣件（或碗扣）连接。

（3）支撑结构以上的脚手架应符合落地式脚手架搭设规定，并按要求设置连墙件，底部与悬挑结构必须进行可靠连接。

4.2.6 吊篮式脚手架

1. 吊篮平台制作应符合下列规定

（1）吊篮平台应经设计计算并应采用型钢、钢管制作，其节点应采用焊接或螺栓连接，不宜

使用钢管和扣件（或碗扣）连接。

（2）吊篮平台宽度宜为 0.8～1.0m，长度不宜超过 6m。当底板采用木板时，厚度不得小于 50mm；采用钢板时应有防滑构造。

（3）吊篮平台四周应设防护栏杆，除靠建筑物一侧的栏杆高度不应低于 0.8m 外，其余侧面栏杆高度均不得低于 1.2m。栏杆底部应设 180mm 高挡脚板，上部适宜采用钢板网封严。

（4）吊篮应设固定吊环，其位置距底部应不小于 800mm，吊篮平台应在明显处标明最大使用荷载（人数）及注意事项。

2. 悬挂结构应符合下列规定

（1）悬挂结构应经设计计算，可制作成悬挑梁或悬挑架，尾端与建筑结构锚固连接。

（2）当采用压重方法平衡挑梁的倾覆力矩时，应确认压重的质量，并应有防止压重移位的锁紧装置。悬挂结构抗倾覆应专门计算。

（3）悬挂结构外伸长度应保证悬挂平台的钢丝绳与地面垂直。挑梁与挑梁之间应采用纵向水平杆连成稳定的结构整体。

3. 吊篮式脚手架提升机构应符合下列规定

（1）提升机构的设计计算应按容许应力法，提升钢丝绳安全系数应不小于 10，提升机的安全系数应不小于 2。

（2）提升机可采用捯链或电动葫芦，应采用钢芯钢丝绳。捯链可用于单跨的升降，当吊篮平台多跨同时升降时，必须使用电动葫芦且应有同步控制装置。

4. 吊篮式脚手架安全装置应符合下列规定

（1）使用捯链应装设防止吊篮平台发生自动下滑的闭锁装置。

（2）吊篮平台必须装设安全锁，并应在各吊篮平台悬挂处增设一根与提升钢丝绳相同型号的安全绳，每根安全绳上应安装安全锁。

（3）当使用电动提升机时，应在吊篮平台上、下两个方向装设对其上、下运行位置、距离进行限定的行程限位器。

（4）电动提升机构宜配两套独立的制动器，每套制动器均可使带有额定荷载 125％ 的吊篮平台停住。

（5）吊篮式脚手架吊篮安装完毕，应以 2 倍的均布额定荷载进行检验平台和悬挂结构的强度及稳定性的试压试验。提升机构应进行运行试验，其内容应包括空载、额定荷载、偏载及超载试验，并应同时检验各安全装置并进行坠落试验。

（6）吊篮式脚手架必须经设计计算，吊篮升降应采用钢丝绳传动、装设安全锁等防护装置并经检验确认。严禁使用悬空吊椅进行高层建筑外装修清洗等高处作业。

4.2.7　脚手架的维修、验收和拆除

1. 脚手架维修加固

脚手架大部分时间在露天使用，由于施工周期比较长，长期受着日晒、风吹、雨淋，再加上碰撞、超载变形等多种原因，导致脚手架出现杆件断裂、扣或绳结松动、架子下沉或歪斜等不能满足施工的正常要求，为此，需及时进行维修加固，以达到坚固、稳定，确保施工安全的要求。脚手架维修加固应符合下列规定：

（1）故凡是有杆件、扣件和绑扎材料损坏严重者，要及时更换，加固以保证架子在整个使用过程中的每个阶段都能满足其结构、构造和使用的要求。

（2）维修加固的材料，应与原架子的材料及规格相同，禁止钢竹、钢木混用；禁止扣件、绳

索、钢丝和竹篾混用。维修加固要与搭设一样，严格遵守安全技术操作规程。

2. 脚手架的验收

架子搭设和组装完毕，在投入使用前，应逐层、逐流水段由主管工长、架子班组长和专职技术人员一起组织验收，并填写验收单。内容如下：

（1）架子的布置；立杆的大小、横竖杆的间距。

（2）架子的搭设和组装，包括工具架和起重点的选择。

（3）连墙点或与结构固定部分要安全可靠；剪刀撑、斜撑应符合要求。

（4）架子的安全防护；安全保险装置要有效；扣件和绑扎拧紧程度应符合规定。

（5）脚手架的起重机具、钢丝绳、吊杆的安装等要安全可靠，脚手板的铺设应符合规定。

（6）脚手架的基础处理、做法、埋置深度必须正确可靠。

3. 脚手架的拆除

（1）架子拆除时应划分作业区，周围设绳绑围栏或竖立警戒标志；地面应设专人指挥，禁止非作业人员入内。

（2）拆架子的高处作业人员应戴安全帽，系安全带，扎裹腿，穿软底鞋方允许上架作业。

（3）拆除顺序应遵守由上而下，先搭后拆、后搭先拆的原则。即先拆栏杆、脚手板、剪刀撑、斜撑，而后拆小横杆、大横杆、立杆等，并按一步一清原则依次进行，要严禁上下同时进行拆除作业。

（4）拆立杆要先抱住立杆再拆开最后两个扣，拆除大横杆、斜撑、剪刀撑时，应先拆中间扣，然后托住中间，再解端头扣。

（5）连墙杆应随拆除进度逐层拆除，拆抛撑前，应用临时撑支住，然后才能拆抛撑。

（6）拆除时要统一指挥，上下呼应，动作协调，当解开与另一人有关的结扣时，应先通知对方，以防坠落。

（7）大片架子拆除后所预留的斜道、上料平台、通道、小飞跳等，应在大片架子拆除前先进行加固，以便拆除后能确保其完整、安全和稳定。

（8）拆除时严禁撞碰脚手架附近电源线，以防止事故发生。

（9）拆除时不应碰坏门窗、玻璃、水落管、房檐瓦片、地下明沟等物品。

（10）拆下的材料，应用绳索拴住杆件利用滑轮徐徐下运，严禁抛掷，运至地面的材料应按指定地点，随拆随运，分类堆放，当天拆当天清、拆下的扣件或钢丝要集中回收处理。

（11）在拆架过程中不得中途换人，如必须换人时，应将拆除情况交待清楚后，方可离开。

（12）拆除烟囱、水塔外架时，禁止架料碰断缆风绳，同时拆至缆风处方可解除该处缆风，不能提前解除。

4.3 模板与支架施工安全技术

4.3.1 模板工程的设计计算

1. 一般规定

模板及其支架的设计应根据工程结构形式、荷载大小、地基土类别、施工设备和材料供应等条件进行。

（1）模板及其支架的设计应符合下列要求

1）具有足够的承载能力、刚度和稳定性，能可靠地承受新浇混凝土的自重、侧压力和施工过程中所产生的荷载及风荷载；

2）构造简单，装拆方便，便于钢筋的绑扎、安装和混凝土的浇筑、养护。

（2）模板设计包括下列内容

1）根据混凝土的施工工艺和季节性施工措施，确定其构造和所承受的荷载；

2）绘制配板设计图、支撑设计布置图、细部构造和异型模板大样图；

3）按模板承受荷载的最不利组合对模板进行验算；

4）制定模板安装及拆除的程序和方法；

5）编制模板及配件的规格、数量汇总表和周转使用计划。

2. 钢模板

钢模板及其支撑的设计应符合现行国家标准《钢结构设计规范》（GB 50017-2003）的规定，其截面塑性发展系数取1.0。组合钢模板、大模板、滑动模板等的设计尚应符合国家现行标准《组合钢模板技术规范》（GB 50214-2001）、《大模板多层住宅结构设计与施工规程》（JGJ 20-84）和《滑动模板工程技术规范》（GB 50113-2005）的相应规定。

3. 木模板

木模板及其支架的设计应符合现行国家标准《木结构设计规范》（GB 50005-2003）的规定，其中受压立杆除满足计算需要外，且其梢径不得小于60mm。

4. 模板结构构件的长细比

模板结构构件的长细比应符合下列规定：

（1）受压构件长细比：支架立柱及桁架不应大于150；拉条、缀条、斜撑等连接构件不应大于200。

（2）受拉构件长细比：钢杆件不应大于350；木杆件不应大于250。

5. 扣件式钢管脚手架支架立柱规定

（1）连接扣件和钢管立杆底座应符合现行国家标准《钢管脚手架扣件》（GB 15831-2006）的规定。

（2）采用四柱形，并于四面两横杆间设有斜缀条时，可按格构式柱计算，否则应按单立杆计算，其荷载应直接作用于四角立杆的轴线上。

（3）支架立柱为群柱架时，高宽比不应大于5，否则应架设抛撑或缆风绳，保证该方向的稳定。

6. 门式钢管脚手架支架立柱规定

用门式钢管脚手架作支架立柱时，应符合下列规定：

（1）几种门架混合使用时，必须取支承力最小的门架作为设计依据。

（2）荷载可直接作用在门架两边立杆的轴线上，必要时可设横梁将荷载传于两立杆顶端，且应按单榀门架进行承载力计算。

（3）门架结构使用的剪刀撑线刚度应满足要求。

（4）门架使用可调支座时，调节螺杆伸出长度不得大于200mm。

（5）门架支架立柱为群柱架时的高宽比大于5时，必须使用缆风绳保证该方向的稳定。

7. 水平支承梁防倾倒措施

如遇有下列情况时，水平支承梁的设计应采取防倾倒措施，不得改动销紧装置的作用。

（1）水平支承梁倾斜或由倾斜的托板支承以及偏心荷载情况存在。

(2) 纵梁由多杆件（即两根 20mm×50mm、20mm×80mm 等）组成。

8. 水平支承梁

水平支承梁应符合下列要求：

(1) 当纵梁的高宽比大于 2.5 时，水平支承梁不能支承在 50mm 宽的单托板面上；

(2) 水平支承梁应避免承受集中荷载。

4.3.2 现浇混凝土模板计算

1. 面板计算

面板可按简支梁计算，并应验算跨中和悬臂端的最不利抗弯强度和挠度。

2. 支承楞梁计算

(1) 次楞是两跨以上连续楞梁，当跨度不等时，应按不等跨连续楞梁或悬臂楞梁设计。

(2) 主楞可根据实际情况按连续梁、简支梁或悬臂梁设计；同时主次楞梁均应进行最不利抗弯强度与挠度验算。

3. 柱箍

柱箍主要应用于直接支承和夹紧柱模板，采用扁钢、角钢、槽钢和木楞制成，其受力状态为拉弯杆件。

(1) 柱箍间距应按不同的面板用不同的计算方法计算所得。如柱模为钢面板时的柱箍间距应按钢材弹性模量（N/mm²）、柱模板一块板的惯性矩（mm⁴）、新浇混凝土作用于柱模板的侧压力、柱模板一块板的宽度（mm）等计算。

(2) 柱箍强度应按拉弯杆件计算。

(3) 挠度计算，最大挠度计算公式如下：

$$V_{max} = 0.677qL^4/100EI$$

式中　q——作用在梁模板的均布荷载（N/mm）；

　　　L——梁底模板的跨度（mm）；

　　　E——模板弹性模量（N/mm²）；

　　　I——面板截面惯性矩（mm⁴）。

4.3.3 支撑结构计算

施工现场现浇的水平混凝土构件包括梁、板（楼板、屋面板）的模板支撑结构（支撑体系）是模板工程的重要组成部分，也是一项重要的安全技术。对于混凝土梁的模板支撑可用单根立柱、双根立柱或工具式立柱，为使其稳定，应加设水平拉杆或称拉条。现浇混凝土楼板的模板支撑结构应是由多立杆组成的一个整体，即是除按一定间距设置的立杆外，在纵横向还应设置水平杆，使其成为空间的结构。

常用的模板支撑杆为钢和木的支柱。设计时，支柱应按承受由模板传来的垂直荷载。当支柱上下端之间不设纵横向水平拉条或构造拉条时，按两端铰接的轴心受压杆件计算，其计算长度 $L_0=L$（支柱长度）；当支柱上下端之间设有多层不小于 4mm×5mm 的方木或脚手架钢管的纵横向水平拉条时，仍按两端铰接轴心受压杆件计算，其计算长度应取支柱上多层纵横向水平拉条之间最大的长度，当多层纵横向水平拉条之间的间距相等时，应取底层。

扣件式钢管支柱计算：

(1) 单杆计算：用对接扣件连接的钢管支柱应按轴心受压构件计算，计算跨度采用纵横向水平拉条的最大步距；用回转扣件搭连接件的钢管支柱应按压弯杆件计算，计算跨度为纵横拉条最

大步距；

（2）四角用扣件式钢管脚手架作立杆（间距不大于1m），纵横向水平杆按1.0～1.2m设置，各边所有水平横杆之间设有斜杆连接，且斜杆与横杆之间的夹角≥45°时，应按格构式组合柱的轴心受压构件计算，计算高度为格构柱全高，其轴向力应直接作用于四角立杆顶端，同时虚轴的长细比应采用换算长细比。

4.3.4 模板的安装

1. 模板安装的规定

（1）安装前要审查设计审批手续是否齐全，模板结构设计与施工说明中的荷载、计算方法、节点构造是否符合实际情况，是否有安装拆除方案。

（2）对模板施工队伍进行全面详细的安全技术交底，使用合格的模板和配件。

（3）模板安装应按设计与施工说明循序拼装。

（4）竖向模板支架支承部分安装在基土上时，应加设垫板；如用钢管作支撑时在垫板上应加钢底座。垫板应有足够强度和支承面积，并应中心承载。基土应坚实，并有排水措施。对湿陷性黄土应有防水措施；对特别重要的结构工程须采用防止支架柱下沉的措施。对冻胀性土应有防冻融措施。

（5）模板及其支架在安装过程中，必须采取有效的防倾覆临时固定设施。

（6）现浇钢筋混凝土梁、板，当跨度大于4m时，模板应起拱；当设计无具体要求时，起拱高度可为全跨长度的1/1000～3/1000。

（7）现浇多层或高层房屋、构筑物，安装上层模板及其支架应符合下列规定：

1）下层楼板应具有承受上层荷载的承载能力或加设支架支撑；

2）上层支架立柱应对准下层支架立柱，并于立柱底铺设垫板；

3）当采用悬臂吊模板、桁架支模方法时，其支撑结构的承载能力和刚度必须符合要求。

（8）当层间高度大于5m时，宜选用桁架支模或多层支架支模。当采用多层支架支模时，支架的横垫板应平整，支柱应垂直，上下层支柱应在同一竖向中心线上，其支柱不得超过两层，并必须待下层形成空间整体后，才能支安上层支架。

（9）模板安装作业高度超过2.0m时，必须搭设脚手架或平台。

（10）模板安装时，上下应有人接应，随装随运，严禁抛掷。且不得将模板支搭在门窗框上，也不得将脚手板支搭在模板上，不能将模板与井字架、脚手架或操作平台连成一体。

（11）垂直吊运模板时，必须符合下列要求：

1）在升、降过程中应设专人指挥，统一信号，密切配合；

2）吊运大块或整体模板时，竖向吊运应不少于两个吊点，水平吊运应不少于四个吊点。必须使用卡环连接，并应稳起稳落，待模板就位连接牢固后，方可摘除卡环；

3）吊运散装模板时，必须码放整齐，待捆绑牢固后方可起吊。

（12）拼装高度为2m以上的竖向模板，不得站在下层模板上拼装上层模板。安装过程中应设置足够的临时固定设施。若中途停歇，应将已就位的模板固定牢固。

（13）当承重焊接钢筋骨架和模板一起安装时，应符合下列要求：模板必须固定在承重焊接钢筋骨架的节点上；安装钢筋模板组合体时，吊索应按模板设计的吊点位置绑扎。

（14）当支撑呈一定角度倾斜，或其支撑的表面倾斜时，应采取可靠措施确保支点稳定，支撑底脚必须有可靠的防滑移措施。

（15）除设计图另有规定者外，所有垂直支架柱应保证其垂直。其垂直允许偏差，当层高不

大于 5m 时为 6mm，当层高大于 5m 时为 8mm。

（16）对梁和板安装二次支撑时，在梁、板上不得有施工荷载，支撑的位置必须准确。安装后所传给支撑或连接件的荷载不应超过其允许值。支架柱或桁架必须有保持稳定的可靠措施。如若碰上五级以上风应停止一切吊运作业。

（17）已安装好的模板上的实际荷载不得超过设计值。已承受荷载的支架和附件，不得随意拆除或移动。

（18）组合钢模板、大模板、滑动模板等的安装，尚应符合国家现行标准（《组合钢模板技术规范》（GB 50214-2001）、《大模板多层住宅结构设计与施工规程》（JGJ 20-84）和《滑动模板工程技术规范》（GB 50113-2005）的相应规定。

2. 扣件式钢管脚手架立柱支撑安装要求

（1）钢管规格、间距、扣件应符合设计要求，每根立杆底部应设置底座及垫板；立杆必须设置纵横向扫地杆，纵上横下。用直角扣件在离地 200mm 处与立杆扣牢。

（2）立杆接长必须采用对接扣件连接，且相邻两立杆的对接接头不得在同步内，而隔一根立杆的对接接头沿竖向错开的距离不宜小于 500mm，各接头中心距主节点不宜大于步距的 1/3。搭接接头的长度不应小于 1m，且应采用不少于两个旋转扣件固定，端部扣件盖板边缘至杆端不应小于 100mm。

（3）扣件式钢管脚手架作组合式格构柱使用时，主立杆间距不得大于 1m，纵横杆步距不应大于 1.2m，且柱的每一边应于两横杆间加设斜杆。

3. 门式钢管脚手架支撑安装要求

（1）门架的跨距和间距应按设计规定布置，但间距宜小于 1.2m；支撑架底部垫木上设固定底座或可调底座。

（2）门架支撑可沿梁轴线垂直和平行布置，当垂直布置时，在两门架间的两侧应设置交叉支撑；当平行布置时，在两门架间的两侧亦应设置交叉支撑，交叉支撑应与立杆上的锁销锁牢，上下门架的组装连接必须设置连接棒及锁臂。

（3）门架支撑宽度为 4 个间距及以上时，应在周边底层、顶层、中间每 5 列、5 排于每榀门架立杆根部设 $\phi48 \times 3.5$ 通长水平加固杆，并应用扣件与门架立杆扣牢。

（4）门架支撑高度超过 10m 时，应在外侧周边和内部每隔 15m 间距设置剪刀撑，剪刀撑不应大于 4 个间距，与水平夹角应为 45°～60°，沿竖向应连续设置，并用扣件与门架立杆扣牢；顶部操作层应采用挂扣式脚手板。

4. 基础及地下工程模板安装要求

（1）地面以下支模应先检查土壁的稳定情况，当有裂纹及塌方危险迹象时，应采取安全防范措施后，方可作业。当深度超过 2m 时，应为操作人员设置上下扶梯。

（2）距基槽（坑）上口边缘 1m 内不得堆放模板。向基槽（坑）内运料应使用起重机、溜槽或绳索；上、下人员应互相招呼，运下的模板严禁立放于基槽（坑）土壁上。

（3）斜支撑与侧模的夹角不应小于 45°，支撑在土壁上的斜支撑应加设垫板，底部的对角楔木应与斜支撑连接牢固。高大长脖基础若采用分层支模时，其下层模板应经就位校正并支撑稳固后，再进行上一层模板的安装。两侧模板间应用水平支撑连成整体。

4.3.5 模板拆除

1. 一般要求

（1）拆模时混凝土的强度应符合设计要求；当设计无要求时，应符合下列规定：

1）不承重的侧模板，包括梁、柱、墙的侧模板，只要混凝土强度能保证其表面及棱角不因拆除模板而受损坏，即可拆除；

2）承重模板，包括梁、板等水平结构构件的底模，应根据与结构同条件养护的试块强度达到符合国家规定，才可拆除；

3）后张预应力混凝土结构或构件模板的拆除，侧模应在预应力张拉前拆除，其混凝土强度达到侧模拆除条件即可，进行预应力张拉必须待混凝土强度达到设计规定值方可进行，底模必须在预应力张拉完毕时方能拆除；

4）在拆模过程中，如发现实际混凝土强度并未达到要求，有影响结构安全的质量问题时，应暂停拆模，经妥善处理，待实际强度达到要求后，方可继续拆除；

5）已拆除模板及其支架的混凝土结构，应在混凝土强度达到设计的混凝土强度标准值后，才允许承受全部设计的使用荷载。当承受施工荷载的效应比使用荷载更为不利时，必须经过核算，加设临时支撑；

6）拆除芯模或预留孔的内模，应在混凝土强度能保证不发生塌陷和裂缝时，方可拆除。

（2）拆模之前必须有拆模申请，并根据同条件养护试块强度记录达到规定时，技术负责人方可批准拆模。

（3）冬期施工模板的拆除应遵守冬期施工的有关规定，其中主要是要考虑混凝土模板拆除后的保温养护，如果不能进行保温养护，必须暴露在大气中，要考虑混凝土受冻的临界强度。

（4）对于大体积混凝土，除应满足混凝土强度要求外，还应考虑保温措施，拆模之后要保证混凝土内外温差不超过 20℃，以免发生温差裂缝。

（5）各类模板拆除的程序和方法，应根据其模板设计的规定进行。如果模板设计无规定时，可按先支的后拆、后支的先拆，先拆非承重的模板、后拆承重的模板及支架的顺序进行拆除。

（6）拆除的模板必须随拆随清理，以免钉子扎脚、阻碍通行发生事故。

（7）拆模时下方不能有人，拆模区应设警戒线，以防有人误入被砸伤。

（8）拆除的模板向下运送传递，要上下呼应，不能采取猛撬，以致大片塌落的方法拆除。用起重机吊运拆除的模板时，模板应堆码整齐并捆牢，才可吊运，否则在空中造成"天女散花"是很危险的。

2. 各类模板的拆除

（1）基础拆模

基坑内拆模，要注意基坑边坡的稳定，特别是拆除模板支撑时，可能使边坡土发生振动而塌方，拆除的模板应及时运到离基坑较远的地方进行清理。

（2）现浇楼盖及框架结构拆模

一般现浇楼盖及框架结构的拆模顺序如下：拆柱模斜撑与柱箍→拆柱侧模→拆楼板底模→拆梁侧模→拆梁底模。

1）楼板小钢模的拆除，应设置供拆模人员站立的平台或架子，还必须将洞口和临边进行封闭后，才能开始工作，拆除时先拆除钩头螺栓和内外钢楞，然后拆下 U 形卡、L 形插销，再用钢钎轻轻撬动钢模板，用木锤或带胶皮垫的铁锤轻击钢模板，把第一块钢模板拆下，然后将钢模逐块拆除，不得采取猛撬，以致大片塌落的方法拆除。拆下的钢模板不准随意向下抛掷；

2）已经活动的模板，必须一次连续拆除完方可停歇，以免落下伤人；

3）模板立柱有多道水平拉杆，应先拆除上面的，按由上而下的顺序拆除，拆除最后一道连杆应与拆除立柱同时进行，以免立柱倾倒伤人；

4）多层楼板模板支柱的拆除，应根据混凝土强度增长的情况、结构设计荷载与支模施工荷

市政工程安全管理与台账编制范例

载的情况通过计算确定。

（3）现浇柱模板拆除

柱模板拆除顺序如下：拆除斜撑或拉杆（或钢拉条）→自上而下拆除柱箍或横楞→拆除竖楞并由上向下拆除模板连接件、模板面。

（4）大模板拆除

大模板拆除顺序与模板组装顺序相反，大模板拆除后停放的位置，无论是短期停放还是较长期停放，一定要支撑牢固，采取防倾倒的措施。拆除大模板过程中应注意不损坏混凝土墙体。

4.4　施工机械安全技术

4.4.1　土石方施工机械

1. 基本要求

（1）土石方机械进入现场前，应查明行驶路线上的桥梁、涵洞的上部净空和下部承载能力，保证机械安全通过。

（2）作业前，应查明施工场地明、暗设置物（电线、地下电缆、管道、坑道等）的地点及走向，并采用明显记号表示。严禁在离电缆1m距离以内作业。

（3）在施工作业中，应随时监视机械各部位的运转及仪表指示值，如发现有异常情况，应立即停机检修。

（4）机械运行中，严禁接触转动部位和检修。在修理（焊、铆等）工作装置时，应使其降到最低位置，并应在悬空部位垫上垫木。

（5）在电杆附近取土时，对不能取消的拉线、地垄和杆身，应留出土台。土台半径如下：电杆应为1.0～1.5m，拉线应为1.5～2.0m。并应根据土质情况确定坡度。

（6）机械不得靠近架空输电线路作业，并应按照有关规定留出安全距离。

（7）机械通过桥梁时，应采用低速挡慢行，在桥面上不得转向或制动。承载力不够的桥梁，事先应采取加固措施。

（8）在施工中遇下列情况之一时应立即停工，待符合作业安全条件时，方可继续施工。

1）填挖区土体不稳定，有发生坍塌的危险时；气候突变，发生暴雨、水位暴涨或山洪暴发时；

2）在爆破警戒区内发出爆破信号时；地面涌水冒泥，出现陷车或因雨发生坡道打滑时；

3）工作面净空不足以保证安全作业时；施工标志、防护设施损毁失效时。

（9）配合机械作业的清底、平地、修坡等人员，应在机械回转半径以外工作。当必须在回转半径以内工作时，应停止机械回转并制动好后，方可作业。

（10）雨期施工，机械作业完毕后，应停放在较高的坚实地面上。

（11）挖掘基坑时，当坑底无地下水，坑深在5m以内，边坡坡度符合规定时，可不加支撑。当挖土深度超过5m或发现有地下水以及土质发生特殊变化等情况时，应根据土质实际性能计算其稳定性，再确定边坡坡度。

（12）当对石方或冻土进行爆破作业时，所有人员、机具应撤至安全地带或采取安全保护措施。

2. 单斗挖掘机

(1) 单斗挖掘机的作业和行走场地应平整坚实，对松软地面应垫以枕木或垫板，沼泽地区应先作路基处理，或更换湿地专用履带板。

(2) 轮胎式挖掘机使用前应支好支腿并保持水平位置，支腿应置于作业面的方向，转向驱动桥应置于作业面的后方。采用液压悬挂装置的挖掘机，应锁住两个悬挂液压缸。履带式挖掘机的驱动轮应置于作业面的后方。

(3) 平整作业场地时，不得用铲斗进行横扫或用铲斗对地面进行夯实。

(4) 挖掘岩石时，应先进行爆破。挖掘冻土时，应采用破冰锤或爆破法使冻土层破碎。

(5) 挖掘机正铲作业时，除松散土壤外，其最大开挖高度和深度，不应超过机械本身性能规定。在拉铲或反铲作业时，履带距工作面边缘距离应大于1.0m，轮胎距工作面边缘距离应大于1.5m。

(6) 作业前重点检查项目应符合下列要求：

1) 照明、信号及报警装置等齐全有效；燃油、润滑油、液压油符合规定；

2) 各铰接部分连接可靠；液压系统无泄漏现象；轮胎气压符合规定。

(7) 启动前，应将主离合器分离，各操纵杆放在空挡位置，并应按有关规定启动内燃机。

(8) 启动后，接合动力输出，应先使液压系统从低速到高速空载循环10～20min，无吸空等不正常噪声，工作有效，并检查各仪表指示值，待运转正常再接合主离合器，进行空载运转，顺序操纵各工作机构并测试各制动器，确认正常后，方可作业。

(9) 作业时，挖掘机应保持水平位置，将行走机构制动住，并将履带或轮胎楔紧。

(10) 遇较大的坚硬石块或障碍物时，应待清除后方可开挖，不得用铲斗破碎石块、冻土、或用单边斗齿硬啃。

(11) 挖掘悬崖时，应采取防护措施。作业面不得留有伞沿及松动的大块石，当发现有塌方危险时，应立即处理或将挖掘机撤至安全地带。

(12) 作业时，应待机身停稳后再挖土，当铲斗未离开工作面时，不得作回转、行走等动作。回转制动时，应使用回转制动器，不得用转向离合器反转制动。

(13) 作业时，各操纵过程应平稳，不宜紧急制动，铲斗升降不得过猛，下降时，不得撞碰车架或履带。

(14) 斗臂在抬高及回转时，不得碰到洞壁、沟槽侧面或其他物体。

(15) 向运土车辆装车时，宜降低挖铲斗，减小卸落高度，不得偏装或砸坏车厢。在汽车未停稳或铲斗需越过驾驶室而司机未离开前不得装车。

(16) 作业中，当液压缸伸缩将达到极限位时，应动作平稳，不得冲撞极限块；作业中，当需制动时，应将变速阀置于低速位置；作业中，当发现挖掘力突然变化，应停机检查，严禁在未查明原因前擅自调整分配阀压力。

(17) 作业中不得打开压力表开关，且不得将工况选择阀的操纵手柄放在高速挡位置。

(18) 反铲作业时，斗臂应停稳后再挖土。挖土时，斗柄伸出不宜过长，提斗不得过猛。

(19) 作业中，履带式挖掘机作短距离行走时，主动轮应在后面，斗臂应在正前方与履带平行，制动住回转机构，铲斗应离地面1m。上、下坡道不得超过机械本身允许最大坡度，下坡应慢速行驶，不得在坡道上变速和空挡滑行。

(20) 轮胎式挖掘机行驶前，应收同支腿并固定好，监控仪表和报警信号灯应处于正常显示状态，气压表压力应符合规定，工作装置应处于行驶方向的正前方，铲斗应离地面1m。长距离行驶时，应采用固定销将回转平台锁定，并将回转制动板踩下后锁定。

（21）当在坡道上行走而内燃机熄火时，应立即制动并楔住履带或轮胎，待重新发动后，方可继续行走。

（22）作业后，挖掘机不得停放在高边坡附近和填方区，应停放在坚实、平坦、安全的地带，将铲斗收回平放在地面上，所有操纵杆置于中位，关闭操纵室和机棚。

（23）履带式挖掘机转移工地应采用平板拖车装运。短距离自行转移时，应低速缓行，每行走 500～1000m 应对行走机构进行检查和润滑。

（24）保养或检修挖掘机时，除检查内燃机运行状态外，必须将内燃机熄火，并将液压系统卸荷，铲斗落地。利用铲斗将底盘顶起进行检修时，应使用垫木将抬起的轮胎垫稳，并用木楔将落地轮胎楔牢，然后将液压系统卸荷，否则严禁进入底盘下工作。

3. 静作用压路机

（1）压路机碾压的工作面，应经过适当平整，对新填的松软路基，应先用羊足碾或打夯机逐层碾压或夯实后，方可用压路机碾压。

（2）当土的含水量超过 30% 时不得碾压，含水量少于 5% 时，宜适当洒水。

（3）地段的纵坡不应超过压路机最大爬坡能力，横坡不应大于 20°。

（4）应根据碾压要求选择机重。当光轮压路机需要增加机重时，可在滚轮内加砂或水，当气温降至 0℃ 时，不得用水增重。轮胎压路机不宜在大块石基础层上作业。

（5）作业前，各系统管路及接头部分应无裂纹、松动和泄漏现象，滚轮的刮泥板应平整良好，各紧固件不得松动，轮胎压路机还应检查轮胎气压，确认正常后方可启动。

（6）不得用牵引法强制启动内燃机，也不得用压路机拖拉任何机械或物件。

（7）启动后，应进行试运转，确认运转正常，制动及转向功能灵敏可靠，方可作业。开动前，压路机周围应无障碍物或人员。

（8）碾压时应低速行驶，变速时必须停机。速度宜控制在 3～4km/h 范围内，在一个碾压行程中不得变速。碾压过程应保持正确的行驶方向，碾压第二行时必须与第一行重叠半个滚轮压痕。

（9）变换压路机前进、后退方向，应待滚轮停止后进行，不得利用换向离合器作制动用。

（10）在新建道路上进行碾压时，应从中间向两侧碾压。碾压时，距路基边缘不应少于 0.5m。

（11）碾压傍山道路时，应由里侧向外侧碾压，距路基边缘不应少于 1m。

（12）上、下坡时，应事先选好挡位，不得在坡上换挡，下坡时不得空挡滑行。

（13）两台以上压路机同时作业时，前后间距不得小于 3m，在坡道上不得纵队行驶。

（14）在运行中，不得进行修理或加油。需要在机械底部进行修理时，应将内燃机熄火，用制动器制动住，并楔住滚轮。

（15）对有差速器锁住装置的三轮压路机，当只有一只轮子打滑时，方可使用差速器锁住装置，但不得转弯。

（16）作业后，应将压路机停放在平坦坚实的地方，并制动住。不得停放在土路边缘及斜坡上，也不得停放在妨碍交通的地方；严寒季节停机时，应将滚轮用木板垫离地面。

（17）压路机转移工地的距离较远时，应该采用汽车或平板拖车装运，坚决不得用其他车辆拖拉牵运。

4. 振动压路机

（1）作业时，压路机应先起步后才能起振，内燃机应先置于中速，然后再调至高速。

（2）变速与换向时应先停机，变速时应降低内燃机转速。

（3）严禁压路机在坚实的地面上进行振动。

（4）碾压松软路基时，应先在不振动情况下碾压1～2遍，然后再振动辗压。

（5）碾压时，振动频率应保持一致。对可调振频的振动压路机，应先调好振动频率后再作业，不得在没有起振情况下调整振动频率。

（6）换向离合器、起振离合器和制动器的调整，应在主离合器脱开后进行。

（7）上、下坡时，不得使用快速挡。在急转弯时，包括铰接式振动压路机在小转弯绕圈碾压时，严禁使用快速挡。压路机在高速行驶时不得接合振动。

（8）停机时应先停振，然后将换向机构置于中间位置，变速器置于空挡，最后拉起手制动操纵杆，内燃机怠速运转数分钟后熄火。

（9）其他作业要求，应符合本规程静作用压路机的有关规定。

4.4.2 桩工与水工机械（转盘钻孔机）

（1）安装钻孔机前，应掌握勘探资料，并确认地质条件符合该钻机的要求，地下无埋设物，作业范围内无障碍物，施工现场与架空输电线路的安全距离符合规定。

（2）安装钻孔机时，钻机钻架基础应夯实、整平。轮胎式钻机的钻架下应铺设枕木，垫起轮胎，钻机垫起后应保持整机处于水平位置。

（3）钻机的安装和钻头的组装应按照说明书规定进行，竖立或放倒钻架时，应由熟练的专业人员进行。钻架的吊重中心、钻机的卡孔和护进管中心应在同一垂直线上，钻杆中心允许偏差为20mm。

（4）钻头和钻杆连接螺纹应良好，滑扣时不得使用。钻头焊接应牢固，不得有裂纹。钻杆连接处应加便于拆卸的厚垫圈。

（5）作业前重点检查项目应符合下列要求：

1）各部件安装紧固，转动部位和传动带有防护罩，钢丝绳完好，离合器、制动带功能良好；

2）润滑油符合规定，各管路接头密封良好，无漏油、漏气、漏水现象；

3）电气设备齐全、电路配置完好；

4）钻机作业范围内无障碍物。

（6）作业前，应将各部位操纵手柄先置于空挡位置，用人力盘动无卡阻，再启动电动机空载运转，确认一切正常后，方可作业。

（7）开机时，应先送浆后开钻；停机时，应先停钻后停浆。泥浆泵应有专人看管，对泥浆质量和浆面高度应随时测量和调整，保证浓度合适。停钻时，出现漏浆应及时补充。并应随时清除沉淀池中杂物，保持泥浆纯净和循环不中断；防止塌孔和埋钻。

（8）开钻时，钻压应轻，转速应慢。在钻进过程中，应根据地质情况和钻进深度，选择合适的钻压和钻速，均匀给进。变速箱换挡时，应先停机，挂上挡后再开机。

（9）加接钻杆时，应使用特制的连接螺栓均匀紧固，保证连接处的密封性，并做好连接处的清洁工作。

（10）钻进中，应随时观察钻机的运转情况，当发生异响、吊索具破损、漏气、漏渣以及其他不正常情况时，应立即停机检查，排除故障后，方可继续开钻。

（11）提钻、下钻时，应轻提轻放。钻机下和井孔周围2m以内及高压胶管下，不得站人。严禁钻杆在旋转时提升。

（12）发生提钻受阻时，应先设法使钻具活动后再慢慢提升，不得强行提升。如钻进受阻时，应采用缓冲击法解除，并查明原因，采取措施后，方可钻进。

（13）钻架、钻台平车、封口平车等的承载部位不得超载。使用空气反循环时，其喷浆口应遮拦，并应固定管端。

（14）钻进进尺达到要求时，应根据钻杆长度换算孔底标高，确认无误后，再把钻头略为提起，降低转速，空转 5～20min 后再停钻。停钻时，应先停钻后停风。

（15）钻机的移位和拆卸，应按照说明书规定进行，在转移和拆运过程中，应防止碰撞机架。作业完毕后，应对钻机进行清洗和润滑，并应将主要部位遮盖妥当。

4.4.3 起重机械

1. 基本要求

（1）起重机的内燃机、电动机和电气、液压装置部分，应执行我国的有关规程。

（2）操作人员在作业前必须对工作现场环境、行驶道路、架空电线、建筑物以及构件重量和分布情况进行全面了解。

（3）现场施工负责人应为起重机作业提供足够的工作场地，清除或避开起重臂起落及回转半径内的障碍物。

（4）各类起重机应装有音响清晰的喇叭、电铃或汽笛等信号装置。在起重臂、吊钩、平衡重等转动体上应标以鲜明的色彩标志。

（5）起重吊装的指挥人员必须持证上岗，作业时应与操作人员密切配合，执行规定的指挥信号。操作人员应按照指挥人员的信号进行作业，当信号不清或错误时，操作人员可拒绝执行。

（6）操纵室远离地面的起重机，在正常指挥发生困难时，地面及作业层（高空）的指挥人员均应采用对讲机等有效的通信联络进行指挥。

（7）在露天有六级及以上大风或大雨、大雪、大雾等恶劣天气时，应停止起重吊装作业。雨雪过后作业前，应先试吊，确认制动器灵敏可靠后方可进行作业。

（8）起重机的变幅指示器、力矩限制器、起重量限制器以及各种行程限位开关等安全保护装置，应完好齐全、灵敏可靠，不得随意调整或拆除。严禁利用限制器和限位装置代替操纵机构。

（9）操作人员进行起重机回转、变幅、行走和吊钩升降等动作前，应发出音响信号示意。

（10）起重机作业时，起重臂和重物下方严禁有人停留、工作或通过。重物吊运时，严禁从人上方通过。严禁用起重机载运人员。

（11）操作人员应按规定的起重性能作业，不得超载。在特殊情况下需超载使用时，必须经过验算，有保证安全的技术措施，并写出专题报告，经企业技术负责人批准，有专人在现场监护下，方可作业。

（12）严禁使用起重机进行斜拉、斜吊和起吊地下埋设或凝固在地面上的重物以及其他不明重量的物体。现场浇筑的混凝土构件或模板，必须全部松动后方可起吊。

（13）起吊重物应绑扎平稳、牢固，不得在重物上再堆放或悬挂零星物件。易散落物件应使用吊笼栅栏固定后方可起吊。标有绑扎位置的物件，应按标记绑扎后起吊。吊索与物件的夹角宜采用 45°～60°，且不得小于 30°，吊索与物件棱角之间应加垫块。

（14）当起吊载荷达到起重机额定起重量的 90% 及以上时，应先将重物吊离地面 200～500mm 后，检查起重机的稳定性，制动器的可靠性，重物的平稳性，绑扎的牢固性。确认无误后方可继续起吊。对易晃动的重物应拴拉绳。

（15）重物起升和下降速度应平稳、均匀，不得突然制动。左右回转应平稳，当回转未停稳前不得作反向动作。非重力下降式起重机，不得带载自由下降。

（16）严禁起吊重物长时间悬挂在空中，作业中遇突发故障，应采取措施将重物降落到安全

地方，并关闭发动机或切断电源后进行检修。在突然停电时，应立即把所有控制器拨到零位，断开电源总开关，并采取措施使重物降到地面。

（17）起重机不得靠近架空输电线路作业。起重机的任何部位与架空输电导线的安全距离不得小于表4-5的规定。

起重机与架空输电导线的安全距离　　　　　　　　　　　表4-5

电压（kV） 安全距离	<1	1～15	20～40	60～110	220
沿垂直方向（m）	1.5	3.0	4.0	5.0	6.0
沿水平方向（m）	1.0	1.5	2.0	4.0	6.0

（18）起重机使用的钢丝绳，应有钢丝绳制造厂签发的产品技术性能和质量的证明文件。当无证明文件时，必须经过试验合格后方可使用。

（19）起重机使用的钢丝绳，其结构形式、规格及强度应符合该型起重机使用说明书的要求。钢丝绳与卷筒应连接牢固，放出钢丝绳时，卷筒上应至少保留三圈，收放钢丝绳时应防止钢丝绳打环、扭结、弯折和乱绳，不得使用扭结、变形的钢丝绳。使用编结的钢丝绳，其编结部分在运行中不得通过卷筒和滑轮。

（20）钢丝绳采用编结固接时，编结部分的长度不得小于钢丝绳直径20倍，并不应小于300mm，其编结部分应捆扎细钢丝。当采用绳卡固接时，与钢丝绳直径匹配的绳卡的规格、数量应符合表4-6的规定。最后一个绳卡距绳头的长度不得小于140mm。绳卡滑鞍（夹板）应在钢丝绳承载时受力的一侧，"U"形螺栓应在钢丝绳的尾端，不得正反交错。绳卡初次固定后，应待钢丝绳受力后再度紧固，并宜拧紧到使两绳直径高度压扁1/3。作业中应经常检查紧固情况。

与钢丝绳直径匹配的绳卡的规格、数量　　　　　　　　　　表4-6

钢丝绳直径（mm）	10 以下	10～20	21～26	28～36	36～40
最少绳卡（个）	3	4	5	6	7
绳卡间距（mm）	80	140	160	220	240

（21）每班作业前，应检查钢丝绳及钢丝绳的连接部位。当钢丝绳在一个节距内断丝根数达到或超过表4-7给定的根数时，应予报废。当钢丝绳表面锈蚀或磨损使钢丝绳直径显著减小时，应将表4-7报废标准按表4-8折减，并按折减后的断丝数报废。

钢丝绳报废标准　　　　　　　　　　　　　表4-7

采用的 安全系数	钢丝绳规格					
	6×19＋1		6×37＋1		6×61＋1	
	交互捻	同向捻	交互捻	同向捻	交互捻	同向捻
6 以下	12	6	22	11	36	18
6～7	14	7	26	13	38	19
7 以上	16	8	30	15	40	20

钢丝绳锈蚀或磨损时报废标准的折减系数　　　　　　　　表4-8

钢丝绳表面锈蚀或磨损量（%）	10	15	20	25	30～40	大于40
折减系数	85	75	70	60	50	报废

（22）向转动的卷筒上缠绕钢丝绳时，不得用手拉或脚踩来引导钢丝绳。钢丝绳涂抹润滑脂，必须在停止运转后进行。

（23）起重机的吊钩和吊环严禁补焊。当出现下列情况之一时应更换：表面有裂纹、破口；危险断面及钩颈有永久变形；挂绳处断面磨损超过高度 10%；吊钩衬套磨损超过原厚度 50%；心轴（销子）磨损超过其直径的 3%～5%。

（24）当起重机制动器的制动鼓表面磨损达 1.5～2.0mm（小直径取小值，大直径取大值）时，应更换制动鼓，同样，当起重机制动器的制动带磨损超过原厚度 50% 时，应更换制动带。

2. 履带式起重机

（1）起重机应在平坦坚实的地面上作业、行走和停放。正常作业时，坡度不得大于 3°。并应与沟渠、基坑保持安全距离。

（2）起重机启动前重点检查项目应符合下列要求：各安全防护装置及各指示仪表齐全完好；钢丝绳及连接部位符合规定；燃油、润滑油、液压油、冷却水等添加充足；各连接件无松动。

（3）起重机启动前应将主离合器分离，各操纵杆放在空挡位置，并应按照有关规程规定启动内燃机。

（4）内燃机启动后，应检查各仪表指示值，待运转正常再接合主离合器，进行空载运转，顺序检查各工作机构及其制动器，确认正常后，方可作业。

（5）作业时，起重臂的最大仰角不得超过出厂规定。当无资料可查时，不得超过 78°。

（6）变幅应缓慢平稳，严禁在起重臂未停稳前变换挡位；起重机载荷达到额定起重量的 90% 及以上时，严禁下降起重臂。

（7）在起吊载荷达到额定超重量的 90% 及以上时，升降动作应慢速进行，并严禁同时进行两种及以上动作。

（8）起吊重物时应先稍离地面试吊，当确认重物已挂牢，起重机的稳定性和制动器的可靠性均良好，再继续起吊。在重物升起过程中，操作人员应把脚放在制动踏板上，密切注意起升重物，防止吊钩冒顶。当起重机停止运转而重物仍悬在空中时，即使制动踏板被固定，仍应脚踩在制动踏板上。

（9）采用双机抬吊作业时，应选用起重性能相似的起重机进行。抬吊时应统一指挥，动作应配合协调，载荷应分配合理，单机的起吊载荷不得超过允许载荷的 80%。在吊装过程中，两台起重机的吊钩滑轮组应保持垂直状态。

（10）当起重机如需带载行走时，载荷不得超过允许起重量的 70%，行走道路应坚实平整，重物应在起重机正前方向，重物离地面不得大于 500mm，并应拴好拉绳，缓慢行驶。严禁长距离带载行驶。

（11）起重机行走时，转弯不应过急；当转弯半径过小时，应分次转弯；当路面凹凸不平时，不得转弯。

（12）起重机上下坡道时应无载行走，上坡时应将起重臂仰角适当放小，下坡时应将起重臂仰角适当放大。严禁下坡空挡滑行。

（13）作业后，起重臂应转至顺风方向，并降 40°～60° 之间，吊钩应提升到接近顶端的位置，应关停内燃机，将各操纵杆放在空挡位置，各制动器加保险固定，操纵室和机棚应关门加锁。

（14）起重机转移工地，应采用平板拖车托送。特殊情况需自行转移时，应卸去配重，拆短起重臂，主动轮应在后面，机身、起重臂、吊钩等必须处于制动位置，并应加保险固定。每行驶 500～1000m 时，应对行走机构进行检查和润滑。

（15）起重机通过桥梁、水坝、排水沟等构筑物时，必须先查明允许载荷后再通过。必要时

应对构筑物采取加固措施。通过铁路、地下水管、电缆等设施时，应铺设木板保护，并不得在上面转弯。

（16）用火车或平板拖车运输起重机时，所用跳板的坡度不得大于15°；起重机装上车后，应将回转、行走、变幅等机构制动，并采用三角木楔紧履带两端，再牢固绑扎；后部配重用枕木垫实，不得使吊钩悬空摆动。

3. 汽车、轮胎式起重机

（1）起重机行驶和工作的场地应保持平坦坚实，并应与沟渠、基坑保持安全距离。

（2）起重机启动前重点检查项目应符合下列要求：各安全保护装置和指示仪表齐全完好；钢丝绳及连接部位符合规定；燃油、润滑油、液压油及冷却水添加充足；各连接件无松动；轮胎气压符合规定。

（3）起重机启动前，应将各操纵杆放在空挡位置，手制动器应锁死，并应按有关规程的规定启动内燃机。启动后，应怠速运转，检查各仪表指示值，运转正常后接合液压泵，待压力达到规定值，油温超过30℃，方可开始作业。

（4）作业前，应全部伸出支腿，并在撑脚板下垫方木，调整机体使回转支承面的倾斜度在无载荷时不大于1/1000（水准泡居中）。支腿有定位销的必须插上。底盘为弹性悬挂的起重机，放支腿前应先收紧稳定器。

（5）作业中严禁扳动支腿操纵阀。调整支腿必须在无载荷时进行，并将起重臂转至正前或正后方可进行调整。

（6）应根据所吊重物的重量和提升高度，调整起重臂长度和仰角，并应估计吊索和重物本身的高度，留出适当空间。

（7）起重臂伸缩时，应按规定程序进行，在伸臂的同时应相应下降吊钩。当限制器发出警报时，应立即停止伸臂。起重臂缩回时，仰角不宜太小。

（8）起重臂伸出后，出现前节臂杆的长度大于后节伸出长度时，必须进行调整，消除不正常情况后，方可作业。

（9）起重臂伸出后，或主副臂全部伸出后，变幅时不得小于各长度所规定的仰角。

（10）汽车式起重机起吊作业时，汽车驾驶室内不得有人，重物不得超越驾驶室上方，且不得在车的前方起吊。起吊重物达到额定起重量的50%及以上时，应使用低速挡。

（11）采用自由（重力）下降时，载荷小得超过该工况下额定起重量的20%，并应使重物有控制地下降，下降停止前应逐渐减速，不得使用紧急制动。

（12）作业中发现起重机倾斜、支腿不稳等异常现象时，应立即使重物降落在安全的地方，下降中严禁制动。重物在空中需要停留较长时间时，应将起升卷筒制动锁住，操作人员不得离开操纵室。

（13）起吊重物达到额定起重量的90%以上时，严禁同时进行两种及以上的操作动作。

（14）起重机带载回转时，操作应平稳，避免急剧回转或停止，换向应在停稳后进行。

（15）当轮胎式起重机带载行走时，道路必须平坦坚实，载荷必须符合出厂规定，重物离地面不得超过500mm，并应拴好拉绳，缓慢行驶。

（16）作业后，应将起重臂全部缩回放在支架上，再收回支腿。吊钩应用专用钢丝绳拴牢；应将车架尾部两撑杆分别撑在尾部下方的支座内，并用螺母固定；应将阻止机身旋转的销式制动器插入销孔，并将取力器操纵手柄放在脱开位置，最后应锁住起重操纵室门。

（17）行驶前，应检查并确认各支腿的收存无松动，轮胎气压应符合规定。行驶时水温应在80～90℃范围内，水温未达到80℃时，不得高速行驶。

（18）行驶时应保持中速，不得紧急制动，过铁道口或起伏路面时应减速，下坡时严禁空挡滑行，倒车时应有人监护。行驶时，严禁人员在底盘走台上站立或蹲坐，并不得堆放物件。

4. 卷扬机

（1）安装时，基座应平稳牢固、周围排水畅通、地锚设置可靠，并应搭设工作棚。操作人员的位置应能看清指挥人员和拖动或起吊的物件。

（2）作业前，应检查卷扬机与地面的固定，弹性联轴器不得松旷。并应检查安全装置、防护设施、电气线路、接零或接地线、制动装置和钢丝绳等，全部合格后方可使用。

（3）使用皮带或开式齿轮传动的部分，均应设防护罩，导向滑轮不得用开口拉板式滑轮。

（4）以动力正反转的卷扬机，卷筒旋转方向应与操纵开关上指示的方向一致。

（5）从卷筒中心线到第一个导向滑轮的距离，带槽卷筒应大于卷筒宽度的 15 倍。无槽卷筒应大于卷筒宽度的 20 倍。当钢丝绳在卷筒中间位置时，滑轮的位置应与卷筒轴线垂直，其垂直度允许偏差为 60mm。

（6）钢丝绳应与卷筒及吊笼连接牢固，不得与机架或地面摩擦，通过道路时，应设过路保护装置。

（7）在卷扬机制动操作杆的行程范围内，不得有障碍物或阻卡现象。

（8）卷筒上的钢丝绳应排列整齐，当重叠或斜绕时，应停机重新排列，严禁在转动中用手拉脚踩钢丝绳。

（9）作业中，任何人不得跨越正在作业的卷扬钢丝绳。物件提升后，操作人员不得离开卷扬机，物件或吊笼下面严禁人员停留或通过。休息时应将物件或吊笼降至地面。

（10）作业中如发现异响、制动不灵、制动带或轴承等温度剧烈上升等异常情况时，应立即停机检查，排除故障后方可使用。

（11）作业中停电时，应切断电源，将提升物件或吊笼降至地面。作业完毕，应将提升吊笼或物件降至地面，并应切断电源，锁好开关箱。

4.4.4 运输机械

1. 基本要求

（1）运输机械的内燃机、电动机、空气压缩机和液压装置的使用，应执行有关规程的规定。对运送超宽、超高和超长物件前，应制定妥善的运输方法和安全措施。

（2）启动前应进行重点检查：灯光、喇叭、指示仪表等应齐全完整；燃油、润滑油、冷却水等应添加充足；各连接件不得松动；轮胎气压应符合要求，确认无误后，方可启动。燃油箱应加锁。

（3）启动内燃机后，应观察各仪表指示值、检查内燃机运转情况、测试转向机构及制动器等性能，确认正常并待水温达到 40℃ 以上、制动气压达到安全压力以上时，方可低挡起步。起步前，车旁及车下应无障碍物及人员。

（4）水温未达到 70℃ 时，不得高速行驶。行驶中，变速时应逐级增减，正确使用离合器，不得强推硬拉，使齿轮撞击发响。前进和后退交替时，应待车停稳后，方可换挡。

（5）行驶中，应随时观察仪表的指示情况，当发现机油压力低于规定值，水温过高或有异响、异味等异常情况时，应立即停车检查，排除故障后，方可继续运行。

（6）严禁超速行驶。应根据车速与前车保持适当的安全距离，选择较好路面行进，应避让石块、铁钉或其他尖锐铁器。遇有凹坑、明沟或穿越铁路时，应提前减速，缓慢通过。

（7）上、下坡应提前换入低速挡，不得中途换挡。下坡时，应以内燃机阻力控制车速，必要

时，可间歇轻踏制动器。严禁踏离合器或空挡滑行。

（8）在泥泞、冰雪道路上行驶时，应降低车速，宜沿前车辙迹前进，必要时应加装防滑链。当车辆陷入泥坑、砂窝内时，不得采用猛松离合器踏板的方法来冲击起步。当使用差速器锁时，应低速直线行驶，不得转弯。

（9）车辆涉水过河时，应先探明水深、流速和水底情况，水深不得超过排水管或曲轴皮带盘，并应低速直线行驶，不得在中途停车或换挡。涉水后，应缓行一段路程，轻踏制动器使浸水的制动蹄片上水分蒸发掉。

（10）通过危险地区或狭窄便桥时，应先停车检查，确认可以通过后，应由有经验人员指挥前进。停放时，应将内燃机熄火，拉紧手制动器，关锁车门。内燃机运转中驾驶员不得离开车辆；在离开前应熄火并锁住车门。在坡道上停放时，下坡停放应挂上倒挡，上坡停放应挂上一挡，并应使用三角木楔等塞紧轮胎。

（11）平头型驾驶室需前倾时，应清除驾驶室内物件，关紧车门，方可前倾并锁定。复位后，应确认驾驶室已锁定，方可启动。

（12）在车底下进行保养、检修时，应将内燃机熄火、拉紧手制动器并将车轮垫牢。

（13）车辆经修理后需要试车时，应由合格人员驾驶，车上不得载人、载物，当需在道路上试车时，应挂交通管理部门颁发的试车牌照。

2. 载重汽车

（1）装载物品应捆绑稳固牢靠。轮式机具和圆筒形物件装运时应采取防止滚动的措施。

（2）不得人货混装。因工作需要搭人时，人不得在货物之间或货物与前车厢板间隙内。严禁攀爬或坐卧在货物上面。

（3）拖挂车时，应检查与挂车相连的制动气管、电气线路、牵引装置、灯光信号等，挂车的车轮制动器和制动灯、转向灯应配备齐全，并应与牵引车的制动器和灯光信号同时起作用。确认后方可运行。起步应缓慢并减速行驶，宜避免紧急制动。

（4）运载易燃、有毒、强腐蚀等危险品时，其装载、包装、遮盖必须符合有关的安全规定，并应各有性能良好的灭火器。途中停放应避开火源、火种、居民区、建筑群等，炎热季节应选择阴凉处停放。装卸时严禁火种。除必要的行车人员外，不得搭乘其他人员。严禁混装备用燃油。

（5）装运易爆物资或器材时，车厢底面应垫有减轻货物振动的软垫层。装载重量不得超过额定载重量的 70%。装运炸药时，层数不得超过两层。

（6）装运氧气瓶时，车厢板的油污应清除干净，严禁混装油料或盛油容器。

4.4.5 混凝土机械

1. 基本要求

（1）混凝土机械上的内燃机、电动机、空气压缩机以及电气、液压等装置的使用，应执行有关规程中的规定。

（2）作业场地应有良好的排水条件，机械近旁应有水源，机棚内应有良好的通风、采光及防雨、防冻设施，并不得有积水。

（3）固定式机械应有可靠的基础，移动式机械应在平坦坚硬的地坪上用方木或撑架架牢，并应保持水平。

（4）当气温降到 5℃ 以下时，管道、水泵、机内均应采取防冻保温措施。

（5）作业后，应及时将机内、水箱内、管道内的存料、积水放尽，并应清洁保养机械，清理工作场地，切断电源，锁好开关箱。

市政工程安全管理与台账编制范例

（6）装有轮胎的机械，转移时拖行速度不得超过 15km/h。

2. 混凝土搅拌机

（1）固定式搅拌机应安装在牢固的台座上。当长期固定时，应埋置地脚螺栓；在短期使用时，应在机座上铺设木枕并找平放稳。

（2）固定式搅拌机的操纵台，应使操作人员能看到各部位工作情况。电动搅拌机的操纵台，应垫上橡胶板或干燥木板。

（3）移动式搅拌机的停放位置应选择平整坚实的场地，周围应有良好的排水沟渠。就位后，应放下支腿将机架顶起达到水平位置，使轮胎离地。当使用期较长时，应将轮胎卸下妥善保管，轮轴端部用油布包扎好，并用枕木将机架垫起支牢。

（4）对需设置上料斗地坑的搅拌机，其坑口周围应垫高夯实，应防止地面水流入坑内。上料轨道架的底端支承面应夯实或铺砖，轨道架的后面应采用木料加以支承，应防止作业时轨道变形。料斗放到最低位置时，在料斗与地面之间，应加一层缓冲垫木。

（5）作业前重点检查项目应符合下列要求：电源电压升降幅度不超过额定值的 5%；电动机和电器元件的接线牢固，保护接零或接地电阻符合规定；各传动机构、工作装置、制动器等均紧固可靠，开式齿轮、皮带轮等均有防护罩；齿轮箱的油质、油量符合规定。

（6）作业前，应先启动搅拌机空载运转，应确认搅拌筒或叶片旋转方向与筒体上箭头所示方向一致，对反转出料的搅拌机，应使搅拌筒正、反转运转数分钟，并应无冲击抖动现象和异常噪声。作业前，应进行料斗提升试验，应观察并确认离合器、制动器灵活可靠。

（7）应检查并校正供水系统的指示水量与实际水量的一致性；当误差超过 2% 时，应检查管路的漏水点，或应校正节流阀。

（8）应检查骨料规格并应与搅拌机性能相符，超出许可范围的不得使用。

（9）搅拌机启动后，应使搅拌筒达到正常转速后进行上料。上料时应及时加水。每次加入的拌合料不得超过搅拌机的额定容量并应减少物料粘罐现象，加料的次序应为石子→水泥→砂子或砂子→水泥→石子。

（10）进料时，严禁将头或手伸入料斗与机架之间。运转中，严禁用手或工具伸入搅拌筒内扒料、出料。

（11）搅拌机作业中，当料斗升起时，严禁任何人在料斗下停留或通过；当需要在料斗下检修或清理料坑时，应将料斗提升后用铁链或插入销锁住。

（12）向搅拌筒内加料应在运转中进行，添加新料应先将搅拌筒内原有的混凝土全部卸出后方可进行。作业中，应观察机械运转情况，当有异常或轴承温升过高等现象时，应停机检查；需检修时，应将搅拌筒内的混凝土清除干净，然后再进行检修。

（13）加入强制式搅拌机的骨料最大粒径不得超过允许值，并应防止卡料。每次搅拌时，加入搅拌筒的物料不应超过规定的进料容量。

（14）强制式搅拌机的搅拌叶片与搅拌筒底及侧壁的间隙，应经常检查并确认符合规定，当间隙超过标准时，应及时调整。当搅拌叶片磨损超过标准时，应及时修补或更换。

（15）作业后，应对搅拌机进行全面清理，当操作人员需进入筒内时，必须切断电源或卸下熔断器，锁好开关箱，挂上"禁止合闸"标牌，并应有专人在外监护。

（16）作业后，应将料斗降落到坑底，当需升起时，应用链条或插销扣牢。冬季作业后，应将水泵、放水开关、量水器中的积水排尽。

（17）搅拌机在场内移动或远距离运输时，应将进料斗提升到上止点，用保险铁链或插销锁住。

3. 混凝土泵

(1) 混凝土泵应安放在平整、坚实的地面上，周围不得有障碍物，在放下支腿并调整后应使机身保持水平和稳定，轮胎应楔紧。

(2) 泵送管道的敷设应符合下列要求

1) 水平泵送管道宜直线敷设；

2) 垂直泵送管道不得直接装接在泵的输出口上，应在垂直管前端加装长度不小于20m的水平管，并在水平管近泵处加装止回阀；

3) 敷设向下倾斜的管道时，应在输出口上加装一段水平管，其长度不应小于倾斜管高低差的5倍。当倾斜度较大时，应在坡度上端装设排气阀；

4) 泵送管道应有支承固定，在管道和固定物之间应设置木垫作缓冲，不得直接与钢筋或模板相连，管道与管道间应连接牢靠；管道接头和卡箍应扣牢密封，不得漏浆；不得将已磨损管道装在后端高压区；泵送管道敷设后，应进行耐压试验。

(3) 砂石粒径、水泥强度等级及配合比应按出厂规定，满足泵机可泵性的要求。

(4) 作业前应检查并确认泵机各部位螺栓紧固，防护装置齐全可靠，各部位操纵开关、调整手柄、手轮、控制杆、旋塞等均在正确位置，液压系统正常无泄漏，液压油符合规定，搅拌斗内无杂物，上方的保护格网完好无损并盖严。

(5) 输送管道的管壁厚度应与泵送压力匹配，近泵处应选用优质管子。管道接头、密封圈及弯头等应完好无损；高温烈日下应采用湿麻袋或湿草袋遮盖管路，并应及时浇水降温，寒冷季节应采取保温措施。

(6) 应配备清洗管、清洗用品、接球器及有关装置；开泵前，无关人员应离开管道周围。

(7) 启动后，应空载运转，观察各仪表的指示值，检查泵和搅拌装置的运转情况，确认一切正常后，方可作业；泵送前应向料斗加10L清水和0.3m³的水泥砂浆润滑泵及管道。

(8) 泵送作业中，料斗中的混凝土平面应保持在搅拌轴轴线以上。料斗格网上不得堆满混凝土，应控制供料流量，及时清除超粒径的骨料及异物，不得随意移动格网。

(9) 当进入料斗的混凝土有离析现象时应停泵，待搅拌均匀后再泵送；当骨料分离严重，料斗内灰浆明显不足时，应剔除部分骨料，另加砂浆重新搅拌。

(10) 泵送混凝土应连续作业；当因供料中断被迫暂停时，停机时间不得超过30min；暂停时间内应每隔5～10min（冬季3～5min）作2～3个冲程反泵→正泵运动，再次投料泵送前应先将料搅拌；当停泵时间超限时，应排空管道。

(11) 垂直向上泵送中断后再次泵送时，应先进行反向推送，使分配阀内混凝土吸回料斗，经搅拌后再正向泵送。

(12) 泵机运转时，严禁将手或铁锹伸入料斗或用手抓握分配阀；当需在料斗或分配阀上工作时，应先关闭电动机和消除蓄能器压力。

(13) 不得随意调整液压系统压力。当油温超过70℃时，应停止泵送，但仍应使搅拌叶片和风机运转，待降温后再继续运行。

(14) 水箱内应贮满清水，当水质混浊并有较多砂粒时，应及时检查处理。

(15) 泵送时，不得开启任何输送管道和液压管道；不得调整、修理正在运转的部件。

(16) 作业中，应对泵送设备和管路进行观察，发现隐患应及时处理；对磨损超过规定的管子、卡箍、密封圈等应及时更换。

(17) 应防止管道堵塞。泵送混凝土应搅拌均匀，控制好坍落度；在泵送过程中，不得中途停泵；当出现输送管堵塞时，应进行反泵运转，使混凝土返回料斗；当反泵几次仍不能消除堵

市政工程安全管理与台账编制范例

塞，应在泵机卸载情况下，拆管排除堵塞。

(18) 作业后，应将料斗内和管道内的混凝土全部输出，然后对泵机、料斗、管道等进行冲洗；当用压缩空气冲洗管道时，进气阀不应立即开大，只有当混凝土顺利排出时，方可将进气阀开至最大；在管道出口端前方 10m 内严禁站人，并应用金属网篮等收集冲出的清洗球和砂石粒；对凝固的混凝土，应采用刮刀清除。

(19) 作业后，应将两侧活塞转到清洗室位置，并涂上润滑油。

4.4.6 钢筋加工机械

1. 基本要求

(1) 钢筋加工机械中的电动机、液压装置、卷扬机的使用，应执行有关规程中的规定。

(2) 机械的安装应坚实稳固，保持水平位置。固定式机械应有可靠的基础；移动式机械作业时应楔紧行走轮。

(3) 室外作业应设置机棚，机旁应有堆放原料、半成品的场地。

(4) 加工较长的钢筋时，应有专人帮扶，并听从操作人员指挥，不得任意推拉。

(5) 作业后，应堆放好成品，清理场地，切断电源，锁好开关箱，做好润滑工作。

2. 钢筋切断机

(1) 接送料的工作台面应和切刀下部保持水平，工作台的长度可根据加工材料长度确定。

(2) 启动前，应检查并确认切刀无裂纹，刀架螺栓紧固，防护罩牢靠。然后用手转动皮带轮，检查齿轮啮合间隙，调整切刀间隙。

(3) 启动后，应先空运转，检查各传动部分及轴承运转正常后，方可作业。

(4) 机械未达到正常转速时，不得切料；切料时，应使用切刀的中、下部位，紧握钢筋对准刃口迅速投入，操作者应站在固定刀片一侧用力压住钢筋，应防止钢筋末端弹出伤人；严禁用两手分在刀片两边握住钢筋俯身送料。

(5) 不得剪切直径及强度超过机械铭牌规定的钢筋和烧红的钢筋；一次切断多根钢筋时，其总截面积应在规定范围内。

(6) 剪切低合金钢时，应更换高硬度切刀，剪切直径应符合机械铭牌规定。

(7) 切断短料时，手和切刀之间的距离应保持在 150mm 以上，如手握端小于 400mm 时，应采用套管或夹具将钢筋短头压住或夹牢。

(8) 运转中，严禁用手直接清除切刀附近的断头和杂物。钢筋摆动周围和切刀周围，不得停留非操作人员。当发现机械运转不正常、有异常响声或切刀歪斜时，应立即停机检修。

(9) 作业后，应切断电源，用钢刷清除切刀间的杂物，进行整机清洁润滑。

(10) 液压传动式切断机作业前，应检查并确认液压油位及电动机旋转方向符合要求；启动后，应空载运转，松开放油阀，排净液压缸体内的空气，方可进行切筋。

(11) 手动液压式切断机使用前，应将放油阀按顺时针方向旋紧，切割完毕后，应立即按逆时针方向旋松。作业中，手应持稳切断机，并戴好绝缘手套。

3. 钢筋弯曲机

(1) 工作台和弯曲机台面应保持水平，作业前应准备好各种芯轴及工具。

(2) 应按加工钢筋的直径和弯曲半径的要求，装好相应规格的芯轴和成型轴、挡铁轴，芯轴直径应为钢筋直径的 2.5 倍，挡铁轴应有轴套。

(3) 挡铁轴的直径和强度不得小于被弯钢筋的直径和强度。不直的钢筋，不得放在弯曲机上来作弯曲加工。

（4）应检查并确认芯轴、挡铁轴、转盘等无裂纹和损伤，防护罩坚固可靠，空载运转正常后，方可作业。

（5）作业时，应将钢筋需弯一端插入在转盘固定销的间隙内，另一端紧靠机身固定销，并用手压紧；应检查机身固定销并确认安放在挡住钢筋的一侧，方可开动。

（6）作业中，严禁更换轴芯、销子和变换角度以及调速，也不得进行清扫和加油。

（7）对超过机械铭牌规定直径的钢筋严禁进行弯曲；在弯曲未经冷拉或带有锈皮的钢筋时，应戴防护镜。

（8）弯曲高强度或低合金钢筋时，应按机械铭牌规定换算最大允许直径并应调换相应的芯轴。在弯曲钢筋的作业半径内和机身不设固定销的一侧严禁站人。弯曲好的半成品，应堆放整齐，弯钩不得朝上。

（9）转盘换向时应待停稳后才能进行。作业后，应及时清除转盘及插入座孔内的铁锈、杂物等。

4. 预应力钢丝拉伸设备

（1）作业场地两端外侧应设有防护栏杆和警告标志。作业前，应检查被拉钢丝两端的镦头，当有裂纹或损伤时，应及时更换。

（2）固定钢丝镦头的端钢板上圆孔直径应较所拉钢丝的直径大 0.2mm。

（3）高压油泵启动前，应将各油路调节阀松开，再开动油泵，待空载运转正常后，紧闭回油阀，逐渐拧开进油阀，待压力表指示值达到要求，油路无泄漏，确认正常后，方可作业。

（4）作业中，操作应平稳、均匀。张拉时，两端不得站人。拉伸机在有压力情况下，严禁拆卸液压系统的任何零件。

（5）高压油泵不得超载作业，安全阀应按设备额定油压调整，严禁任意调整。

（6）在测量钢丝的伸长时，应先停止拉伸，操作人员必须站在侧面操作。用电热张拉法带电操作时，应穿戴绝缘胶鞋和绝缘手套。张拉时，不得用手摸或脚踩钢丝。

（7）高压油泵停止作业时，应先断开电源，再将回油阀缓慢松开，待压力表退回至零位时，方可卸开通往千斤顶的油管接头，使千斤顶全部卸荷。

5. 盾构机械

盾构施工应注意的事项

（1）拼装盾构机的操作人员必须按顺序进行拼装，并对使用的起重索具逐一检查，认为可靠方可吊装。

（2）机械在运转中，须谨慎操作，严禁超负荷作业。发现盾构机械运转有异常或振动等现象，应立即停机进行检查。电缆头的拆除与装配，必须切断电源方可进行作业。

（3）操作盘的门严禁开着使用，防止触电事故。动力盘的接地线必须可靠，并经常检查，防止松动发生事故。

（4）禁止同时启动两台以上电动机。连续启动两台以上电动机时，必须在第一台电动机运转指示灯亮后，再启动下一个电动机。

（5）应定期对过滤器的指示器、油管、排放管等进行检查保养。

（6）开始作业时，应对盾构机各部件、液压系统、油箱、千斤顶、电压等仔细检查，严格执行锁荷"均匀运转"。

（7）盾构机出土皮带运输机，应设防护，并应专人负责。

（8）装配皮带运输机时，必须清扫干净；在制动开关周围，不得堆放障碍物，并有专人操作，检修时必须停机断电。

市政工程安全管理与台账编制范例

（9）利用电瓶车作牵引时，司机必须经培训、考核合格持证驾驶；不准将手伸入电瓶车与出土车的连接处；车辆牵引时，应按照约定信号进行拖运。

（10）出土车应设专人指挥引车，严禁超载。在轨道终端，必须安装限位装置。

（11）门吊司机必须持证上岗，司索工对钢丝绳、吊钩经常检查，不得使用不合格的吊索具，严禁超负荷吊运。

（12）每天班前必须检测盾构机头部可燃气体的浓度，做好预测、预防和序控工作，并认真做好记录。

（13）要及时清除盾构机内部的油渣及零星可燃物。对乙炔、氧气要加强管理，严格执行动火审批制度及动火监护工作。在气压盾构施工时，严禁将易燃、易爆物品带入气压盾构施工区。

（14）在隧道工程施工中，土层采用冻结法加固时，必须以适当的观测方法测定温度，掌握土层的冻结状态，必须对附近的建筑物或地下埋设物及盾构隧道本身采取防护措施。

4.5　临时用电安全技术

4.5.1　电器防护

1. 外电防护

（1）在建工程不得在外电线路正下方施工，搭设作业棚、建造生活设施或堆放构件、架具、材料及其他杂物等设施。

（2）在建工程（脚手架）的周边与外电架空线路的边线之间必须保持安全操作距离。最小安全操作距离不应小于表4-9所列数值。

在建工程（含脚手架）的周边与架空线路的边线之间的最小安全操作距离　　　表4-9

外电线路电压等级（kV）	1以下	1~10	35~110	154~220	330~500
最小安全操作距离（m）	4	6	8	10	15

（3）上、下脚手架的斜道不宜设在有外电线路一侧。

（4）施工现场道路与外电架空线路交叉时，架空线路的最低点与路面的垂直距离不应小于表4-10所列数值。

架空线路的最低点与路面最小的垂直距离　　　表4-10

外电线路电压等级（kV）	3以下	3~10	35~66
最小至地距离（m）	6	6.5	7

（5）塔吊的任何部位或被吊物边缘与架空线路的最小距离不得小于表4-11所列数值。

塔吊的任何部位或被吊物边缘与架空线路的最小距离　　　表4-11

电压(kV) 安全距离(m)	小于1	1~15	20~40	60~110	220
沿垂直方向	1.5	3	4	5	6
沿水平方向	1	1.5	2	4	6

（6）施工现场开挖沟槽边缘与外电埋地电缆沟槽边缘之间的距离不得小于0.5m。

（7）施工时外电线路达不到最小距离的规定时，必须采取绝缘隔离防护措施，增设屏障、遮栏、围栏、保护网等，并悬挂醒目的警告标志牌。架设防护设施时，应有电气工程技术人员和专职安全人员监护。

（8）防护措施无法实现时，必须与有关部门协商，采取停电、迁移外电线路或改变工程位置等措施，未采取上述措施的严禁施工。

（9）在外电线路附近开挖沟槽时，必须会同有关部门采取加固措施，防止外电线路电杆倾斜、倾倒。

2. 电气设备防护

（1）电气设备现场周围应无易燃物，否则应清除或作防护处置。

（2）电气设备设置场所应能避免物体打击和机械损伤。否则应作防护。

（3）电气设备应设置防雨棚或采用防雨型。

4.5.2　临时用电保护系统

1. 临时用电接地系统的一般要求

（1）根据规范要求施工现场专用电源中性点直接接地的220/380V用电线路中必须采用TN-S系统（或TN-C-S系统）。

电气设备的金属外壳必须与保护零线连接，保护零线应由工作接地线、配电室（总配电柜）电源侧零线或总漏电断路器电源侧零线处引出。

（2）当施工现场与外电线路共用同一供电系统时，电气设备应按TN-C-S系统作保护接零。严禁一部分作保护接零，另一部分作保护接地。

2. 保护接地系统

（1）保护接地系统多用在变压器中性点不接地的系统中（IT），如煤矿井下供电系统。或变压器中性点接地的TT供电系统中。

（2）在变压器中性点不接地的系统中，当线路或设备的带电部分与外壳接触时，由于线路与大地之间存在着分布电容，如果人体触及机壳，则将有电容电流通过人体与分布电容构成回路，发生触电。如果电动机外壳作了保护接地，当人体触及漏电设备的外壳时，形成人体电阻与接地电阻的并联电路。由于人体电阻（$R_{人}=1000\Omega$）远比接地电阻（$R_{地}=4\Omega$）大得多，并联电路中支路电流与支路阻抗值成反比，所以通过人体的电流就很小，从而避免了触电事故。

3. 保护接零系统

（1）施工现场供电系统必须采用保护接零系统即TN-S或TN-C-S系统。

（2）在TN-S系统中采用保护接零系统后，当电气绝缘损坏时，相电压经过机壳到零线形成通路，产生很大的短路电流。此电流将足以使保护电气装置（熔体）迅速动作，切断故障部分的电源，保证安全供电。

（3）在TN-S系统中如果采用保护接地，不能有效地防止触电事故。

在临时施工供电系统中，要求必须采用保护接零系统。

（4）在供电系统设置时，不能将保护接地系统与保护接零系统混合接入，因为当外壳接地的设备发生碰壳而引起事故电流烧不断熔体或电器保护装置不动作时，设备外壳就带有110V的电压，这时使整个中线对地的电位升高到110V，于是其他接零设备的外壳对地都有110V电压，这是非常危险的。

4. 重复接地

（1）在 TN-S 系统中除必须在配电室或总配电箱处作重复接地外，还必须在配电线路的中间处和末端处做重复接地。

一般施工现场实际设置时在总配电箱、分配电箱设置重复接地装置，开关箱距分配电箱距离较长时应设置重复接地装置。

（2）重复接地极应采用 $\phi 50 \times 4$ 钢管长 2500mm，一根或两根垂直打入地下其间距为 5000mm，焊接符合规范要求。最好利用建筑物内自然接地体作重复接地。

（3）重复接地的接地电阻不大于 4Ω（或 10Ω）。

（4）重复接地装置设置时其接地线应采用截面不小于 10mm^2，黄绿双色线加 PVC 保护管进入配电箱，并接在配电箱内 PE 接零排上。

（5）接地体不得使用铝导体或铝芯线，不得使用螺纹钢作为接地体或接地干线。

（6）在 TN-S 系统中严禁将单独敷设的工作零线再作重复接地。

5. 防雷接地

（1）施工现场内的井架、人货提升机、龙门架、外脚手架（采用多点法）、塔吊（不设置接闪器）、职工宿舍活动房、彩钢板办公楼等，均需设置防雷保护装置，防止直击雷或雷电感应的破坏。

（2）机械设备的防雷引下线可利用该设备的金属结构体，但必须保证电气连接。

（3）防雷接地装置的焊接必须符合规范要求，圆钢双面焊接长度为直径的 6 倍。扁钢为宽度的 2 倍。导线连接必须采用黄绿双色线并加接线端子，加镀锌螺栓、镀锌平垫及弹簧垫。

（4）施工现场内所有防雷装置的冲击接地电阻值不得大于 30Ω。

4.5.3　配电室（总配电房）

（1）施工现场配电室应靠近电源，并尽量设在施工用电负荷中心，并应设在灰尘少、无振动的地方。

（2）配电室应满足防雨、防火要求，应能自然通风并应有防止动物出入的措施。

（3）配电室的建筑物和构筑物的耐火等级不低于 3 级，一般应用砖砌体并内外粉刷，设有通风窗，配电室的门应向外开并配锁。配电室内设有电缆沟，配电室高度不应小于 3m，保证配电柜上端距顶棚不小于 0.5m。

（4）配电室布置时应满足配电柜前侧通道不小于 1.5m，后侧操作或维修通道不小于 1.5（0.8）m，侧面维修通道宽度不小于 1m。

（5）配电室内应配有照明灯及应急灯，配有砂箱和灭火器。配有绝缘防护用品。

（6）总配电柜应装设有功电度表、分路装设电流、电压表。及电源指示灯。总配电柜应装设电源隔离开关及短路、过载、漏电保护电器，电源隔离开关分断时应有明显可见分断点。

（7）总配电柜应编号，并应有用途标记（回路名称）。

（8）总配电柜停电维修时，应挂接临时地线，并应悬挂停电标志牌。停送电必须由专人负责。

4.5.4　配电线路

1. 架空线路

（1）施工现场内架空线必须采用绝缘导线，架空线必须架设在专用电杆上，严禁架设在树木、脚手架上。

（2）架空线截面应满足机械强度要求，绝缘铜线截面不小于 10mm^2，绝缘铝线截面不小于

16mm²，架空线路在一个档距内一条导线只允许有一个接头。

（3）架空线路相序排列规定：

1）动力、照明线在同一横担上架设时，导线相序排列是：面向负荷从左侧起依次为 L₁、N、L₂、L₃、PE。

2）动力、照明线在二层横担上分别架设时，导线相序排列是：上层横担面向负荷侧从左起依次为 L₁、L₂、L₃；下层横担面向负荷侧从左侧起依次为 L₁、(L₂、L₃)、N、PE。

（4）架空线路应采用混凝土杆或木杆，木杆不得腐朽，其梢径不应小于 140mm。电杆埋深为杆长的 1/10 加 0.6m，回填土应分层夯实。

（5）架空线距施工现场最小垂直距离不应小于 4m，距机动车道不应小于 6m。

（6）其他要求按有关规范设置。

2. 电缆线路

（1）变压器到总配电柜的电源电缆应采用五芯电力电缆（或四芯），电缆芯线必须按规范要求分色。严禁电缆芯线混用。

（2）电缆截面选用必须经计算并经验算后确定。电缆类型应根据敷设方式、环境条件选择。埋地敷设宜选用铠装电缆。

（3）施工现场电缆水平敷设，一般应采用电缆沟敷设、穿保护管敷设、直埋敷设等敷设方法，个别情况可以采用加绝缘子（绑扎线必须采用绝缘导线）沿墙体架空敷设的方式。

（4）直埋敷设时其深度不应小于 0.6m，并应在电缆紧邻上、下、左、右侧均匀敷设不小于 50mm 厚的细砂，然后覆盖砖、混凝土块等硬质保护层。

（5）电缆穿越建筑物、道路、易受机械损伤等场所及引出地面从配电箱或设备到地下 0.2m 处，必须加设防护套管。

（6）埋地电缆接头应设在地面上接线盒内，接线盒应防水、防机械损伤，直埋电缆不应有接头。

（7）电缆头制作及中间接头制作应满足有关制作工艺要求。

（8）移动开关箱电源电缆、小型移动设备电源电缆、现场局部照明电缆等必须采用橡皮护套铜芯软电缆。

（9）建筑物内楼层供电电源可采用电缆或采用 BV 导线（分色）穿保护管敷设的方式向各层供电。垂直敷设应利用在建工程的电气管道竖井等。

（10）施工现场操作棚、加工厂、职工宿舍、办公室照明导线敷设时必须采用全程穿保护管的方式，按明敷标准设置，其各种配件必须齐全。

4.5.5　配电箱及开关箱设置

1. 配电箱及开关箱的设置

（1）配电系统必须设置配电柜、分配电箱、开关箱或设置总配电箱、分配电箱、开关箱，必须满足三级配电三级保护的要求。

（2）根据施工供电系统要求总配电柜到分配电箱用放射式供电方式；分配电箱到开关箱采用放射与链式相结合的供电方式，确保供电系统的安全、可靠，满足施工要求。

（3）每台用电设备必须有各自的专用的开关箱，必须实行"一机一闸一漏一箱"（照明配电箱除外），严禁用同一个开关箱直接控制二台或二台以上用电设备（含插座）。

（4）一般分配电箱内设专用照明回路，动力开关箱与照明配电箱必须分别设置。

（5）施工现场配电箱、开关箱安装方式、安装高度（箱底距地 1.3m）应统一，配电箱、开

关箱周围应有足够二人同时工作的空间和通道，并不得堆放任何妨碍操作、维修的物品，不得有杂草。配电箱安装应端正、牢固。

（6）移动配电箱、开关箱应装设在坚固、稳定的支架上，其下底与地面的垂直距离为0.6～1.5m。

（7）配电箱、开关箱应采用铁板制作，铁板厚度应为1.5～2.0mm。配电箱、开关箱内的电器（包括插座）应固定在金属电器安装板上，金属电器安装板与金属箱体PE排作电气连接。

（8）配电箱内的电器安装应正直、牢固，不得歪斜和松动。配电箱内必须装设N排、PE排，工作接零排必须与箱体绝缘，保护接零排必须与金属箱体作电气连接。

（9）配电箱、开关箱内的连接线必须采用绝缘导线，其截面应满足负荷电流要求。

（10）配电箱、开关箱尺寸应与箱内电器的数量相适应。

（11）配电箱、开关箱中导线、电缆进、出线口必须设置在箱体下底面，并配固定卡子，严禁设在上顶、侧面、后面或箱门处。

（12）配电箱、开关箱外形结构应能防雨、防雪、防尘等。

2. 电箱内电器装置的选择

配电箱、开关箱内的电器必须可靠、完好，严禁使用破损、不合格的电器。总配电柜的电器应具备电源隔离，正常接通与分断电路，以及短路、过载、漏电保护功能。总配电柜设置原则是：

（1）施工现场供电采用放射式供电时，总配电柜内应设置总隔离开关、分路隔离开关、分路漏电断路器。隔离开关应选择刀型开关，分断应具有明显可见分断点。

（2）总配电柜应装设电压表、总电流表、电度表及其他需要的仪表。专用电能计量的装设应符合当地供用电管理部门的要求。装设电流互感器时，其二次回路必须与保护零线有一个连接点，并且严禁开路。

（3）分配电箱应装设总隔离开关、分路隔离开关、分路漏电断路器（漏电动作电流设为50mA，动作时间小于0.1s）。装设N排及PE排应采用铜排。分配电箱内配线应采用暗敷，导线截面应与配电装置匹配，导线截面不应小于10mm²，导线必须按规范要求分色。

（4）开关箱必须装设隔离开关、漏电断路器（漏电动作电流不大于30mA，动作时间不大于0.1s）和PE排。导线截面应按负荷电流选择且不应小于4mm²。

（5）移动开关箱必须设隔离开关、漏电断路器（漏电动作电流30mA，动作时间小于0.1s）。应装设PE排。导线截面应按负荷电流选择且不应小于4mm²。移动配电箱必须设置插座且保护接零到位。

（6）照明配电箱应设总隔离开关、分路隔离开关、分路漏电断路器，其漏电动作电流为30mA，动作时间小于0.1s。移动照明配电箱，各回路必须设置插座且保护接零到位。

（7）塔吊、对焊机、大型混凝土搅拌站等设置专用配电箱。

（8）操作层移动竖向电渣压力焊机、交流、直流电焊机必须设置专用移动配电箱。

（9）开关箱、移动开关箱中各开关电器的额定值和动作电流整定值应与其控制用电设备的额定值匹配。

（10）开关箱只能直接控制照明电路或容量小于5.5kW的动力设备并且不能频繁启动，设备容量大于5.5kW的动力设备应使用专用（交流接触器）控制箱控制。

3. 配电箱、开关箱的使用与维护

（1）配电箱、开关箱应有配电箱名称、编号、责任电工名称、分路标记（回路名称）。

（2）配电箱、开关箱箱门应配锁，并由专人负责。

（3）配电箱、开关箱项目部每7天检查一次，并填写记录。专业电工必须持证上岗，每天使用前对配电箱、开关箱进行一次检查。电工检查、维修时必须使其前一级配电箱相应的电源隔离开关分闸，并悬挂停电标志牌，同时要求电工必须使用绝缘用具。

（4）配电箱、开关箱操作顺序：

1）送电操作为：总配电柜→分配电箱→开关箱。

2）停电操作：开关箱→分配电箱→总配电柜。

3）施工现场停电1小时以上应将动力开关箱断电上锁。

4）配电箱、开关箱内不得放置任何杂物，并应经常保持整洁。

5）配电箱、开关箱不得随意挂接其他用电设备。

6）配电箱、开关箱内的电器配置不得随意改动，熔体更换时严禁用不符合原规格的熔体代替（铜丝等）。

7）进出电缆不得受到外力。电缆固定应牢固。

4.5.6　电焊机及小型移动机具的使用

（1）电焊机必须设置专用移动配电箱，电焊机电缆长度不应大于5m，电源进线处必须设置防护罩。

（2）电焊机应放置在防雨干燥和通风良好的地方，焊接现场不得有易燃、易爆物品。

（3）电焊机二次线必须使用防水橡皮护套铜芯软电缆，电缆长度不应大于30m。

（4）电焊机应配置二次降压保护器，空载时能自停。

（5）使用电焊机焊接时必须穿戴防护用品。

（6）电焊机保护接零必须到位，接线必须由专业电工接线。

（7）小型移动设备必须设置专用移动配电箱，必须使用插头。严禁使用移动电源电缆盘、移动电源过线板等移动电源。

（8）小型设备的保护接零必须按规范要求到位，Ⅰ、Ⅱ类用电设备必须作保护接零并按规范要求设置漏电断路器，Ⅲ类用电设备可不作保护接零，但必须设置漏电断路器。

（9）小型移动设备电源电缆必须使用耐候型的橡皮护套铜芯软电缆。小型设备必须完好并对其检查确认合格后方可使用。

（10）手持式电动工具使用时，必须按规定穿、戴绝缘防护用品。

4.5.7　施工现场及职工宿舍照明

（1）施工现场必须按要求装备专用照明配电箱，所有照明电源必须取自照明配电箱内。

（2）施工现场固定照明灯具应选用吸顶式防水灯，室外距地安装距离不小于3m，室内距地安装距离不小于2.4m，并固定牢固。所有电源线必须穿PVC保护管，按永久工程明敷要求设置，要求配件齐全。

（3）地下室、楼梯间临时照明灯，应采用36V电源供电，导线或电缆必须按规范要求加绝缘子敷设，对地距离不小于2.4m，满足规范要求。低压（36V）变压器应选择双绕组变压器。

（4）施工现场固定照明应选用高光效、长寿命的照明光源（如泛光灯），需大面积照明采用高压钠灯等。

（5）施工现场局部照明采用移动碘钨灯时应采用36V电源并设置专用固定支架，固定照明时可采用220V电源并必须作好保护接零，同时距易燃物30cm以上的安全距离。

（6）停电后需及时撤离现场的特殊工程，装设应急电源灯。

（7）所有灯具的金属外壳必须作好保护接零。所有移动照明必须使用橡皮护套铜芯软电缆，施工现场严禁使用花线、护套线作照明线。

（8）职工宿舍照明灯具必须采用吸顶式安装，导线敷设按规范要求全程穿保护管。职工宿舍照明电源推荐采用36V低压电源，并不应设电源插座。职工宿舍夏季应统一配置电风扇和手机集中充电处。

（9）必须加强对职工宿舍的管理力度，严禁乱接乱拉电源插座及照明灯具，严禁使用电炉子、热得快等用电设备。

（10）项目部应在会议室或职工食堂统一设置电视机等文化设施，为职工提供文化娱乐场所。

第5章

环境保护与安全
生产文明施工标
准化工地的创建

5.1 环境保护

环境保护是按照法律法规、各级主管部门和企业的要求，保护和改善作业现场的环境，控制现场的各种粉层、废水、废气、固体废弃物、噪声、振动等对环境的污染和危害。环境保护也是文明施工的重要内容之一。

5.1.1 现场环境保护的意义

（1）保护和改善施工环境是保证人们身体健康和社会文明的需要。采取专项措施防止粉尘、噪声和水源污染，保护好作业现场及其周围的环境，是保证职工和相关人员身体健康、体现社会总体文明的一项利国利民的重要工作。

（2）保护和改善施工现场环境是消除对外部干扰保证施工顺利进行的需要。随着人们的法制观念和自我保护意识的增强，尤其在城市中，施工扰民问题反映突出，应及时采取防治措施，减少对环境的污染和对市民的干扰，也是施工生产顺利进行的基本条件。

（3）保护和改善施工环境是现代化大生产的客观要求。现代化施工广泛应用新设备、新技术、新的生产工艺，对环境质量要求很高，如果粉尘、振动超标就可能损坏设备、影响功能发挥，使设备难以发挥作用。

（4）节约能源、保护人类生存环境、保证社会和企业可持续发展的需要。人类社会即将面临环境污染和能源危机的挑战。为了保护子孙后代赖以生存的环境条件，每个公民和企业都有责任和义务来保护环境。良好的环境和生存条件，也是企业发展的基础和动力。

5.1.2 施工现场空气污染的防治措施

（1）施工现场垃圾渣土要及时清理出现场。

（2）高大建筑物清理施工垃圾时，要使用封闭式的容器或者采取其他措施处理高空废弃物，严禁凌空随意抛散。

（3）施工现场道路应指定专人定期洒水清扫，形成制度，防止道路扬尘。

（4）对于细颗粒散体材料（如水泥、粉煤灰、白灰等）的运输、储存要注意遮盖、密封，防止和减少飞扬。

（5）车辆开出工地要做到不带泥砂，基本做到不洒土、不扬尘，减少对周围环境污染。

（6）除没有符合规定的装置外，禁止在施工现场焚烧油毡、橡胶、塑料、皮革、树叶、枯草、各种包装物等废弃物品以及其他会产生有毒、有害烟尘和恶臭气体的物质。

（7）机动车都要安装减少尾气排放的装置，确保符合国家标准。

（8）工地茶炉应尽量采用电热水器。若只能使用烧煤茶炉和锅炉时，应选用消烟除尘型茶炉和锅炉，大灶应选用消烟节能回风炉灶，使烟尘降至允许排放范围为止。

（9）大城市市区的建设工程已不允许搅拌混凝土。在允许设置搅拌站的工地，应将搅拌站封闭严密，并在进料仓上方安装除尘装置，采用可靠措施控制工地粉尘污染。

（10）拆除旧建筑物时，应适当洒水，防止扬尘。

5.1.3 施工过程水污染的防治措施

（1）禁止将有毒有害废弃物作土方回填。

（2）施工现场搅拌站废水，现制水磨石的污水，电石（碳化钙）的污水必须经沉淀池沉淀合格后再排放，最好将沉淀水用于工地洒水降尘和采取措施回收利用。

（3）现场存放油料，必须对库房地面进行防渗处理。如采用防渗混凝土地面、铺油毡等措施。使用时，要采取防止油料跑、冒、滴、漏等措施，以免污染水体。

（4）施工现场100人以上的临时食堂，污水排放时可设置简易有效的隔油池，定期清理，防止污染。

（5）工地临时厕所，化粪池应采取防渗措施。中心城市施工现场的临时厕所可采用水冲式厕所，并有防蝇、灭蛆措施，防止污染水体和环境。

（6）化学用品，外加剂等要妥善保管，库内存放，防止污染环境。

5.1.4 施工现场噪声的控制措施

噪声控制技术可从声源、传播途径、接收者防护等方面来考虑。

1. 声源控制

从声源上降低噪声，这是防止噪声污染的最根本的措施。

（1）尽量采用低噪声设备和工艺代替高噪声设备与工艺，如低噪声振动器、风机、电动空压机、电锯等。

（2）在声源处安装消声器消声，即在通风机、鼓风机、压缩机、燃气机、内燃机及各类排气放空装置等进出风管的适当位置设置消声器。

2. 传播途径的控制

（1）吸声：利用吸声材料（大多由多孔材料制成）或由吸声结构形成的共振结构（金属或木质薄板钻孔制成的空腔体）吸收声能，降低噪声。

（2）隔声：应用隔声结构，阻碍噪声向空间传播，将接受者与噪声声源分隔。隔声结构包括隔声室、隔声罩、隔声屏障、隔声墙等。

（3）消声：利用消声器阻止传播。允许气流通过的消声降噪是防治空气动力性噪声的主要装置。如对空气压缩机、内燃机产生的噪声等。

（4）减振降噪：对来自振动引起的噪声，通过降低机械振动减小噪声，如将阻尼材料涂在振动源上，或改变振动源与其他刚性结构的连接方式等。

3. 接受者的防护

让处于噪声环境下的人员使用耳塞、耳罩等防护用品，减少相关人员在噪声环境中的暴露时间，以减轻噪声对人体的危害。

4. 严格控制人为噪声

进入施工现场不得高声喊叫、无故摔打模板、乱吹哨，限制高音喇叭的使用，最大限度地减少噪声扰民。

5. 控制强噪声作业的时间

凡在人口稠密区进行强噪声作业时，须严格控制作业时间，一般晚10点到次日早6点这段时间停止强噪声作业。确是特殊情况必须昼夜施工时，尽量采取降低噪声措施，并会同建设单位找当地居委会、村委会或当地居民协调，出安民告示，求得群众谅解。

5.1.5 固体废物的处理

1. 施工工地上常见的固体废物

（1）建筑渣土：包括砖瓦、碎石、渣土、混凝土碎块、废钢铁、碎玻璃、废屑、废弃装饰材料等。

（2）废弃的散装建筑材料包括散装水泥、石灰等。

（3）生活垃圾：包括炊厨废物、丢弃食品、废纸、生活用具、玻璃、陶瓷碎片、废电池、废旧日用品、废塑料制品、煤灰渣、废交通工具等。

（4）设备、材料等的废弃包装材料。

（5）粪便。

2. 固体废物的主要处理方法

（1）回收利用：回收利用是对固体废物进行资源化、减量化的重要手段之一。对建筑渣土可视其情况加以利用。废钢可按需要用做金属原材料。对废电池等废弃物应分散回收，集中处理。

（2）减量化处理：减量化是对已经产生的固体废物进行分选、破碎、压实浓缩、脱水等减少其最终处置量，减低处理成本，减少对环境的污染。在减量化处理的过程中，也包括和其他处理技术相关的工艺方法，如焚烧、热解、堆肥等。

（3）焚烧技术：焚烧用于不适合再利用且不宜直接予以填埋处置的废物，尤其是对于受到病菌、病毒污染的物品，可以用焚烧进行无害化处理。焚烧处理应使用符合环境要求的处理装置，注意避免对大气的二次污染。

（4）稳定和固化技术：利用水泥、沥青等胶结材料，将松散的废物包裹起来，减少废物的毒性和可迁移性，使得污染减少。

（5）填埋：填埋是固体废物处理的最终技术，经过无害化、减量化处理的废物残渣集中到填埋场进行处置。填埋场应利用天然或人工屏障。尽量使需处置的废物与周围的生态环境隔离，并注意废物的稳定性和长期安全性。

5.2 市政工程安全生产文明施工标准化工地的创建

市政工程施工现场大多是开放性的，其面貌直接反映了城市的管理水平。随着我国城市管理要求的日益提高，市政工程施工现场的安全文明管理也逐步走向了高要求、高标准，全国各省市也纷纷开展了标准化工地的创建活动。

5.2.1 开展创建市政工程施工文明安全生产标准化工地的意义

市政工程施工现场的文明施工是安全生产的重要组成部分。文明施工的水平不仅体现了一个企业的管理水平，也是企业对其社会责任的一种承诺。一个物料清整、井然有序的现场直接反映了企业在施工管理过程中的细节重视度，同时也会促使施工人员提高了施工过程中对环境的关注度，间接降低了安全风险。

我国市政基础设施工程的安全生产起步较迟，文明施工水平相对建筑工程也比较落后，缺乏足够的重视度。特别是道路工程，由于战线长、工期短、露天作业以及交叉作业情况多，施工现

场长期以来一直是脏、乱、差的面貌，不仅降低了市政工程的施工形象，也阻碍了市政工程安全生产管理的发展。

市政工程施工文明安全生产标准化工地创建活动的开展，其主要目的就是为了提高施工企业安全生产管理水平，提升市政工程文明施工形象。

虽然各地创建标准化工地的程序有所不同，但对于现场的安全文明施工要求是可以统一的。

5.2.2　标准化工地创建的组织机构

有效的组织结构是创建标准化工地的前提，依靠组织的管理和协调，去完成标准化工地各项管理内容的落实。

标准化工地的创建应是企业的一种自发行为，是企业施工现场的一个管理目标，它必须以施工企业为核心。因此，组织机构的建立应当以施工企业为核心。同时，由于市政工程施工现场的复杂性，存在交通、配套管线等诸多各方影响因素，市政工程标准化工程创建在创建小组的建设上也存在不同。创建小组的组成需要充分考虑以下因素：

（1）创建小组的组成以施工企业为核心，建设、监理都应参与其中。作为施工现场的负责人，项目经理应当作为创建活动的主要责任人；

（2）明确分包、配套单位的安全生产、文明施工责任。市政工程管理中，分包单位特别是配套单位施工对安全文明施工管理的影响程度较大。因此，作为标准化创建过程中的一个重要内容，分包、配套等施工队伍也须明确相应的责任。

5.2.3　施工现场平面布置与划分

施工现场的平面布置图是施工组织设计的重要组成部分，也是施工形象好坏的重要一环。合理、科学的规划对现场安全文明施工管理会起到很好的支持作用。

1. 施工总平面图编制的依据

（1）工程所在地区的原始资料，包括建设、勘察、设计单位提供的资料；

（2）原有和拟建工程的位置和尺寸；

（3）施工方案、施工进度和资源需要计划；

（4）全部施工设施建造方案；

（5）建设单位可提供的房屋和其他设施。

2. 施工平面布置的布置原则

市政工程战线长、工期短、露天作业的特性决定了其施工作业场地的流动性较大，便道的设置、临时设施的搭建、机械设备的布设以及物料的堆放都会对标准化现场的创建产生较大影响。

（1）临时设施的布置应符合安全、便利的要求。应尽可能避开基坑、高压线路、河流、边坡、危房等危险源，同时应合理考虑工程生活和娱乐设施的便利性；

（2）办公生活区和作业区应分开设置，保持安全距离并设置必要的隔离方式；

（3）便道的设置应当考虑车辆、行人通行的因素，最大可能减少车辆、行人的通行难度；

（4）材料的堆放要适宜，既不影响周边安全，又减少二次搬运；

（5）排水、排污、垃圾储放的布置要合理，便于实施；

（6）要充分考虑消防、环保和应急避险的要求。

3. 施工现场平面图布置的内容

施工现场平面图的编制须根据市政工程的特点，充分考虑施工各阶段的变化，必要时，可编制阶段性的平面图，便于施工管理。施工现场平面图应包括以下内容：

（1）临时设施的位置和平面轮廓；

（2）周边隐患源的位置和安全距离；

（3）道路和主要交通道口；

（4）施工围护和主要交通警示标志；

（5）大型设备、机具的位置和安全作业半径；

（6）材料、土方堆置和运输的线路；

（7）施工临时供电线路和变配电设施的位置；

（8）消防、排水、排污设施；

（9）应急避险场所的位置；

（10）绿化区域的设置。

4. 施工现场功能区域划分要求

施工现场按照功能可划分为施工作业区、辅助作业区、材料堆放区和办公生活区。施工现场的办公生活区应当与作业区分开设置，并保持安全距离。办公生活区应当设置于在建建筑物半径之外，与作业区之间设置防护措施，进行明显的划分隔离，以免人员误入危险区域；办公生活区如果设置在在建建筑物坠落半径之内的，必须采取可靠的防砸措施。功能区的规划设置时还应考虑交通、水电、消防、卫生和环保等因素。

5.2.4 封闭管理

封闭管理主要考虑的是围护和监护。市政工程围护的临时性和突发因素较多，不宜千篇一律地统一围挡设置方式。施工围护既要考虑到施工的美观、封闭管理，也要求考虑周边通行的安全和便利以及季节变换、气候影响所带来的不安全因素。

1. 生活区围护

（1）生活区应实施全封闭围护，主要出入口处应设置大门。围护应高于 2.5m。砖墙结构的，须考虑墙体的结构安全；

（2）大门设施应牢固美观，并标注企业名称和工程项目名称；

（3）出入口应设置门卫，严格落实门卫管理制度。

2. 现场围挡

（1）现场围挡应沿道路两侧进行连续设置，并符合交通方案的相关要求；

（2）围挡以固定围挡为主，交叉口、管线配套施工的，可以设置移动围挡；

（3）固定围挡一般采用彩钢板形式，高度不低于 2.1m。上部可采用 10cm 黄黑相间压顶起到美观和警示作用；

（4）围挡材料应坚固、稳定、美观，施工期间如开放交通的，不应采用砌体搭设围挡，以免车辆冲撞造成围挡倾倒而发生安全事故；

（5）围挡内外侧临近不得堆放土方、砂石、钢管等易倾滑的材料，防止滑塌造成围挡倾覆对施工和行人产生伤害；

（6）围挡搭设必须进行设计计算，确保围挡的稳定、安全。大风、雨雪前后应对围挡进行必要的检查，落实隐患的处理措施。

5.2.5 临时设施

临时设施主要指施工企业在施工期间临时搭设或是租赁的各种房屋，包括办公设施、生活设施和生产设施。临时设施的设置应当确保使用功能和安全、卫生，并符合消防安全要求。

临时搭设的房屋包括活动式临时房屋和固定式临时房屋。活动式临时房屋主要指彩钢板活动房和钢结构活动房屋；固定式临时房屋主要指砖木、砖石和砖混结构房屋。临时房屋不应使用脚手片、石棉瓦、膨胀珍珠岩等材料进行搭设，应尽可能采用彩钢板活动房或钢结构活动房的形式。

临时设施应有基本的标牌，并落实卫生责任人。

1. 办公室的设置

施工现场办公室应提供办公基本条件，并安排好文件资料的分类存放。

2. 会议室的设置

考虑到荷载因素，会议室不宜设置在二楼。作为会议场所，应张贴工程施工平面图、各类管理规章等。

3. 民工学校的设置

民工学校是创建安全文明标准化工地中重要的一个环节，其建设水平也是标准化管理水平的一个集中体现。民工学校内须配备必要的学习和培训条件，并张贴组织管理机构、培训计划等。

4. 职工宿舍

充分的休息是安全、高效劳动的保证，因此，职工宿舍应提供必要的生活、卫生条件。职工宿舍应张贴入住人员和卫生责任人，内部应配设必要的生活器具，如脸盆架、储物柜等，宿舍应考虑季节影响，落实防、灭蚊蝇措施，做好鼠患的预防工作。创建标准化工程现场应配备必要的空调和供水设备。

（1）宿舍的选址要合理，须避开现存的安全隐患，同时要充分考虑施工影响，避免施工过程中在非安全距离内发生拉设用电线路或是开挖沟槽的情况；

（2）宿舍内部应干燥、通风，排雨污措施齐全；

（3）不得在拆迁房和尚未竣工的建筑物内设置员工宿舍；

（4）宿舍内应保证必要的生活空间，室内净高不得小于2.4m，通道宽度不小于0.9m，每间宿舍内居住人员不超过16人；

（5）宿舍内须配置空调或风扇，严禁使用热得快、电炒锅等电热器具及吊扇；

（6）宿舍内不得搭设通铺，应设置单人床铺或两层高低床，统一枕被，并为每人配置脸盆架和储物柜；

（7）宿舍内不得存放施工材料、设备以及氧气、乙炔瓶等危险物品，宿舍内应配设垃圾篓；

（8）宿舍内不应使用炊具、使用煤炉；

（9）宿舍内应有充足的照明，照明用电布设时应使用塑料套管，不得乱接乱拉；

（10）宿舍应落实卫生责任制，在门口予以张贴。

5. 食堂

《建筑工地安全检查标准》（JGJ 59—99）中，明确规定了建筑工地食堂的管理要求。市政工程由于施工时间一般较短，食堂管理比较落后。随着安全文明施工标准化工地的建设，食堂管理要求逐步提高。

（1）食堂须申领卫生许可证，炊事员须在开工前办理健康证；

（2）食堂应选择在干燥、通风的场所搭设，远离厕所、垃圾堆放点、毒害污染源等地方。内部装饰材料应符合环保、消防要求，安排专人保持内部及周边卫生；

（3）食堂炊具应生熟分开，菜蔬应有合适的放置空间，且做好遮盖和标识，确保符合卫生要求；

（4）食堂应安装纱窗、纱门，门下方应设置防鼠挡板，室内须有有效的灭蚊蝇措施；

（5）食堂制作间灶台及其周边应贴瓷砖，地面应硬化并做防滑处理，按规定要求设置污水排放设施；

（6）食堂燃气罐应单独设置存放间，同时不得有其他明火用具混用；

（7）食堂内使用的各类佐料和副食必须放置在密闭器皿并进行标识；

（8）食堂内应张贴《卫生许可证》、《卫生管理制度》以及炊事人员健康证，落实卫生责任人；

（9）食堂外应设置密闭式泔水桶，及时清运，保持清洁。

6. 厕所、浴室

（1）厕所、浴室应分设，内部地面及立壁均应瓷砖贴面；

（2）厕所、浴室内部应有足够的照明并采用防爆灯具；

（3）厕所应落实专人，定时进行清扫和冲洗，防止蚊蝇孳生；

（4）厕所、浴室内部宜设置隔板。

7. 搅拌站

（1）搅拌站的后上料场地内的砂石料应进行标识，设置点须考虑便于存储和运输；

（2）搅拌站场地四周应设置必要的排水设施，确保污水经沉淀后排放；

（3）搅拌站应用钢管扣件搭设搅拌棚，挂置安全警示标志和操作规程；

（4）搅拌站应相对封闭，落实扬尘控制措施。

8. 防护棚

（1）防护棚的搭设应确保结构安全，必要时应进行结构计算；

（2）防护棚应当满足承重和防雨雪、大风的要求，并具备规定的抗冲击能力。

9. 仓库

（1）仓库应选择地势较高，干燥、通风的地方进行设置；

（2）易燃、易爆物品应分类管理，存放应符合防火、防爆的安全距离要求；

（3）仓库应严格落实领用制度。

5.2.6 宣传告示

1. 五牌一图

五牌包括工程概况牌、管理人员名单及监督电话牌、消防保卫牌、安全生产牌、文明施工牌；一图指施工现场总平面图。也有地区使用六牌一图或七牌一图，没有具体规定，可根据实际情况而定。施工现场的五牌一图是对工程基本情况的描述，市政工程施工现场难以放置，一般应设置在项目部进口显眼处。对于市政工程而言，由于安全控制点比较分散，有必要增加安全防护设置平面图。

（1）五牌一图应牢固、美观，布设在显眼处；

（2）工程概况牌内容应包括工程名称、造价、建设单位、勘察单位、设计单位、施工单位、监理单位、监督单位、开竣工日期、项目经理以及联系和监督电话；

（3）项目部应张贴安全防护布置平面图，标注相关消防器具、交通警示和主要的安全警示标志。

2. 宣传告示

施工现场的宣传告示是一种很好的培训和告知方式，对作业人员而言可以起到提高安全文明施工潜意识，对市民而言可以起到潜在的协调和沟通效果。

（1）施工现场围挡上应挂置牢固、美观的宣传牌，并在主要地段标注投诉和监督电话；

（2）项目部应设置宣传栏、黑板报，定期进行工程安全文明施工要点警戒、提示，并进行相

关的学习和表彰内容，提高作业人员工作积极性；

（3）民工学校内应挂置必要的宣传内容，并设置读报点等，丰富学习内容。

3. 安全警示

安全警示标志是提醒人们注意的各种标牌、文字、符号以及灯光等。主要包括安全色和安全标志。《安全色》（GB 2893—82）规定，安全色是表达安全信息含义的颜色，安全色分为红、黄、蓝、绿四种颜色，分别表示禁止、警告、指令和提示。《安全标志》（GB 2894—96）规定，安全标志是用于表达特定信息的标志，由图形符号、安全色、几何图形（边框）或文字组成。安全标志分禁止标志、警告标志、指令标志和提示标志。市政工程施工现场由于涉及面比较广，不仅包括施工主体的作业安全，还包括交通安全、地下管线、地上建筑物、树木等多种因素。因此，安全警示不能一成不变，必须根据施工各阶段进行策划和实施。

5.2.7 现场文明施工管理

文明施工的主要目的是便民、利民、不扰民，而市政工程施工特点使得其施工现场不可避免地会产生不利的情况，因此，文明施工的主要目的是尽可能地降低和消除扰民因素，缩短扰民时间。

1. 便道通行的管理。

不同于土建工程，市政工程施工便道管理不仅包括车辆、行人的预留通道，特别是整治工程，随着大量管线的施工，对周边村道、商铺、社区的通行都不可避免地产生影响。这给标准化工地的创建无疑带来较大的难度。

通行便道首先应做好车辆、行人便道的硬化和畅通，做好及时维护，消除坑洼、积水、泥泞现象，及时做好洒水工作；对主道路及交叉口车辆通行地带，应做好照明管理，确保交通安全。道路围挡上贴置必要的反光条是预防照明故障的一个很好方式。其次，涉及工程施工现场周边社区、商铺的出入点，开挖过程做好围挡，铺设稳固的跳板便于通行。

2. 噪声、扬尘和污染控制。

施工现场应做好环境保护，依据《中华人民共和国环境保护法》、《中华人民共和国大气污染防治法》、《中华人民共和国固体废物污染环境防治法》、《中华人民共和国环境噪声污染防治法》等落实相关措施。施工现场应按照《建筑施工场界噪声限值》（GB 12523—1996）及《建筑施工场界噪声测量方法》（GB 12524—1990）的要求制定降噪措施，并进行必要的监测和记录。

（1）施工单位应按规定办理夜间许可证，并做好施工人员的培训教育。夜间施工应尽量减少车辆鸣笛、人员大喊的情况，材料装卸轻拿轻放，对产生较大造成的机械、设备，应采取消声、吸声、隔声等有效措施降低噪声；

（2）夜间施工照明须考虑车辆、行人安全，控制好照明灯具的种类和灯光亮度，减少施工照明对城市居民的危害；

（3）工程建设中应和交通部门、社区等做好协调，一是在合适的时间段进行施工，二是施工尽可能取得周边居民的谅解和配合；

（4）道路工程夏季扬尘控制难度较大，施工企业应配置洒水设备，安排必要的洒水频次，及时进行洒水，较少扬尘危害；

（5）对可能产生扬尘的设备、车辆应做好及时清洗、封闭运输等管理措施。施工现场不得随意焚烧各类物品、垃圾；

（6）施工场地主要出入口应安排进行车辆冲洗，场内作业的应设置排水沟及沉淀池，现场废水不得直接排入市政污水管网和河流。

3. 健康保护

健康是施工单位文明施工管理的重要环节。

（1）施工单位应对外来人员进行登记，进行必要的身体检查；

（2）夏季施工应做好防暑降温工作，高处作业必须符合相应的身体条件；

（3）对粉尘、辐射等可能产生职业病的工作场所和特殊工种，施工单位应确保创造良好的作业环境，按规定为施工人员配置劳动防护用品；

（4）施工现场应配设必要的医务药品。

5.2.8　设备、材料设置

设备和材料管理必须根据工程实际情况进行设置，要符合使用安全、便捷的要求。

（1）大型机械、设备的位置应满足安装要求，考虑相互之间的影响和人员通行、材料运输以及作业半径的安全；

（2）材料放置须符合规定的要求。钢筋、模板、钢管、管材、平侧石、混凝土构件、砖石等堆放都应按照相应规定进行，确保稳固、不会倾倒；

（3）通行道路上的材料堆放还应考虑过往车辆、施工机械的因素，防止碰撞倒塌造成的人员伤害事故。

5.2.9　安全管理

安全管理是创建标准化工地中的重要内容，也是确保生产安全的重要手段。《建设工程安全生产管理条例》（国务院令 393 号）、《安全生产许可证条例》、《建筑安全检查标准》（JGJ 59—1999）等许多法律法规都明确规定了安全生产管理的要求。市政工程标准化工地创建过程也应考虑合适的安全管理模式，做好台账管理工作。借鉴于全面质量管理的人、机、料、法、环、测的管理模式，标准化创建过程中，施工企业也可以从上述六方面来落实安全管理的诸项要求，建立和完善管理台账。

1. 做好人员的培训、教育

（1）人员管理上首先必须落实资质管理。资质管理包括总包、分包单位的施工资质管理要求，安全生产许可证管理制度，三类人员（企业主要负责人、项目负责人、专职安全管理人员）持证上岗制度，特殊工种持证上岗制度。

（2）三级安全教育。企业必须对新工人实施公司、项目部（分包单位）、班组三级安全教育。三级安全教育时间分别不少于 15 学时、15 学时、20 学时。

（3）安全教育的目的是了解自己的责任，而培训的目的是为了提高专业技术能力。因此，不能以教育代替培训。民工学校活动的开展，就是为了在安全教育的基础上，做好专业技能的提高。

企业应对安全生产培训、教育的情况进行检查，保证施工人员能持续有效地从事安全生产活动。

2. 落实安全生产责任制

《建设工程安全生产管理条例》明确了建设各方的安全生产责任。施工企业在标准化工地创建活动中，必须明确各级安全生产责任，即公司、项目部、分包单位、班组和每个施工管理及作业人员的安全生产责任。

3. 成立标准化工地创建组织

标准化工地的创建应当由建设各方共同参与。建设、施工、监理都应当承担相应的责任和工

作目标，共同落实安全生产责任。

4. 抓好专项施工方案的管理

专项施工方案的管理是标准化工地实施中的重要一环。《建设工程安全生产管理条例》及《危险性较大工程安全专项施工方案编制及专家论证审查办法》（建设部 2004 年 213 号文）明确规定了专项施工方案的管理要求。

（1）专项施工方案必须由专业技术人员进行编制；

（2）专项施工方案必须由技术部门进行审核，企业技术负责人进行批准，并经专业监理工程师审核、总监理工程师批准后方可实施；

（3）专项施工方案必须实施交底。交底要到每个人，并由交底双方签字；

（4）专项方案中必须明确安全技术措施，并由施工单位组织实施验收；

（5）严格实施专项方案专家论证审查制度。按规定对必要的专项方案进行专家论证。专家论证应有书面结论，形成报告，作为专项施工方案的附件。

5. 安全生产检查制度的落实

项目部必须做好安全生产检查制度的落实，依据"四不放过"的要求对检查中发现的问题实施定人、定时间、定措施的三定整改。同时，应建立内外部各项检查及整改落实情况的台账。

6. 加强设备管理

施工企业应当建立设备管理台账，实施进场报验制度，对危及施工安全的工艺、设备和材料应当予以淘汰，严禁使用。施工企业应当对施工起重机械实施使用登记制度。

《建设工程安全生产管理条例》第三十五条规定："施工单位应当自施工其中机械和整体提升脚手架、模板等自升式架设设施验收合格之日起三十日内，向建设行政主管部门或者其他有关部门登记。登记标志应当置于或者附着于该设备的显著位置。"这是对施工其中机械的使用进行监督管理的一项重要制度。施工企业进行登记时应当提交施工其中机械有关资料，包括：

（1）生产方面的资料，如设计文件、制造质量证明书、监督检验证书、使用说明书、安装证明书；

（2）使用的有关情况资料，如施工单位对于这些机械和设施的管理制度和措施、使用情况、作业人员的情况等。

7. 落实消防安全责任

（1）施工现场要建立、健全消防责任制，建立动用明火审批制度，完善监护措施；

（2）按规定配备消防器材。临时设施内，每 100m² 配备 2 只 10L 灭火器；大型临时设施总面积超过 1200m² 的，应配备专供消防用的积水桶或黄砂池等设施；临时工棚内每 25m² 配备一只灭火器；

（3）现场易燃、易爆物品的管理必须符合相关要求。焊、割接作业点与氧气瓶、电石桶和乙炔发生器等危险物品的距离不得少于 10m，与易燃易爆物品的距离不得少于 30m，安全距离无法满足要求的，应执行动用明火审批制度，并采取有效的隔离防护措施；氧气瓶和乙炔发生器的存放距离不得小于 2m，使用时的距离不得小于 5m；施工现场焊、割作业，必须符合防火要求，严格执行"十不烧"规定。

8. 生产安全事故报告制度

施工企业在日常安全生产管理过程中，应当做好生产安全事故月报制度。对发生伤亡事故的，应当及时报告有关部门，不得隐瞒事故情况。

《建设工程安全生产管理条例》第五十条对建设工程生产安全事故报告制度规定："施工单位发生生产安全事故，应当按照国家有关伤亡事故报告和调查处理的规定，及时、如实地向负责安

全生产监督管理的部门、建设行政主管部门或者其他有关部门报告；特种设备发生事故的，还应当同时向特种设备安全监督管理部门报告。接到报告的部门应当按照国家有关规定，如实上报。"

重特大事故发生后，施工总承包单位应当在 24 小时内进行书面报告。

9. 落实事故应急救援

项目部应当针对可能发生的事故制定相应的应急救援预案。准备应急救援物资，并在事故发生时组织实施，防止事故扩大，以减少与之有关的伤害和不利环境影响。

应急救援预案应当予以交底和组织演练，并对涉及的救援物资等相关内容进行定期检查，确保有效性。

市政工程应当将季节变换产生的大风、雨雪影响作为应急求援重要内容之一。

10. 意外伤害保险

施工企业应当为施工现场从事施工作业和管理的人员，在施工活动过程中发生的人身意外伤亡事故提供保障，办理建筑意外伤害保险，支付保险费。

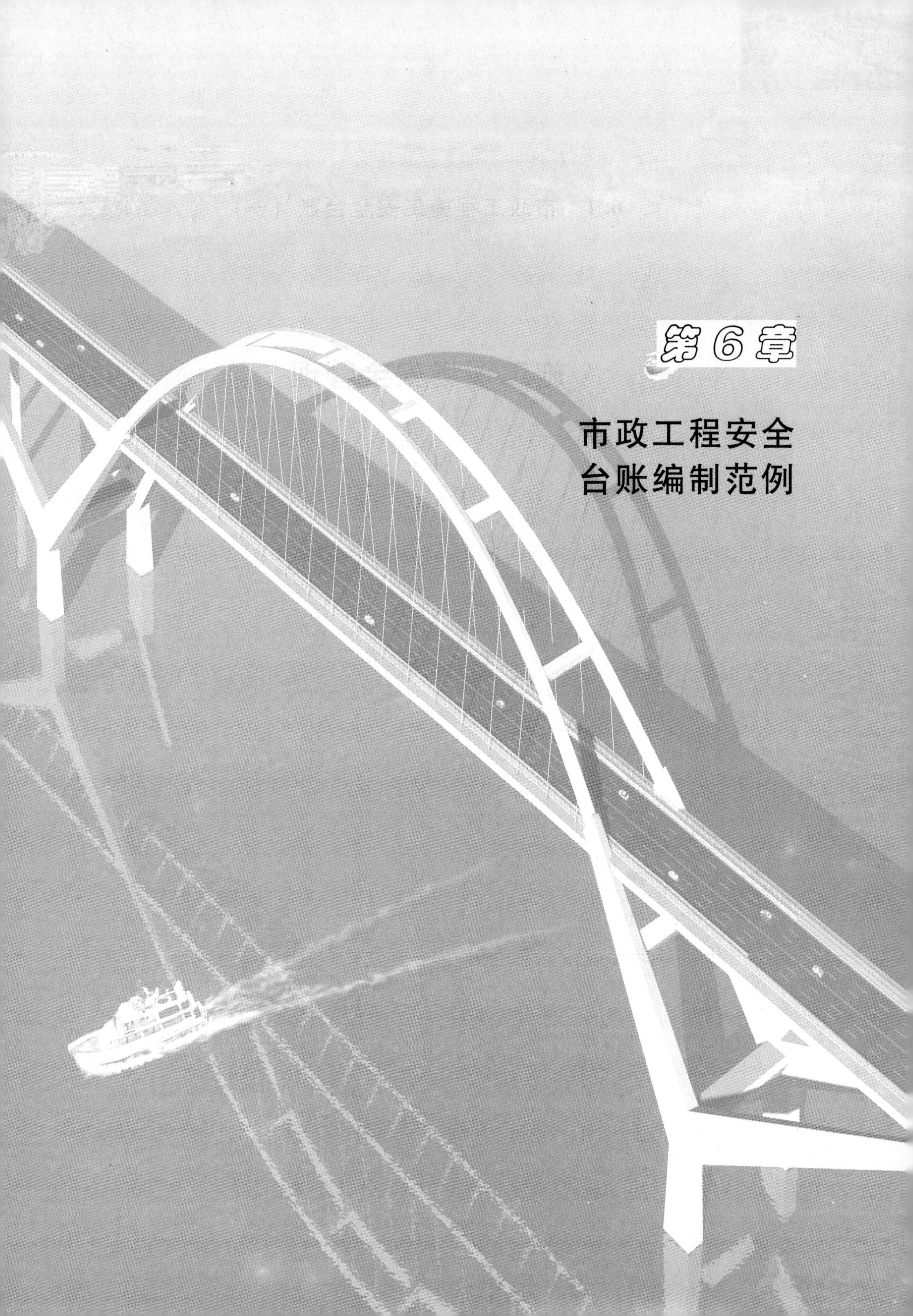

第6章

市政工程安全台账编制范例

施工现场安全管理

施 工 单 位 _____××_____

工 程 名 称 _____××_____

项 目 经 理 _____××_____

安 全 员 _____××_____

开竣工日期 _____××年×月×日至×年×月×日_____

×年×月×日

目　录

第6章　市政工程安全台账编制范例

施工现场安全生产组织网络及专、兼职安全员名单

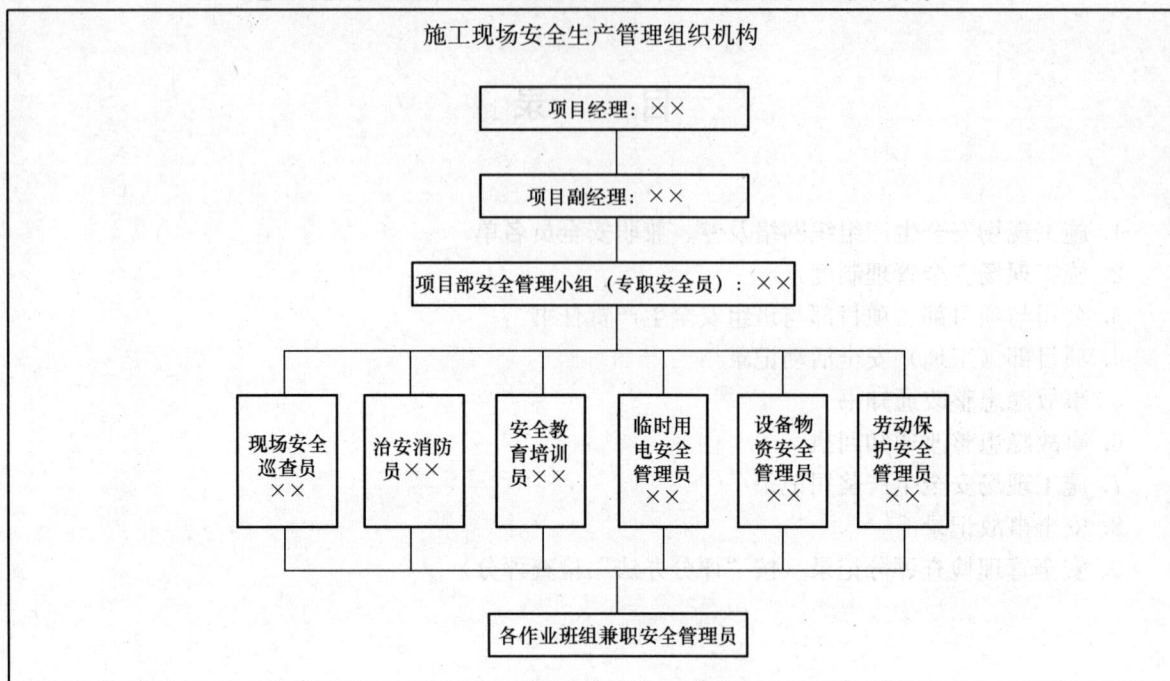

施工现场安全生产管理组织机构

```
                        ┌─────────────────┐
                        │   项目经理：××   │
                        └─────────────────┘
                                 │
                        ┌─────────────────┐
                        │  项目副经理：××  │
                        └─────────────────┘
                                 │
                ┌───────────────────────────────────┐
                │ 项目部安全管理小组（专职安全员）：×× │
                └───────────────────────────────────┘
                                 │
   ┌──────────┬──────────┬──────────┬──────────┬──────────┬──────────┐
┌──────┐  ┌──────┐  ┌──────┐  ┌──────┐  ┌──────┐  ┌──────┐
│现场安全│  │治安消防│  │安全教育│  │临时用电│  │设备物资│  │劳动保护│
│巡查员  │  │员××   │  │培训员  │  │安全管理│  │安全管理│  │安全管理│
│××    │  │        │  │员××   │  │员××   │  │员××   │  │员××   │
└──────┘  └──────┘  └──────┘  └──────┘  └──────┘  └──────┘
                                 │
                        ┌─────────────────┐
                        │各作业班组兼职安全管理员│
                        └─────────────────┘
```

施工现场安全管理制度

1. 安全生产责任制
2. 专项施工方案（施工组织设计）编审制度
3. 分部（分项）工程安全技术交底制度
4. 安全检查制度
5. 安全教育制度
6. 文明施工管理制度
7. 班组安全管理制度
8. 施工机具进场验收及保养维修制度
9. 工伤事故快报制度
10. 安全生产奖罚制度
11. 宿舍卫生管理制度
12. 劳动防护用品发放和使用制度

（注：上述制度应装订成册）

工程名称	××	时间	××	项目经理（签字）	××

施工现场安全管理制度

安全生产责任制

说明：公司应与项目部、项目部与分包单位、分包单位与作业人员签订安全生产责任书，明确安全生产目标及双方安全生产责任，并由双方签字确认。项目部应明确现场所有人员的安全责任。

项目经理安全生产责任制：

1. 认真贯彻执行国家、住房和城乡建设部安全生产法律、法规、政策和各项规章制度，履行施工合同要求，确定安全管理目标，确保项目工程安全施工，对工程项目的安全负第一责任。

2. 建立安全管理机构，建立项目安全生产保证体系，组织编制安全保证计划，主持制定安全生产管理制度，落实各级安全生产责，负责审定、落实安全技术措施，定期组织安全管理体系审核。

3. 督促支持安全文明、环保管理部落实安全保证体系的执行；建立安全生产奖励制度，严格执行安全考核指标和安全生产奖惩办法。

4. 处理安全保证体系运行中的重大问题，组织召开安全生产工作会议，定期组织管理人员进行安全操作规程和安全规章制度学习。

5. 实施现场标准化管理，配备确保安全保证体系有效运行的资源。

6. 按安全事故处理的有关规定和程序及时上报和处置安全事故。

项目副经理安全生产责任制：

1. 配合项目经理对项目的安全生产进行管理。

2. 配合项目经理落实及监督项目部各部门安全生产责任制的落实到位。

3. 对安全文明、环保管理部及技术质检部负责的安全体系要素进行监控，落实改进措施。

4. 负责安全管理检查记录的检查和审核。

5. 配合项目经理处理安全事故，并制定防止同类事故再次发生的措施。

项目总工程师安全生产责任制：

1. 组织编制施工组织设计，负责对安全难度系数大的施工操作方案进行优化。

2. 组织编制相应的安全保证计划，上级审核通过后督促实施。

3. 确定危险部位和过程，对风险较大和专业性强的工程项目组织安全技术论证。

4. 组织编制因本工程项目的特殊性而须补充的安全操作规定，组织指定各阶段针对性安全技术交底资料。

5. 解决施工过程中的不安全技术问题。

技术质检部安全生产责任制：

1. 贯彻项目安全管理目标，组织实施安全生产保证体系。

2. 负责编制安全防护的各项技术措施以及特殊支架、施工用电、大型机械和设施拆装等的安全方案。

3. 认真进行各分部分项工程安全技术交底。

4. 按照安全保证计划要求，对施工现场全过程进行控制。

5. 严格监督实施本工种的安全操作技术规范。有权拒绝不符合安全操作的施工任务，除及时制止外，有责任向总工程师汇报。

6. 协助对施工班组的安全监督。

施工管理部安全生产责任制：

1. 在安全前提下合理安排生产计划。

2. 向本工种作业人员进行安全技术措施交底。召开上岗前安全生产会议。

3. 严格执行本工种安全技术操作规程，拒绝违章指挥。

4. 作业前应对本次作业所使用的机具、设备、防护用具、设施及作业环境进行安全检查，消除安全隐患，检查安全标牌是否按规定设置，标识方法和内容是否正确完整。

5. 组织班组开展安全活动，对作业人员进行安全操作规程培训，提高作业人员安全意识。

6. 当发生重大工伤事故时，应保护现场，立即上报并参与事故调查处理。

7. 对事故隐患落实整改，并反馈整改情况。

第6章 市政工程安全台账编制范例

8. 协助对各作业班组的安全监督。

安全文明环保管理部安全生产责任制：

1. 贯彻安全保证计划中的各项安全技术措施。

2. 参与安全管理计划、安全管理制度的制订和修改，负责安全保证体系的落实工作。

3. 负责制定内部安全检查工作程序及细则。

4. 组织各项安全设施、施工用电、施工机械的验收及日常管理工作。

5. 组织、参与安全技术交底，对施工全过程的安全实施控制。

6. 负责施工现场的安全检查工作，并协助上级部门的安全检查，如实汇报安全状况，做好各项安全生产记录（台账）。

7. 掌握安全动态，发现事故隐患并及时采取预防措施。制止违章作业，严格遵守安全纪律，当安全与生产发生冲突时，有权制止冒险作业。

8. 监督劳保用品质量和正确使用。

9. 负责一般事故的调查、分析，提出处理意见，协助处理重大工伤、机械事故，参与制定纠正和预防措施，并落实检查，防止事故再发生。

物资机械部安全生产责任制：

1. 按项目安全保证计划要求，组织劳动防护用品的供应工作。

2. 对安全防护用品供方进行评价，建立合格供方名录；负责对合格供方供应的安全防护用品的验收、取证、记录的工作，并做好验收状态标识，储藏保管好安全防护用品（具）。

3. 负责对进场材料按场容标准化要求堆放，配好消防设施，消除事故隐患。对易燃易爆物品进行重点保管。

4. 对现场使用的支架、安全网、安全帽等安全设施和配件应保证质量，并定期检查和试验，对不合格和破损的，要及时进行更新替换。

5. 负责施工现场的中小型机械使用前的验收和日常保养及维修工作。对施工现场使用的机械进行可追溯性记录。

综合办公室安全生产责任制：

1. 组织施工人员进行培训、考核，对进场施工人员进行安全施工规章制度的教育。检查特种人员持证情况。

2. 对施工过程中施工人员的进出场进行记录，做好动态管理。

3. 负责开展多样化的安全培训教育，定期做好宣传工作。

4. 负责工地及项目部办公室的安全保卫工作，特别是财务室、资料室等场所。

5. 负责监督食堂、厕所、环境等的卫生工作，保证人员的身心健康。

6. 负责季节性的药品发放，预防各类疾病的发生。

专项施工方案（施工组织设计）编审制度

1. 工程项目部必须编制施工组织设计。

2. 工程项目部在组织施工中，当遇以下情况时，必须编制专项安全施工方案：①施工用电在 50kW 用电设备 5 台以上；②深沟槽深度超过 2m；③水工作业；④沉井、顶管作业；⑤起重吊装作业；⑥打桩作业；⑦模板支撑等情况；⑧工程安全保障需要时。根据建设部 [2004] 213 号文要求需要专家论证的方案必须组织进行专家论证。

3. 施工组织设计由项目部技术负责人编制，报公司技术处审批。

4. 专项安全施工方案一般由专业技术员编制，项目技术负责人审核，再报公司技术部门审核后，由公司总工批准。

5. 项目部在组织施工中必须严格执行方案，否则视违章作业论处。

6. 公司工程部负责对专项方案的实施情况进行检查。

分部（分项）工程安全技术交底制度

1. 工程项目在施工中须严格遵守三级交底的原则。
2. 项目部安全员必须做好安全技术交底的衔接工作，并记入安全台账。
3. 公司安全处在开工前对工程项目部实施安全文明管理工作交底（双方签字）。
4. 项目部安全员对各特种作业人员、各施工班组长实施安全技术交底（项目技术负责人协助），双方签字。
5. 各班组长向作业人员进行安全技术交底（做好记录）。
6. 交底内容必须全面，具有针对性。
7. 所有人员必须按安全交底的要求进行管理和作业。

安全检查制度

1. 检查内容

安全管理、应急救援、施工用电、防护及防火、管道施工、设备机具、文明施工、安全台账等。

2. 检查形式

（1）班组自查，做到班前班后检查，由班组长和工地安全员负责检查，检查重点是作业现场情况，发现问题及时报告，确保作业安全。

（2）项目部组织检查，做到每周一次，由项目经理和项目安全员负责检查。对照公司制订的《安全生产文明施工检查表》，逐项进行检查，并有书面记录，对查出的事故隐患及不合格项要及时整改，做到定人、定时、定措施。

3. 检查方法

采用查看安全技术资料台账，各种记录资料，上岗证书、现场安全标志及文明施工，安全防护及各类管线保护措施，设备保养，施工用电安全情况等。

4. 检查结果

对班组自查查出的安全事故隐患，由班组长负责整改，难以解决的请示项目经理，会同工程技术人员研究制定整改方案，进行整改，整改后应进行复查，经复查符合安全要求时才能施工。

对项目部组织检查查出的安全事故隐患，应发出《事故隐患整改通知书》，按"三定四不推"的原则限期施工班组进行整改，整改完毕后应进行复查，复查合格后方能施工作业。

5. 检查资料

班组和项目部检查结果及整改结果应在安全台账资料中有记录，检查人员签字。

安全教育制度

为保证安全生产，使职工熟悉和自觉遵守安全生产中的各项章程，提高工人的安全意识和岗位技能，防止、减少和杜绝各类安全事故的发生，制订如下制度。

1. 实现三级安全教育，新（转）上岗工人上岗前应进行三级（公司、项目部、班组）安全教育。

（1）公司安全教育，由公司劳动安全处编制《新工人上岗安全教育卡》发给每个新职工，要求熟读牢记，并登记签名。

（2）项目部安全教育，由项目经理负责，项目部安全员组织安全教育，教育方式可采用集中办班学习，也可以根据工程特点编制《安全教育手册》发至受教育者，进行应知应会考试，考试合格后录用，并登记签字。

（3）班组安全教育，由班组长组织学习，主要内容是学习本工种的安全技术操作规程及易发事故的防范措施、正确使用个人防护用品、遵章守纪及文明行为的教育，并登记签名。

2. 特殊工种工人应参加主管部门办的培训班，经考试合格后，持证上岗。

3. 各工种技术工人应分批进行安全技术培训，逐步实行持证上岗。

第6章 市政工程安全台账编制范例

文明施工管理制度

1. 贯彻文明施工要求,推行现代管理方法,科学组织施工,做好现场的各项管理工作。结合工程实际情况编制文明施工方案。

2. 按照总平面布置图设置各项临时设施。堆放大宗材料、成品、半成品和机具设备,不得侵占场内道路、消防通道及安全防护设备。

3. 施工现场必须设置明显的标牌,标明工程项目名称、建设单位、设计单位、施工单位、项目经理和施工现场总代表人的姓名,开、竣工日期,施工许可证批准文号等,管理人员在施工现场应当佩戴证明其身份的证卡。

4. 施工现场的用电线路、用电设施的安装和使用,必须符合安装规范和安全操作规程,并按照施工组织设计进行架设,严禁任意拉线接电,施工现场必须设有保证施工安全要求的夜间照明,危险潮湿场所的照明以及手持照明灯具,必须采用符合安全要求的电压。

5. 施工机械应按照施工总平面布置图规定的位置和线路设置,不得任意侵占场内道路,施工机械进场必须经过安全检查合格后方可使用,施工机械操作人员必须建立机组责任制,并依照有关规定持证上岗,严禁无证人员操作。

6. 保证施工现场道路畅通,排水系统处于良好的使用状态,保持场容整洁,随时清理建筑垃圾,在车辆、行人通行的地方施工,应设置沟井、坑穴覆盖物和施工标志。

7. 执行国家有关安全生产和劳动保护的法规,建立安全生产责任制,加强规范化管理,进行安全交底、安全教育和安全宣传,严格执行安全技术方案。施工现场的各种安全设施和劳动保护器具,必须定期进行检查和维护,及时消除隐患,保证其安全有效。

8. 施工现场应设置各类必要的职工生活设施,并符合卫生、通风、照明等要求。职工的膳食、饮水供应等应当符合卫生要求。

9. 做好施工现场安全保卫工作,采取必要的防盗措施,在现场周边设立围护设施,非施工人员不得擅自进入施工现场。

10. 工地要严格依照《中华人民共和国消防条例》的规定,在施工现场建立和执行防火管理制度,设置符合突击要求的消防设施,并保持完好的备用状态,在容易发生火灾的地区施工,储存、使用易燃易爆器材时,应采取特殊的消防安全措施。

11. 遵守国家有关环境保护的法律规定,采取措施控制施工现场的各种粉尘、废气、废水、固体废弃物以及噪声、振动对环境的污染和危害。

12. 采用下列防止环境污染的措施:

(1) 妥善处理泥浆水,未经处理,不得直接排入城市排水设施和河流。

(2) 除采用符合规定的设备或装置外,不得在施工现场熔融沥青或者焚烧油毡、油漆以及其他会产生有毒、有害烟尘和恶臭气体的物质。

(3) 使用封闭式的圈筒或者采取其他措施处理高空废弃物。

(4) 采取有效措施控制施工过程中的扬尘。

(5) 禁止将有毒有害废弃物用作土方回填。

(6) 对产生噪声、振动的施工机械,应采取有效措施,减轻噪声扰民。

13. 与当地居民委员会联合做好文明施工工作,做到不扰民,尽量不影响居民正常工作、生活,发现问题主动妥善解决。

14. 主动与当地派出所配合做好当地治安保卫工作。

15. 文明施工管理标准:

(1) 现场七牌二图齐全。

(2) 各类材料按不同类别堆放整齐,保证道路畅通,排水畅通。

(3) 建立现场场容管理小组,专人督促,明确分工,责任到人。

(4) 施工现场做到硬地坪施工,每天做到工完场清,保持整洁。

(5) 各工种要做到活完脚下清,保证现场清洁卫生。

（6）场内场外公共道路由专人负责打扫。

（7）建筑垃圾每天清理，集中堆放，及时清运。

（8）生活垃圾清理至垃圾箱，不得污染。

（9）宿舍、办公室、食堂保持清洁卫生。

（10）施工中对噪声大的施工项目，不得深夜施工，不影响周边居民的休息。

（11）冬季做好防冻工作，雨季做好排水防涝工作，台风季节加强对脚手架、塔吊、架空线路的巡视检查。

班组安全管理制度

1．各班组要结合本班组的工作实际，对新上岗工人进行安全教育。

2．班组长在上岗前要向操作人员作安全交底，对作业环境，地下管线，设备情况，操作中应注意事项，安全技术操作规程，个人防护用品的使用等作好安全交底。

3．做好上岗前安全检查，对使用的机具、设备、电器是否正常，保险装置是否完好有效，周围有无不安全隐患，上岗人员健康状态及正确使用个人劳保用品等进行检查。

4．做好上岗记录，安全交底内容，主要工作及分工情况，不安全因素和安全隐患整改情况，在安全检查中发现的问题和整改结果均应有明确的记录。

5．建立班组活动日，由班组长主持，每周要进行一次，总结在工作中的好人好事，对好人好事要表扬，存在的不安全因素提出改进措施，学习安全生产的规章制度和本工种的安全技术操作规程，学习安全生产的先进事迹和安全事故的教训，提高安全意识和自我保护能力。

施工机具进场验收及保养维修制度

1．凡新购置或转场的施工机具必须经公司机械设备处验收认可后才能投入施工。

2．机具必须全部进入安全台账，并指派专人负责管理。

3．机具必须有固定的停放区域。

4．建立机具保养维修制度，保养维修必须有记录并进入安全台账。

5．机具必须由持相应上岗证的人员操作。

6．项目部安全员必须组织机具管理员及部分操作人员进行定期检查，以确保机具性能完好。

7．机具施工完毕后，必须立即撤离施工现场。

工伤事故快报制度

1．施工现场发生工伤及其他伤亡事故应立即报告项目经理或项目现场负责人。

2．工地现场负责人在伤亡事故发生后应立即组织抢救，并派人保护好现场。

3．项目经理或项目现场负责人接到伤亡事故报告后，必须在16小时内上报公司总经理和安全处。并写好事故经过情况报告。

4．公司接到项目部伤亡事故报告后，必须在1小时内上报主管局和当地劳动部门，并着手进行事故调查。

安全生产奖罚制度

1．考核

（1）各级安全生产责任制年终进行考核，根据考核结果与年终奖金挂钩。

（2）在工程项目完工后，对施工管理人员进行岗位责任制考核。

2．奖励

在日常施工生产中，具备下列条件的班组和个人给予50～500元的奖励。

（1）安全生产责任制考核优秀者；

（2）岗位责任制考核优秀者；

（3）贯彻执行上级指令、规范、行动快、效果好；

（4）在安全生产中坚持原则，敢说、敢管、善管，敢于抵制违章指挥、违章作业的人和事；

（5）及时发现事故隐患，督促消除和预防重大事故的有关人员；

（6）抢救工伤事故中使人民生命和国家财产免受损失的有关人员；

（7）为确保安全生产，积极进行技术革新，发明创造，提合理化建议，推广先进经验有突出成绩者。

3. 处罚

（1）进入施工现场有下列违章行为之一者，依据违章程度处理，罚款数规定如下，重复违章加倍处罚：

1）不带安全帽进入工地者，每人每次罚款3元；

2）不按要求戴防护用品，而冒险作业者，每人每次罚款5元；

3）非专职电工擅自从事电器操作者，每人每次罚款5元；

4）特殊工种无证上岗操作者，每人每次罚款10元；

5）未经施工技术人员同意，擅自拆除现场安全防护装置或设施者，每人每次罚款10元；

6）饮酒后上班影响工作者每人每次罚款5元；

7）赤膊赤脚上班工作者，每人每次罚款5元；

8）其他违章根据具体情况酌情处罚。

（2）施工现场人员有下列违章指挥情况之一者，罚款如下：

1）不让专职或兼职安全员行使指令者，一次罚款20元；

2）操作部位无安全防护设施强行作业者，罚款10元；

3）施工机械的安全防护装置失灵而强行运行者罚指挥者和操作者10元；

4）现场电气线路不符合要求指挥强行使用者，罚指挥者、电工和使用者各10元；

5）施工机械带病运行者，罚操作者10元；

6）安全检查整改意见不接受，不服管理者罚当事人各50元；

7）其他违章者根据具体情况酌情处罚。

宿舍卫生管理制度

1. 宿舍室内整洁，无违章用电、用火及违反治安条例现象，在建工棚内不能兼作住宿。

2. 职工宿舍实行室长负责制，负责宿舍卫生管理，规定每天卫生值日名单并张贴上墙，保持宿舍窗明地净，通风良好。

3. 宿舍内按规定使用脸盆架、储物柜，各类物品应堆放整齐，不到处乱放，做到整齐美观。

4. 生活废水应有污水池，做到卫生区内无污水，无污物，废水不得乱倒乱流。

5. 宿舍内一律禁止使用燃气灶和电炉及其他用电加热器具。

6. 冬季办公室和宿舍使用取暖设施，必须有验收手续，合格后方可使用。

7. 未经同意，不得擅自借宿、留宿与施工现场无关人员，杜绝违反治安管理现象。

8. 台风季节应按规定做好人员撤离。

劳动防护用品发放和使用制度

为保护劳动者的生命安全和职业健康，特制订本制度。

1. 项目部都必须按规定建立防护用品发放和使用台账，防护用品须经专人保管，确保正常使用。

2. 按规定使用"三保"，安全帽分发到每个现场施工人员，安全带和安全网根据实际需要配置。

3. 登高作业、特殊工种作业人员应按规定配备与工种相应必要的防护用品，如电（焊）工绝缘鞋、绝缘手套、防护罩、防毒面具、服装等。

4. 劳动防护用品的采购要符合各项安全技术指标，杜绝不合格品投入使用。

5. 劳动防护用品在使用过程中应经常检查，发现问题及时更换。

6. 劳动保护用品的使用或穿戴必须按相关的标准执行。

7. 任何劳动保护用品必须妥善保管，以便在上岗时能及时穿戴到位。

工程名称	××	时间	××	项目经理（签字）	××

公司与项目部、项目部与班组安全生产责任书

工程项目安全生产管理目标责任书

为贯彻落实"安全第一，预防为主"的方针，强化安全生产管理，杜绝各类事故的发生，确保工程项目的顺利完成和企业健康发展，本着"谁主管，谁负责"的原则，根据国家有关法律、法规和省市有关规定，特签订本责任书。

1. 目标

（1）确保工程项目施工到交付期间不发生任何安全责任事故，死亡率为零，工伤事故率为2‰以下。

（2）确保工程施工期间内不发生经济损失超过十万元的事故（包括财产、设备损失）。

2. 责任

（1）甲方责任：

1）及时传达贯彻上级安全生产工作指示精神，具体部署落实。

2）工程项目开工前根据项目特点，做好安全生产管理工作交底。

3）每月组织一次安全生产、文明施工检查，检查中发现的事故隐患及时发出"整改通知单"，并负责指导落实整改措施和整改后的验证。

4）安全处是公司安全管理工作的职能部门，负有监督、检查、指导、服务等管理职能，对公司的安全管理工作负责。

（2）乙方责任

1）乙方必须在开工前建立好安全领导小组和安全生产管理网络。

2）配备好专职安全员，从事安全监督工作，做好安全员有责有权。

3）乙方必须制定安全生产责任制和各项安全管理制度并贯彻落实。

4）乙方必须建立好安全台账，根据甲方有关要求做好详尽记录，符合有关规定的要求，并在工程竣工后十五天内上交公司存档。

5）乙方必须加强环境卫生管理，及时办理"建筑垃圾，工程渣土处置证"，"工程生活垃圾处置证"，"夜间施工许可证"等手续，接受市容环卫部门的监督管理，做好环境保护工作。

6）乙方必须对职工加强遵纪守法教育，并及时办理治安许可证。

7）乙方招收施工人员必须符合《中华人民共和国劳动法》有关条款规定，并应审核就业证、暂住证、计划生育证，未办理的责令限期办理，拒绝办理者不得招收录用。乙方必须在开工后两天内与所有职工签订安全生产责任状。

8）乙方按规定对新（转）上岗工人进行岗前安全教育并记录和签名，特种作业人员必须培训有效上岗证方准作业。

9）乙方必须每月进行一次全员安全教育，时时督促特种作业人员和施工人员，严格执行《建筑施工现场临时用电安全技术规范》（JGJ 46—2005）并实行三相五线制，严格执行《建筑安装工人安全技术操作规程》（（80）建工劳字第24号）的各项规定，不得违章指挥和违章作业。

10）乙方对各工种分部（分项）工程必须在施工前进行有针对性的安全技术安全技术措施书面交底，并有签字记录手续。

11）对施工区域内已交底的各类管、杆、线设施的安全防护，深沟基坑开挖和沟、洞、窨井等处的安全防护，有毒、有害、易燃易爆、水下、高空、高温、架空管线、起吊、顶推、架设等的危险施工作业，乙方必须制订详尽的施工方案和安全防护措施，并提前五天上报公司安全处，经有关主管职能部门批复同意后方可实施施工，施工严格按方案有关步骤进行，实际施工中施工方案如需作重大更改的，须报公司重新批准同意后再行施工。

12）乙方必须服从公司和上级有关部门监督，并按规定做好安全检查工作，发现隐患及时整改，并有记录，必要时取得公司有关部门的配合。

13）乙方发现在施工过程中存在安全隐患，而又不能作出有效安全防护措施时，不得强行施工，必须立即上报公司安全处或有关部门，共同协商确定施工措施后再行施工。

14）乙方在本工程项目以外承接零星业务，不论是否需要签订施工合同，均应报经公司有关部门审核批准后方可施工。未经公司审核批准擅自承接施工业务，属承接业务者个人行为，一切责任均由承接者自负。

15）一旦发生安全事故，必须按有关规定迅速上报公司安全处，并做好现场保护、拍照等调查取证及配合调查处理工作。

3. 奖罚

（1）乙方不履行上述安全责任，未完成安全管理目标，除由乙方负全部责任外，另行工程总造价的千分之二罚款，情节严重，加倍处罚。乙方完成安全管理目标，成绩显著，按公司有关规定给予奖励。

（2）乙方在施工中发生等级火灾事故的，除按消防法规定处罚外，另按公司有关规定给予处罚。

项目部与施工班组安全生产管理目标责任书

为贯彻落实"安全第一、预防为主"的方针，强化安全生产管理，杜绝各类事故的发生，确保古×××工程一标段项目的顺利完成，本着"谁主管，谁负责"的原则，根据国家有关法律、法规和省市有关规定，特签订本责任书。

1. 目标

（1）确保本工程项目施工到交付期间不发生任何安全责任事故，死亡率为零，工伤事故率为3‰以下。

（2）确保在工程施工期间内不发生经济损失在工程总造价的千分之一以上的事故（包括财产、设备损失）。

2. 责任

（1）甲方责任：

1）及时传达贯彻上级安全生产工作指示精神，具体部署落实。

2）工程项目开工前根据工程项目特点，做好安全生产管理工作交底。

3）每月组织三次安全生产、文明施工检查，检查中发现的事故隐患及时发出"整改通知单"，并负责指导落实整改措施和整改后的验证。

4）质量安全部是项目部安全管理工作的职能部门，负有监督、检查、指导、服务等管理职能，对项目部的安全管理工作负责。

（2）乙方责任：

1）乙方在开工前必须配备好专职安全员，从事安全监管工作，做到安全员有责有权。

2）认真贯彻实施甲方项目部工地安全生产责任制和各项安全管理制度。

3）乙方必须建立好安全台账，根据甲方有关要求做好详尽记录，符合有关规定的要求，并及时记录。

4）乙方在进入施工现场时，必须配戴项目部统一的安全帽及工作证；在临时宿舍内，不能乱拉乱接电线，注意用电安全，不准用电炉、燃气灶等烧饭做菜，违者按项目部有关规定进行处罚。

5）乙方必须对职工加强遵纪守法教育。

6）乙方招收施工人员必须符合《中华人民共和国劳动法》有关条款规定，并应审核就业证、身份证、计划生育证，未办理暂住证的应立即办理，拒绝办理者不得招收录用，否则一切后果由已方自负。乙方必须在开工后两天内与所有职工签订安全生产责任状。

7）乙方按规定对新（转）上岗工人进行岗前安全教育并记录和签名，特种作业人员必须经培训持有效上岗证方准作业。

8）乙方必须每天出班前对全员进行安全教育，并认真填写班组上岗记录，时时督促特种作业人员和施工人员，严格执行《建筑施工现场临时用电安全技术规范》（JGJ 46—2005），施工接电做到一机一闸一漏，严格执行《建筑安装工人安全技术操作规程》（（80）建工劳字第24号）的各项规定，不得违章指挥和违章作业。

9）对施工区域内已交底的各类管、杆、线设施的安全防护，深沟基坑开挖和沟、洞、窨井等处的安全防护，有毒、有害、易燃易爆、水下、高空、高温、架空管线、起吊、顶推、架设等的危险施工作业，乙方必须按照甲方制定并经有关部门审批的方案认真实施。

10）乙方必须服项目部监督，并按规定做好安全检查工作，发现隐患及时整改，并有记录。

11）乙方发现在施工过程中存在安全隐患，而又不能作出有效安全防护措施时，不得强行施工，必须立

即上报项目部，共同协商确定施工措施后再行施工，如强行施工，一切后果由乙方全权承担。

12）一旦发生安全事故，必须按有关规定迅速上报项目部，并做好现场保护，配合调查处理工作。

3. 奖罚

（1）乙方不履行上述安全责任，未完成安全管理目标，除由乙方负全部责任外，另付工程总造价的千分之二罚款，情节严重，加倍处罚。乙方完成安全管理目标，成绩显著，按项目部有关规定给予奖励。

（2）乙方在施工中发生等级火灾事故的，除按消防法规规定处罚外，另按项目部有关规定给予处罚。

（3）乙方由于管理混乱，安全交底不落实，盲目施工而造成安全事故的，甲方有权要求乙方承担一切损失及责任。

（4）乙方承担乙方所有施工范围内的安全责任。

项目部（工地）安全活动记录

日期	×年×月×日	项目经理	××

活动情况：

今天主要工作为钢支撑的横撑架设，施工过程须注意以下几点：

（1）必须穿戴好个人防护用品，特别是焊接作业与高空作业方面。安全带必须高挂低用且挂在稳固牢靠位置。

（2）严禁在钢支撑上行走。

（3）起吊过程中，必须听从起重指挥人员的指挥。

（4）今日施工过程安排××进行现场的监护及指挥。

（5）架设钢支撑前，项目部组织进行了人员、设备机具、材料等的确认工作，安装完毕由项目经理组织进行验收。

日期	×年×月×日	项目经理	××

活动情况：

事故隐患整改通知书

××桩基作业班组：

于×年×月×日对你工地进行检查，发现以下事故隐患：

(1) 施工用电不符合 3C 认证要求，桩机保护接零不到位；

(2) 泥浆池防护不到位，没有按规定设置防护栏杆；

(3) 桩机安装就位后没有进行验收；

(4) 桩机未有挂职安全责任牌。

现要求暂停施工，立即进行整改。

以上事故隐患，限于×年×月×日前整改完毕，并将整改结果函告我们。

××工程项目部

通知人：××

×年×月×日

事故隐患整改通知回执

××工程项目部

根据×年×月×日　你项目部第一号《事故隐患整改通知书》中提出的隐患，我单位整改情况如下：

(1) 根据现场实际情况对现场不符合 3C 认证的配电箱进行了重新更换；

(2) 桩机按要求进行了接地保护；

(3) 对泥浆池防护用钢管扣件重新架设了防护栏杆；

(4) 组织人员进行了桩机安装就位验收，项目部检查已经合格并挂责任牌。

请贵单位进行整改核验为盼！

报告单位（单位）：　　　　项目经理（盖章）：

　　　××　　　　　　　　　经办人：××

抄送：××

×年×月×日

施工现场安全生产奖罚记录

时　间	×年×月×日	奖　罚　人	××

奖罚原因及措施

　　×年×月×日上午九时，土方作业队外运汽车司机在装土时下车，未按要求配戴安全帽，为加强现场安全管理，根据项目部安全环境管理奖罚制度，给予土方作业队100元经济处罚。望各作业班组引以为戒，严格按各项管理制度规范施工。同时也希望工区领导以及各协作队伍加强现场的安全环保管理力度。

受奖罚者（签名）：××

时　间	××	奖　罚　人	××

奖罚原因及措施

受奖罚者（签名）：

安全事故记录

工程名称	××工程项目部				事故发生日期		×年×月×日	
事故情况	姓名	性别	年龄	工种	工龄	伤亡情况	事故类别	有否经过安全培训
	曾×	男	42	架子工	22	轻伤	高空坠落	有

事故性质	违章作业	企业资质	市政一级	直接经济损失	1243

事故经过及原因	2007年6月3日，在本工程桥梁支模架搭设过程中（详见事故报告），架子工曾×未按规定使用安全带，违规作业。现场负责监护的刘×未能及时发现并制止。曾×在搭设过程中失足坠落，造成腰部软组织挫伤。

事故责任者	曾×、刘×	参加调查人员	谢×、李×、付×

处理意见	对项目部进行通报，对曾×、刘×进行批评及罚款，并重新进行教育	结案情况	已结案	单位盖章	

安全管理检查评分记录

（按"评分办法"检查评分）

工程名称：××工程项目部　　　　　　　检查时间：__×__年__×__月__×__日

序号	检查项目	检 查 情 况	应得分数	扣减分数	实得分数
1	安全生产责任制	符合要求	10		10
2	目标管理	符合要求	10		10
3	施工组织设计	符合要求	10		10
4	安全技术交底	张拉作业未对所有操作工进行交底	10	3	7
5	安全检查	公司未对重大隐患源的整改进行复查	10	3	7
6	安全教育	符合要求	10		10
	小　计	（1～6项保证项目）	60	6	54
7	班前安全活动	符合要求	10		10
8	特种作业持证上岗	起重机缺指挥上岗证	10	3	7
9	工伤事故处理	符合要求	10		10
10	安全标志	符合要求	10		10
	小　计	（7～10项一般项目）	40	3	37
	合　计	（1～10项）	100	9	91
项目经理	××	检查负责人	××	参检人员	××

6.2　市政工程施工安全台账（二）

文　明　施　工

施工单位 _____×× _____

工程名称 _____×× _____

项目经理 _____×× _____

安　全　员 _____×× _____

开竣工日期 _____×年×月×日至　×年×月×日_____

目 录

市政工程安全管理与台账编制范例

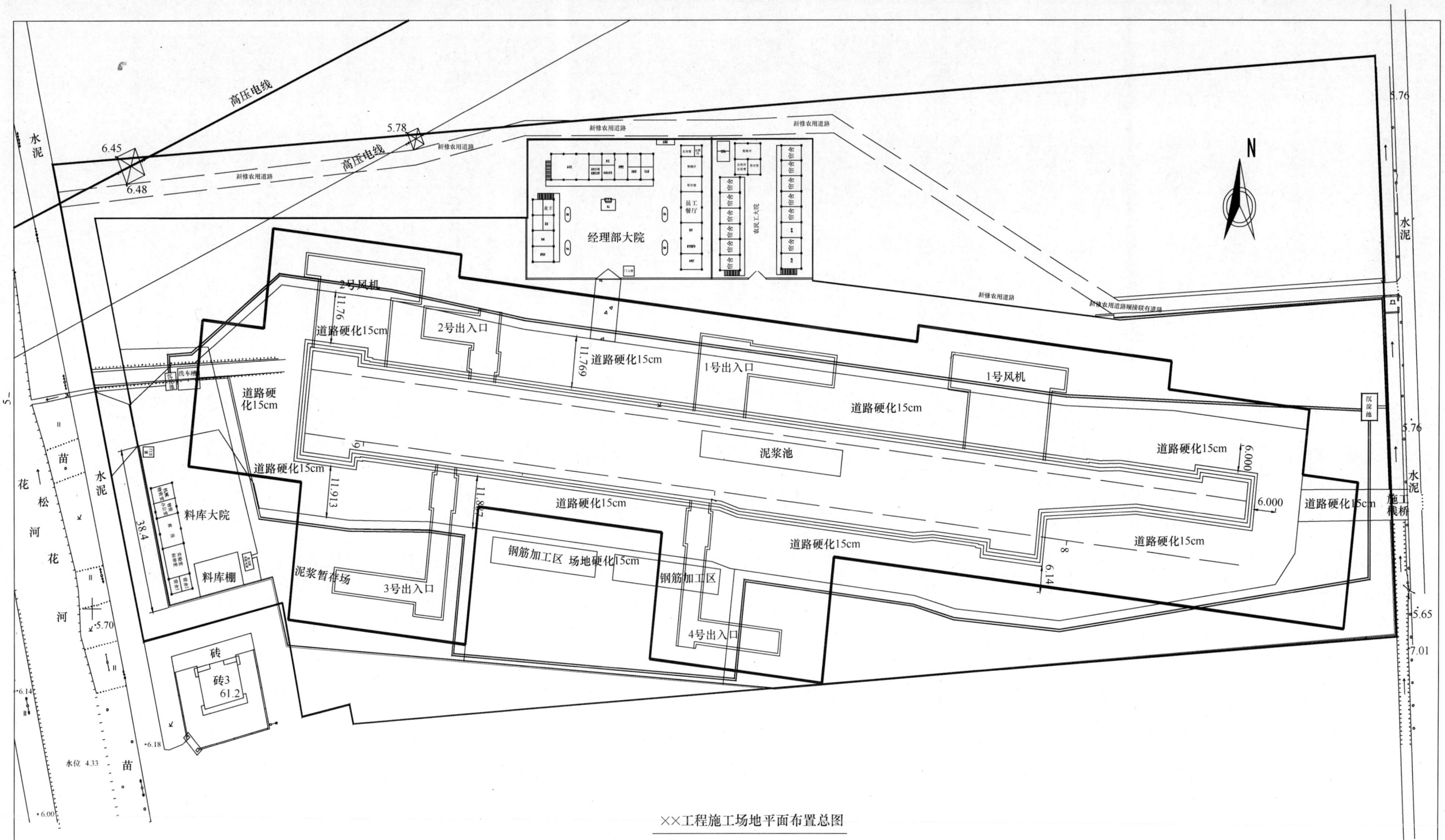

施工现场平面布置图

××工程施工场地平面布置总图

说明:
1. 本图尺寸处特别说明外均以米单位计。
2. 围挡场地处地面积为34529.6平方米,折合51.79亩。
　　其中设计征地红线20049平方米,折合30.07亩;利用开发区管委会带征地面积为14480.6平方米,折合21.72亩。
　　在开发区管委会带征地范围内新修一条农用道路,规格与目前施工场地内既有的农便道规格相同,大概占地40434.2平方米,折合6.06亩
　　总共使用带征地面积有18523.8平方米,折合27.78亩
3. 场地规划思路主:在基坑的正北面设立经理部办公和生活区(内设农民工学校),农民工生活大院,为坐北朝南型,院内场地硬化5cm。围绕基坑周围修筑一圈施工便道,规格为6米~13米宽,底下回填宕碴后摊铺15~20cm厚钢筋混凝土。在施工场地的西南角建材料库和钢筋加工场,在场地的南侧硬化一块地用作为钢筋加工场,回填宕碴后硬化混凝15cm,沿基坑周边地允许的地方预备钢盘加工场,场地硬化15cm,在南侧场地预留泥浆暂时存放场地。基坑范围内采取宕碴回填、碾压、平整后摊铺黄沙找平,用作地连墙施工场地和泥浆池。在大口附近和在东侧院墙附近各设2个沉淀池和2个洗车槽,所有生活和施工污水均需要经过沉淀池沉淀后外排。
4. 施工临时用电变压器安装在西南角位置处,场地布线采取俩侧向对面布置,穿越施工便道时采取深埋套管形式穿越。施工临时用水线路布置同样围绕施工院墙布设一圈。
5. 目前没有布置设施的地方根据具体情况摆设设备、机械、或堆放物资等,或者对其先进行简单的绿化,待需要时再硬化或做他用。
6. 目前的施工便道主要是为主体结构的地连墙,基坑开挖和主体结构的施工使用,施工附属结构时需要将施工便道进行必要的改路。

厕所

洗漱区

晾晒区

职工宿舍

第一层　第二层

模板制作加工场

仓库

机修间

模板及支架堆场

钢筋加工场

钢筋加工场

乙炔库

氧气库

质量安全部　计划财务部　物资机械部　工程机械部　工程技术部　综合办公室　项目总工室　项目副经理室　项目经理室

职工宿舍　职工宿舍　职工宿舍　监理宿舍　监理宿舍　业主办公室　监理办公室

门卫　装焊制作　加工　加工　材料堆放

值班室

42250

54000

39700

47000

25800

1500

168000

42250

生活区平面布置图

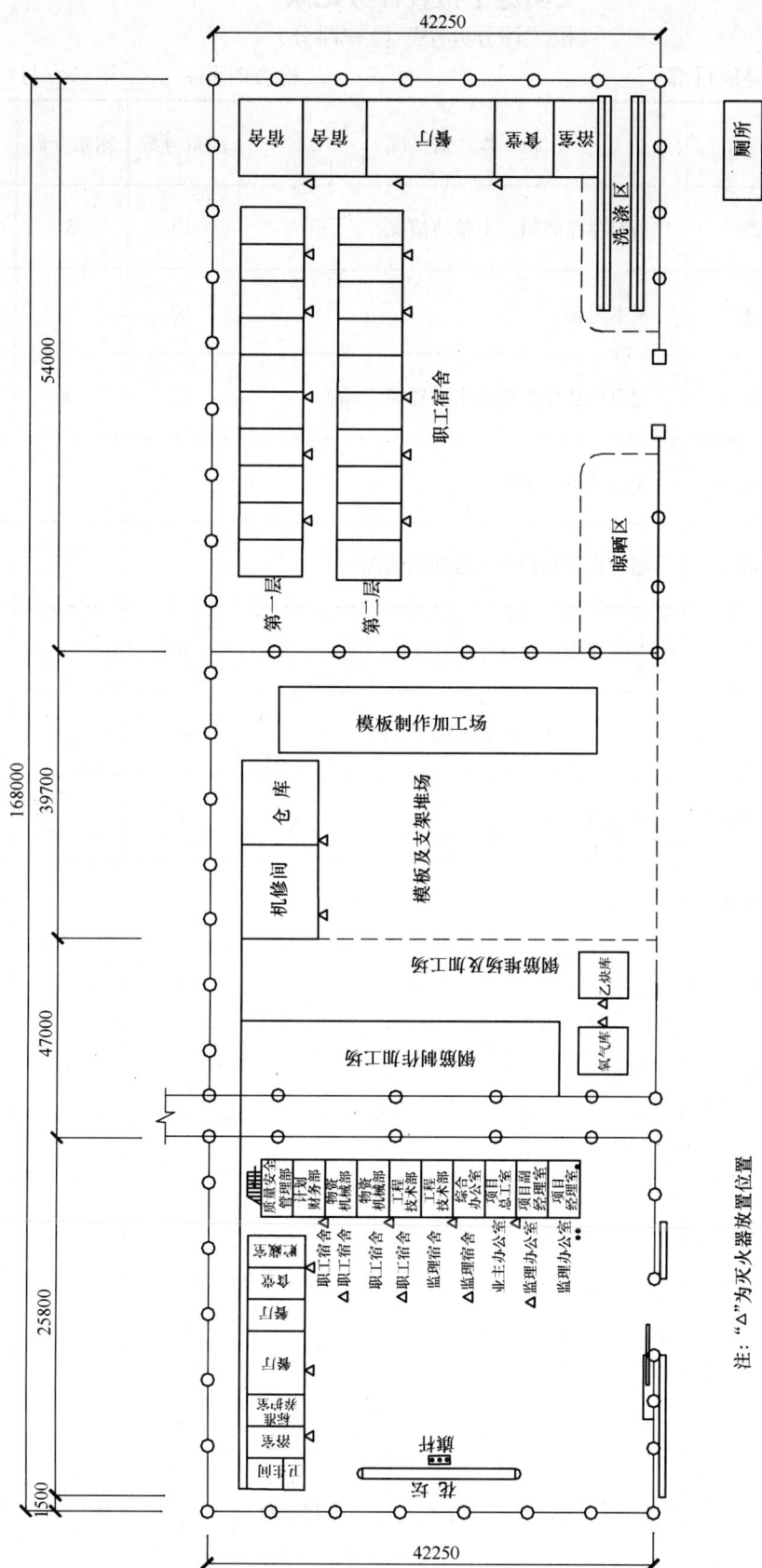

注："△"为灭火器放置位置

文明施工检查评分记录

（按"评分办法"检查评分）

工程名称：××工程项目部　　　　　　　　　检查时间：＿×＿年＿×＿月＿×＿日

序号	检查项目	检查情况	应得分数	扣减分数	实得分数
1	现场围挡	局部存在破损、不整洁情况	10	3	7
2	封闭管理	基本符合	10		
3	施工现场	起重吊装作业现场未设置警示标志	10	3	7
4	材料堆放	土方清运不及时	10	3	7
5	现场住宿	宿舍内存在使用电饭煲的情况	10	5	5
6	现场防火	基本符合	10		10
	小计	（1～6项保证项目）	60		46
7	治安综合治理	基本符合	8		8
8	施工现场标牌	符合	8		8
9	卫生设施	符合	8		8
10	保健急救	符合	8		8
11	社区服务	符合	8		8
	小计	（7～11项一般项目）	40	0	40
	合计	（1～11项）	100	14	86
项目经理	曾×	检查负责人	刘×	参检人员	林×、涂×

6.3 市政工程施工安全台账（三）

施工用电安全技术

施工单位 _____ ×× _____

工程名称 _____ ×× _____

项目经理 _____ ×× _____

安 全 员 _____ ×× _____

开竣工日期 _____ ×年×月×日至 ×年×月×日 ____

目　录

市政工程安全管理与台账编制范例

施工现场临时用电组织设计

××工程临时用电专项方案

1. 工程概况

工程概况略。在全段施工范围内，业主提供 4 台 400kVA 变压器供电，分别为：1 号变压器（桩号：K30＋876）；2 号变压器（桩号：K31＋495.961）；3 号变压器（桩号：K32＋307.889）；4 号变压器（桩号：K33＋002.889）。

2. 现场用电设施及线路布置

为确保本工程能够按期优质地完成，根据总施工进度计划施工的安排，以及结合现场条件，制定施工用电总部署。

（1）1 号箱式变压器（箱式变压器位置，桩号 K30＋876 处）（变压器容量 400kVA）

1）供电范围：沿东侧围墙纵向布置。

A. 线路范围（桩号 K30＋278.02～K31＋215.961 共 937.941m）

线路 1 号：K30＋876～K30＋278.02 共 597.98m

线路 2 号：K30＋876～K31＋215.96 共 339.96m

B. 预制场

C. 施工沿线用电

D. 项目部及临时设施用电

2）用电设备及用电量（用电量共计：511.1kW）：

A. 桩机泥浆泵用电：30kW

B. 钢筋施工机械设备：100kVA 对焊机 1 台：85kW

　　　　　　　　　　弯曲机：3kW

　　　　　　　　　　切断机：5.5kW

　　　　　　　　　　电动型材切割机：3.3kW

　　　　　　　　　　交流弧焊机：2×20＝40kW

　　　　　　　　　　　小计：136.8kW

C. 木工施工机械设备：20kW

D. 混凝土施工机械设备：5kW

E. 其他施工机械设备：5kW

F. 施工降水：7.5kW×5＝37.5kW

G. 沿线照明：20kW

H. 预制场地内机械设备

　　100kVA 钢筋对焊机 1 台：85kW

　　钢筋弯曲机：3kW

　　钢筋切断机：5.5kW

　　钢筋型材切割机：3.3kW

　　钢筋交流弧焊机：2×20＝40kW

　　　　　　　小计：136.8kW

　　龙门吊行车与起吊机械：40kW＋60kW＝100kW

I. 项目部及临时设施用电：20kW

3）1 号施工线路：项目部用电、职工宿舍用电、仓库、电工维修间、木工加工场、钢筋加工场、沿线施工场地用电总用电量小计：274.3kW。2 号预制场施工线路：供电量为 236.8kW，沿东侧围墙纵向布置。

（2）2号箱式变压器（变压器位置，桩号：K31＋495.961）（变压器容量 400kVA）

1）供电范围：

A. 线路范围：（桩号 K31＋215.961～K31＋807.889 共 591.928m）

3号线路：K31＋215.961～K31＋495.961 共 280m

4号线路：K31＋495.961～K31＋807.889 共 311.928m

B. 部分临时设施用电

2）用电设备及用电量（用电量共计：304.3kW）：

A. 桩机泥浆泵用电：30kW

B. 钢筋制作场地中用电：

150kVA 对焊机 1 台：120kW

弯曲机：3kW

切断机：5.5kW

电动型材切割机：3.3kW

交流弧焊机：2×20＝40kW

C. 木工施工机械设备：20kW

D. 混凝土施工机械设备：5kW

E. 其他施工机械设备：5kW

F. 施工沿线照明：15kW

G. 施工降水：7.5×5＝37.5kW

H. 临时设施用电：20kW

3）3号施工线路和4号施工线路：沿线施工场地用电，供电量为 304.3kW，沿东侧围墙纵向布置。

（3）3号箱式变压器（箱式变压器位置，桩号：K32＋307.889）（变压器容量 400kVA）

1）供电范围：

A. （桩号 K31＋807.889～K32＋474.889 共 667m）

5号线路：K31＋807.889～K32＋307.889 共 500m

6号线路：K32＋307.889～K32＋474.889 共 167m

B. 部分临时设施用电

2）用电设备及用电量（用电量共计：361.8kW）：

A. 桩基施工机械设备：

GPS150　1 台：50kW

泥浆泵　1 组：20kW

B. 钢筋施工机械设备：

100kVA 对焊机 1 台：85kW

弯曲机 1 台：3kW

切断机 1 台：5.5kW

电动型材切割机：3.3kW

交流弧焊机：4 台×20kW＝80kW

C. 木工施工机械设备：20kW

D. 混凝土施工机械设备：5kW

E. 其他施工机械设备：5kW

F. 施工沿线照明：20kW

G. 施工降水：7.5×6＝45kW

H. 临时设施用电：20kW

3）5号施工线路和6号施工线路：沿线施工场地用电，供电量共为 361.8 kW，沿西侧施工便道纵向布置。

（4）4 号箱式变压器（箱式变压器位置，桩号：K33＋002.889）（变压器容量 400kVA）

1) 供电范围：

A. （桩号 K32＋544.889～K33＋320.072 共 775.183m）

7 号线路：K32＋544.889～K33＋002.889 共 458m

8 号线路：K33＋002.889～K33＋320.072 共 317.183m

B. 施工现场用电

2) 用电设备及用电量（用电量共计：356.8kW）：

A. 钢筋施工机械设备：

  100kVA 对焊机 1 台：85kW

  弯曲机 1 台：3kW

  切断机 1 台：5.5kW

  电动型材切割机 1 台：3.3kW

  交流弧焊机 2 台：20kW×2＝40kW

B. 桩基施工机械设备：

  GPS150：2 台×50kW＝100kW

  泥浆泵：2 组×20kW＝40kW

C. 木工施工机械设备：20kW

D. 混凝土施工机械设备：5kW

E. 其他施工机械设备：5kW

F. 施工沿线照明：20kW

G. 施工降水：7.5×4＝30kW

3) 7 号施工线路和 8 号施工线路：沿线施工场地用电供电量为 356.8kW。

3. 线路、导线截面计算

（1）1 号变压器实际供电量 386.1kW

原因为预制场 100kVA 对焊机与钢筋加工场共用一台（85kW），备用一台；预制场龙门吊在施工运行中，起吊时不行走，行走时不起吊，即只计起吊是用电量 60kW。

1) 1 号-1 线导线截面：（沿线施工用电：92.5kW）

A. 按导线的允许电流选择：该路的工作电流为：

$$I_{线}＝2P＝92.5×2＝185A＜205A$$

选用一组 70mm² 塑料铝芯线即可。

B. 按允许电压降选择：

$$S＝\frac{\Sigma M}{C\cdot\varepsilon}\%＝\frac{92.5×200}{46.3×7}\%＝57.1mm^2 \text{ 取 } 60mm^2$$

C. 按导线机械强度选择截面（mm）

线路上电杆间距 25m 一根，其允许的导线最小截面不小于 10mm²。

最后为了同时满足上述三者要求，1 号-1 施工线路的导线截面 1×5×70mm²。

2) 1 号-2 线导线截面：（项目部及临时设施用电、钢筋加工场、木工机械用电：176.8kW）

A. 按导线的允许电流选择：该路的工作电流为：

$$I_{线}＝2P＝2×176.8＝353.6A＜205×2＝410A$$

选用两组 70mm² 塑料铝芯线即可。

B. 按允许电压降选择

$$S＝\frac{\Sigma M}{C\cdot\varepsilon}\%＝\frac{176.8×100}{46.3×7}\%＝54.6mm^2$$

取 1 组 70mm² 即可。

C. 按导线机械强度选择截面

施工线路上电杆间距 20m 一根，其允许的导线最小截面不小于 10mm²。

最后为了同时满足上述三者要求，1 号-2 线导线截面为 BLV1×6×70mm² + BLV1×2×50mm²。

3）2 号-1 线导线截面（沿线施工用电：92.5kW）：

A. 按导线的允许电流选择：该路的工作电流为：

$$I_{线} = 2P = 92.5 \times 2 = 185A < 205A$$

选用一组 70mm² 塑料铝芯线即可。

B. 按允许电压降选择：

$$S = \frac{\sum M}{C \cdot \varepsilon}\% = \frac{92.5 \times 200}{46.3 \times 7}\% = 57.1mm^2 \ 取 \ 60mm^2$$

C. 按导线机械强度选择截面（mm）

线路上电杆间距 25m 一根，其允许的导线最小截面不小于 10mm²。

最后为了同时满足上述三者要求，2 号-1 施工线路的导线截面 BLV 1×5×70mm²。

4）2 号-2 线导线截面：（预制场施工用电：196.8kW）

A. 按导线的允许电流选择：该路的工作电流为：

$$I_{线} = 2P = 196.8 \times 2 = 394A < 2 \times 205A$$

选用 2 组 70mm² 塑料铝芯线即可。

B. 按允许电压降选择：

$$S = \frac{\sum M}{C \cdot \varepsilon}\% = \frac{196.8 \times 50}{46.3 \times 7}\% = 30.4mm^2 \ 取 \ 40mm^2$$

C. 按导线机械强度选择截面（mm）

线路上电杆间距 25m 一根，其允许的导线最小截面不小于 10mm²。

最后为了同时满足上述三者要求，2 号-2 施工线路的导线截面 BLV 1×6×70mm² + BLV 1×2×50mm²。

（2）2 号变压实际用电量为 304.3kW

1）3 号线导线截面（沿线施工用电：92.5kW）：

A. 按导线的允许电流选择：该路的工作电流为：

$$I_{线} = 2P = 92.5 \times 2 = 185A < 205A$$

选用一组 70mm² 塑料铝芯线即可。

B. 按允许电压降选择：

$$S = \frac{\sum M}{C \cdot \varepsilon}\% = \frac{92.5 \times 250}{46.3 \times 7}\% = 69.9mm^2 \ 取 \ 70mm^2$$

C. 按导线机械强度选择截面（mm）

线路上电杆间距 25m 一根，其允许的导线最小截面不小于 10mm²。

最后为了同时满足上述三者要求，3 号施工线路的导线截面 BLV 1×5×70mm²。

2）4 号-2 线导线截面：（钢筋加工场、木工机械用电：191.8kW）

A. 按导线的允许电流选择：该路的工作电流为：

$$I_{线} = 2P = 2 \times 192kW = 384A < 2 \times 205A$$

选用 2 组 70mm² 塑料铝芯线即可。

B. 按允许电压降选择

$$S = \frac{\sum M}{C \cdot \varepsilon}\% = \frac{192 \times 50}{46.3 \times 7}\% = 29.6mm^2 \ 取 \ 30mm^2 \ 即可$$

C. 按导线机械强度选择截面

施工线路上电杆间距 20m 一根，其允许的导线最小截面不小于 10mm²。

最后为了同时满足上述三者要求，4 号-2 线导线截面为 BLV 1×6×70mm² + BLV 1×2×50mm²。

3）4 号-1 线导线截面（沿线施工用电：92.5kW）：

A. 按导线的允许电流选择：该路的工作电流为：

$$I_线=2P=92.5\times2=185A<205A$$

选用一组 70mm² 塑料铝芯线即可。

B. 按允许电压降选择：

$$S=\frac{\Sigma M}{C\cdot\varepsilon}\%=\frac{92.5\times250}{46.3\times7\%}\%=69.9mm^2\ 取\ 70mm^2$$

C. 按导线机械强度选择截面（mm）

线路上电杆间距 25m 一根，其允许的导线最小截面不小于 10mm²。

最后为了同时满足上述三者要求，4 号-1 施工线路的导线截面 BLV 1×5×70mm²。

（3）3 号变压器实际用电量为 361.8kW

1）5 号线导线截面（沿线施工用电：145kW）：

A. 按导线的允许电流选择：该路的工作电流为：

$$I_线=2P=2\times145kW=290A<205\times2$$

选用两组 70mm² 塑料铝芯线即可。

B. 按允许电压降选择

$$S=\frac{\Sigma M}{C\cdot\varepsilon}\%=\frac{145\times500}{46.3\times7\%}\%=179mm^2$$

取两组 95mm² 塑料铝芯线即可。

C. 按导线机械强度选择截面

施工线路上电杆间距 20m 一根，其允许的导线最小截面不小于 10mm²。

最后为了同时满足上述三者要求，5 号线导线截面为

BLV 1×6×95mm² + BLV 1×2×70mm²

2）6 号-2 线导线截面（钢筋加工场、木工机械用电：196.8kW）：

A. 按导线的允许电流选择：该路的工作电流为：

$$I_线=2P=2\times196.8kW=394A$$

选用 2 组 70mm² 塑料铝芯线即可。

B. 按允许电压降选择

$$S=\frac{\Sigma M}{C\cdot\varepsilon}\%=\frac{196.8\times50}{46.3\times7\%}\%=30.4mm^2$$

取 70mm² 满足要求。

C. 按导线机械强度选择截面（mm）

施工线路上电杆间距 20m 一根，其允许的导线最小截面不小于 10mm²。

最后为了同时满足上述三者要求，6 号-2 线导线截面为 BLV 1×6×70mm² + BLV1×2×50mm²。

3）6 号-1 线导线截面（沿线施工用电：165kW）：

A. 按导线的允许电流选择：该路的工作电流为：

$$I_线=2P=2\times165kW=330A<2\times205A$$

选用 2 组 70mm² 塑料铝芯线即可。

B. 按允许电压降选择

$$S=\frac{\Sigma M}{C\cdot\varepsilon}\%=\frac{165\times167}{46.3\times7\%}\%=85mm^2$$

取 95mm² 满足要求。

C. 按导线机械强度选择截面

施工线路上电杆间距 20m 一根，其允许的导线最小截面不小于 10mm²。

最后为了同时满足上述三者要求，6 号-1 线导线截面为 BLV 1×6×70mm² + BLV 1×2×50mm²

(4) 4 号变压器实际用电量为 357kW：

1) 7 号线导线截面（沿线施工用电：200kW）：

A. 按导线的允许电流选择：该路的工作电流为：

$$I_{线} = 2P = 2×200kW = 400A < 205×2 = 320A$$

选用两组 70mm² 塑料铝芯线即可。

B. 按允许电压降选择

$$S = \frac{\sum M}{C \cdot \varepsilon}\% = \frac{200×200}{46.3×7}\% = 123.4mm²$$

选用两组 70mm² 塑料铝芯线满足要求。

C. 按导线机械强度选择截面

施工线路上电杆间距 20m 一根，其允许的导线最小截面为不小于 10mm²。

最后为了同时满足上述三者要求，7 号线导线截面为 BLV 1×6×70mm² + BLV 1×2×50mm²。

2) 8 号-2 线导线截面（钢筋加工场、木工机械用电：156.8kW）：

A. 按导线的允许电流选择：该路的工作电流为：

$$I_{线} = 2P = 2×156.8kW = 314A < 165×2$$

选用两组 50mm² 塑料铝芯线即可

B. 按允许电压降选择

$$S = \frac{\sum M}{C \cdot \varepsilon}\% = \frac{156.8×100}{46.3×7}\% = 48.4mm²$$ 满足要求

C. 按导线机械强度选择截面

施工线路上电杆间距 20m 一根，其允许的导线最小截面为不小于 10mm²。

最后为了同时满足上述三者要求，8 号-2 线导线截面为 BLV 2×6×50mm² + BLV 1×2×35mm²。

3) 8 号-1 线截面（沿线施工用电：200kW）：

A. 按导线的允许电流选择：该路的工作电流为：

$$I_{线} = 2P = 2×200kW = 400A < 205×2$$

选用两组 70mm² 塑料铝芯线即可。

B. 按允许电压降选择

$$S = \frac{\sum M}{C \cdot \varepsilon}\% = \frac{200×200}{46.3×7}\% = 123.4mm²$$

选用两组 70mm² 塑料铝芯线满足要求。

C. 按导线机械强度选择截面

施工线路上电杆间距 20m 一根，其允许的导线最小截面不小于 10mm²。

最后为了同时满足上述三者要求，8 号-1 线导线截面为 BLV 1×6×70mm² + BLV 1×2×50mm²。

4. 配电线路架设方法

该工程施工架线均采用杉木电杆架空设置，电杆间距 20m 设置一根，电杆上采用木横担及瓷瓶，木横担采用 80mm×80mm×1500mm 方木，横担与电杆采用 φ14 圆钢抱箍固定，瓷瓶与瓷瓶间距 300mm，瓷瓶采用蝶式绝缘子，与横担之间采用 φ12 螺杆固定。电杆埋深控制为杆长的 1/10 加 0.6m，一般为 1m 左右。端头杆、转角杆应设置拉线，拉线采用 12 号镀锌铁丝多股绞合后使用，拉线与电杆的夹角应控制在 45°～30° 之间，拉线埋设深度不得小于 1m。

导线相序排列应为：面向负荷从左侧起为 L1、N、L2、L3、PE。

5. 总配电箱、配电箱、开关箱的设置

（1）总配电箱设置。

在方案所需的变压器下设置总配电箱，总配电箱均采用××厂生产的"××电器"品牌的 XLJZ1-600/4SD 及 XLJKZ1-600/5SD 配电总箱，该配电总箱属国家"3C"认证产品，符合相关行业标准，本工程中采用上述品牌产品，能符合安全用电的相关条款要求，本工程计划四台变压器供电，故设置三只 XLJZ1-600/4SD 配电总箱及一只 XJLZ1-600/5SD 配电总箱。配电总箱设置在固定用砖瓦房内，室内地坪硬化，下设地沟，变压器接线均通过地沟进入配电总箱。

（2）动力分配箱及照明分配箱设置。

1）在木工棚设置动力分配箱、照明分配箱，钢筋棚设置动力分配箱、照明分配箱，在项目部、职工生活区均设置照明分配箱，电工维修间设置动力分配箱；

2）施工沿线每隔 40m 设置一只动力分配箱及照明分配箱；

3）动力分配箱采用 XLF1-200/3SD，照明分配箱采用 F100-3D，该两种配电箱也采用××厂生产的品牌的成品配电箱。部分动力分配箱及照明分配箱采用自制，配电箱采用 1.5mm 铁板制作，其外形、内部配件形式与配电箱配制相同，内部所有电器装置均由××厂供货，安装方法同原厂相同。

（3）动力开关箱及照明开关箱。

动力开关箱采用 XLJK2-32/1S，照明开关箱采用 K3-32/1D，均采用××厂生产的"××电器"品牌。

（4）各分配箱及开关箱下均采用四只角钢脚架固定，离地距离 0.8m。

自架空线或变压器连接至各分配箱及总配电箱均采用橡胶铜芯线，并且均穿绝缘软管或 PVC 管。分配电箱至各开关箱均采用橡皮绝缘电缆作为引出线，开关箱下至用电设备也采用橡皮绝缘电缆线作为联接线。

（5）配电箱、开关箱、总配电箱相应内部要求。

由于该工程使用的配电箱、开关箱、总配电箱基本均来自××漏电自动开关厂所生产的成品电箱，使用前应先检查其合格证，以及内部各类设施的完整、完好、绝缘程度等，合格后方可使用。

对自制部分应符合：

1）各类配电箱、开关箱应采用 1.5mm 铁板制成；

2）配电箱内各类电器应安装在绝缘隔离板上；

3）内部所有的电器设施应按其规定的位置紧固在绝缘板上，不得歪斜松动，前后位置不得调换；

4）箱体内部的连线应采用绝缘导线，接头不得松动，不得有外露带电部分；

5）配电箱、开关箱的工作零线应通过接线端子板连接，并应与保护零线接线端子板分设；

6）配电箱和开关箱的金属箱体，以及箱内电器不应带电金属底座，外壳必须做保护接零，保护零线应通过接线端子板连接；

7）配电箱、开关箱进出线宜从箱体的下底进出，导线不得与箱体进、出口直接接触。

6. 临时用电安装技术要求

（1）架空线路

1）在一个档距内架空线的接头数不得超过该档导线总数的 50%，且一根导线只允许有一个接头，穿越作业面或跨越道路、河流时导线不得有接头；

2）架空线路均采用三相五线制设置，导线相序排列为：面向负荷从左侧起为 L_1、N、L_2、L_3、PE 线；

3）架空线路的高度不宜低于 4.5m，穿越临时道路时宜为 6m。

（2）电缆线路

1）埋地敷设电缆的接头应设在地面上的接线盒内，接线盒应能防水、防尘、防机械损伤并应立设相应的标志牌；

2）电缆接头应牢固可靠，并应做绝缘包扎，保持绝缘强度，不得承受拉力。

（3）室内照明、动力配线

1）室内配线必须采用绝缘导线，采用瓷瓶、木板同金属件隔离，距地面不得小于 2.5m；

2）室内配线均应用 PVC 管做套管防护隔离；

3）进户线也应采用 PVC 弯管做防护，并做防雨措施；

4）每幢宿舍房屋应设置专用照明分配箱，并根据负荷的不同，分路设置。

（4）电器装置的选择

1）总配电箱应装设电压表、电流表、总电度表及其他相应的仪表；

2）总配电箱、分配电箱应装设总隔离开关和分隔离开关，以及各分路漏电熔断器（漏电熔断器具备过负荷和短路保护两重功能）。总开关电器的额定值、动作整定值与分路开关电器的额定值、动作整定值均要相适应；

3）每台用电设备应有各自专用的三级配电箱开关箱，必须遵守"一机一闸一漏保"制，严禁用同一开关电器直接控制二台及二台以上用电设备；

4）开关箱内的开关电器必须在任何情况下都可以使用电设备实行电源隔离。开关箱中也应设漏电保护器；

5）手动开关电器只许用于直接控制照明电路和容量不大于 5.5kW 的动力电路，对容量大于 5.5kW 的动力电路应采用自动开关电器或降压启动装置控制；

6）配电箱、开关箱中导线的进线口、出线口均应设在箱体的下底面，严禁设在箱体的上顶面、侧面、后面或箱门处，进出线应加护套分路成束并做防水弯，导线束不得与箱体进出口直接接触。移动式配电箱、开关箱的进出线均应采用橡皮绝缘电缆连接；

7）配电箱应有门、有锁、有标识，并且是有防雨、防尘功能、负责人、维修记录。

（5）接地与接地电阻

从各变压器引至总配电箱及总配电箱引至各分配电箱均采用三相五线制架空线或五线电缆，进入各配电箱处均应进行重复接地，接地线采用 BV-16mm² 黄绿相间铜芯线与接地体相连，现场所有施工用电的金属外壳与其要连成一体，重复接地体采用角钢或圆钢、钢管，接地体采用接地摇表测量其接下来电阻要求不大于 10Ω，如达不到要求可在附近增加接地体。

（6）保护接零

正常情况下，下列电气设备不带电的外露导电部分，应做保护接零。

1）电机、电器、照明器具、手持电动工具的金属外壳；

2）电气设备传动装置的金属部件；

3）各类分配动力、照明配电箱。

（7）照明灯具

1）照明灯具的金属外壳须作保护接零，照明开关箱内须设漏电保护器；

2）螺口灯头接头时相线接在中心触头处，零线接在螺纹端，绝缘外壳不得有损伤和漏电；

3）宿舍内开关均采用按钮式开关，距地面 1.3m；

4）室外围护顶部的灯头应采用防水灯头，灯泡应采用红色灯泡。

（8）焊接机械

1）焊接机械应置放在防雨、通风良好的地方；

2）交流弧焊机变压器一次接线侧电源线不宜大于 5m，进线处应设防护罩，二次接线宜采用橡皮护套铜芯多股软电缆，长度不宜大于 30m；

3）使用焊接机械必须按规定穿戴防护用品。

（9）手持电动工具

1）一般场所应选用Ⅱ类手持式电动工具，并应装设额定动作电流不大于 15mA，额定漏电动作时间小于 0.1s 的漏电保护器；

2）露天、潮湿场所或金属构架上操作时，必须选用Ⅱ类手持式电动工具，并装设防溅的漏电保护器；

3）手持电动工具的负荷线必须采用耐气候型的橡皮护套铜芯软电缆；

4）手持式电动工具的外壳、手柄、负荷线、插头、开关等必须完好，使用前应作空载检查，运转正常方可使用；

5）保护接零应按前述执行。

7. 现场用电设施的使用与维护

（1）安装、维修或拆除临时用电工程，必须由电工完成，电工应有电工上岗证，并且上岗证应在有效期内使用。

（2）使用设备前，或上岗前应按规定穿戴和配制好相应的劳动防护用品，穿、戴绝缘鞋、手套，必须使用电工绝缘工具。

（3）所有配电箱门应配锁，配电箱、开关由专人负责。

（4）对配电箱、开关箱进行检查、维修时，应对前一级相应的电源开关分闸断电，并有专人值班看管，严禁带电作业；

（5）所有配电箱、开关箱在使用过程中必须按照下述顺序操作：

1）送电顺序为：总配电箱→分配电箱→开关箱；

2）停电顺序为：开关箱→分配电箱→总配电箱（出现电气故障的紧急情况除外）。

（6）施工现场停止作业一小时以上，应将动力开关箱断电上锁。

（7）各类配电箱、开关箱内禁止放置任何杂物，并经常保持清洁。配电箱、开关箱不得挂接其他临时用电设备。

（8）熔断器的熔体更换时，严禁使用不符合原规格的熔体代替。

（9）配电箱、开关箱的进线、出线不得承受外力。

（10）由于本工程现场变压器较多，共有四台变压器，施工中应严格分开用电，禁止混用，防止产生"倒送电"，影响变压器的正常运行。

（11）施工用电采用 TN-S 系统进行连接。

8. 自备电源的管理

考虑到目前用电紧张的实际情况，工地中配备一定数量的发电机组，发电机主要以柴油发电机为主。

自备发电机主要用于现场桩工机械及施工降水的应急用电，其余基本不考虑供电。

桩工机械类供电自发电机组至桩机处采用 50mm² 铜芯橡皮电缆供电，施工降水采用 16mm² 铜芯橡胶电缆供电。

（1）发电机组电源应与变压器用电线路完全分开，严禁并列运行；

（2）发电机组应采用三相四线制中性点直接接地系统，并独立设置，其接地电阻值也应不大于 10Ω；

（3）发电机组应设置短路保护和过负荷保护；

（4）发电机组基本考虑单独运行，若须并列运行时，必须在机组同期后再向负荷供电。

9. 临时用电安全技术档案的建立

安全技术档案应由主管该现场的电气技术人员负责建立与管理。临时用电工程应每月或每半月检查一次，并及时复核接地电阻，检查工作应按分部、分项工作进行，对不安全因素，必须及时处理，并应履行复查验收手续。安全技术档案内容如下：

（1）临时用电施工组织设计的全部资料；

（2）修改临时用电施工组织设计的全部资料；

（3）技术交底资料；

（4）临时用电工程检查验收表；

（5）电气设备标试、检验凭单和调试记录；

（6）接地电阻测定记录表；

（7）定期检（复）查表；

（8）电工维修工作记录。

10. 安全技术措施

工地设四个专职电工，负责本工程的临时用电，保证安全生产。

（1）严格实施配电方案，配电箱及开关电器的产品质量，必须有合格证，检验合格后方可使用。

（2）电工必须填好每天的检修日记，做到详细、完整，真实反映客观事实。

（3）每天施工完后，电工必须对安全用电设备进行检查，其他人无权乱拉乱接电线。

（4）专职电工安装设备及线路施工时，必须严格遵守国家技术标准及施工规范。

（5）配电房及各分配电房及开关箱均写有提示标志，工人宿舍及加工场地张贴安全用电的注意事项。

（6）新有箱体必须上锁，并进行每天一天检查。

（7）对各工长和工人进行安全教育，工人认真填写用电安全教育卡。

（8）项目部每十天检查一次用电线路，公司每月进行一次用电安全大检查，以监督安全员及专职电工的工作情况。

（9）电气设备的选择必须做到参数匹配，具有分级保护功能，开关箱的漏电保护器动作电流必须小于15mA，动作时间小于0.1s。

11. 电气防火措施

由于很多工地火灾都是由电造成的，且危害极大，因此电器防火措施尤为重要。

（1）工地消防管理人员要认真负责，特别对电器防火更加注意。

（2）总配电房配电设备三套干粉灭火器，不准使用泡沫灭火器。

（3）在负荷集中处，设干粉灭火器，必要时设置干沙，消防栓。

（4）电工对机械的电源线重点检查，看有无破损，烧坏现象。

（5）对工人要进行电气火灾的隐患教育。

（6）各种机械都应配操作牌，避免工人盲目操作，造成事故。

（7）定期电器防火设施进行检查，并进行记录。

12. 附图（图6-1、图6-2和图6-3）

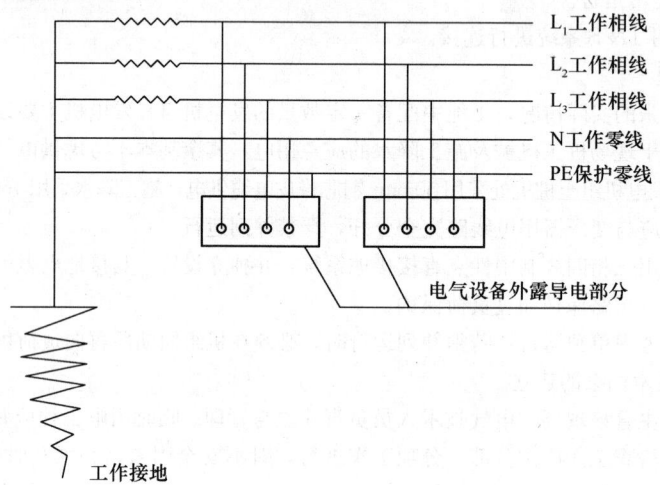

图 6-1　TN-S 接零保护系统

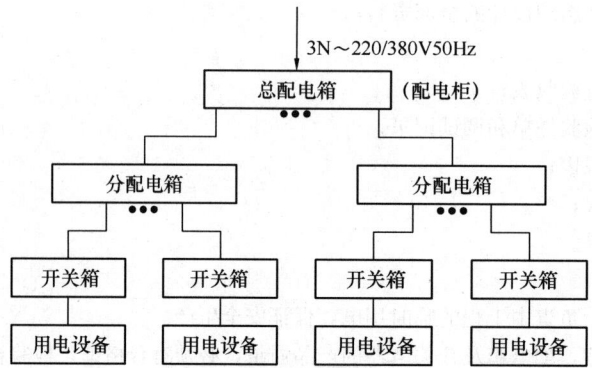

图 6-2　三级配电系统结构形式示意图

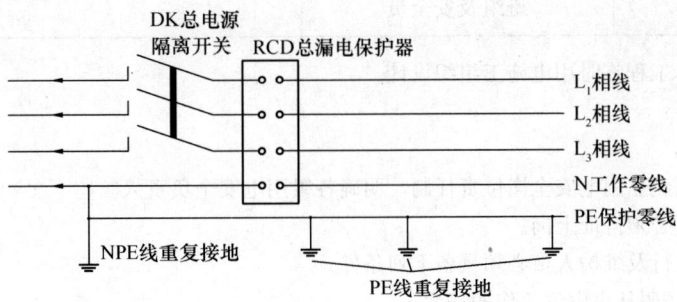

图 6-3　三相四线供电时局部 TN-S 接零保护系统零线引出示意

注：该方案编制依据《简明施工计算手册》(第二版).（中国建筑工业出版社）

编制者	××	审核者	××	批准者	××

施工现场临时用电安全技术交底记录

单位工程名称	××工程	交底时间	×年×月×日
分部（分项）工程 各工种名称	电工及相关作业 班组及安全员	交底人	××

本次交底依据：本工程临时用电施工组织设计

本次交底主要内容：

1. 管理要求

（1）用电单位必须建立用电安全岗位责任制，明确各级用电安全负责人。

（2）用电作业人员必须持证上岗。

（3）用电设施的运行及维护人员必须具备下列条件：

1）经医生检查无妨碍从事电气工作的病症。

2）掌握必要的电气知识，考试合格并取得合格证书。

3）掌握触电解救法和人工呼吸法。

（4）用电单位的运行及维护人员，必须学习和熟悉本规范的有关规定，并应每年考试一次。因故间断工作连续3个月以上者，必须重新学习本规范，并经考试合格后方可恢复电气工作。

（5）新参加工作的维护电工、临时工、实习人员，上岗前必须经过安全教育，考试合格后在正式电工带领下，方可参加指定的工作。

（6）变电所（配电所）值班人员应具备的条件：

1）熟悉本变电所（配电所）的系统、运行方式及电气设备性能。

2）持证上岗，掌握运行操作技术。

3）能认真执行本单位制定的各种规章制度。

（7）变电所（配电所）值班负责人或单独值班人，应由有实践经验的人员担任。

（8）变电所（配电所）值班人员单独值班时，不得从事检修工作。

项目经理	××	被交底人签名	××

本表一式两份，项目经理一份留存台账，被交底人一份。

施工现场临时用电安全技术交底记录

单位工程名称	××工程	交底时间	×年×月×日
分部（分项）工程 各工种名称	电工及相关作业 班组及安全员	交底人	××

2. 安全用电要求

(1) 施工现场临时用电必须严格执行《建筑施工现场临时用电安全技术规范》(JGJ 46—2005) 临时用电施工，必须执行施工组织设计。

(2) 架空线两杆间距不大于 25m，电杆埋深不少于 1m，地面与架空线最近处净高不低于 4.5m，室外灯具距地面不少于 3m，室内不少于 2m，支线应沿墙或电杆架空敷设，并用绝缘子固定。用电设备、配电箱等金属外壳应做接零或接地保护，严禁接零接地混接。

(3) 配电箱安装离地面不少于 1.3m，其周围 1m 范围内不准摆放任何物品。

(4) 配电箱一律采用铁壳材料，并需要有防雨措施，门锁齐全，有色标，统一编号。

(5) 开关箱、配电室变压器、配电间等重要用电设施的设置应符合规范要求，并须有安全防护措施和警示标志，任何电动机具必须切断电源后方可移动。

(6) 施工用电系统必须保证灵敏可靠的两级以上的触电保护，动力照明的保护器必须分开，必须做到一机一闸一保护。触电保护器必须选用省级审批许可生产的且通过电工产品认证的产品。

(7) 配电箱引入、引出线要采用套管，进出电线要整齐并从箱底部进入，严禁使用绝缘已老化、破皮电线，移动式配电箱和开关箱进出线必须使用橡皮绝缘电缆。

(8) 现场照明要用绝缘胶线，不能用花线、塑料胶芯线，手持照明灯危险场所应用 36V 安全电压。

(9) 电气操作人员必须持证上岗，要有安全技术交底，严格遵守安全操作规程。

(10) 各班组设备用电时，需及时通知值班电工。

项目经理	××	被交底人签名	××

本表一式两份，项目经理一份留存台账，被交底人一份。

施工现场临时用电验收记录

工程名称	××	时间	×年×月×日	检查人	××/××/××

<table>
<tr><td rowspan="12">验收内容</td><td colspan="4" align="center">施工现场安全用电检查验收表</td></tr>
<tr><td colspan="4">被检单位：　　　工程名称：××　　　施工员：××
　　　　　　　　　　　　　　　　　检查时间：2007 年 8 月 15 日</td></tr>
<tr><td>检查内容</td><td colspan="2" align="center">检　查　标　准</td><td>检查结论</td></tr>
<tr><td>配电室</td><td colspan="2">必须达到防火、防雨、防潮、防触电要求</td><td>符合要求</td></tr>
<tr><td>线路架设</td><td colspan="2">实行三相五线制，导线用瓷柱固定线间距≥3cm，离地 6m 以上。室外灯具离地面 3m，室内 2m，不准使用竹质电杆</td><td>符合要求</td></tr>
<tr><td>电箱设置</td><td colspan="2">有门、有销、有防雨措施的安全型电箱，离地 1.3m 以上，要有接地保护，并装置漏电保护器，引入出线要用套管，不准用花线、塑胶芯线、露天不得使用木质电箱</td><td>符合要求</td></tr>
<tr><td>高压线防护</td><td colspan="2">脚手架、井架的外侧边缘与电力架空线的边缘间必须保持一定的安全距离，操作人员最小安全操作距离不小于：1 万伏以下的为 6m；3.5 万伏以下的为 8m。小于上述安全距离的必须有以下防护措施：脚手架、井架外侧、高压线水平方向的上方全部设隔离竹片</td><td>一</td></tr>
<tr><td>漏电开关</td><td colspan="2">所有电动机具要装灵敏有效的漏电保护器，有防雨措施</td><td>符合要求</td></tr>
<tr><td>防雷</td><td colspan="2">高于周围避雷设施的工程，金属构架，脚手架必设避雷措施</td><td>一</td></tr>
<tr><td>保护接零</td><td colspan="2">各种电机设备必设，现场重复接地电阻不大于 4Ω。</td><td>符合要求</td></tr>
<tr><td>照明线路</td><td colspan="2">施工照明必须用电缆或护套线，照明用电与动力用电分开，并装漏电保护器</td><td>符合要求</td></tr>
<tr><td>熔断丝</td><td colspan="2">要相应规格，严禁其他金属丝代替</td><td>符合要求</td></tr>
</table>

开关箱	禁止使用倒顺开关，要一机一保护，应装门上锁，有防雨措施，并有保护接零		符合要求
整改意见	施工现场围护上的红灯线有的地方往下挂，由电工涂×整改修复	检查人签字	冯× 孙× 涂×

备注	本次检查发现问题已于×年×月×日发出整改单，并于 2007 年 8 月 16 日收到整改回复，经确认整改符合要求（详见整改单×××安字第 17 号）。

市政工程安全管理与台账编制范例

接地电阻测定记录

单位：××公司　　　工程：××工程　　　测定人员：涂×　　　时间：×年×月×日

测试项目		测试数据					结论意见
重复接地桩		9.8Ω	9.8Ω	9.9Ω	9.9Ω	9.8Ω	9.8Ω
塔吊避雷接地							
金属架子避雷接地							
机械名称	对焊机	3.8Ω					
	弯曲机	3.9Ω					
	断料机	3.8Ω					3.8Ω
	搅拌机	3.8Ω					
备注		符合本工程临时用电施工组织设计要求。					

电器维修记录

工程名称	××工程	时间	×年×月×日	维修人员	涂×

维修内容：

电工维修记录

工程名称	××工程	
维修日期	维修内容	维修人员
×年×月×日	试用正常	涂×
备注		

文明施工检查评分记录

(按"评分办法"检查评分)

工程名称：××工程项目部　　　　　　　　　　　检查时间：＿×＿年＿×＿月＿×＿日

序号	检查项目	检查情况	应得分数	扣减分数	实得分数
1	外电防护	符合	20		
2	接地、接零保护系统	桩机保护接零不到位	10	5	5
3	配电箱、开关箱	存在一漏多接情况	20	8	12
4	现场照明	符合	10		10
	小　计	(1~4项保证项目)	60	13	47
5	配电线路	符合	15		15
6	电器装置	符合	10		10
7	变配电装置	符合	5		5
8	用电档案	基本符合	10		10
	小计	(5~8项一般项目)	40	0	40
	合计	(1~8项)	100	13	87
项目经理	曾×	检查负责人	刘×	参检人员	林×、涂×

市政工程安全管理与台账编制范例

6.4 市政工程施工安全台账（四）

土 方 工 程 施 工

（含沟槽、基坑、沉井、桥涵）

施 工 单 位 _____××_____

工 程 名 称 _____××_____

项 目 经 理 _____××_____

安 全 员 _____××_____

开竣工日期 _____年×月×日至　×年×月×日_____

目　录

市政工程安全管理与台账编制范例

146

土方工程施工方案
（安全技术措施）

土方开挖专项施工方案（安全技术措施）

1. 工程概况

（1）编制依据

1）工程施工招标文件。

2）工程实施性施工组织设计。

3）工程相关图纸。

4）×××建筑设计研究院所提供的岩土工程勘察报告。

5）现场情况及我公司实际施工经验能力、机械设备装备能力、施工技术与管理水平以及多年来工程实践中积累的施工及管理经验。

6）设计图纸中所明文要求的技术规范、规定和标准，以及国家现行的技术规范、标准及有关市政工程的技术资料。

7）国家有关法令、法规及行政命令。

（2）工程概况

1）工程概况。

本标段北侧与地下通道相接，南侧毗邻××江大堤，为确保大堤的安全，设计根据管廊的埋置深度（表6-1）不同，分别采用不同形式的土钉墙进行基坑边坡的支护，以达到工程顺利施工，同时确保××江大堤安全的目的，靠钱塘江大堤侧设置Ⅰ级轻型井点降水管，在管廊与地下通道之间设置Ⅰ级轻型井点降水管，在靠地下通道一侧根据地下通道的开挖标高不同，分别采用土钉墙支护或放坡开挖形式进行基坑支护。

管廊工程埋深变化　　表6-1

桩号	土基标高	原地坪标高	埋深	桩　号	土基标高	原地坪标高	埋　深
K0+000	4.000	7.800	3.800	K0+458	5.137	7.600	2.463
K0+020	4.080	7.800	3.720	K0+479	5.169	7.600	2.431
K0+043	4.172	7.650	3.478	K0+500.004	5.200	7.500	2.300
K0+068	4.272	7.780	3.508	K0+522	5.233	7.600	2.367
K0+092	4.368	7.750	3.382	K0+544	5.266	7.700	2.434
K0+116	4.464	7.800	3.336	K0+566	5.172	7.600	2.428
K0+141	4.564	7.650	3.086	K0+591	5.011	7.750	2.739
K0+166	4.664	7.650	2.986	K0+616	4.850	7.500	2.650
K0+191	4.737	7.500	2.763	K0+641	4.689	7.500	2.811
K0+216	4.774	7.600	2.826	K0+666	4.527	7.600	3.073
K0+241	4.812	7.520	2.708	K0+691	4.366	7.500	3.134
K0+266	4.849	7.600	2.751	K0+709	4.250	7.550	3.300
K0+291	4.887	7.650	2.763	K0+727	4.134	7.500	3.366
K0+316	4.924	7.600	2.676	K0+743.883	3.980	7.500	3.520
K0+341	4.962	7.600	2.638	K0+768	3.546	7.400	3.854
K0+366	4.999	7.500	2.501	K0+791	3.132	7.700	4.568
K0+391	5.037	7.500	2.463	K0+815	2.700	7.420	4.720
K0+416	5.074	7.500	2.426	K0+837	2.304	7.054	4.750
K0+437	5.106	7.650	2.544	K0+862	2.318	7.400	5.082

为确保××江大堤安全，设计在靠近××大堤侧设置水位观测点，水平沉降观测点及测斜管。沿线共设水位观测点（水平沉降观测点）共44个，测斜管共31个。

管廊地基处理：若遇到淤泥及填土，挖至底板深度以下1m，打入长度4m、稍径为150mm松木桩，间距650mm×650mm梅花形布置，然后以6：4砂石回填，每300mm为一层，分层回填，压实度大于95％。

2）本工程道路部分工程概况略。

3）本工程排水部分。工程概况略

（3）现场工程地质、水文、气象、交通条件

1）工程地质条件略。

2）地下水及地表水略。

3）××江泾流特征。××江流域位于东南风活动地区，流域年降雨量一般为1100～1600mm，雨量充沛，四季分明，每年三月至六月梅雨季节的泾流占全年的57％，七月至九月占全年的21％，十月至次年二月枯水季节占全年的22％。每年七月至十月为台风期，若大风暴雨与大潮汛相遇，会出现特高潮位。本河段高潮位均发生在每年的四月至十月，深泓线遍及整个断面。

4）××江潮汐特征。××江七月份前后低潮位最低，八、九、十月份高潮位最高。平均涨潮历时1小时33分，平均落潮历时为10小时52分。潮流为往复流。由于××江河道整治，主河槽趋于顺直，涌潮较以前为大。百年一遇的潮流速达4.1m/s，涌潮对迎流结构物面作用力平均值为45.0kPa。最大瞬时点压强接近70kPa。

5）气象条件。本区域地处亚热带湿润地区的北缘，属亚热带季风湿润气候，四季交潜分明，雨量充沛，有一些明显的特殊气候现象，如寒潮、雾、梅雨、台风、春季低温、干旱等。

常年平均气温15.3～17.0℃，最冷月（1月）平均气温3.0～5.0℃，最热月（7月）平均气温27.4～28.9℃，极端最低气温为−7～−15℃，极端最高气温为38～43℃，平均年降雨量为1100～1600mm，降雨以春雨、梅雨（4～6月）、台风雨（7～9月）为主。7～8月份××常受太平洋台风影响，带来狂风暴雨，台风侵袭本流域每年约有2～3次，气象站实测最大风速28m/s（1967年8月），风向为ESE，春季及冬季多为西北风，以晴冷干旱为主，汛期多为东南风，最大台风达12级，风速34m/s，基本风压0.35kN/m²。

本区域受××湾传入的潮波影响，属非正规半日潮型，且有暴涨落特性，涌潮动力大，一般10月～翌年3月为枯水期，4～6月为雨水期，7～10月为台风季节。

6）交通条件略。

（4）现场周边环境

1）现场建（构）筑物情况

现场周边主要建（构）筑物为：

A. 现场××排灌站及管理用房，介绍略，目前前期拆迁工作已谈妥。

B. 距现场开挖面以南22.2～30m即为××江防洪大堤，施工期间必须保证其正常使用，因此在工程南侧布设各类监测点、监测其安全。

2）现场地下障碍物状况

由于原地形属××江河漫滩相沉积、地貌受人类活动影响，场地地形较为复杂，地下暗塘较多，现状××路施工时对暗塘进行回填块石、塘渣等加固，因此在施工中必须加以清除。

现状地下管线主要有三处：

A. 地下通道北侧，原××路人行道下有一根10kV电缆通过，为专用电缆，据业主介绍，预计在2005年4月底要割除，目前施工过程中要加以保护。

B. 工程南侧有6孔移动电缆通过，位于工程开挖面以外，基本与本工程无重大关系，在施工过程中必须加以保护。

C. 在桩号K0+800处有一根自来水公司的一根φ600排泥水管在本次施工中必须加以改造，因此在施工中必须确保其运行畅通。

2. 施工总体平面布置

（1）施工便道

根据现场情况及总平面布置专项施工方案，在工程的南侧以及北侧分别设置了东、西方向全线贯通的施工便道，道路宽度6～7m。

土方开挖前，先在南北两条主线便道之间设置7m宽的沟通便道，一般每隔60m左右设置一条，采用老路下的路基填筑材料填筑而成。由于开挖面宽度十分大，为此在钢筋混凝土抗拔桩结束后，在已部分开挖的基坑内再次平整场地，修筑宽度6～8m的施工便道，便于土方车辆行驶，施工便道也采用路基材料填筑而成，用反铲挖机平整，压路机压实即成，并且该便道随着土方工程的结束而同步开挖外运。

（2）施工用电

从业主提供的400kVA变压器接出，沿南侧主线便道南侧、北线主线便道北线全线架设三相五线架空线，每隔30～50m设置动力分配箱及照明分配条，提供现场照明及各类动力设施的使用（详见现场用电专项施工方案）。

（3）施工用水

沿南侧主线便道南侧全长设置ϕ50供水管道，并且沿线每隔18～24m左右设置供应笼头，现场用水，从笼头下用塑料胶水引水至各施工点。

（4）施工排水

1）根据总体施工安排，本工程主体结构施工与雨期、汛期、台风雨期相碰，因此必须合理安排排水设施。

2）由于主体结构规模大，施工周期长，且本工程采用轻型井点降水，地下水丰富，因此也必须构筑合理的临时排水设施。

3）设置合理的排水明沟体系，排除地下及地表水。在排水明沟末端设置砖砌三格式沉淀池，平面尺寸为6m×4m×1.5m，经沉淀后再排入城市管网中。

排水明沟底部及侧壁均采用砖砌及水泥砂浆粉刷护壁，以防止地下水二次渗透入地层中。

4）工地大门口设置下沉式洗车槽、泥浆沉淀池、排放管道等，以保证文明施工的要求。

3. 施工管理网络

（1）安全生产管理网络（图6-4）

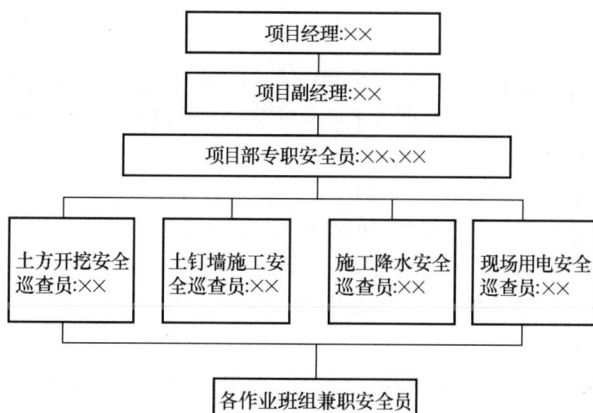

图6-4 安全生产管理网络图

（2）文明施工管理网络（图 6-5）

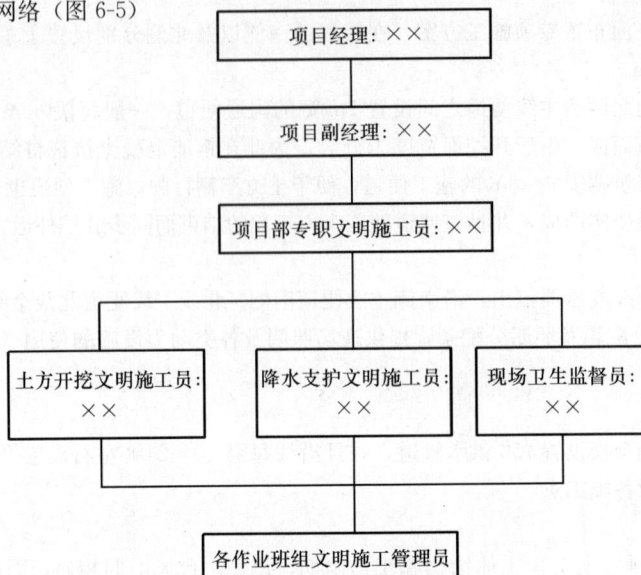

图 6-5　文明施工管理网络图

4. 基坑开挖施工方法

（1）基坑开挖准备工作

1）施工平面布置布设

场地平整完成，施工便道沿基坑两侧设置完成，水、电线路已按施工平面布置图布设完成。

2）施工降水达到预期效果

临时排水系统设置完成，具备排水条件，施工降水系统设置完成，并已经过预先降水，降水效果已达到开挖土方层以下 1.0m，报项目部安全验收。

3）布置好测量网点

在基坑开挖前，必须布置好基坑施工的测量网点报监理复核通过，并放出各轴线位置及地面标高，以便控制挖土标高。

4）进行安全技术交底

开挖基坑前，对全体施工人员进行安全技术交底，使全体施工人员熟悉掌握本工程所执行的各项安全措施、技术措施、技术标准，了解设计对基坑的要求，了解基坑开挖过程中要保护对象的性质、位置和允许变形的报警值等各项内容。

5）配备好施工设备及机具

根据施工进度安排，配备好足够开挖基坑用的挖掘机、运土车辆、基坑支护设备等施工设备及施工机具，弃土地点已经落实，弃土路线已畅通，劳动力及支护材料均已落实完成。设备、机具使用前由安全员组织相关人员进行检查验收，确认人机均符合安全管理要求后，填写安全检查记录表。

6）获得监测点的初始读数

在正式开挖前应及时通知监测单位读取监测点的初始读数，并在开挖过程中积极配合监测单位，并及时获得第一手监测数据，报监理、业主分析总结，以相应调整开挖流程和开挖方法，将基坑变形控制在设计规定的范围之内。

（2）基坑排水

根据地质资料及设计图纸分析，本工程基础位于砂质粉土上，鉴于各土层的渗透系数均很大，且又毗邻××江，故上部各地层及深层均有承压含水层存在，为此，在施工中，经扰动的土层极易产生变形、隆起、流砂、管涌等现象，必须采取合理的降水措施加以控制，特别是对地下承压水的控制尤为关键。

为确保基坑的安全性，通过基坑降水疏干基坑范围内各土层含水，改善地基土特性，为基坑开挖及主体

结构的施工创造干作业条件，确保土体固结，控制土方底回弹，防止流砂现象的产生。基坑内外降水非常重要，本次设计考虑基坑内、外共设置三排，局部四排轻型井点降水。

本次基坑开挖深度地下通道部分深度 5.092～2.339m，极大部分为 4.6m 左右，管廊部分深度 5.096～2.3m，极大部分为 2.8m 左右，从基坑开挖深度来看，开挖深度不深，因此基本采用轻型井点降水为主，同时根据实际情况，配备深井降水设备，适时采用深井降水。

基坑降水、排水详见基坑降、排水专项施工方案中所示。

（3）土方开挖总体设计

根据设计图纸以及地下通道、管廊工程两个工程的结构特点不同，对土方开挖总体设计如下：

1）地下通道部分

由于地下通道基底设置抗拔桩，因此土方开挖结合抗拔桩需要，先对原××路表层路面、路基以及原路面下的管道、块石等障碍物进行清除，下挖深度控制 2～2.5m，施工便道利用现状××路为主。此时基本不降水，并且保持管廊工程位置的原地面土方基本不动。并且地下通道抗拔桩施工基本由中间向终点、起点施工。

2）管廊工程

由于管廊工程与地下通道存在标高上的差异，因此在地下通道前期桩基施工时，管廊两个端部（即终点段、起迄段）可以同时施工，即管廊桩号 K0+000～K0+100，及 K0+862～K0+762 两段结合地下通道中间段 K0+631.5～K0+446.5 段桩基施工时基本同步降水、支护、开挖施工。

3）地下通道及管廊工程结合施工

待地下通道 K0+446.5～K0+631.5 段桩基施工完成后，由于 K0+446.5～K0+378.5 及 K0+631.5～K0+716.5 段无抗拔桩设计，因此，一旦 K0+446.5～K0+631.5 段抗拔桩完成后，地下通道 K0+378.5～K0+716.5 段长度 338m 主体结构可以降水开挖施工，相应的约 338m 管廊配合地下通道同步进行降水、支护、开挖施工。

（4）土方开挖分层层厚的确定原则

根据基坑支护设计图，土钉每层的垂直高度基本为 0.5～1.15m 不等，并且设计以说明考虑土钉及喷锚的施工作业所需的工作面高度 0.5m。由此，土方开挖层厚按"土钉的垂直高度＋0.5m"来确定，基本上为小于等于（1.0～1.65m）/层来控制，严禁超深开挖。

地下通道开挖可不受上述层厚控制原则来控制，采用反铲挖机后退式一次开挖到位，预留 5～10cm 人工清土，不扰动基底土层即可。

（5）土方开挖分段长度的确定原则

根据基坑支护设计图，土钉纵向间距为 1.1m/根，并且沿基坑坡度面上要绑扎钢筋网片及喷射混凝土护坡，故基坑支护速度较慢，为确保基坑安全，采用分段开挖，多点施工的原则进行，多点施工即为多开工作面，但每个工作面的段落单元长度基本均控制在 10～15m/段以内。同时为防止基坑开挖放坡坡度过陡而产生纵向滑坡，基坑纵向放坡坡度控制在不陡于 1∶1。

地下通道开挖可不受上述分段长度控制原则来控制，采用反铲挖机后退式按序开挖即可。

（6）开挖机械设备的选择

采用 200 型及 220 型履带式反铲挖掘机开挖，直接装车外运，局部采用多台挖机接力开挖外运的形式进行开挖。

（7）基坑开挖施工

1）基坑开挖以履带式液压挖机挖土为主，人工修挖为辅。

2）在开挖前应将分层层厚、位置、分段长度、作业面开挖顺序向施工人员作书面技术交底，现场作出明显的标记，使施工人员心中有数，以控制挖土深度、长度，严禁超挖，地下通道开挖可不受此条说明限制。

3）基坑开挖土方施工必须遵循：分层、分段开挖，随挖随支护，每层深度按前述"层厚控制原则"进行，并确保基坑支护可以提前插入，或相互交错施工，地下通道开挖可不受此条说明限制。

4）挖每一层土，土层底面都要大致平整，抓斗要有规律地从东向西（或从西向东）挖土。

5）机械开挖禁止碰撞已施工的喷射混凝土层、井点管、深井管等设施，在上述设施附近的土方采用人工翻挖，配合挖掘机，土钉墙边坡采用人工修坡，确保边坡坡度不陡于设计要求。

6）基坑随深度的加深，应密切注意观察所有降水设备的运行情况，及时排除故障，确保基坑呈现无水状态下作业，若有局部湿土或地面水及排出水局部影响采用设置400mm×300mm排水明沟及集水坑，并应迅速用泵排除积水，使基坑始终处于无水状态。

7）在最后一层开挖中应特别注意，当机械挖土离坑底标高5～10cm左右时，一律改用人工修整坑底，确保混凝土垫层能铺在原状土层上，同时，现场安排安全监护人员进行全程监护。

8）结合土方开挖，加强对成型基坑围护结构的监测（监测方法详见基坑监测专项施工方案中所述），并根据监测数据不断调整优化施工参数，遵循分段、分层、纵向放坡开挖，以减小围护结构变形，确保基坑及周边环境的稳定及安全。

9）尽量缩短围护结构暴露时间，土方开挖满足混凝土结构施作条件后，即展开混凝土工程的施工，尽量缩短基坑晾槽时间。

10）合理安排开挖时间及顺序，确保按照分段分层一个作业面要么不开挖，一旦开挖确保一个工作面的完整——即不影响下道工序的施工，杜绝"半吊子"工序的出现。

11）开挖过程中，对土钉墙接缝或墙体上出现的渗漏现象，要及时封堵，严防小股流砂发展或变成急剧涌砂。

12）对开挖过程中发现的暗塘，暗滨等不良地质，及时向现场监理工程师、业主、设计院汇报，研究处理方法，最终按设计要求进行处理，严禁隐瞒不报。

5. 基坑开挖施工安全技术措施

为确保工程安全、质量和周围环境安全，提出如下深基坑施工技术要点：

(1) 制定施工组织设计和施工操作规程

按设计规定的技术标准、地质资料以及周围建筑物和地下管线等详实资料，仔细编制好深基坑施工组织设计（包括保护周围环境的监控措施）和施工安全操作规程。通过安全技术交底，使全体施工人员认识到：深基坑开挖支护施工必须依循技术标准，所设计的施工程序及施工参数。施工参数是对开挖分步和每步开挖的实际尺寸、开挖时限、支护施工时限、等各道工序的定量施工管理指标。开挖与支护施工技术的要点是："沿纵向按限定长度的开挖段逐段开挖；在每个开挖段中分层，分小段开挖、随挖随护，做好基坑排水，减少基坑暴露时间"。在底板浇筑前的基坑开挖中，沿纵向的分段坑底长度取设计结构段长度和每端不少于5m的工作面，纵向坡度选定为1：2，而在每开挖段，每开挖层（指有土钉墙侧）又分成10～15m，加纵向放坡长度1：2，不得超挖。

(2) 井点、深井降水加固土体的技术措施

采用井点及深井降水加固土体时，降水深度需在设计基坑底面以下一定深度即可，以防止过多降水，对周围建、构物的沉降带来影响，特别是对钱塘江大堤的影响。

降水要在开挖前5～7天左右（按现场试验定）开始，以便土体要开挖时已经受到相当程度的排水固结。降水开始后，要定期地对预先设置在基坑内外的水位观测孔的水位进行观测，以检查水位降落情况，决定基坑是否可以开挖。

(3) 配备合格而完整的基坑支护设施

开挖前须先备齐基坑支护所需的各类设备、材料、劳动力，一旦开挖即立即投入施工，严防需要时，因缺少材料、设备而延搁支护施工时间。

(4) 充分备好排除基坑积水的排水设备

为保证基坑开挖面不浸水，需事先查清和排干基坑开挖范围的贮水体、废旧水管等的积水，严防开挖土坡被暗藏积水冲坍，乃至冲毁基坑支护层，从而造成周围大幅度沉降，影响已有设施的安全。

(5) 切实备好出土、运输和弃土条件

保证基坑开挖中连续高效率出土，及时进行土方清运，减少地层移动，确保达到规定的管理指标。

(6) 配备充足的堵漏材料

配备堵漏王等特种快硬性水泥及注浆设备,土方开挖中应密切注视土钉墙的渗漏水情况,一旦发现,即停止开挖,先处理渗漏水,待封堵完毕后再行开挖。

(7)加强基础设施维护、提高施工效益

派专人修整、维护运输便道,确保运输安全,提高效益。

6.土方工程施工应急措施

基坑土方开挖过程中,严格监测管理制度,开挖段若24小时开挖,应每24小时监测不少于2次,建立监测预警制度,一旦发现边坡水平位移或沉降值超标时,立即向现场土方开挖指挥部及项目部技术管理人员报警,现场立即停止开挖,并根据监测的位移或沉降数据作出相应的防护措施。

(1)对于土钉墙部分采用基坑监测位移或沉降报警时,则采用立即停止土方开挖,观察降水设备运行情况,甚至采用基坑外侧挖取后背土方卸荷载,土钉加长、加密或基坑回填等方法进行处理。

(2)土钉墙渗漏水,若呈现点状可采用快干快硬水泥加导管逐步堵漏法,若呈小型片状,可采用坑内侧打孔,高压注浆的形式封堵,若漏水范围较大时,则采用坑外高压注浆的方式进行堵漏。

(3)基坑内部局部产生湿片,小股翻水等应立即停止开挖,观察降水设备运行是否正常,若有故障,应立即排除恢复运行后方可继续开挖,若降水设备运转正常,则说明排水设备无法满足降水需要,应立即停止开挖,将土方重新回填,二次补充降水设备——轻型井点或深井,待地下水水位降至基底以下1m后,坑内土方干燥固结后方可继续开挖。

(4)对出现的任何情况,应分析其产生的原因,确定合理、保险的相应对策,加固完毕后方可进行试开挖,并加强监测频率,确保基坑安全。

(5)现场设立抢险物资仓库,配备充足的物资,如草包、特种水泥、钢管等。

(6)现场应配备发电机,在遇到偶然停电时,立即启动发电设备,争取在半小时内恢复各种排水设施的功能。

7.劳动力、机械设备配备计划

(1)劳动力配置计划

劳动力配置根据工程进度计划、适时进场,具体见表6-2,表中所列未包括项目部及管理人员在内。

劳动力配置计划表　　　　　　　　　　　　　表6-2

序　号	工　种	人数(人)
1	挖机驾驶员	12
2	车辆驾驶员	40
3	机修人员	6
4	电工	2
5	降水管理员	8
6	支护工	30
7	普通工	40
合计		138

(2)机械设备配置计划

1)机械设备配置原则

各类机械设备配备遵循的基本原则是:

A.根据单项施工技术要求和施工作业条件确定设备选型。

B.根据本项目工期及标段工程量,按照施工进度计划指标配备数量,使机械设备能力大于进度计划指标能力,有足够的设备储备量。

C.同时考虑突发性事故所需的工程抢险应急设备。

D.同类机械设备尽可能采用同厂家设备,以便于维修,配件供应和通用互换,确保机械使用率。

2)拟投入的主要机械设备(表6-3)

拟投入的主要机械设备 表6-3

序号	机械或设备名称	型号规格	数量	国别产地	制造年份	额定功率（kW）	生产能力	用于施工部位
1	液压挖掘机	PC200	3	日本	1999年		0.8m³	土方开挖
2	液压挖掘机	PC220	3	日本	2002年		1.6m³	土方开挖
3	自卸汽车	SH3281	20	长春	2003年		8t	土方运输
4	装载机	EL—50	1	杭州	2002年	154.5kW	5m³	土方工程
5	推土机	T-180	1	舟山	1998年	132.3kW		土方工程
6	混凝土破碎机	EX200	1	日本	1999年	128kW		凿除工程
7	压路机	CA25	1	洛阳	2003年	25T		压实工程
8	转型井点机	自制	27	自制	2004年	7.5kW		施工降水
9	潜水泵	QB—25	10	杭州	2004年	5.5kW		深井降水备用
10	泥浆泵	φ100-φ50	40	温州	2003年	7.5~5.5kW		施工降水
11	混凝土喷射机	PE-7	3	北京	2004年	5.5kW	7m³/h	土钉墙施工
12	空压机	L-10/7-Ⅱ	2	杭州	2003年	55kW	10m³/min	土钉墙施工
13	灰浆泵	UBJ—3	3	上海	2003年	4kW	3m³/h	土钉墙施工
14	气动冲击锤		10	张家港	2003年			土钉墙施工

8. 季节性施工安全措施

（1）雨期施工措施

由于多雨地带，在施工期间，必定会遇到两个多雨时段，即"梅雨期"及"台风雨期"，由于本工程工期紧，不可能在雨天完全停工，因此必须采取雨期施工措施。

1）雨期施工注意切实做好避雷装置和防漏电措施（详见用电专项方案）。

2）雨期挖土挖到近基底设计标高时，应多听气象报告，若有雨，则不宜挖至设计基底标高，应抽无雨间隙在挖基底土的同时突击挖除，紧跟着施工素混凝土垫层。

3）在雨期施工，基坑底的排水明沟，集水井应加大加深，以适应大体积抽水的及时需要，尽量做到基坑内无积水现象。

4）梅雨期及台风雨期对基坑作业、支护等均应加强观察，及时加固，防止产生危险，同时备用好排水设备，以便应急排水的需要。

5）上部排水系统应沟通、完善，并派专人负责维护、疏通，确保排水畅通。

6）加强观察已开挖基坑围护的变形情况，必要时采用雨布覆盖，回填黄砂、灌水等措施，防止基坑产生塌方事故。

7）加强对施工道路的维护工作，确保道路畅通，每天派专人清扫、指挥交通，材料不乱堆乱放。

（2）夏季施工措施

1）合理调节作息时间，实行岗前身体健康班组自查制度，宿舍配置空调，尽量避免高温下露天作业。

2）加强机械的维护保养工作。

3）加强后勤工作，茶水供应充足，深基坑内设置排风扇。

4）搞好文明施工，加强道路洒水，防止尘土飞扬。

5）备用足够的排水设施，防止雷阵雨袭击作业面，从而影响工程质量及危及安全工作。

9．交通管理安全措施

（1）施工场地采取全封闭隔离措施，主要出入口设置交通指令标志和警示灯，保证车辆和行人的安全。

（2）为了不影响市区的交通，土方外运尽可能安排在夜间，进出的车辆必须经冲洗后方可进入市区道路。

（3）施工期间，进出工地的车辆和人员严格遵守交通法规，服从交通管理部门的管理。

（4）设立专职的"交通纠察岗"，负责指挥车辆进出工地，维持交通秩序。

（5）接受交通管理部门和建设单位的监督检查，发现影响交通的问题，立即进行整改。

（6）现场需做好与各兄弟单位之间的协调，保证道路畅通，以免引起场内秩序混乱。

10．安全生产管理措施

安全生产是关系到社会稳定和每个职工的生命及国家财产的大事，是关系到现代化建设和改革开放的大事，亦是一项经济部门和生产部门的大事，必须贯彻"安全第一、预防为主、综合治理"的方针，切实加强安全生产工作。

为了贯彻执行安全生产方针，强化"谁承包，谁负责"的原则，确实保障广大职工在本工程施工中的安全和健康，确保工程施工安全、优质、按期低耗完成建设任务，特制定本安全生产措施。

（1）认真贯彻"安全第一、预防为主、综合治理"的方针，坚持"管生产必须管安全"的原则，根据《国务院关于加强企业生产中安全工作的几项规定》和《建筑企业安全生产条例》，结合我单位实际和本工程特点，组成由项目经理部主要负责人、专职安全员、施工队和班组兼职安全员以及工地安全用电负责人参加的安全生产管理网络，执行安全生产责任制，明确各级人员的责任，抓好本工程的安全生产工作。

（2）工程实施前，对参与本工程施工的全体职工进行三级安全生产教育，组织职工学习国务院、市、局、公司颁发的关于安全生产的规定、条例和《安全生产操作规程》，并要求职工在施工中严格遵守有关文件的规定。

（3）工程实施前，对投入本工程施工的机电设备和施工设施进行全面的安全检查，未经有关安全部门验收的设备和设施不准使用，不符合安全规定的地方立即整改完善。并在施工现场设置必要的护栏、安全标志和警告牌。

（4）工程实施时，严格按照经审定批准的施工组织设计和安全生产措施的要求进行施工，操作工人必须严守岗位履行职责，遵守安全生产操作规程，特种作业人员应经培训，持证上岗，各级安全员要深入施工现场，督促操作工人和指挥人员遵守操作规程，制止违章操作、无证操作、违章指挥和违章施工。

（5）工程实施时，每周召开一次安全例会，检查安全生产措施的落实情况，研究施工中存在的安全隐患，及时补充完善安全措施。

（6）经常保养施工机具，保证安全装置灵敏可靠，防护罩完好无损，同时搞好安全用电管理，保证变电配电间达到"四防"要求，输电线路、配电箱、漏电开关的选型正确，敷设符合规定要求，电气设备和照明灯具有良好的接地、接零保护，并在可能受雷击的场所设置防雷击设施。

（7）重视个人自我防护，进入工地按规定佩戴安全帽，进行高空作业和特殊作业前，先要落实防护设施，正确使用攀登工具，安全带或特殊防护用品，防止发生人身安全事故。

（8）按照防火防爆的有关规定设置油库、危险品库等临时性构筑物，易燃易爆物品堆放间距和动火点与氧气、乙炔的间距要符合规定要求，严格执行动火作业审批制度，一、二、三级动火作业未经批准不得动火，临时设施区要按规定配足消防器材。

（9）沟槽开挖安全措施

1）沟槽开挖前施工员应负责对施工区域内原有各种地下管线和设施、各种架空电线、电缆等逐一向施工人员进行现场交底，并设置标色旗标明地下管线的走向，以提示施工人员引起重视。

2）对施工区域内原有地下管线、设施和架空线的保护措施的技术处理方案应列入施工组织设计，在施工交底时应同时向施工作业人员进行保护措施和技术处理方案交底，并有交底记录签字，重要管线应委托产权

单位实行监护，并在监护人员的监护下进行施工。

3）所有地下管线，在明确位置后，左右各1.5m范围内严禁用机械开挖，确保地下管线和设施的安全。

4）沟槽开挖前应对开挖区域内的沿线出入口，道路沿线设置安全围护、警示牌，红灯，并有专职安全员负责检查，确保围护、警示牌、红灯的正常使用。

5）深沟槽开挖必须严格按施工组织设计进行，放足边坡，开挖出的土方不得沿沟槽两侧堆放，应按不同土质条件和开挖深度设置合适的安全距离，防止土方堆放对沟槽增加土压力发生塌方事故。

6）深沟槽开挖前应由技术部门详细制订危险部位预测施工方案，做好预测预防所需材料准备工作，指定专人负责施工期间的监控工作台，必要时应采用有效措施防止意外事故。

7）上、下深基础采用搭设钢梯，并且加设扶手栏杆及安全防护网，栏杆高度不低于1.2m。

8）缩小作业面，防止基坑产生事故影响整个工作面施工，基坑开挖到位应及时报监理验槽，并迅速组织混凝土垫层施工，控制基底暴露时间不超过18小时。

11. 文明施工管理措施

文明施工是进行"两个文明"建设的重要内容，是提高工程经济效益和社会效益的重要保证。为了认真贯彻市政府"集中、快速、文明施工"的方针，树立"文明施工为人民"的便民利民思想，确实保证工程建设的按期完成，根据市建委和市政局关于创建文明工地的要求，特制定本文明施工措施。

（1）在编制施工组织设计时，把文明施工列为主要内容之一，制订出以"方便人民生活，有利生产发展，维护市容整洁和环境卫生"为宗旨的文明施工措施。

（2）组建由项目经理部主要负责人、施工队和班组文明施工员参加的文明施工管理网络，明确各级人员的责任，切实加强文明施工管理工作。

（3）本工程建设将全面开展创建文明工地活动，切实做到"两通三无五必须（即：施工现场人行道畅通，施工工地沿线单位和居民出入口畅通；施工中无管线事故，施工现场排水畅通无积水，施工工地道路平整无坑塘；施工区域与非施工区域必须严格分隔，施工现场必须挂牌施工，管理人员必须佩卡上岗，工地现场施工材料必须堆放整齐，工地生活设施必须文明，工地现场必须开展以创建文明工地为主要内容的思想政治工作）。

（4）实行施工现场平面管理制度，未经上级部门批准，不得擅自改变总平面布置或搭建其他设施。

（5）现场设置冲洗站，出门车辆轮胎经冲洗干净后进入市区道路，防止废土外带影响城市交通道路的卫生。

（6）施工现场设置以明沟、集水池为主的临时排水系统，施工污水经明沟引流、集水池沉淀滤清后，间接排入下水道；同时落实"防台"、"防汛"和"雨季防涝"措施，配备"三防"器材和值班人员，做好"三防"工作。

（7）机具设备定机定人保养，保持运行整洁，机容正常。

（8）加强土方施工管理，挖出的湿土先卸在场内暂堆，沥干后再驳运外弃，如湿土直接外运，则使用经专门改装的带密封车斗的自卸卡车装运湿土，防止湿土如泥浆沿途滴漏污染马路。

（9）设立专职的"环境保洁岗"，负责检查、清除出场车辆上的污泥，清扫受污染的马路，做好工地内外的环境保洁工作。

（10）项目经理部、施工队设文明施工负责人，每周召开一次关于文明施工的例会，定期与不定期检查文明施工措施落实情况，组织班组开展"创文明班组竞赛"活动，经常征求建设单位和施工监理对文明施工的批评意见，及时采取整改措施，切实搞好文明施工。

12. 环境保护措施

（1）施工单位应遵守《中华人民共和国环境保护法》的有关规定。

（2）施工单位应尽量避免对现有环境的妨碍或干扰，应采取有效方式，减少对市容、绿化和环境的不良影响。

（3）施工单位非经相关管理部门的授权，不得对树木进行砍伐，搬迁或损坏。

（4）施工单位必须警惕和避免油污及其他污物直接向市政排水管网排放，避免有害气体向空气中的释放。

万一发生类似泄漏事故，施工单位应立即跟有关部门联系，立即采取措施制止泄漏。

（5）施工排水采用砖砌三格式沉淀池沉淀后排入现有市政设施管网中。

（6）对施工便道进行清扫、洒水、减少扬尘、控制对大气的污染。

13. 降低工程成本措施

（1）科学、合理地安排计划，巧妙组织工序间的衔接，有效地使用劳动力，尽量做到不停工、不窝工，采用先进的施工工艺和方法，提高机械化施工水平，力求少投入多产出，最大限度地挖掘企业内部潜力。

（2）完美和建立各种规章制度，加强质量、安全管理，落实各项措施，进一步改善及落实经济体制，奖罚分明，充分调动广大职工的积极性，开展劳动竞赛，提高责任心、事业心，杜绝各类事故的产生。

（3）充分利用现场既有物资，变废为宝，同时优化施工平面布置，减少二次搬运，节省工时和机具的投入量。

（4）发动群众献计献策，广泛采纳对提高工效、降低成本、节约消耗的合理化建议和技术革新，对行之有效的建议，革新及时予以表彰奖励。

14. 基坑开挖隐患应急预案

根据设计图纸及构筑物埋深变化表分析，地下通道开挖深度为 2.3～4.8m，管廊工程开挖深度为 2.3～4.8m，因此根据基坑工程手册等相关规范规定，基坑深度超过 2m 以上均属深基坑范畴，必须制定相应的应急预案。

基坑土方开挖过程中，严格监测管理制度，开挖段若 24 小时开挖，应每 24 小时监测不少于 2 次，建立监测预警制度，一旦发现边坡水平位移或沉降值超标时，立即向现场土方开挖指挥员及项目部技术管理人员报警，现场立即停止开挖，并根据监测的位移或沉降数据作出相应的防护措施。

（1）对于土钉墙部分采用基坑监测位移或沉降报警时，则采用立即停止土方开挖，观察降水设备运行情况，甚至采用基坑外侧挖取后背土方卸荷载，土钉加长、加密或基坑回填等方法进行处理。

（2）土钉墙渗漏水，若呈现点状可采用快干快硬水泥加导管逐步堵漏法，若呈小型片状，可采用坑内侧打孔，高压注浆的形式封堵，若漏水范围较大时，则采用坑外高压注浆的方式进行堵漏。

（3）基坑内部局部产生湿片，小股翻水等应立即停止开挖，观察降水设备运行是否正常，若有故障，应立即排除恢复运行后方可继续开挖，若降水设备运转正常，则说明排水设备无法满足降水需要，应立即停止开挖，将土方重新回填，二次补充降水设备——轻型井点或深井，待地下水水位降至基底以下 1m 后，坑内土方干燥固结后方可继续开挖。

（4）开挖前，应先检查基坑内深井降水或井点降水的降水深度是否达到预期的深度，若降水深度未达到开挖深度下 1m 以上时，则禁止土方开挖，确保干土开挖。

配备备用深井泵及井点射流泵，以及常规的维修调换配件，降水运行应连续进行，并由专人 24 小时值班观察，一旦发生设备失效，应及时调换或维修，时间一般控制在半小时之内。

降水设备应配用双路供电电缆，以应急突然停电时进行紧急切换。

（5）施工现场设立抢险物资仓库，配备充足的抢险物资，如草包、特种水泥、高压注浆设备、排水水泵等。

（6）施工现场配备发电机 2 台，在遇到突然停电时，立即启动发电设备，争取在半小时内恢复各种排水设施的功能。

（7）对出现的任何情况，应分析其产生的原因，确定合理、保险的相应对策，加固完毕后方可进行试开挖，并加强监测频率，确保基坑安全。

（8）现场配备急救药箱，由专人负责保管，并且具有一定的急救护理常识，以便发生紧急事件时便于工地急救。

（9）施工现场建立施工应急管理网络并配套好应急材料和设备，见表 6-4，图 6-6，表 6-5。

	基坑开挖应急材料、设备配备计划表		表 6-4	

物资名称	单 位	数 量	存放地点
编织袋	只	2000	项目部仓库中
特种水泥	吨	2	项目部仓库中
各类水泵	台	10	项目部仓库中
泥浆泵	台	4	项目部仓库中
泵用软管	米	600	项目部仓库中
应急灯	台	6	项目部仓库中
挖掘机	台	4	项目部使用中
铁锹	把	100	项目部仓库中
铲车	辆	1	项目部使用中
发电机	台	2	项目部使用中
自卸汽车	辆	2	项目部使用中

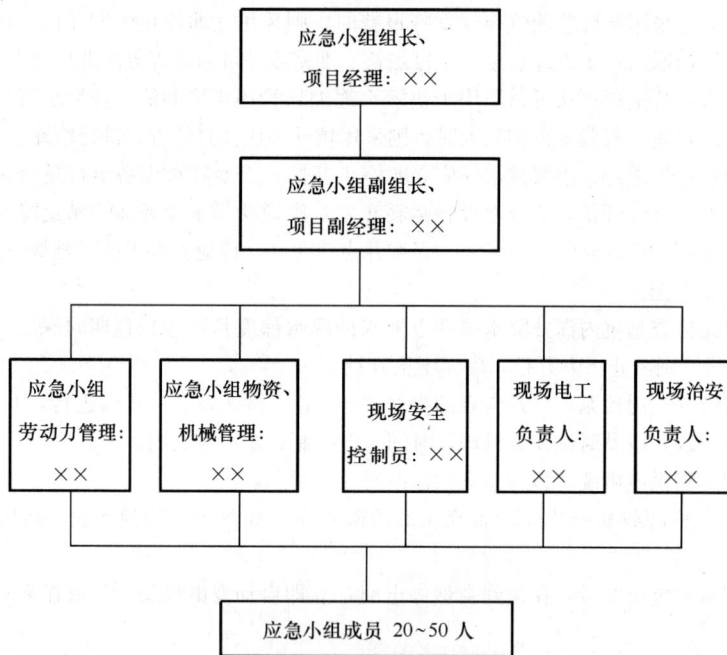

图 6-6　应急管理网络

应急情况联系电话表　　　　表6-5

职　务	姓　名	电　话
对外协调总负责	××	13×00000000
公司安全处处长	××	13×00000000
应急组组长（项目经理）	××	13×00000000
应急组副组长（项目副经理）	××	13×00000000
劳动力调配负责	××	13×00000000
机械、物资调配负责	××	13×00000000
现场安全负责人	××	13×00000000
开挖操作人员	××	13×00000000
开挖操作人员	××	13×00000000
现场电工负责人	××	13×00000000
杭州救援中心电话		120
杭州火警电话		119
编制者	刘×	审核者	付×	批准者	李×

地下管线分布交底会议记录

×年×月×日

说明：地下管线分布交底会议记录应包括如下内容：

(1) 工程概况及受本工程施工影响所涉及的所有地下管线及其管位图；

(2) 上述地下管线因施工而可能造成的损毁情况和风险评估；

(3) 管线所在区域的标识、加固及保护方式；

(4) 管线监护的有关组织结构人员及要求；

(5) 现场管线施工事故所涉及的基本应急要求；

(6) 有关人员的交底记录和安全生产责任签署；

(7) 管线如有迁改的，需重新对迁改后管位图实施交底。

编制者	××	审核者	××	批准者	××

××路综合整治工程管线交底会议纪要

  ×年×月×日在××会议室召开××路综合整治工程现状管线交底会议，会议主持、参加单位略，现将会议主要事宜纪要如下：

  (1) 各现状管线主管单位详细介绍了各自管线分布情况和埋深。

  (2) 另安排时间进行现场管线交底。

  (3) 施工单位必须及时与各管线单位签定监护协议。

  (4) 施工单位必须上报管线保护方案，经各管线主管单位同意后方可实施。

  (5) 施工前做好管线人工挖探沟工作，摸清地下管线的具体走向和埋深，施工前及时与管线监护人员联系，根据审批同意的管线保护方案进行保护，确保管线安全。

××公司

第×项目监理部

×年×月×日

会议签到表

工程名称：××路综合整治工程

会议地点	××	会议时间	×年×月×日
会议内容	现状管线交底		
参加会议单位及人员			
姓　名	工作单位	联系电话	备　注
××	××	××	
××	××	××	
××	××	××	
××	××	××	
××	××	××	
××	××	××	
××	××	××	

编制者	××	审核者	××	批准者	××

市政工程安全管理与台账编制范例

地下管线施工协调会议记录

×年×月×日

说明：协调会议记录应包括如下基本内容：
(1) 有关参与的责任单位及人员签到记录；
(2) 产权单位及相关责任单位的基本要求；
(3) 包括有关保护及监护的具体方式及责任的会议纪要；
(4) 涉及管线损毁事故的应急方式的具体形式及可行性确认。

编制者	××	审核者	××	批准者	××

地下管线施工协调会议记录

×年×月×日

××路改建工程配套管线施工协调会议纪要

2006 年 7 月 21 日上午在××路改建工程I标项目部会议室召开配套管线施工协调会（参加单位和人员名单附后）。会议由建设单位和监理单位共同主持。会议对所有配套管线施工涉及的问题进行磋商和协调，现纪要如下：

(1) 首先主体施工单位通报了施工计划安排，及现有的配套管线可施工的断面。要求各配套管线施工单位按施工计划进行安排施工。

(2) 监理要求各配套管线施工单位根据主体施工单位通报的施工计划，能否按时完成提出问题和意见，汇总如下：

1) 电信、电力横穿采用钢管，费用如何处理？

2) 燃气：××路路口加油站处，横穿道路施工，涉及交警部门，施工有困难。

3) 电信有几条横穿管及局部管线不在共同沟内，是否合并在一起。

4) 自来水在××路路口遇到地下电力、电信管线，设计尚未出方案解决。

(3) 业主针对配套管线提出的问题答复如下：

1) 电信、电力横穿钢管的费用问题，要求施工单位出联系单，经业主签字认可，费用由业主出。

2) 建议燃气管道和主体施工单位同步施工。

3) 电信有几条横穿管及局部管线不在共同沟内，要求施工单位主管人员尽快与电信部门联系确定。

4) 要求自来水施工单位把施工中遇到的问题，整理出书面清单报给建设单位，由建设单位向自来水公司发函。

(4) 最后，监理单位和建设单位要求各管线单位做好如下工作：

1) 根据××区交警要求，各配套管线施工单位进场施工，必须加强安全文明施工管理，道路开挖好后，路面恢复必须硬化，材料堆放要整齐，不得影响交通。

2) 沟槽会填用掺水泥的三渣，经拌合好后再回填，并用平板振动机振实。

3) 为确保各配套管线施工单位落实好安全文明施工措施，要求各配套管线单位将押金交给监理单位，即杭州××监理公司驻现场监理部。

4) 请电信施工单位将沿线单位出入口处，特别是××科技公司门口处的架空管线抬高上升，以防进出车辆碰到，造成不必要的损失。

××监理公司

××路改建工程项目监理部

×年×月×日

第 6 章　市政工程安全台账编制范例

会议签到表

工程名称：××路综合整治工程

会议地点	××	会议时间	×年×月×日
会议内容	现状管线交底		
参加会议单位及人员			
姓　名	工作单位	联系电话	备　注
××	××监理公司	13×00000000	
××	××	13×00000000	
××	××管理有限公司	13×00000000	
××	××	13×00000000	
××	××	13×00000000	
××	××	13×00000000	
××	××	13×00000000	
编制者	××	审核者	××	批准者	××

地下管线监护委托记录

说明：监护委托协议应明确责任和监护范围、监护时间等必要内容。

编制者	××	审核者	××	批准者	××

地上地下管线保护方案

×年×月×日

燃气管道保护专项方案

1. 概况

××路改建工程跨越××河和××河二条河流，道路沿线分布众多的商业网点、单位办公楼、居民区、农居点。道路现状交通十分繁忙，行人众多。

本工程起点桩号 K0+009.634，终点桩号 K1+720，全长 1710.366m，施工范围：道路、排水、箱涵及桥梁工程。在道路中心线东西侧各 1m 位置新建一根雨水及污水管道，×××河桥在现状桥梁东侧拼宽 13m，西侧拼宽 9m，××河桥现状为 4.6m 宽的盖板涵，改建成跨径 22m 的空心板梁，另外在×××河东侧设置一根污水倒虹管，在××路南侧新建一座钢筋混凝土箱涵。

根据现场调查情况，××路～××路现状道路中心线以西 11.6m 分布 D400 燃气管道，××路～×××路现状道路中心线以东 6m 分布 D400 燃气管道，沿线共分布 5 处横穿管道。由于雨污水管道位于道路中心线以东以西各 1m，纵向干管施工与燃气管道横穿 5 处相交，但雨污横穿支管施工与纵向燃气管道多处相交，鉴于管线的重要性，雨污水管道基坑开挖时对相交燃气管道必须进行保护，为此特编制本施工方案。

2. 施工方法

（1）本次雨水、污水干管开挖为同沟槽开挖，沟槽开挖宽度为 5m，深度为 3.6m 及 2.9m，雨污支管开挖宽度 2～3m，深度 2m 左右，故考虑采用 24 号槽钢作为燃气管保护支承架，花篮钢丝绳悬挂。

（2）根据横穿管线的具体位置，在机械开挖前，先采用人工风镐开挖至燃气管道的顶面，然后沿燃气管道以外 20cm 左右分别打入 4 根 24 号 6m 竖向槽钢，槽钢顶面比原地坪高 50～100cm 左右，竖向槽钢设置于拟建雨污水管以外各 30～50cm 左右，施打完毕后将凿出的废料重新回填至原地坪相平，其中燃气管道四周及顶部 30cm 内回填黄砂作为保护层。

（3）采用反铲挖掘机开挖土方，待开挖至燃气管道约 0.5～0.3m 时停止开挖，开挖时采用挖起、后退再提上的方法进行开挖，禁止直接提上的开挖方法，然后采用人工配合开挖。在竖向槽钢上焊接横向短槽钢，并且用两根 6m24 号槽钢合并形成工字钢形式搁置在两端短槽钢及原地坪上，其中原地坪上下垫 80mm×60mm×2000mm 方术。

（4）人工开挖沿沟槽横向分两段开挖，即 5.0m 开挖宽度先开挖 2.5m，将燃气管道下土方采用人工按钢丝绳间距逐节挖空，挖空后燃气管道用 ϕ12 钢丝绳悬挑在横向槽钢上，钢丝绳间距 600mm，依次类推将燃气管底下土方全部挖空，燃气钢管则悬挂在槽钢上即可。

（5）燃气管道下最终土方开挖采用人工配合开挖，完毕后拟建电缆沟混凝土浇筑完成，在雨、污管道混凝土顶面砌筑 240mm×370mm 砖墩，支撑在保护管线与电缆沟之间，顶部用木楔敲紧。

（6）雨污水管道在保护管线位置，回填土回填至距燃气管底 50cm 时采用黄砂回填，左右沿燃气管宽度每边各 1m，顶面黄砂回填厚度不小于 50cm，以有利于回填密实，防止燃气管沉降。

3. 地下管线保护措施

（1）教育每个职工在思想上高度重视地下管线保护的重要性。

（2）沟槽开挖前，先进行人工开挖暴露，最后根据实际情况决定是否采用机械开挖。

（3）开挖时严禁机械碰撞保护管线，并及时观察基坑变形情况，防止基坑塌方对管线影响。

（4）加快施工进度，抓紧时间，缩短工期，使管线早日恢复原状。

（5）挖土时，采用人工挖土为主，机械辅助。

（6）管线挖出后，通知管线单位进行监护。

（7）万一发生意外情况后，应做到及时向有关管线反映，要求立即派人抢险。

1）保护事故现场，将出事点用护栏围护，组织临时纠察队，防止再次损坏；

2）施工单位及时组织人力、物力、财力，配合公用管线单位全力以赴投入抢险任务，以缩短抢险时间，使管线尽快恢复，减少国家损失；

3）分析事故原因，按照"三不放过"精神查清事故原因，查清事故责任，改进措施，然后进行通报批评、人员处罚等。

4. 建立管线保护组织机构

根据管线的重要性，为加强管理，提高处理紧急事件的应急能力，确保人员、设备、物资的调配速度，决定成立由项目副经理×××同志担任组长的管线保护抢险小组，具体抢险小组成员见表6-6。

管线抢险小组成员表 表6-6

职 务	姓 名	联系电话
组长	××	13×00000000
副组长	××	13×00000000
	××	13×00000000
组员	××	13×00000000
	××	13×00000000
	××	13×00000000

编制者	××	审核者	××	批准者	××

地上地下管线保护方案

×年×月×日

××路与××路交叉口管线保护专项方案（110kV电力、220kV电力、16孔电缆）

1. 概况

经实地调查，××路与××路交叉口南侧现有管线依次分布为：12孔110kV电力、6孔220kV电力、6孔220kV电力、DN1000自来水管、16孔通信电缆，该处管线过××渠段均架空布置。110kV电力、220kV电力电缆外包PVC管，穿在钢桁架内，钢桁架则搁置在××渠两端承台基础上，DN1000自来水管过××渠段管材为钢管；16孔电信电缆每孔各穿于φ100钢管内，16根钢管则在DN1000自来水钢管顶设置角钢支托，架空布置。

根据实际测量，110kV电力位于××路中心线以南24.8m，第一根220kV电力位于道路中心线以南27.2m，第二根220kV电力位于道路中心线以南28.9m，DN1000自来水管位于道路中心线以南30.4m，16孔电信位于道路中心线以南30.7m。110kV钢桁架断面尺寸（宽）1.2m×（高）1.1m，220K钢桁架断面尺寸为1.2m（宽）×1.1m（高），16孔电信断面尺寸0.4m（宽）×0.4m（高），110kV及220kV电力桁架顶面覆盖100mm厚预制盖板，顶面高程为7.30m，16孔电缆钢管顶面方程为7.30m，DN1000自来水管顶面方程为6.80m。

××渠建成后，××渠将被废除，××渠回填土方至路基平，横跨××渠管线均位于××路道路范围内，由于管线位于××路与××路交叉口位置，故分布管线既位于快车道位置，又位于慢车道、人行道位置。

根据××路与××路交叉口竖向设计图，交叉口管线部位快车道路面高程为7.54～7.62m，慢车道路面高程为7.71～7.79m。

综上所述，110kV电力、220kV电力、16孔电信管线在快车道位置顶面覆土为0.24～0.32m，慢车道位置覆土厚度为0.41～0.49m，DN1000自来水管快车道位置覆土厚度为0.74～0.82m，慢车道部位覆土厚度为0.91～0.99m。

故××路与××路交叉口道路施工前，必须先对110kV电力及16孔电信采取保护，确保道路通行后地下管线的安全。

2. 保护方案

（1）保护方法

由于管线在快车道位置覆土厚度仅为24～32cm，故考虑分别对1根110kV电力、2根220kV电力及1根16孔电信采取浇筑混凝土方包保护，管线顶面配φ12@200双层钢筋网。

（2）混凝土方包断面尺寸

110kV电力钢桁架断面尺寸1.2m×1.1m，220kV电力钢桁架断面尺寸1.2m×1.1m，由于沟体净距较小，考虑不均匀沉降，110kV电力混凝土方包与220kV电力混凝土方包整体浇筑，断面尺寸为5.6m×1.4m。16孔电信钢管断面尺寸0.4m×0.4m，混凝土方包尺寸采用0.7m×0.7m。

（3）管线混凝土方包保护长度

根据实际测量，桁架两端为电力井（或电信井）及混凝土结构，实际保护长度各为18m。

（4）施工方法

1）管线横跨××渠，××渠河床底标高为3.40m，钢桁架下方6.00m高程至河床底用粉质砂土回填。回填前先清理河床垃圾、树根植皮等有机杂物，河床淤泥及块石用反铲挖掘机挖除。土方回填采用机械与人工配合，分层回填，用水密法撼实，机械回填土方派专人指挥，严禁机械碰撞管线。

2）回填土方固结后（一般10～20天），人工拆除电力钢桁架顶面预制盖板，管线两侧分别立模板，模板采用定型小钢模，用 ϕ48钢管支撑固定。

3）混凝土采用C20商品混凝土，用插入式振捣器振捣密实，插入机振捣时，严禁碰撞管线，可在管线两侧及中央振捣。

4）混凝土浇筑前先绑扎好 ϕ12钢筋网片，待混凝土浇筑至钢桁架顶面安装好钢筋网片，混凝土继续浇筑到位。

5）拆除模板，待混凝土强度达到70％后，管线之间用砂土回填，水密法撼实。

（5）管线保护操作考虑事项

1）管线底部回填土必须分层回填密实，防止路基沉降对管线的影响。

2）施工过程中严禁一切物体碰撞电缆。

3）管线底部土方回填后，必须对钢桁架内土方清理干净，用水冲洗后方可浇筑混凝土方包。

4）混凝土强度未达到100％，严禁重型机械及汽车直接在管线上面行走。

5）施工期间通知管线单位进行监护，听从监护人员的建议及劝说。

3. 管线保护措施

（1）教育每个职工在思想上高度重视地下管线保护的重要性。

（2）加快施工进度，抓紧时间，缩短工期，管线混凝土浇筑工作早日完成。

（3）回填土方时，采用人工回填为主，机械辅助。

（4）管线盖板拆除后，通知管线单位进行监护。

（5）万一发生意外情况后，应做到及时向有关管线反映，要求立即派人抢险。

1）保护事故现场，将出事点用护栏围护，组织临时纠察队，防止再次损坏；

2）施工单位及时组织人力、物力、财力，配合公用管线单位全力以赴投入抢险任务，以缩短抢险时间，使管线尽快恢复，减少国家损失；

3）分析事故原因，按照"三不放过"精神查清事故原因，查清事故责任，改进措施，然后进行通报批评、人员处罚等。

4. 建立管线保护组织机构

根据管线的重要性，为加强管理，提高处理紧急事件的应急能力，确保人员、设备、物资的调配速度，决定成立由项目经理××同志担任组长的管线保护抢险小组，具体抢险小组成员见表6-7。

管线抢险小组成员表　　　　表6-7

职　务	姓　名	联系电话
组　长	××	13×00000000
副组长	××	13×00000000
组　员	××	13×00000000
	××	13×00000000
	××	13×00000000
	××	13×00000000

编制者	××	审核者	××	批准者	××

地下管线施工设计变更记录

工程洽商记录

施管表 6

第 26 号　　　　　　　　　　　　　　　　　　　　　　　　　×年×月×日

工程名称	××路改建工程一标段	施工单位	××公司

洽商事宜：关于××路排水管道及箱涵、桥梁施工现状管线保护事宜

　　由于××路管线复杂，经人工探挖发现××路～××路段西侧分布 12 孔电信、12 孔电力、φ400 燃气管、φ800 自来水管；××路～××路段东侧分布 φ400 燃气管、12 孔电信，西侧分布 12 孔电力及 φ800 自来水管。经业主要求在排水管道及箱涵或桥梁施工期间对上述管线均采取保护措施。

　　（1）雨污水支管与上述管线均为相交管线，沟槽开挖时采用 24 号槽钢拼装成工字钢，钢丝绳花篮悬挂处理，管道埋设完成保护管线底部砌砖墩，砂回填，具体位置及保护方法详见附图、附表。

　　（2）上述现状管线横穿管与雨污干管相交，沟槽开挖时采用 24 号槽钢拼装成工字钢或采用贝雷桁架，钢丝绳花篮悬挂处理，管道埋设完成保护管线底部砌砖墩，砂回填。

　　（3）Y33～Z3 段 D1500 管道施工，管道与 12 孔电力管沟平行，由于相距仅 3m，故沟槽开挖时对现状管沟表面土方下部处理，考虑基底土质差对 12 孔电力管沟进行拆除，一根 10kV 电缆用 φ160 波纹管包裹保护。管道埋设完成，12 孔电力管道恢复，浇筑 C25 混凝土方包处理。详见附表。

　　（4）W32～W32 污水倒虹管施工，与现状 D800 自来水管平行，相距较近。沟槽开挖时先挖除自来水管线顶面土方，在 D800 自来水管西侧增打一道钢板桩，6m 长 24 号槽钢密打，纵向通长 24 号槽钢围檩，横向与倒虹管开挖沟槽钢板桩围檩对撑。详见附表。

　　（5）××河桥施工，老桥西侧分布 12 孔电力及架空高压电缆因上改下需过桥，均需保护。对于上改下电力电缆在桥西侧用钢管搭设便桥一座，3 根电缆外包 φ160 波纹管包裹，从便桥上过河。电力电缆岸上段保护长度 30m，过河段保护长度 45m，岸上段砌筑电力沟体，电缆外包 φ160 波纹管，回填黄砂处理。顶面覆盖 120mm 厚预制钢筋混凝土盖板。对于老桥上的 6 根电缆则先完成拼宽桥梁盖板安装，将电缆人工移至新建桥梁，外包 φ160 波纹管，浇筑 C25 混凝土方包处理。

　　（6）一号箱涵及××河箱涵横跨电力电缆、电信及城建弱电光缆外包用 φ160PVC 波纹管剖开，用软包带包裹保护，黄砂回填，顶面覆盖 10mm 厚钢板；待箱涵盖板覆盖，电缆或光缆架至盖板顶面，对破损 PVC 波纹管修复换新，管线采用 C25 商品混凝土方包保护。

　　请监理、业主给予核实签证！

参加单位及人员	建设单位	设计单位	监理单位	施工单位
	××	××	××	××

编制者	××	审核者	××	批准者	××

地下管线施工设计变更记录

工程洽商记录

施管表6

第 06 号

×年×月×日

工程名称	××	施工单位	××公司

洽商事宜：关于××匝道及人行通道位置配套管线标高要求调整事宜。

根据××工程管线综合图及2月20日第一次监理例会精神，××路口至××路自来水管位于道路中心线以南30m，16孔电信位于道路中心线以南28.5m，雨水管道位于道路中心线以南27.5m，220kV电力沟位于道路中心线以南30.6～35m位置。根据设计图纸，在××匝道口及人行通道口，除雨水管道在市民中心两侧分流断开，雨水分别由东向西、由西向东排放，D1200自来水管，220kV电力沟体及16孔电信均从市民中心地下车库匝道及人行通道顶面横穿，但由于地下车库匝道口顶板面高程为6.03m，人行通道口顶板面高程为6.23m，而该处桩号K4+500道路顶面高程为7.147m（距道路中心线30m位置），人行通道覆土厚度仅为0.887m。故DN1200自来水管根本无法通过，220kV电力沟体断面高度为1.3m，也无法通过。所以必须调整配套管线管径及断面。建议如下：

(1) DN1200自来水管预进地下车库匝道处分解为2根DN600管道，在出地下车库匝道处再合并为一根DN1200管道，位于地下车库匝道及人行通道范围的DN600管必须作钢筋混凝土方包处理。

(2) 220kV电力沟沟体及16孔电信必须缩小断面高度，宽度可相应增大，但顶面也必须作钢筋混凝土方包处理。

参加单位及人员	建设单位（监理单位）	设计单位	监理单位	施工单位	
	××	××	××	××	

编制者	××	审核者	××	批准者	××

分部（分项）工程支护或拆除安全技术交底记录

×年×月×日

安全技术交底内容：

（1）所有操作人员应严格执行有关"操作规程"。

（2）现场施工区域应有安全标志和围护设施。

（3）基坑施工期间应指定专人负责基坑周围地面变化情况的巡查。如发现裂缝或坍陷，应及时加以分析和处理。

（4）坑壁渗水、漏水应及时排除，防止因长期渗漏而使土体破坏，造成挡土结构受损。

（5）遵循"时空效应"，支护要先于开挖，坚持"先撑后挖"的原则。

交底人签名：××

接受安全技术交底人员名单	说明：所有参与施工、现场监护人员均应接受交底，并做好双方的交底记录。

技术负责人	××	安全员	××	班组负责人	××

文明施工检查评分记录（按"评分办法"检查评分）

工程名称：××工程项目部   检查时间：×年×月×日

序号	检查项目	检查情况	应得分数	扣减分数	实得分数
1	施工方案	基本符合	20		20
2	排水措施	基本符合	15		15
3	土方开挖	挖掘机作业面不稳固，存在隐患	15	3	12
4	支护	支护不及时	20	3	17
	小计	（1～4项保证项目）	70	6	64
5	物料上下吊运	下料未使用导管	15	3	12
6	堆土	堆土过高	8	5	3
7	还土	基本符合	7		7
	小计	（5～7项一般项目）	30	8	22
	合计	（1～7项）	100	14	86
项目经理	曾×	检查负责人	刘×	参检人员	林×、涂×

6.5 市政工程施工安全台账（五）

桥 涵 工 程 施 工

施 工 单 位＿＿＿＿＿＿＿＿＿＿＿＿×× ＿＿＿＿＿＿＿＿＿＿＿＿

工 程 名 称＿＿＿＿＿＿＿＿＿＿＿＿×× ＿＿＿＿＿＿＿＿＿＿＿＿

项 目 经 理＿＿＿＿＿＿＿＿＿＿＿＿×× ＿＿＿＿＿＿＿＿＿＿＿＿

安 全 员＿＿＿＿＿＿＿＿＿＿＿＿×× ＿＿＿＿＿＿＿＿＿＿＿＿

开竣工日期＿＿＿＿＿×年×月×日至×年×月×日＿＿＿＿＿

目　录

第6章　市政工程安全台账编制范例

桥涵工程施工方案（安全技术措施）

×年×月×日

说明：桥涵工程施工安全技术措施应包括
1. 工程基本概况及主要风险源说明；
2. 工程施工分部、分项及阶段性施工安全隐患及监控要求；
3. 安全防护设施的设置；
4. 原材料、设备使用前的检测试验要求及阶段性检查内容；
5. 周边道路、建筑物及地下构筑物可能会产生的伤害类型及具体的防护设置和监控管理要求；
6. 有关施工各阶段的风险评估和控制措施的同步措施；
7. 应急管理及指挥。

编制者	××	审核者	××	批准者	××

桥涵工程施工方案（安全技术措施）

年　月　日

1. 工程概况

××跨线桥工程位于××市××路和××路交叉口。该交叉口为一斜交 60°左右的小交角交叉口，相交两条道路均为南北向的城市主干道，车流量大，重型车比例高，同时高峰期过街人流量大，属××市较繁忙的交叉口。为提高该交叉口的通行能力，改善交通环境，解决行人过街难问题和保证过街安全而实施本工程。

2. 安全文明生产目标

（1）安全生产目标

安全生产工作是搞好生产工作的重要因素，关系到国家、企业和职工的切身利益，因此在施工过程中必须贯彻"安全第一，预防为主"的方针，广泛应用安全系数工程和事故分析方法，严格控制和防止伤亡事故的发生。

本工程施工做到职工伤亡指数为零，确保施工场地内的人员及设备安全；机电设备、电器设备、小型机电检查率达到 100%，特种作业人员持证上岗率达到 100%；做到无工程事故和重大设备、人身伤害事故，坚决实现"五杜绝"（即杜绝施工死亡事故，杜绝多人伤亡事故、杜绝重大机械事故、杜绝重大交通事故、杜绝重大火灾事故）。

（2）文明施工目标

1）施工期间按××市建筑工程文明施工检查评分细则进行定期检查评分，评分等级达到优良以上。

2）施工期间实现外界向业主"零"投诉。

3. 安全文明组织管理机构

结合本工程实际，组建创"双标化"领导小组，由项目经理孙荣国担任小组组长，其他项目部成员组成。根据"安全生产管安全"、"安全工作、人人有责"、"文明施工促生产"的原则，落实各项安全文明生产工作的责任人。具体见表 6-8。

××市××跨线桥工程安全生产、文明施工责任分配表　　　　表 6-8

序号	分 类 项 目	责任人
1	安全文明施工保证措施	××
1.1	施工组织设计中安全文明措施是否全面、是否具有针对性	××
1.2	安全文明措施是否落实专人负责	××
1.3	各单位工程、分项工程是否编制专项施工方案	××
1.4	电工、机械操作工等专业人员是否持证上岗	××
1.5	施工人员是否配卡牌上岗	××
1.6	各工种是否进行安全技术交底	××

序号	分 类 项 目	责任人
`2	施工现场外部考核	××
2.1	施工便道是否平整、是否积水、养护是否及时	××
2.2	施工材料是否堆放整齐有序、是否侵占施工便道	××
2.3	施工护栏是否整洁、统一、完好	××
2.4	施工现场是否设置安全标语、图牌	××
2.5	危险部位是否设置警示标志、是否采取安全隔离措施	××
2.6	工程车辆出场是否清洁	××
3	施工现场内部考核	××
3.1	临时设施搭建是否符合有关标准要求	××
3.2	临时设施内办公区与职工区域是否分开	××
3.3	临时设施内是否悬挂醒目安全标语、图牌	××
3.4	临时设施内是否有切实可行的临时排水措施	××
3.5	施工管理人员是否持证上岗	××
3.6	施工单位是否配戴安全帽及工作证	××
3.7	施工机械是否完好，操作是否符合有关要求	××
3.8	施工临时电线架设是否符合相关要求	××
3.9	现场是否按有关规定落实防火措施	××
4	已建构筑物保护措施	××
4.1	是否经上级主管部位和管理单位批准的保护方案	××
4.2	是否建立有完善的保护责任制	××
4.3	是否做到定时、定岗、定人负责	××
4.4	安全交底是否到位	××

4. 安全生产管理

（1）安全生产管理台账

开工前向安全管理部门提交开工申请报告，附相关材料进行审核，并报监督机构进行备案；施工中和施工结束后分别提交安全生产总结工作汇报材料，按××市安全生产、文明施工要求正确及时、具体地填写记录安全台账。

（2）项目部与班组签订安全生产、文明施工责任书，对各工种各道工序开工前进行全面、针对性的安全技术交底并记录，当事人签名。

（3）安全教育要经常化、制度化。提高全体成员的安全意识，切实树立"安全第一"的思想，建立完善的安全工作保证体系；对特种作业人员须经培训合格后方可持证上岗，对新职工及合同工必须进行公司、项目部、班组三级安全教育和定期培训；通过安全竞赛、现场安全标语、图片等宣传形式，增强全体成员安全文明生产活动及检查进行摄像、拍照留寸。

（4）严格安全监督，领导小组必须每周组织人员进行安全文明单位生产检查，核实各项安全文明制度的落实情况，对不足之处及时补救完善，对存在隐患要定时、定人，及时整改。

（5）加强安全防护，设置安全警示标志，施工作业区设立安全栏、上下钢梯脚手架、脚手板要搭设牢固。作业人员严禁酒后、服药后进行施工作业，严格遵守操作规程，对违章作业且不听劝阻者要严惩，绝不姑息，创造一个"人人重视安全、处处遵章守规"的文明施工良好环境。

（6）抓好现场管理，坚持文明施工，保障人身、机械和器械的安全。在施工现场开挖的基坑及其他危险部位设置安全围护栏及张贴安全施工警示标志，以防事故发生。

（7）认真做好防汛、防火等抗灾工作，驻地和库房要远离洪泛区。重点设备重点防护；易燃、易爆、有毒等器材设备要按规定妥善保管，登记造册；防汛设备、物资、人员要落实到位，彻底消除安全隐患。

（8）检查施工所用的各种安全机具设备，根据施工需要发放劳动保护用品。

(9) 正确处理各种关系

1) 安全与施工过程统一。在施工过程中，如果人、物、环境等均处于危险状态，则施工生产无法顺利进行。所以，安全是施工的客观要求，工程有了安全保障才能持续、稳定地进行。

2) 安全与质量的包涵。从广义上看，质量包含安全工作，安全概念也包含着质量，互相作用，互为因果。安全第一，质量第一，这两种说法并不矛盾，安全第一是从保护生产要素的角度出发，而质量第一则是从关心产生成果的角度出发，安全为质量服务，质量需要安全保证。

3) 安全与进度护保。进度应以安全作为保障，安全就是进度。在项目实施过程中，应追求安全加速度，避免安全减速度。当进度与安全生产发生矛盾时，应保证安全为主要指导。

4) 安全与效益兼顾。安全技术措施的实施，会改善作业条件，带来经济效益。所以，安全与效益是完全一致的，安全促进了效益的增长。当然，在安全管理中，投入应适中，既要保证安全，又要经济合理。

5. 文明施工

(1) 施工围护

1) 根据建设单位及××市文明施工有关部门规定，在施工现场周围设置封闭式围护，间距 20m 悬挂、张贴有关工程建设的宣传图片及安全警示标语。

2) 围护顶端设置红色警示灯和公司标志旗帜，间距为 6m，照明线应设置塑料套管，确保金属体不带电。照明红灯应用套管挑出围护上口 15cm，套管上导线口应朝下。围护顶部还应设置 10cm 高的压顶，颜色为黄黑相间。

3) 基坑深度超过 2m 时，临边设置防护栏杆，防护栏采用上下两道横杆，上杆高度离地面 1m，下杆高度离地面 0.3m，栏杆立杆及横杆应喷涂黄黑相间的警示漆。下口应进行有效的封闭，外罩密目式安全网，并且在安全网上悬挂警示图牌，间距为 30m。

(2) 临设布置

1) 项目部办公用房及职工生活用房

A. 项目部办公用房及职工生产生活用房均采用钢结构彩板活动房，临设地坪采用混凝土硬化，做到平整、不积水，并在场地四周设置排水沟，周围布置绿化。

B. 项目部办公室内悬挂质量、安全、施工管理网络图、施工形象进度表、平面图及各项规章制度。

C. 宿舍内统一采用标准双层单人床，人均使用面积 2.5m² 以上，相邻两床之间通道宽度保持在 1.2m 以上。宿舍建立卫生管理制度，实行室长负责制，做到宿舍卫生天天有人打扫，各类物品摆放整齐，整洁美观，宿舍内照明线路使用套管穿线，不乱拉乱接，严禁使用电炉、热得快等设备。

D. 项目部及职工生活房均按有关规定要求配置相应数量的灭火器等防火设备，外墙张贴安全用电、防火等工作宣传图片。

2) 工地大门口布置

A. 施工现场大门设置在东新路口，采用砖砌门柱，钢架横梁，安装牢固。

B. 项目部内设置了宣传栏，墙上悬挂"一图五牌"（即工程平面图、工程概况牌、安全生产活动牌、十项安全生产技术措施牌、安全生产纪律牌、现场防火责任牌），门口场地内设置三根旗杆，升挂中国国旗、中国市政协会会旗和大成集团公司旗帜。

C. 大门口均设置传达室，加强工地安全管理，对进出人员和车辆的进行登记，并在大门口设置进出工地车辆清洗站，保证场外道路的清洁。

3) 食堂、浴室、卫生间

A. 项目部浴室、卫生间用钢结构彩钢板防火材料搭建，地面用防滑缸贴面，食堂采用砖砌墙，瓷砖贴面，地面用防滑缸砖铺砌；职工食堂、浴室、卫生间均采用钢结构彩钢板防火材料搭建，灶台、台板、洗菜池用砖砌筑、瓷砖贴面，地面用防滑缸砖铺砌筑。

B. 食堂必须符合《食品卫生法》的各项要求，讲究卫生清洁，烹调区和饮食区用砖墙分隔，食堂内配备灭蚊蝇、灭蟑螂、灭老鼠等器具和消毒用具。食堂工作人员均办理"健康证"上岗，着统一白色的工作服、工作帽。

C. 卫生间、浴室必须男女分开，便槽、蹲坑应设置一定坡度，以利排放，并设专人保洁。在卫生间外设置化粪池，定期用粪便车清理。

4）临时工棚

施工现场将搭建钢筋棚、要工棚、仓库等设施，采用钢管架搭设，上面盖石棉瓦，结构牢固。各工棚墙上标识相应的安全警示牌和操作规程牌仓库派专人进行管理，各类物品材料对方整齐，建立材料进出仓台账，做到数量与单据相符，并有收发材料管理制度，并在临时工棚内设置禁止吸烟的标记。

5）材料堆放

A. 建筑材料、设备器材、现场制品、半成品、成品、构配件等做到有序堆放，并挂上标识牌，注明材料名称、规程品种、数量等内容。

B. 对易燃、易爆物品分开存放，如氧气瓶、乙炔瓶等。对于其他特殊材料在使用和保存时，应作好防尘、防雨和防潮等措施。

C. 材料派专人管理，做好记录，并有材料收发管理制度。

（3）施工用电

1）施工前首先编制临时用电用水施工组织设计，内容包括工程概况、施工中拟投入的主要用电设备、目前场地已有电源布置、现场用电分类设施及线路规划布置、临时用电安装技术要求，现场用电设备的使用与维护，自备电源的管理、临时用电施工方案的建立。

2）架空线路采用梢径大于 12m 的杉木电杆，电杆间距为 25m 设置一根，电杆采用横担形式及瓷瓶组成，间距为 30cm，线路均采取绝缘电线，导线相序排列面向负荷从左侧起为 L_1、N、L_2、L_3、PE。

3）电杆埋设深度不少于 1.0m，直线杆和 15°以下的转角杆采用单横担，15°～45°转角杆应采用双横担双绝缘子，45°以上的转角杆采用十字横担。拉线与电杆的夹角应在 30°～45°之间。拉线埋设深度不得小于 1m。钢筋混凝土杆上的拉线应在高于地面 2.5m 处安装设拉紧绝缘子。

4）现场施工用电采用 TN-S 接零保护，并在总配电箱、分配电箱、线路末端重复接地，而且在线路的中间也采取重复接地，配电线路越长中间重复接地越增加，重复接地间隔最大不超过 50m。

5）架空线路的高度不宜低于 4.5m，穿过临时道路宜为 6m，在一个档距内架空线接头数不得超过该档导线总数的 50%，且一根导线只允许有一个接头，穿越作业面或跨越道路河流时导线不得有接头。

6）配电箱及开关箱均采用××漏电自动开关厂生产的"××"品牌的成品电箱，其内部配置均按国家相关规范进行标准配置，符合安全用电的相关条款要求。

7）各配电箱做到一机一闸一箱，分段设置，且在配电箱上标明责任人和接线图，配电箱均做到有门有锁。

8）配电箱、开关箱中导线的进线口陋线口均应高在箱体的下底面，严禁高在箱体的上顶面侧面、后面或箱门处，进出线应加护套分路成束并做防水弯，导线束不得与箱体进出直接接触移动式配电箱开关箱的进出线均应采用橡皮绝缘电缆连接。

9）室内配线采用绝缘导线，并用 PVC 管做套管防护隔离，每幢宿舍房屋应设置专用照明分配电箱，并根据负荷的不同，分开路设置。

10）照明灯具的金属外壳做保护接零，照明开关箱内高泼电保护器，螺口灯头接头时相线接在中心触头处，零线接在螺纹端，绝缘外壳不得有损伤和泼电，宿舍内开关均采用按钮式开关，距地面 1.3m 室外围护顶部的灯泡应采用防护灯头，灯泡应采用红色灯泡。

（4）主体施工

1）××市东新路综合整治工程绍兴路口跨线桥工程施工采取全封闭施工，并在各路口设专职纠察进行指挥。北侧由于紧靠绕城高速公路，故施工时无须采取围所隔措施。

2）施工前编制详细的专项性施工方案，内容包括：工程概况、施工部署、质量目标及计划、主要项目施工方法、质量保证措施、技术保证措施、安全文明保证措施、季节性防护措施、环境保护措施、管线保护措施等。报监理审批后方可施工，施工前由项目部牵头对全体员工进行安全文明生产技术交底，并由本人签字。

3）严格按照审核过的实施性施工组织设计及相关规范标准进行施工。

4）施工场内设置冲洗站设施，并设备排水沟和沉淀池，确保净车出场，并做到场内便道平整、通畅、整洁。

5）承台基坑采用轻型井点降水，大开挖施工，基坑上口线设置钢管防护栏加设防护网及警示标志，以防坠物。基坑开挖后设置安全可靠的斜道或爬梯，并设双道双护栏杆加防护网。

6）施工期间组织监测小组，由×××任组长，包括桩顶部及中间（基坑）、底部（基坑）的水平位移周围建筑的构筑物，坑外地表及地下管线的垂直沉降，基坑内外的水位观测。做到早发现早预防。

7）桥梁主体结构的支护彩扣件式钢管脚手架及门式钢管脚手架，其中基础支护采用扣件式钢管支护；壁板、顶板采用门式钢管脚手架支撑。施工严格按照《建筑施工扣件式钢管脚手架安全技术规范》FGF130—2001和《建筑施工门式钢管脚手架安全技术规范》FGF128—2000标准施工，使用前对扣件、钢管、门式钢管支架及配件的质量帛样检测，合格后报监理检验后方可使用。

8）排水管线施工时采用井点降水放坡开挖，基坑浓度大于2m以上时，上口同样设置防护栏，对于其他横穿或平行管线的保护应事先编制管线保护方案，经相关管线单位审核同意后方可实施，并在管线单位监护人员监督下安全施工。

9）道路施工时应做好各类已建管线及成品的保护工作，做好标识，各类进口及时封堵，做好现场道路的交通组织，确保路基平整不积水，并做好路面基层的养护工作。

10）工程完成后，及时清除建筑垃圾。

（5）机械设备的管理

1）大型机械设备进场后，我项目部将由机械员组织进行验收登记，经监理认可签证后再进行使用。固定设备必须挂标识牌，标识牌包括：设备型号/规格、责任人、进场时间、验收时间等。

2）大型机械设备操作人员以及特种作业人员须持证上岗，施工作业时落实专职监护人员，施工前要加强对操作人员的安全教育工作及施工交底，遵守操作规程。

3）所有用电设备及电动工具必须使用单独的开关箱，且做好保护接零，并做好防雨措施，其中电焊机必须使用第二次空载降压保护器的开关箱，一次电源长度不得30m，接线柱设防护罩，焊工作业需戴好帆布手套，穿胶底鞋。

4）钢筋冷拉所用的卷扬机，作业区设置警示标志和防护栏杆，卷扬钢丝应经封闭式导向滑轮与被拉钢筋方向直角，卷扬机两侧需设置挡板。

5）氧气、乙炔应分开存放，必须直立放置，两瓶距离不小于5m，明火距离不少于10m，乙炔瓶禁止烈日下暴晒。

6）所有机械设备及电动工具均由项目部机械科落实责任人，负责日常保养及维修，确保机械安全有效施工。

（6）施工现场及人员的管理

1）施工现场做到材料堆放整齐，场地清洁卫生。

2）所有外来劳务人员均输暂住证，教育职工遵纪守法。

3）搞好同周围居民的关系，做到不发生扰民事件，不发生被群众投诉事件。

4）在高温季节施工时，确保职工的休息，作息时间及时调整，防止中暑事件发生。项目部备好药及急救箱。

5）订立合理的奖罚制度，提高职工的积极性。

6. 环境保护

严格招待国家及地方政府颁布的有关环境保护的法规、方针、政策和法令，结合设计文件和工程，及时提报有关环保设计，按批准的文件组织实施。由专人负责，定期进行检查。

（1）重视环保工作

实施性施工组织设计时，把施工生产和环保工作作为一项内容并认真贯彻执行。严格遵守业主的环境保护政策，为了确保环境得到保护，不管任何时候接受监管工程师、业主的环保人员及政府有关环保机构的工作人员的检查，认真按照临界理工程师指令去办。

（2）加强施工生产的环境保护工作

针对本工程处于××市地区特点，有针对性地采取措施，最大限度地减少施工环境的破坏。

1）钻孔灌注桩的泥浆池和循环水槽，在施工中杜绝泥浆外溢，不污染周围的道路。

2）弃浆渣沉淀后由专用泥浆灌装车运输至场外经环保部门审批同意的弃浆场中弃浆。

3）采用有效措施，消除施工污染。施工废水、生活废水采用沉淀池、化粪池待方式处理。本工程沿线一带均为居发区，施工时要防治噪声污染。对产生噪声设备的施工除定时施工，不扰民外，另采用除噪技术，把噪声分贝降至最低。并且积极与当地有关部门联系，办理夜间施工许可证，并经榜公布，以取得当地居民的谅解。施工便道要经常洒水，防止车辆通过时尘土飞扬。

4）强化环保管理，健全企业的环保管理机制，定期进行环保检查，及时处理违章事宜，并与地方政府环保部门建立工作联系，接受社会及有关部门的监督。

5）加强环保教育，宣传有关环保政策、知识、强化职工的环保意识，使保护环境成为参建职工的自觉行为。

7. 施工现场防火及治安

（1）认真贯彻执行中央及省市关于加强消防工作的批示规定，落实"预防为主、防消结合"的消防工作方针。

（2）组建一支工地消防队伍，由××同志任队长并根据本单位的生产性质、建筑结构、用火用电、物资设备等方面的特点，利用各种场合采用各种形式进行防火宣传，普及消防知识。

（3）定期进行防火安全检查。重点查用火用电设备，易燃爆品、仓库及职工宿舍等。对检查处的火灾隐患，限期按照"三定"（定整改措施定整改时间、定整改负责人）的方法进行整改。节假日对重点防火部位派专人值班保卫，以防发生火灾。

（4）制定防火安全措施。严守安全操作规程，注意生产生活用电、用气的安全，避免责任事故的发生。在节假日提高警惕，严防犯罪分子纵火破坏。

（5）定期对消防器材设备进行维修与保养，定期对工地消防队进行防火知识培训，提高灭火能力。

（6）及时组织人力，消除"三库"库内库外的杂草及易燃物，严禁在库内外生火，严禁使用不合格的电器设备，生活区严禁使用电炉。

（7）设立工地治安保卫队，并由××同志任保卫队长。负责施工区段的治安保卫工作，分片包干，协调作战。

（8）施工区段内发生的各类案件，保卫人员必须及时向项目部报告，并向当地公安机关报案，与地方公安部门协作认真处理。

8. 资金投入

为有效开展安全文明生产工作，争创双标化工地，我项目部计划单独备足资金用于本工地的安全文明施工，具体资金分配见表6-9。

安全文明施工资金分配表　　　　　　　　　　　　　　表 6-9

序号	项目名称	计划段投入资金	备　注
1	施工围护		
2	施工现场保洁		
3	施工临设		
4	工地保安队		
5	安全文明宣传及活动		
6	安全文明物资（安全帽）		
7	安全文明物资（工作服）		
8	安全文明物资（安全网）		
9	安全文明物资（标语、标志）		
10	安全文明物资（消防器材）		
	合计		

编制者	××	审核者	××	批准者	××

桥涵工程施工方案（安全技术措施）

××桥吊装方案

1. 工程概述

××桥工程主桥钢箱梁桥采用三跨等截面连续梁钢箱梁（50m＋70m＋50m），高为2m，底宽11m，顶宽16m；两侧挑臂各2.5m。

根据招投标方案，钢箱梁分块长度为3.5m、整幅、单重约25t，由于本工程工期紧，按实际需要进行了分块调整，共分十四个半幅为一榀，单重约120t；为此，我公司针对该分块方案，对该钢箱梁的吊装方案进行重新考虑与研究后，编制了本方案。敬请有关部门和专家审核、并提供参考意见，以便吊装施工的顺利实施。

主桥钢结构箱梁部分共三跨（A、B、C），A、C跨为50m，各分4段制作；B跨为70m，分6段制作；共计十四段。分段最大单重约120t。

人行桥钢结构箱梁部分为三个部分D段、E段、F段（即施工图A引道、C引道和主桥下跨），D、E段各分四段、五段，共计九段。分段最大单重约20t。

施工计划：

根据施工总体方案、制作方案，钢箱梁采用租用场地和工厂制作相结合的方法，利用运输设备直接将箱梁运至现场进行吊装。

安装原则：先进行主桥安装，后进行人行桥安装；主桥北侧先进行50m跨安装，后进行70m跨安装。人行桥侧先进行D、E段两个引道（A、C引道）安装，后进行主桥下段（220mm、150mm方钢加吊杆部分）安装。

2. 施工机具

××桥吊装施工机具见表6-10。

××桥吊装施工机具表　　　　　　　　　　　　　表6-10

机具名称	数 量	用 途	备 注
180t汽车吊	1台	主吊装	主桥部分
150t汽车吊	1台	主吊装	主桥部分
65t汽车吊	1台	主吊装	人行桥部分
120t平板车	1辆	运输	
35t履带吊	1台	辅助吊装	
25t汽车吊	1台	临时支架安装	
10t捯链	4只	校正、调整	
5t捯链	4只	调整	
50t千斤顶	8只	校正、调整	
30t千斤顶	8只	校正、调整	
20t千斤顶	8只	校正、调整	
φ36钢丝绳	2付	主吊索	
φ24钢丝绳	1付	辅助吊索	
其他钢丝绳	若干	吊装、校正、保险	
电焊机	4台	固定、焊接	
氧割设备	4套	切割、修边	
临时支架	8只		主桥部分
临时支架	11只		人行桥部分
加固件	若干	增加钢箱梁整体刚度	角铁、工字钢

3. 施工劳动力

工 种	数量（人）	备 注
管理人员	5	
技术管理人员	3	
安全员	1	
起重指挥	2	
机操工	3	
起重工	6	
电焊工	4	
普工	6	
电工	1	
板金工	2	
合计	33	

注：1. 道路交通安全请交警协助。

2. 人员根据吊装期不同进行调整。

3. 特种作业工种必须有上岗证，持证上岗。

4. 施工进度计划

根据施工总体计划及制作进度计划的要求，主桥钢箱梁分两个阶段进行，第一阶段为两个50m跨段，吊装从11月中旬开始；第二阶段为70m跨，12月底开始吊装。施工时，因考虑到道路不能长时间封道，只能采取临时封道的方法（计划利用夜间，以减少施工时对交通的影响）：封道一夜、吊装二榀→开通道路。在第一榀吊装前，需做好吊装的一切准备工作；在通道的时间内，做好下一榀的吊装准备工作。

5. 施工方法

（1）吊机选用

吊装起重设备选用：

选用一台250t汽车吊、一台150t汽车吊进行主桥钢箱梁的吊装，汽车吊的最大起重量分别为180t、150t。吊机性能参数：

180t汽车吊当起重把杆长度为19.8m、回转半径为9m时，起重量为81.8t。回转半径为8m时，起重量为90.4t。

150t汽车吊当起重把杆长度为20.5m，回转半径为8m时，起重量为53t；回转半径为9m时，起重量为46.5t。

双机抬吊总起重量为90.4＋53＝143.4t。

选用一台65t汽车吊进行人行桥钢箱梁的吊装，最大起重量为65t；当起重把杆为18.77m，回转半径8m时，起重量为21t。

吊机外形尺寸：

180t 汽吊外形尺寸：汽吊总长 16.5m，支腿宽 7.8m。

150t 汽吊外形尺寸：汽吊总长 15.5m，支腿宽 7.8m。

65t 汽吊外形尺寸：汽吊总长 14m，支腿宽 7.2m。

按照钢箱梁的分块，主桥分段最大单重为 120t，根据两台汽吊性能宜采用双机抬吊；双机起重量考虑为 143.4t。双机抬吊系数为 0.85。

运输设备选用：一辆 120t 平板车。

（2）施工次序

先进行 A、C 段吊装，后进行 B 段吊装；每段吊装均按由两侧往中间逐榀吊装；最后安装 B3、B4 段，进行合拢。即：

主桥：A1、A2→C1、C2→A3、A4→C3、C4→B1、B2→B5、B6→B3、B4 合拢。

人行桥（A 引道）：D1、D2→D4、D3→（C 引道）E5、E4→E3→E1、E2；（主桥下方钢人行桥部分）由两侧向中间合拢。

每榀钢箱梁的吊装次序：施工前准备→钢丝绳绑扎→起吊→吊运→定位→临时固定→校正、焊接。

焊接次序：每榀钢箱梁吊装、校正后，先进行点焊固定；待每段两个半榀的钢箱梁全部安装完毕后，再进行焊接施工；先焊接中间部分的箱室，然后向两侧逐箱施焊；每个箱室的施焊次序为：底板纵缝→横隔板拼缝→顶板纵缝→底板 U 形槽→顶板 U 形槽→腹板加劲纵肋→端部连接缝。

（3）钢箱梁平移

钢箱梁计划在制作平台上直接装车运输、安装。但考虑到总进度计划影响，可能要先平移，则采用下述方法进行平移。

钢箱梁在场地制作完毕后，先将钢箱梁逐榀移出制作平台、进行除锈、防腐处理，然后进行运输、吊装施工。

移动前，先设置两道滑道，滑道高度宜与制作平台相同；对应于 24m 跨度的钢箱梁，滑道水平位置设在离端部 3～4m 处，并采取加固措施；然后采用 4 只 10t 捯链将钢箱梁沿水平方向拉到制作平台外侧。与此同时，对钢箱梁需预先采取加固处理，防止平移过程中钢箱梁产生变形。

（4）吊点选择

主桥钢箱梁：根据每榀主桥钢箱梁的重心，计算出每榀钢箱梁的吊点位置（考虑到钢箱梁每榀最大单重约 120t，吊点集中应力很大，为防止箱梁在吊装过程中产生变形，宜采用 8 点，每个吊点的集中力控制在约 20t），预先焊上吊环，焊条采用 E50×× 型焊条。

人行桥钢箱梁：人行桥钢箱梁最大单重约 20t，吊点宜采用 4 点，每个吊点的集中力约为 5t。

吊环设置的强度验算见计算书的吊环验算内容。

吊点宜安装在腹板上；如在横隔板处时，吊环与横隔板连接，则需对该截面处的钢箱梁进行加固处理。

（5）吊装前期准备

1）钢箱梁外形尺寸、质检完毕。吊装前，请监理、业主等有关部门对钢箱梁外形尺寸进行检查，根据焊缝的探伤、拍片，确定钢箱梁制作合格后，方可进行运输吊装施工。

2）吊点设置、加固、焊接，钢箱梁自身加固。吊点位置应根据每榀钢箱梁的重心位置，确定吊点位置；因吊点位置可能位于横隔板处，则需对该横隔板进行加固处理。考虑到钢箱梁单榀吊装时，针对每榀钢箱梁的具体情况，进行逐榀加固，防止钢箱梁在吊装过程中产生过大（指塑性）的变形。

3）施工机械设备进场、停放位置。吊装施工设备进场后，根据现场的实际情况，对起吊、落位地点进行确定，以满足设备的机械性能要求。

4）运输前，应对沿线的运输道路进行调查，对不利于运输的障碍物，需提前清除。

5）钢丝绳、工索具准备。钢丝绳、工索具配备后，必须进行安全复核验算。

钢丝绳选用：钢丝绳张力＝20/sin60°＝23.1 t＝231kN

选用 φ36.5 钢丝绳最小破断拉力为 856kN 安全系数 $K＝856/231＝3.71$（满足使用要求）

（6）汽车吊停放（主桥部分）

汽车吊在吊装（起吊及落位）时，必须将汽吊的四个支腿支设在坚实的地面上，并加垫枕木或钢制路基板。

汽车吊设置确定：将汽车吊停放后，根据汽车吊的起重能力，复核吊装回转半径，以确保吊装作业要求。$R \leqslant 8m$。

（7）起吊、装车

操作要求：按要求绑扎好钢丝绳，检查合格后，将吊钩慢慢升起，至钢丝绳紧后，检查钢丝绳的受力情况。继续提升吊钩，在起钩的过程中，调整左右吊钩钢丝绳的提速，保持均衡。

装车时，钢箱梁在起空至高出平板车（装车高度）约300～500mm时，停止起钩，然后利用汽吊上的回转牵引，将钢箱梁移至平板车中心位置；缓慢松钩，使钢箱梁正确落位在平板车的搁置点上，然后进行绑扎固定、运输施工。

起吊时，由两名指挥同时进行施工指挥作业，两名指挥应分主次，以保证作业同步。具体要求：先打紧吊钩，检查工索具的绑扎正常；起钩至钢箱梁上表面达到设计坡度时，双钩同步提升，以保证钢箱梁起空后，使钢箱梁的整个平面达到设计要求，如差距较大时，应重新调整。

（8）运输

检查绑扎固定符合要求后，即可开始运输作业。运输过程中，要由专车引道，并按交通组织设计中的要求，请交警协助维护交通次序。

运输时，车速控制在5km/h，严禁急刹车。

（9）吊装

钢箱梁起吊时由两名指挥进行操作；待钢箱梁至空中将要落位前，由高空落位负责人向地面指挥人员发信号进行操作。

吊装过程中，钢箱梁两端必须用卫绳控制，防止在起吊过程中钢箱梁自由移动。

起吊时，两台汽吊作业要同步，先将钢箱梁同步提空，至高出支座底标高约30cm，然后同步回转至落位上方。

（10）落位、临时固定

汽吊将钢箱梁徐徐降至支座上方。至搁置点约3cm时，对钢箱梁的轴线和横向均应进行微调，确保一次性落位正确，基本达到钢箱梁的正确落位位置，再进行钢箱梁的落位、临时固定工作。

吊装前，先复核钢箱梁顶底板、腹板长度，按照支座点上的控制线，按规范允许偏差要求，将箱梁搁置在支架平台上，采用经纬仪或水准仪测量出箱梁的定位边线，采用水平仪测量出底标高。符合设计要求后，进行落位。

第一榀钢箱梁落位后，与混凝土连续箱梁连接端的位置应及时进行校正、找平，并用钢板进行临时点焊固定，确保定位尺寸；以后几榀箱梁落位后，其端部按第一榀方法进行固定外，二榀之间的纵向连接也应及时校正、电焊点焊固定，复核正确，经监理工程师检查合格后进行焊接。

每段钢箱梁二榀均全部落位后，除端部连接外，纵向连接处也进行校正、找平，电焊点焊固定，复核正确，经监理工程师检查合格后进行焊接。

（11）校正、电焊

1）校正

落位校正：钢箱梁的轴线尺寸用全站仪进行定位，校正时，主吊索要打紧，在采用撬棒无法撬动钢箱梁时，采用千斤顶将钢箱梁缓慢顶进到定位轴线。

拼缝校正：纵向拼缝错位时，采用在底板上立焊钢板，之后用千斤顶反顶法校正，校正时应从错缝小的逐步到错缝较大的，待校正后及时用点焊临时固定，校正一点点焊固定一点。

端部校正：钢箱梁的端部连接，因在制作时，没经过预拼，因此可能产生错缝现象。箱梁落位后，进行局部火焰校正。

2）电焊

每跨钢箱梁的二榀全部吊装、校正完毕后，经监理工程师验收合格后，进行电焊连接施工，电焊从中间

两榀箱体开始，逐榀往两侧焊接，焊接后及时进行质量检测。

每两榀之间焊接次序：底板纵缝→横隔板→腹板与顶、底板→顶板→底板 U 形槽→顶板 U 形槽。

在焊接过程中，要及时检测焊接变形情况，发现变形及时校正。纵缝调整时则采用千斤顶顶开或捯链拉紧的方法。保证焊接施工完毕后，钢箱梁的宽度不超过规范允许误差。

第一段整体焊接后，进行与第二段端部连接的焊接；第三段整体焊接后进行与前段端部的焊接；以此类推；最后进行合拢段连接处的焊接。

6. 质量技术保证措施

工程质量应严格按照《钢结构工程施工质量验收规范》GB 50205—2001 要求，在钢箱梁吊装时，具体要求如下：

(1) 根据本方案中的汽吊性能、吊装工索具的配备，应报公司总师、技术部门审核、批准，再报监理工程师审核、批准后，方可实施。

(2) 施工前，根据施工方案向施工人员进行全面的技术安全生产交底，使全体施工人员明确钢箱梁吊装施工过程中的技术安全要求。各作业班组负责人（施工员、指挥班长、安全员）在开吊前一天对各自班组的作业人员再进行一次施工交底。

(3) 明确分工，各工种之间要分工合作，明确职责，相互配合，确保在吊装过程中的协调。

(4) 汽吊进场后，请公司技术、动力等有关部门，详细检查吊装设备的完好性，以保证安全。项目部施工技术人员应对所用工索具进行检查，确保完好性，对有损伤的工索具应严禁使用。

(5) 起吊前，要根据方案中每榀钢箱梁配置的钢丝绳长度合理绑扎，保证钢箱梁起空后，不再落下重新调整。

(6) 钢箱梁在起吊前，应先将已制作的箱梁两端修整，保证箱梁落位后与已完箱梁端部连接平顺。

(7) 考虑到平台制作，箱梁底板均匀受力，钢箱梁在吊装过程中，侧向则为简支受力；因此在吊装时，由于顶板与腹板不能预先焊接（需吊装后方可焊接），起吊后，箱体上弦为受压区，箱体跨中部位会产生挠度，可能造成刚性不够而变形。为此，经同设计部门商讨，在纵向方向根据每榀钢箱梁的结构增设加强肋。

(8) 吊点在横隔板位置时，应在吊点与腹板之间加设斜撑，斜撑采用 L100×10 角钢以上的材料，斜撑与横隔板贴紧并点焊，保证箱梁在吊点位置处的横向刚度。同时，开口的横隔板上下之间用 L100×10 角钢焊接连接，防止变形。

(9) 临时支架（墩）在吊装时采用缆风钢丝绳临时加固，南北两侧打设点分别为 3（4）号墩及 4（5）号墩；箱梁落位固定后拆除。

7. 安全文明技术保证措施

确保施工安全第一是钢箱梁吊装施工的关键，为此特制订如下措施：

(1) 施工前，根据施工方案向施工人员进行全面的安全生产交底，使全体施工人员明确钢箱梁吊装施工过程中的安全技术要求，确保安全施工。分工明确：装车、运输、高空落位处等部位的施工员、安全员、指挥、操作人员均实行定人、定岗、定责任。

(2) 施工前，提前通知交通管理部门进行封道，确保吊装期间的道路行车安全。施工期间请交警大队协助，进行加强交通安全维护工作。同时挂设施工警示禁语、横幅等。

(3) 起重设备进场后，请有关技术主管部门和动力专家对设备进行严格的检查，严禁设备带病作业，正式开吊前，应进行试吊。

(4) 起重用的工索具经本方案的计算后，请有关专家进行复核，同时对所用的实物，在使用前必须进行认真的核查，严禁使用不合格或有损伤的工索具。

(5) 吊点位置如处于横隔板位置时，开吊前，应针对该箱梁的具体情况，要有针对性的加固措施，并请公司专家到现场进行复核合格后方可开吊。

(6) 钢箱梁装车后，在从制作场地运到桥位的过程中，应将钢箱梁与平板车绑扎牢固，采用钢丝绳捆绑、捯链收紧的方法，同时平板车的时速要求控制在 5km/h 内，以保证运输过程的安全。

(7) 经安全技术交底后，在整个吊装过程中，作业人员必须听从起重指挥的信号作业。信号要求清晰、明确。

（8）专职安全员要全过程进行安全监督。严格按照操作规程作业，发现有安全操作隐患，必须及时制止。

（9）施工期间，过往车辆必须严格按交管部门的规定、限速行驶，加强管制，严禁车辆碰撞临时支墩（另设保护措施）。

（10）起重物和起重臂下严禁站人，操作人员要认真负责，相互间要提醒，不得嬉闹。

（11）在钢桥未焊接完毕、形成整体前，通航期及晚上必须安排人员值班，桥面、临时墩两侧挂设红灯警示。

（12）吊装期间，由安全员记录气象预报，对第二天吊装气候较差时，雨天或风力在 5 级以上时，严禁吊装施工作业。

（13）严禁氧气瓶、乙炔瓶混放；电线由专职电工负责接设，严禁乱拉乱接。

8. 计算书

为了确保本方案的顺利实施，在编写该方案时，对有关的工索具规格、船吊性能、辅助设施等进行了如下验算。

（1）吊环验算

根据单榀钢箱梁的最大重量为 120t 计，采用 8 点吊后，即 180t 汽吊起重 80t、150t 汽吊起重 40t 计，其中 4 个吊点的受力为 20t、4 个吊点的受力为 10t。

焊缝剪切力＝2（条）×40cm（长）×15.0kN/cm（查表）×0.9＝1080 kN＝108t

K＝108/20＝5.4（满足要求）

吊环钢板剪切力＝6.2cm（厚）×10cm（高）×1700（查表）＝10540kg＝105.4t

K＝105.4/20＝5.27（满足要求）

吊环钢板拉力＝3cm（厚）×29cm（长）×2400（查表）×0.9＝208800kg＝208.8t

K＝158/20＝7.9（满足要求）

（2）主吊索验算

施工时，根据把杆长度，钢丝绳与水平夹角均不小于 60 度；钢丝绳规格选用：6×37 类优质钢丝绳（钢芯），抗拉强度 1770MPa。

（选用 8 根 ϕ36.5 L＝16m 钢丝绳）：

钢丝绳单点最大受力为 20t＝200kN。

ϕ36.5 钢丝绳破断拉力为 856kN。

单根钢丝绳的拉力 T＝200/sin60°＝231kN

安全系数 K＝856/231＝3.71（满足要求）

配用卸扣 M90/100：允许负荷 32t＝313.6kN（符合使用要求）

（3）起重能力验算

1）起重高度验算

汽吊把杆长度为 24.5m，吊重时仰角控制在 63.3°以上，则：

起重总高度 H＝1.0+24.5×sin63.3°＝1.2+19.2＝22.8m

钢箱梁安装标高为 9.50m，自身高度按 2.2m 计；钢丝绳配置长度为 6m。

安全高度 h＝22.8−5.3−2.2−9.5＝5.8m（满足要求）

2）起重量验算

查表得：总起重量为 143.4t，双机抬吊系数取 0.85。

143.4×0.85＝121.9≥120t（安全）

（4）钢箱梁纵向重心计算

钢箱梁纵向重心计算是确保双机抬吊时，两台吊机起重量合理分配的关键，因考虑每榀钢箱梁在制作时的钢板实际尺寸不同，吊点应作具体的分析与调整；为此在编制本方案时，由于时间上不允许，本方案中吊点位置暂不作详算，待钢箱梁制作完成，吊装施工开始前，我公司将提供详细的计算书，作为本方案的补充；

由有关部门和专家审核，符合要求后，再进行吊装施工。

（5）钢箱梁横向重心计算

钢箱梁横向重心计算，是为了保证钢箱梁安装时横向的平整度，保证落位时，临时支墩能够均匀受力，同时增加安全操作、减小校正幅度。

9. 施工程序及预案（在吊装前一星期报业主、监理单位）

（1）吊装时间

1）试吊时间：10月18日上午8点30分开始，至中午12点结束。

2）正式开吊时间：10月20日上午8点开吊。

3）每榀箱梁吊装时间：8点开吊准备→9点30分落位到浮船→11点箱梁掉头结束→12点30分拖运到位→下午13点30分从浮船上起吊→14点30分落位结束→15点30分校正结束→17点30分临时固定结束→18点船吊退出主航道。

吊装前，项目部对各项准备工作应作充分考虑，利用在通航的一天时间里进行前期准备。包括移位、吊环焊接、加固等。

吊装时间在实际施工时将会发生变化，则：如延长时间不大，由港监临时适当延长封航时间；如延时较长（超过2h）时，应先将钢箱梁临时安放在临时支架上，第二天封航后继续施工。如提前完成，则可提前通航。

（2）作业班组

钢箱梁吊装全过程，划分三道工序，即：起吊、水上和落位。因此成立三个作业班子，作如下分工。

1）起吊

施工员：××、××、××，指挥班长：××、××，安全员：××。安排一名气割工、两名电焊工由××负责预先焊接吊环及吊点处的加固。起吊前安排6名起重工由××负责绑扎工索具。安排两名技术员由××负责测量出箱梁起吊前后的跨中矢高。安排2名普工由××负责拉卫绳。全部准备完成后，由项目部技术负责人××、技术顾问××、安全负责人××等检查合格后报指挥长申请开吊。该班子同时在18日试吊时到位进行预演。

2）落位

施工员：××、××，指挥班长：××，安全员：××。

安排6名起重工、2名扳金工由××负责箱梁落位。安排5名扳金工、2名气割工、4名电焊工由××负责箱梁的校正、临时固定。在落位、校正、临时固定时，安排两名测工由××负责箱梁的测量。每道工序均需由项目部技术负责人××、技术顾问××、安全负责人××等检查合格后方可进行。

3）其他

在吊装的过程中，由××全面负责人员、设备、材料的调度、安排，各职能部门和作业班组负责人主动积极配合。

各工序施工技术员、指挥班长、安全负责人在施工前均需明确各自职责，便于在作业时主动工作。

虚心接受监理、业主、安检站等部门技术人员的提醒，确保安全。

（3）预案

项目部成立吊装施工指挥部后，进行统一指挥作业。除上述的对吊装时间的估测外，并对吊装施工过程中可能产生的不利因素进行预防，以保证吊装施工的顺利进行。

1）试吊

试吊正常是保证钢箱梁在整个吊装顺利进行的可靠保障，因此，试吊时邀请设计、监理、指挥部、质监站等有关部门都需参加。

通过试吊，测定汽吊的电机设备性能及起重能力；明确电机运转正常，同时在正式吊装时，严格控制吊装回转半径，对方案中吊重半径进行严格的控制。如电机部分有不正常情况，则可在开吊两天内及时进行调整，确保汽吊吊装施工中的正常运转。

通过试吊，测设出钢箱梁在吊装过程中产生的挠度，便于指导箱梁落位后的校正工作。

2) 刚度

50m、70m 跨钢箱梁的设计预拱度随曲线而变化，在吊装时，允许产生的挠度一般控制在 80mm。在试吊过程中，采用下弦拉通线，钢尺测出箱梁在起吊前后的跨中矢高。计算出起吊前后的挠度差值，如在允许范围内，表明吊装时单体箱梁刚度能够满足要求，否则由施工、设计、监理等部门共同定出加固方案，施工单位采取加固措施。

该预案根据实际的试吊情况，会同设计、监理、业主部门的有关技术人员及时在进行现场商定；商定后，我项目部在开吊前两天内落实加固，加固材料拟采用 L100×10 的等边角钢，由项目部材料部门预先采购 5t 备用。

3) 平整度

吊装时，钢箱梁的纵向平整度由两只吊钩进行调整，横向平整度则通过计算后焊接的吊环来控制，因此，实际起吊后，可能产生横向不平整。

遇此情况时，则可通过预先在吊钩顶部，预挂一根 ϕ26 长 25m 的钢丝绳，下挂 10t 单门滑轮，滑轮穿一根 ϕ21 长 12m 的钢丝绳，用一只 5t 捯链进行调整校平。

4) 落位

钢箱梁吊装由两个 50m 跨向中间方向安装。

因此第一跨钢箱梁落位时，应先在与混凝土连续箱梁端部弹出控制线，按设计的轴线，放出 40mm 的伸缩缝。安放时宜考虑负误差，以确保伸缩缝宽度大于 40mm。与下一跨的连接处端部进行预先修整，预留连接长度。

第二跨及以后跨的钢箱梁落位，应先将与前一段（跨）的连接处端部进行预先修整，吊装时，可能会出现错缝现象，安排两套氧割设备，在落位前及时作进一步的修整。

| 编制者 | ×× | 审核者 | ×× | 批准者 | ×× |

××桥门式支架安全专项方案

1. 工程概况

本工程立柱、盖梁超过2m，因此支架搭设必须稳定牢固。主桥为现浇采用满堂支架，因此，满堂支架必须具有足够的强度和刚度，保证支架的沉降量不大于3mm。所以必须在箱梁浇筑前，对支架进行压载试验，以检测支架在荷载作用下的实际沉降量，检测支架的整体性及支架基础的实际承载能力。

针对立柱、盖梁、箱梁支架搭设及落架的施工特点。结合国家有关的法律法规和标准规范特制定本安全专项方案，建立一个完整的安全保证体系，做到一级抓一级，人人抓安全。

2. 编制依据

（1）本工程施工图纸。

（2）交通部《公路桥涵施工技术规范》及本工程相关的标准、规程。

（3）《市政工程施工技术规范汇编》。

（4）《市政工程安全操作施工规范》。

（5）××市创标准化工地、文明工地管理办法。

（6）综合我单位施工能力、技术水平及历年来同类工程的施工经验。

3. 支架方案

（1）地基处理

立柱支架立杆主要搭设在承台顶面，对于盖梁则需将盖梁投影面下的地基进行压实处理后再浇筑20cmC20混凝土，保证支架的稳定。

（2）支架搭设

1）立柱、盖梁支架搭设

立柱立杆（井字架）纵横间距为1.5m×2.5m，井字架4根立杆的外侧0.5m各加1根加固立杆，立杆搭接处应采用两个扣件扣紧，水平杆层高1.6m，扫地杆离承台面30cm，在井字架的4周各搭设2根斜撑。盖梁立杆纵横间距为50cm，水平杆层高1.6m，扫地杆离承台面15cm，每根立杆顶部采用两只扣件。支架顶面铺设10cm×10cm方木，间距为30cm。

2）满堂门架搭设

主桥满堂碗扣支架沿桥纵向中心线方向展开，以桥面宽的投影为准，并且每侧加宽50cm。计划满堂支架采用WDJ型碗扣式脚手架，支架主立杆选用ϕ48×3.5口径钢管，进行搭设，调节杆不能锈蚀，杆件顺直，特别是立杆。满堂支架搭设时，纵横支架箱梁处采用0.9m×0.9m间距，翼板处采用0.9m×1.2m间距，横梁处采用0.6m×0.6m间距，具体见支架验算。在搭设支架前，进行高程控制，计算立杆合适高度，保证顶托和底座可调高度不超过其高度的一半并小于20cm。满堂支架搭设过程中要及时安放剪刀撑杆，支架内部按5道设置一道剪刀撑，剪刀撑杆与地面夹角控制到45°～60°之间，门架搭设立杆的构造必须符合下列规定：

A. 支架的内外两侧均应设置横向支撑并应与碗扣架立杆上的碗扣锁牢，当因施工需要，临时局部拆除脚手架内侧横向支撑时，应在拆除横向支撑的支架上方及下方设置水平架。剪刀撑应采用扣件与支架立杆扣紧，剪刀斜撑杆搭接长度不宜小于600mm，搭接处应采用两个扣件扣紧。水平加固杆应连续，并形成水平闭合圈，水平加固杆应采用扣件与支架立杆扣牢。在脚手架的底部支架下端应加封口杆。

B. 不配套的支架与配件不得混合使用于同一脚手架。

C. 离地面30cm高的位置设置一圈封闭的扫地杆。

D. 支架安装应自一端向另一端延伸，不得相对进行。搭完一步架后，应检查并调整水平度与垂直度。

在顶托设10cm×10cm方木纵向排列，因梁体等厚，桥面上1.5%的坡度由支座上的垫石形成，因此在梁中心顶托计算出最高立杆搭设，从而形成1.5%的横坡，横向设置10cm×10cm方木，间距为30cm。

（3）支架验算及试压

1）盖梁支架验算

A. 每平方米混凝土重量：25×1.1=27.5kN/m²

B. 施工荷载：1kN/m²

C. 振捣产生荷载：$2kN/m^2$

D. 模板及支架自重：$2.5kN/m^2$

荷载计算值：$Q=(27.5+2.5)\times1.2+(1+2)\times1.4=40.2kN/m^2$

暂定钢管立杆间距：$0.5\times0.5=0.25m^2$

每根钢管受作用力：$N=40.2\times0.25=10.05kN$

根据构件容许荷载为17kN，计算得10.05N＜17kN容许，所以采用0.5m×0.5m间距立杆。

2) 连续梁碗扣支架验算

A. 梁高2.0m等截面30+30+30连续梁支架验算：

a. 每延米箱梁混凝土体积：

$4.5\times0.8+(0.6+0.4)\times2+(0.2+0.45)\times2.5\div2=6.4125$

$6.4125\div8=0.802m^3$（未考虑墩身承载力）

每平方米混凝土重量：$0.802\times25=20.05kN/m^2$

b. 施工荷载：$1kN/m^2$

c. 振捣产生荷载：$2kN/m^2$

d. 模板及支架自重：$2.5kN/m^2$

荷载计算值：$Q=(20.05+2.5)\times1.2+(1+2)\times1.4=31.26kN/m^2$

暂定钢管立杆间距：$0.9\times0.9=0.81m^2$

每根钢管受作用力：$N=31.26\times0.81=25.32kN$

根据支架构件设计荷载横杆步距1m时，每根立杆容许荷载为28kN，计算得25.32kN＜28kN容许，所以采用0.9m×0.9m间距立杆。

B. 箱梁中横梁、边横梁部位：

中横梁混凝土体积：$2\times2.4\times11=52.8m^3$

每延米混凝土：$52.8\div2.4=22m^3/m$

每延米重量：$22\times25=550kN/m$

每平方米混凝土重量：$550\div11=50kN/m^2$

$(50+2.5)\times1.2+(1+2)\times1.4=67.2kN/m^2$

立杆按0.6m×0.6m布置：$0.6\times0.6=0.36m^2$

每根立柱承载力：$67.2\times0.36=24.192kN＜28kN$容许

因此在连续箱梁中横梁、边横梁部位支架立杆按0.6m×0.6m纵横间距设置。

C. 立杆稳定性验算

a. 施工产生的荷载：30.931

$$N_{GK1}=0.276kN/m \quad N_{GK2}=0.081kN/m$$

查表得挡风系数：0.093

$\mu_{stw}=(0.093\times2+2\times3.5\times0.32\div3.5\div3.5)\times1.2=0.443$

$\psi_k=0.7\times1.62\times0.443\times0.55=0.276kN/m^2$

作用于脚手架计算单元的风线荷载：$\psi_k\times L=0.276\times1.2=0.331$

$M_k=0.331\times6\times6\div10=1.192kN\cdot m$

b. 组合风荷载：$1.2\times(0.276+0.081)\times10+0.85\times1.4\times(30.931+2\times1.192\div1)=43.9kN$

c. 查表B.0.4得：$A_1=489mm^2 \quad h_0=1930mm \quad I_0=1.219\times10^5mm^4$

支架加强杆钢管26.8mm×2.5mm时，$h_1=1536mm \quad I_1=1.42\times10^4mm^4$

支架立杆换算截面惯性矩：$I_0+I_1\times h_1\div h_0=1.219\times10^5+1.42\times10^4\times1536\div1930=1.33\times10^5mm^4$

支架立杆换算截面回转半径：$\sqrt{1.33\times10^5\div489}=16.49mm$

查表$H\leqslant30$时$k=1.13$

$\lambda = 1.13 \times 1930 \div 16.49 = 132$

查表得立杆稳定系数为 0.357、钢材强度设计值为 205kN/mm²

支架的稳定承载力设计值：$0.357 \times 489 \times 2 \times 205 \times 10^{-3} = 71.6$kN

$$71.6\text{kN} > 43.9\text{kN}$$

以上计算结果说明，一榀支架的稳定承载力设计值大于一榀支架的轴向力设计值，故此脚手架的稳定性满足要求。

（4）堆载预压：详见堆载预压专项方案。

4. 安全保障措施

针对箱梁支架及落架的施工特点，结合国家有关的法律法规和标准规范特制定建立一个完整的安全保证体系，做到一级抓一级，人人抓安全。

（1）认真执行好省建设厅的三个文件规定，熟悉、掌握《建筑施工扣件式钢管脚手架安全技术规范》JGJ 130—2001 等七本国家标准。

（2）建立健全安全管理机构和安全工作规章制度，成立强有力的领导班子。建立健全安全保证体系，领导挂帅，全员参加。安全员具体负责，组织实施对项目的安全管理。

（3）加强安全教育，提高全员的安全生产素质和安全意识，遵守规程制度和岗位标准化作业。

（4）建立钢管、扣件报废制度，设立专人对钢管、扣件进行管理，并对现场依据规范进行检测。在钢管、扣件等使用前，应对钢管、扣件质量进行抽样检测，检测合格，确认符合要求后再进行施工。

（5）支架应搭设在坚实的混凝土地坪上对于箱梁支架施工，必须配戴安全帽，高空作业超过 2m 以上者，必须拴安全带，支架上所使用的器材、工具，要放稳定，防止坠落伤人。

（6）夏天温度较高，在施工过程中要防止中暑。

（7）施工方案设计和技术交底应充分体现和明确安全技术方面的内容，重点在工序安全防范、操作规程、特殊工种等方面加大管理和业务培训力度。

（8）经常与当地政府联系，密切同当地群众的关系，征求意见，改进工作，严肃纪律，共同做好施工期间的安全工作。

（9）支架外侧的横向钢管端头与扣件距离应同一保持 30cm 以内，所有外伸端头宜在同一平面上。

（10）支架搭拆作业时，应设置警戒区，设置警戒用栏及警戒标志，并视作业区域大小配置相应的警戒人员，防止非作业人员误入作业区，作业人员穿着应符合登高作业的要求。悬空作业人员应配置安全带，高挂低用，安全带宜选用差速自锁式安全带。

（11）支架均应设置安全可靠的斜道或爬梯。斜道角度不大于 30°，爬梯外设双道防护栏杆，高低分别为 1.2m、0.3m，外侧用密目网围护、底部封闭。垂直距离 6m 休息平台，顶部设上人平台，平台满铺脚手片或硬质材料，面积平台不小于 1m²，转角平台不小于 2m²。

（12）支架搭设完成投入使用前，必须依据标准组织验收，做好验收记录，验收合格后方可使用。

（13）支架的搭设必须使用力矩扳手进行，抽检时发现扭力不符规范要求，应对扣件扭力全数调整，直至符合要求。

（14）验收过程中发现架体搭设地基处理不符合规范及方案设计要求可能导致支架失稳隐患的，应立即整改，直至符合要求后，方可进入后续施工。

| 编制者 | ×× | 审核者 | ×× | 批准者 | ×× |

桥涵工程施工方案（安全技术措施）

×年×月×日

××桥现浇连续箱梁施工安全技术方案

1. 工程概况

××桥南接线主线高架桥工程，跨××路段上部构造为现浇预应力钢筋混凝土连续箱梁，箱梁为单箱 10 室预应力混凝土连续箱梁，箱梁高 2.0～3.5m。箱梁顶板宽 29.0～37.1m，底板厚度 0.22～0.5m，顶板厚度 0.23m，腹板宽度 0.53～0.73m，箱梁边暗横梁高 2.0m，宽 1.2m，长 39.0m，中暗横梁高 3.5m，宽 2.0m，长 39.0m，翼板宽度 200cm。整联箱梁混凝土量 4870m³。Ⅰ级钢筋 2.9t，Ⅱ级钢筋 527.4t，钢绞线 125.24t。

箱梁起止里程 SK2+000.050～SK2+119.050，全长 119m，其中 SK2+000.05～K2+022.559 段位于回旋曲线上，SK2+022.559～K2+114.725 段位于 $R=1920$m 圆曲线上，SK2+114.725～K2+119.050 段位于 $R=2000$m 圆曲线上。跨径组合为：33m+53m+33m。

墩柱高：15.334～16.729m。

地基情况：

(1) 杂填土层，松散，主要为建筑垃圾，厚度为 0.6～3.5m；

(2) 砂质粉土层，稍密，湿，含少量氧化铁。呈层状，局部夹粉质黏土薄层，厚度为 0.5～2.5m；

(3) 黏质粉土层，中密，含有机质，少量粉砂薄层，局部夹粉质黏土薄层，厚度为 0.8～6.00m。

2. 现浇箱梁施工工艺流程

地基处理──→支架搭设──→预压试验──→底模板铺设、边线放样──→侧、翼板铺设──→边线放样──→底板、肋板钢筋绑扎──→预应力钢绞线安放──→芯模安放──→底板与肋板混凝土浇筑──→拆除芯模、混凝土清理──→芯模顶板安放──→顶板钢筋绑扎──→顶板预应力钢绞线安放──→顶板混凝土浇筑──→混凝土养护──→侧模拆除──→预应力张拉、压浆、封端──→养护──→落架、拆除支架

3. 支架施工

(1) 支架设计

箱梁自重荷载：混凝土容重按 25kN/m³；

施工各种荷载：6.5kN/m²；

模板荷载：1kN/m²；

安全系数 1.1

具体支架荷载分析及检算见附 6.1。

(2) 支架基底处理

为减小支架沉降对箱梁混凝土浇筑的影响，先平整施工场地，采用压路机碾压密实，局部软弱处挖除，并用宕渣回填，承台基坑回填要分层夯实，压路机重点碾压，铺设 10cm 宕渣，碾压密实，上面浇筑 15cm 厚 C15 混凝土。以线路中线向两侧设 1‰横坡，以利于地面排水，支架外侧设纵向排水沟，及时排除地面积水，避免基底受雨水浸泡，产生不均匀沉降。

(3) 支架布设

采用满堂门式钢管脚手架现浇的施工方法。

1) 重型门式钢管脚手架，立杆采用 ϕ57 大口径 Q235 钢管，钢材设计强度 205N/mm²，门架稳定承载力设计值 75kN，每片门架宽 1000mm，高 1900mm、1700mm、1350mm 三种型号。每片门架间间距可由交叉拉杆调节为 45cm、60cm、90cm、120cm、140cm 等多种间距。

2) 门式钢管脚手架布置

门架采用重型门架 MJ190（顶层局部可配 MJ170 门架），辅以 MTG190，及可调底座 MDZ60、可调托座 MTZ60，轴心承插安装。具体各门架的顶部调节高度视现场拼装据实调整。

门架沿箱梁轴线纵向布置。

A. 15、18号墩处加厚段

门架立杆纵断面间距80cm，横断面间距90cm

B. 16、17号墩处加厚段

门架立杆纵断面间距40cm，横断面间距90cm

C. 15号墩端横梁

门架立杆纵断面间距70cm，横断面间距60cm

D. 16、17号墩处横梁

门架立杆纵断面间距40cm，横断面间距45cm

E. 其他截面

门架立杆纵断面间距80cm，横断面间距90cm

（4）支架的构造加固

1）支架及配件进场后必须进行检查验收，严禁损坏、锈蚀的支架进场使用。门架质量要求如下：弯曲≤4mm，无裂纹，立杆无下凹或局部有轻微下凹，壁厚≥2.5mm立杆（中一中）尺寸变形±5mm，立杆下部长度≤400mm，调节杆锁销无损坏，锁销间距±1.5mm。

2）脚手架底座底面标高高于自然地坪50mm，并做好排水系统。基础经验收合格后，应按要求放线定位。搭设前，先在基础上用墨线画出各立柱支点的网格线，安装底座（底座调整不超过200mm），然后搭设门架。

脚手架底部设置纵、横向扫地杆。纵向扫地杆用直角扣件固定在距地面不大于200mm处。横向扫地杆应紧靠纵向扫地杆。

3）自一端起立底层门架并随即安装交叉支撑，装水平架和作为连接加强用的大横杆。门架安装必须确保竖直，严禁斜倾，斜撑必须按设计要求设置，确保支架稳固。

门架的底层组架最为关键，其组装的质量直接影响到整架的质量，必须严格控制搭设质量。在安装后要逐片地、仔细地调整好，使门架的竖杆在两个方向上的垂直偏差不大于2mm门架顶部的水平偏差不大于5mm。随后在门架的顶部和底部用大横杆和扫地杆加以固定。同时要逐个检查立杆底座，并确保所有门架不松动，当底层支架符合搭设要求后，检查所有接头，并锁紧。在搭设过程中要随时注意检查上述内容，并调整。

4）接门架时上下门架竖杆之间要对齐，对中偏差不宜大于3mm，同时要控制门架的垂直度和水平度，上下榀门架间必须设置连接棒和锁臂。

5）横向水平加固杆设置：用φ48×3.5脚手管在支撑门架自底层向顶层每隔2～3层门架分别设置一道横向加固水平管，它与交叉拉杆平行，穿越门架内用扣件固定于门架水平杆的中间。每排门架均设置一道。

纵向水平加固杆设置：用φ48×3.5脚手管在支撑门架自底层向顶层每隔2—3层门架分别设置一道纵向加固水平管，它与门架面平行，用扣件固定于横向加固水平管上。其间距不大于3个跨宽。

门架纵向侧面和横向侧面设置长剪刀撑（φ48脚手管，长6～8m/根），与地面夹角45°～60°，剪刀撑宽度宜为4～8m。相邻长剪刀撑相隔3～5个步距。剪刀撑的搭接长度不应小于1m，应采用不少于2个旋转扣件固定，端部扣件的边缘至杆端距离不应小于100mm。剪刀撑的斜杆除两端用旋转扣件与外架相连外，在其中间应增设2～4个扣结点。

6）箱梁翼板外侧设1.0m宽施工通道，按规定设置1.2m高防护栏杆和20cm高挡脚板。防护栏杆按规定挂设密目式安全立网封闭。

（5）安全管理

1）脚手架搭设人员必须是经过按现行国家标准《特种作业人员安全技术考核管理规则》GB 5036—1985等考核合格的专业架子工。上岗人员应定期体检，合格方可持证上岗。

2）搭设脚手架人员必须戴安全帽、系安全带、穿防滑鞋。

3）脚手架的构配件质量与搭设质量，应按规定验收合格后方准使用。

4）作业层上的施工荷载应符合设计要求，不得超载。不得将模板支架、缆风绳、泵送混凝土等固定在脚手架上；严禁悬挂起重设备。

5）当有六级及六级以上大风和雾、雨雪天气时应停止脚手架搭设与拆除作业。

6) 脚手架使用中，应定期检查杆件的设置的连接，支撑、门洞桁架等的构造是否符合要求；地基是否有积水，底座是否有松动，立杆是否悬空；脚手架的垂直度偏差；安全防护措施是否符合要求；是否超载。

7) 在脚手架的使用期间严禁拆除的纵、横向水平杆、扫地杆及斜撑。

8) 不得在脚手架基础及相邻处进行挖掘作业，否则应采取安全措施。

9) 在脚手架上进行电、气焊作业时，必须有防火措施和专人看守。

10) 搭拆脚手架时，地面应设围栏和警戒标志，并派专人看守，严禁非操作人员入内。

11) 上料通道四周应设 1.2m 高的防护栏杆，上下架应设斜道或扶梯，不准攀登脚手架杆上下。

12) 门架安装应自一端向另一端延伸，并逐层改变搭设方向，不得相对进行。并及时检查调整水平度、垂直度。

13) 支架的交叉支撑、水平架、脚手板、加固杆、剪刀撑等应及时跟上。底层的扫地杆要连接牢固。

（6）支架预压

为了确保现浇箱梁混凝土在浇筑过程中支架的非弹性变性不超出设计要求，在底板混凝土浇筑前，在受力情况相对不利的区域内，对不同跨度、不同支架形式进行模拟荷载预压测试，以观测支架沉降量，并验证支架系统的可靠性。预压位置的选择原则为：满堂钢管支架体系选在承台基坑开挖处、地基处理薄弱处等；当监理认为需要时，也可指定其他位置做支架预压试验。本次预压选 17、18 号墩右半幅暗横梁及根部加厚段区域。此区域宽 4m 长 9m，既是承台开挖处又是梁体荷载最大处。

1) 预压目的

检查支架体系在有效荷载作用下的弹性与非弹性变形值，验证支架系统可靠度，为支架搭设及预拱度设置提供指导数据。

2) 预压荷载：

考虑支架体系搭设后整体受力均匀，总荷载以预压处现浇连续箱梁整体自重荷载取安全系数 1.2 与支架模板荷载、混凝土施工荷载之和。A 预压区域总荷载 112.5kN/m²，B 预压区域总荷载 51kN/m²。

3) 加载方式：

待支架搭设完毕，底模铺好后。在选定位置，该范围内支架与其他支架的横纵向连接要断开，但自身横纵向连接及剪刀撑必须连好。预压材料采用沙包或水箱、钢筋等重物，采用分级加载，共 4 次，第一次为总荷载的 30%，持荷 8h，第二次加至总荷载的 70%，持荷 8h；第三次加至 90%，持荷 8h；第四次加至 100%，持荷 48h。然后开始卸载，为准确计算各级荷载作用下的非弹性变形量与弹性变形量，要求分级卸荷，卸载系数与加载系数相同，即按加载逆序的吨位进行卸载，卸载按每 8h 卸载一级进行。

4) 变形观测方法

支架预压试验变形观测设 2 处 20 个点：

第一处在预压范围内的钢管距地面约 1.5～1.7m 高度处取 10 点（A、B 预压区域各自四角及中心）；第二处在支架顶端用丝线悬挂重锤（要求丝线无变形），在距地面 1.5～1.7m 高度处取 10 点（与前 10 点在同一立杆位置）。用水准仪测量变形，测量时后视点取在相对影响小的位置，如承台或原基准点上。

首先观测初始值，用水准仪观测 10 个立杆的竖向位置，并分别标记，此为第一处 10 个点，用水准仪观测丝线的竖向位置，并分别标记，此为第二处 10 个点。后面每次观测均以此标记为准，并记录观测位置结果与标记的差值。

然后每次加载完成后观测一次，开始卸载前观测一次，然后每次卸载前观测一次，卸载完毕 24h 后再观测一次。对每处观测点分别取均值，第一处观测点反映的是地基与基础及 1.5m 钢管的变形，第二处观测点反映的是地基与基础及整个支架的变形。根据观测结果，填写支架沉降观测表，并计算非弹性变形量与弹性变形量，作为支架体系预拱度设置以参考数据。

（7）支架拆除

1) 拆除脚手架前的准备工作应符合下列规定：

A. 应全面检查脚手架的碗扣连接、支撑体系等是否符合构造要求；

B. 应根据检查结果补充完善施工组织设计中的拆除顺序和措施，经主管部门批准后方可实施；

191

C. 应清除脚手架上杂物及地面障碍物。

2）拆除脚手架时，应符合下列规定：

A. 拆除作业必须由上而下逐层进行，严禁上下同时作业；

B. 当脚手架采取分段、分立面拆除时，对不拆除的脚手架两端，应先加设连墙件及横向斜杆加固。

3）卸料时应符合下列规定：

A. 各构配件严禁抛至地面；

B. 运至地面的构配件应及时检查、整修与保养，并按品种、规格随时码堆存放。

4. 模板安装

根据模板设计计算（具体见附 6.1、附 6.2），决定箱梁模板采用 15mm（18mm）厚竹胶板，底模下木挡采用横向铺设 10cm×10cm 方木，方木中心间距不得大于以下数据：翼板下 45cm，普通段和 18、15 号墩处加厚段 30cm，16、17 号墩加厚段和 15、18 号墩处横梁 25cm，16、17 号墩处大横梁 20cm。

肋板（边腹板侧模）侧模木挡采用竖向 5cm×10cm 方木（高度方向 10cm），间距 30cm；横带采用 2ϕ48×3.5mm 钢管，间距不大于 100cm；拉杆采用 16mm 圆钢，设于每排横带，横向间距不大于 80cm。

（1）箱梁外模全部采用光面竹胶板，以保证整个工程的箱梁混凝土表面光洁、色泽统一。在支架顶面横向铺设 10cm×10cm 方木。铺设时方木间距按不同部位设置，竹胶板用电钻打孔，圆钉固定在方木上，确保模板平整不曲挠，接缝严密。模板分两次立模，第一次为底板、挑臂及隔板，第二次为箱梁顶板内模。

经支架预压，各项指标符合要求后，即开始底模铺设工作。首先按支架间距纵向铺设 10cm×15cm 方木，要求高度方向 15cm；再在其上按规定的间距要求铺设 10cm×10cm 方木，然后在方木上铺设竹胶板，模板接缝用玻璃胶塞缝以防止混凝土漏浆，上涂隔离剂。

底模板标高考虑支架、地基变形和预拱度设置。控制每 3m 点标高，中间底模为渐变。底模铺设完毕后，用全站仪放出现浇箱梁的中线和底板边线，要求曲线段 3～5m 一点。

（2）肋板（边腹板侧模）采用拉杆加固的整体竹胶板，与翼板下支架的连接作为侧模的支撑体系。翼板下与侧模相连的立杆予以加强，设置交叉斜杆加强翼板与梁底的支架的连接以承受振捣的水平荷载。

在有预应力构造处，采用定制模型保证锚垫板的位置和角度的准确性，并密封严密保证混凝土施工时不露浆。

（3）芯模材料采用普通松木板或旧的竹胶板，分两次支制作安装：第一次安装肋板部分（即内侧模，底板留空，以防止芯模上浮和便于底板振捣密实），腔内两肋内模用 5cm×5cm 方木按 100cm 间距支撑，背面通过钢筋骨架固定；第二次安装顶板部分，在第一次混凝土浇筑完成后安装，芯模顶板支顶于肋板混凝土上（覆盖前将垃圾清理干净），箱室内用 5cm×5cm 方木按 100cm 间距支撑，严格芯模顶板高度控制，即不可太高而减少钢筋保护层，也不能太低而增加混凝土的重量。在每一个箱室设置一个 0.6m×0.8m 天窗。现浇连续箱梁混凝土浇筑后顶板芯模从该孔洞逐块取出，然后从新设置天窗底板，补焊钢筋，浇筑天窗混凝土。

翼板立模时扣除防撞墙两侧宽度，栏杆钢筋预留。分两次浇筑的标准段，在腹板和翼板的交接处钉一条 2cm 的木条或 5cm 的模板条，使外侧接缝顺直，不露浆。

箱梁模板接缝应严密，板面平顺，板与板之间高差控制在 2mm 之内，不得错缝立模板，模板的接缝不得使用胶带，应使用油性腻子或玻璃胶塞缝以防止混凝土漏浆，或用 ϕ7mm 塑料条压缝。模板支撑牢固，侧模支撑采用方木与支架立柱或纵横水平杆牢固相连。

模板与钢筋骨架间用比梁体高一级的混凝土垫块支垫，确保保护层厚度符合设计要求。为防止内侧模压重使箱底板钢筋变形，在内侧模与底板之间用钢筋支垫。

端模使用 δ＝20mm 木板制作，包括张拉锚穴位置的端模与内外模骨架连接，形成封闭端。端模安装就位后，检查调整波纹管使之处于正确的设计位置。

为保证混凝土浇筑时模板不变形，并消除拉杆洞，模板拉筋采用可撤式螺栓拉筋，该螺栓卸下外面螺母后，用与台身同等强度的砂浆填塞，表面抹光，使其美观。可撤式螺栓示意详见图 6-7。

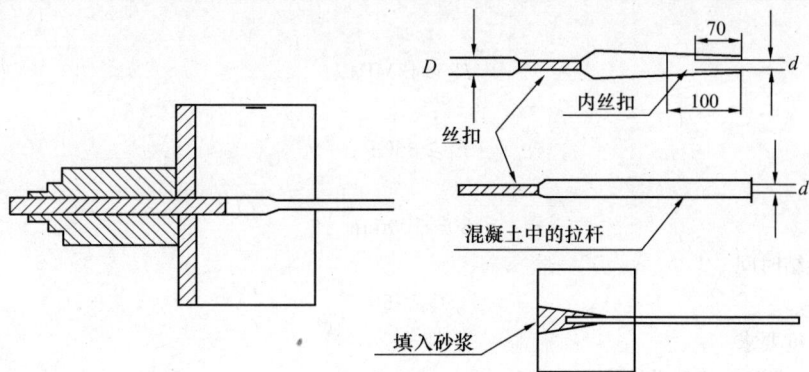

图 6-7 可撤式螺栓示意图

所有模板拼装完毕后，必须检查几何尺寸是否符合设计要求，板面是否平整光洁、有无凹凸变形及其他缺陷。否则，应及时整修。安装前，端模板孔眼应清除干净，模板与混凝土所有接触面应均匀涂刷隔离剂。同时检查支承模板的垫件、扣件是否完好、齐全。

充分重视内模的制作质量，内模的刚度要符合要求，防止梁体内部胀模，必要时增加内模的支撑和定位钢筋，防止内模上浮和侧移。内模与混凝土的接触面要采用三合板或五合板，不得使用塑料膜或彩条布。

在连续箱梁进行浇筑前，项目部对相关班组进行专项技术交底，尤其是混凝土振捣班组，防止漏振、孔洞、麻面现象的发生。

5. 钢筋施工工艺

在桥梁施工现场设钢筋加工车间，根据钢筋下料单，分类制作，绑扎时吊装至梁面，ϕ12 以上梁体主筋在钢筋车间采取闪光对焊进行加工。

（1）钢筋的绑扎

绑扎钢筋时，先进行底板及腹板钢筋的绑扎，待内模立好后再进行顶板钢筋的绑扎，具体绑扎顺序如下：

1）底板底横向钢筋；

2）腹板箍筋；

3）底板底纵向钢筋及纵向钢筋网骨架；

4）底板，腹板预应力波纹管、竖向预应力管道、钢筋定位网及锚垫板；

5）底板顶面纵、横钢筋及斜角钢筋，包括加固筋及纵向筋；

6）腹板内外侧纵向钢筋；

7）顶板底部、顶部钢筋及横向预应力束，包括钢筋网骨架；

8）挡碴墙，挡墙钢筋及电气化支柱预埋铁件。

（2）钢筋绑扎注意事项

1）钢筋接头避免设置在钢筋受力最大之处，应分散布置。

2）闪光对焊接头截面积，在受拉区不能占总受力钢筋截面积50％以上。

3）电弧焊接头应错开，接头应避开弯曲处，两钢筋接头相距在30倍直径以内及两焊接头相距在50cm以内或两绑扎接头的中距在绑接长度以内均视为处于同一截面。

4）钢筋净保护层厚度为30mm，用同等级混凝土垫块支垫。

不得直接在已立好的模板上进行钢筋焊接，必要时应采取有效的防护措施，同时应把预应力钢筋（管道）和预埋件（筋）作为工序检查的重点，严防错、漏。

6. 连续梁混凝土施工

（1）混凝土技术指标和原材料的技术要求

1）技术指标

为满足该桥的设计要求和施工需要，混凝土必须符合下列技术指标：

A. 强度

$$R_3 \geqslant 43\text{MPa}$$

B. 弹性模量

$$E_h \geqslant 35\text{GPa}$$

C. 坍落度

$$80 \sim 100\text{mm}$$

D. 混凝土凝结时间

$$T_初 > 6\text{h}$$

E. 混凝土强度要求

混凝土强度要求三天达到设计强度 85%

2）混凝土原材料的技术要求

由于本工程所有混凝土全部采用商品混凝土，此项要求仅适用于商品混凝土搅拌站。

A. 水泥

要采用统一厂家生产的强度等级 42.5 级普通硅酸盐水泥。水泥入库后试验部门及时抽样化验，主要检验项目有安定性检查和水泥强度等级鉴定，两项指标中有一项不合格者，此批水泥为不合格。检验单元为每 100t 水泥为一批进行检查。合格的水泥库存时间，最长不允许超过三个月，水泥库存应严格按照试验部门提供的标准进行保管，做到防潮通风。

B. 石料

梁部混凝土所用的石料必须是试验部门选定配合比所指定的进料，不允许其他石料场的不同石质的碎石混入梁部混凝土施工。碎石应符合试验部门提供的连续级配要求（粒径<25mm）；粗骨料抗压强度与混凝土强度比应大于 2。各梁段施工前，试验部门应对碎石进行各项指标试验，出据试验通知单，商品混凝土搅拌站必须按试验部门的通知单进行筛选掺配和施工。在梁段施工中，试验部门应对石料进行现场抽检。

C. 砂

细骨料技术要求应符合《公路桥涵施工技术规范》JTJ 041—2000 规定且必须从试验选定混凝土配合比所提供的料场进砂，砂子含泥量应不大于 1%，细度模数：中粗砂，同时砂亦不得含有其他杂质，级配应满足规范的筛分要求。商品混凝土搅拌站试验部门应向施工单位提前出据试验报告单，对不合格的砂子不允许使用并清理出料场。

碎石、砂子的存放场地，应夯实并抹砂浆，以便清洗，防止污染。

D. 水

用于混凝土拌合用水应达到生活用水的标准，试验部门应提前对水进行水质化验，出据化验单。

E. 外加剂

采用试验部门所提供的外加剂，并有专人负责混凝土生产中掺入外加剂的计量，没有试验的外加剂不允许用于梁部混凝土。

F. 配合比

与混凝土搅拌站协商确定。但必须满足如下要求：

a. 混凝土的施工配制强度（平均值）应不低于强度等级的 1.15 倍。

b. 所用水胶比应控制在 0.24～0.38 的范围内。

c. 水泥用量不宜超过 500kg/m³，粉煤灰掺量不宜超过胶结料重量的 30%，胶结料的总量不超过 550～600kg/m³。

d. 混凝土的砂率以控制在 28%～34%之间。

e. 高效减水剂的掺量宜为胶结材料的 0.5%～1.8%。

G. 混凝土所选用的骨料应进行碱活性试验，防止发生碱骨料反应，混凝土中的碱含量应符合《混凝土碱含量限制标准》CECS53：93 的要求。本桥所选用的所有骨料均送交试验单位检验，试验结果符合规范要求。

（2）混凝土生产

1）混凝土生产前，施工单位必须向搅拌站提出混凝土供应计划（数量和连续生产时间），搅拌站应按计划要求备够原材料，试验部门要对原材料的各项指标测试（材质、含水量）以调整配合比。书面通知搅拌站，挂牌生产。

2）混凝土的计量

混凝土开盘前必须检验计量的准确性。检查办法：可将各种材料先用磅秤称其重量，然后送入搅拌站单相运行检查，复核自动计量部分。水泥计量不允许以50kg/袋计量，必须事先称重量，并在水泥袋上重新标注实际重量或拆包成散装水泥过磅的办法计量。混凝土开盘前各种计量器具必须达到以下精度：水泥不大于±1%，粗、细骨料不大于±2%，水、外加剂不大于±1%。

3）混凝土试件的制作及取样

混凝土梁的强度和弹性模量主要依靠试件来实现，并以此作为箱梁施工过程控制的主要依据，因此必须严格按规定要求的数量制作试件。

每灌注梁段取样组数必须满足以下要求，抗压试件每一工作班取4组，弹性模量3组。并按梁段和日期编号。

4）试验情况报告

试验室应根据施工需要和设计要求，及时进行试验，试验数据应表格化，及时为施工现场准确提供试验数据。

（3）混凝土运输

运输方式：混凝土输送罐车运输，使用汽车泵泵送。

（4）混凝土灌注

1）梁段灌前，必须高度重视检查工作，按有关规定和检查表进行工序检查。检查人员应高度负责，检查合格后填写相关检查表，并由技术主管签认，经现场专业监理工程师检查签认后方可开盘，重点检查以下几项：模板支撑、模板拼缝质量、波纹管定位、钢筋绑扎及保护层的位置、预埋件、预留孔洞位置的准确性、模内有无杂物；检查无误后，需用水冲洗后，始准灌注。

2）灌注顺序

箱梁混凝土采用泵送，混凝土的浇筑应遵守"从低到高，先灌注根部后灌注梁端，两腹向中对称浇筑混凝土"的顺序，按照（第一次）底板——肋板——（第二次）顶板翼缘；灌注顶板及翼板混凝土时，从两侧向中央推进，以防发生裂纹。

混凝土浇筑时在16、17号墩处两侧各停靠一台泵车（共计4台），另联系备用泵车一台待命。施工时以150m³/h的速度浇筑，先自16、17号墩大横梁浇筑，按30～40cm一层由16、17号墩自低到高，先底板后肋板，向15、18号墩梁端和跨中推进。并根据现场实际情况，由值班技术员调节浇筑厚度和分节长度。

3）混凝土振捣

A. 捣固人员须经培训后上岗，要定人、定位、定责任，分工明确，尤其是钢筋密布部位、端模、拐（死）角及新旧混凝土连接部位指定专人进行捣固，操作人员要固定，每次浇筑前应根据责任表填写人员名单，并做好操作要求交底工作。

B. 以插入式振捣器振捣。插入振捣厚度以30cm厚为宜，要垂直等距离插入到下一层5～10cm左右，其间距不得超过60cm，振捣到混凝土表面出现灰浆和光泽使混凝土达到均匀为止，抽出振捣棒时要缓些，不得留有孔隙。

4）灌注混凝土注意事项

A. 浇筑腹板时，从顶下料，往往有些松散混凝土留在顶板上，待浇筑顶板时，这些混凝土已初凝，很容易使顶板出现蜂窝，所以在浇筑腹板时，应把进料口两侧用卸料板盖住。腹板与底板相连的倒角部分混凝土，由于振捣时会引起倒角处翻浆，要特别注意加强振捣。

B. 混凝土不得直接卸漏在钢筋网上，防止混凝土集中冲击钢筋和波纹管。

C. 要按最佳灌注位置和振捣范围，预留顶板及腹板"天窗"。腹板内模在底梗肋以上，顶板底模1.5m以下范围，采用随灌注随安装的方法，以保证混凝土灌注和捣固质量。

D. 捣固混凝土时应避免捣固棒与波纹管接触振动，混凝土捣固后，要立即对管道进行检查，及时清除渗入管内的灰浆。

E. 混凝土入模过程中，应随时保护管道不被碰撬，未振完前，禁止操作人员在混凝土面上走动，否则会引起管道下垂，促使混凝土"搁空"、"假实"现象发生，必要时用竹片将混凝土塞入管道下方。

F. 捣固混凝土时必须设专人密切观察和处理模板接缝是否漏浆及模板和支撑变化情况。

G. 试验人员应时测定坍落度和和易性变化情况，及时通知搅拌站进行调整。

H. 当昼夜平均温度低于+5℃或最低温度低于−3℃时，应按冬期施工处理，采取保温措施。冬期施工时，粗细骨料的温度应保持在0℃以上，水温度不应低于+5℃，混凝土入梁体的温度，不得低于+5℃。

（5）混凝土养护

顶板混凝土浇筑完后，为防止日晒、雨淋，低温等影响，应立即用沾湿的麻袋或草帘盖好，等混凝土初凝后洒水自然养护，保持草袋湿润。夏季应每隔0.5～1.0h对外、内侧模用高压水冲浇降温，拆模后应对混凝土表面洒水养护，洒水养护时间见表6-11。

混凝土洒水养护时间表　　　　　　　　　　　　　　表 6-11

环境相对湿度	<60%	60%～90%	>90%
洒水天数	14	7	可不洒水

冬期养护拟采取盖布包裹保温和加热等措施，当环境温度低于5℃时，不得对混凝土洒水。

梁体张拉检查试件，要存放在梁顶上与梁体同环境养护。

7. 连续梁预应力施工及压浆

本桥箱梁体腹板内设44根纵向通长预应力束和132根加强预应力束，顶板内设60根预应力束，横向预应力束主要设在暗横梁内，预应力筋为：标准公称直径15.20mm，强度级为1860MPa的低松弛钢绞线，张拉油顶采用YCW250B，YXW150B系列；采用M15.20系列锚具及其支承垫板。各向预应力筋张拉先后顺序为：先纵向、后横向。

（1）材料及机具

1）预应力材料

A. 进场要求

a. 预应力钢绞线的进场检查

首先，进场材料应有出厂质量保证书或试验报告单。

其次，进场时要进行外观检查。

钢绞线表面不得带有降低钢绞线与混凝土粘结力的润滑剂，油渍等物质，允许有轻微的浮锈，但不得锈蚀成肉眼可见的麻坑。

另外，进场材料须进行力学性能检验。

钢绞线进场应从每批钢绞线中任取三盘进行直径偏差、捻距和力学性能试验。每批为同一编号、同一规格、同一生产工艺制度的钢绞线组成，每批质量不大于60t。检查结果，如有一项试验结果不符合标准要求，则该盘作废。再从未试验过的钢绞线中取双倍数量的试样进行该不合格项的复检，如仍有一项不符合要求，则该批为不合格产品。但供方可以重新分类，作为新的一批提交验收。

b. 波纹管的进场验收

波纹管外观应清洁，内、外表面无油污，无引起锈蚀的附着物，无孔洞和不规则折皱，咬口无开裂、无脱扣。

c. 锚具的进场要求

外观检查，应从每批中抽取10%的锚具且不少于10套，检查外观和尺寸。如有一套表面有裂纹超过产品标准的允许偏差，则应取双倍数量锚具重新检查；如仍有一套不符合要求，则应逐套检查，合格者方可使用。

硬度检验，应从每批中抽取5%的锚具且不少于5套，对锚具和夹片进行硬度试验。每个零件测试三点，其硬度应在设计要求范围。如有一个不合格，同锚具的外观检一样进行检验。

静载锚固试验，经上述两项试验后，应从同批中抽取 6 套锚具，组装 3 个预应力筋锚具组装件，进行静载锚固性能试验，如有一个试件不符合要求，则应另取双倍数量的锚具重作试验；如仍有一个试件不符合要求，则该批锚具为不合格。其性能要求应符合《预应力筋用锚具、夹片和连接器》GB/T 14370—2000。

B. 存放要求

预应力筋、锚具和波纹管应放在通风良好，并有防潮、防雨措施的仓库中。

2）张拉机具

A. 本桥根据预应力筋的不同以及张拉吨位要求选择与之相匹配的张拉千斤顶。油泵采用与之配套的油泵。

B. 千斤顶的校验

a. 油料采用经过过滤的清洁机油，油中不能有水。

b. 接好油路后进行试运行，行程应不小于 180mm，运转时若发生响声，则千斤顶中存有空气，要继续运转，直至顶内空气排出为止，一般要空转三次。

c. 有下列情况之一千斤顶要校验：使用期超过两个月；千斤顶严重漏油；油表指针不能回零点；千斤顶调换油压表；张拉时连续断筋；实测预应力筋的伸长值与计算值相差过大。

C. 电动油泵的检验

a. 检查油泵是否是正常使用。

b. 检查油泵的润滑系统是否加足了润滑油。润滑油易采用高级机油。

c. 油泵储油量不少于张拉过程中对千斤顶总输油量的 150%。

d. 油泵上安全阀必须预先检定在规定量最大压力时，能灵敏地自动开启回油。

e. 油泵所用油料根据实际气温采用 10 号或 20 号机械油，使用前应使用钢丝布过滤，保证清洁。

f. 应采用高压油管，在使用时保证顺直或在半径弯曲，任何地方都不得有小于 90°的锐角；油管接头保持清洁，防止灰、砂、黏土侵入油路影响油质和避免接头有漏油。

g. 油泵的使用及检修按使用说明书进行。

D. 压力表的校验

a. 压力表在使用前应送计量认可单位校验。

b. 标准油表每周校正一次（工作油表与标准油表对比校正，容许误差 0.4%）。

E. 千斤顶、油泵、压力表的配套标定在千斤顶、油泵、压力表校验合格后，需将其组合成全套设备，进行设备的内摩阻校验，并绘出油表读数和相应张拉力关系曲线。配套标定的千斤顶、油泵、压力表要进行编号，不同编号的设备不能混用。

F. 机具配套、校验、标定由试验室负责。

（2）波纹管的施工

1）波纹管的连接安装

安装时，必须用铁丝将波纹管与钢筋托架绑在一起，以防浇筑混凝土时波纹管上浮而引起严重的质量事故。

波纹管安装就位过程中应尽量避免反复弯曲，以防管壁开裂，同时，还应防止电焊火花烧伤管壁。

波纹管安装后，应检查波纹管位置，曲线形状是否符合设计要求。

波纹管必须用套管旋紧，保证有 15～20cm 的相互重叠，并沿长度方向用两层胶布在接口处缠 5cm 左右长度。

混凝土浇筑前需在管道中穿入直径略小的 PVC 管做内衬，以免漏浆造成管道堵塞。

2）压浆通气孔的设置

对于长束（大于 60m）和长曲线束（大于 50m），在其中间和最高点位置要设置压浆通气管道。通气孔可用塑料管或钢管，并将其引出梁顶面 400～600mm，通气孔在施工时要用木塞塞紧。

（3）预应力的施工

1）钢绞线的下料、编束和穿束

A. 下料长度

钢绞线的下料长度按设计长度表中的下料长度进行下料。

B. 钢绞线下料采用砂轮锯切割，在切口处两端20mm范围内用绝缘胶带绑扎牢，防止头部松散，禁止电、气焊切割，以防热损伤。

C. 按设计预应力钢束编号编束。编束前对钢绞线进行梳整分根，并将每根钢绞线编码标在两端，后用18～20号铁丝将其绑扎牢固，绑扎间距为1～1.5m，编扎成束的钢绞线应顺直不扭转。成束的钢绞线按编号分类存放，搬运时，支点距离不大于1.5m。

为便于穿束，将穿入端用铜焊制成锥体状，且加以包裹，以防穿坏波纹管。采用卷扬机穿束的长、曲束，可将其束中间一根按两倍长度下料，端头亦应处理，穿束时可先穿其较长一根，然后与卷扬机连接牵引。

D. 穿束，中短束（直束 $L \leqslant 60m$，曲束 $L \leqslant 50m$）由人工穿束；长束和曲束用牵引法。卷扬机用0.5～2t。穿束前应用压力水冲洗孔内杂物，观察有无串孔现象，再用风压机吹干孔内水分。

2）钢绞线的张拉工艺

钢绞线预应力张拉，必须按设计图中钢束张拉程序进行。钢绞线束张拉程序如下：

A. 张拉前的准备工作

a. 检查张拉梁段的混凝土强度，达到设计强度80％以上，方可进行张拉。

b. 检查锚垫板下混凝土是否有蜂窝和空洞，必要时采取补强措施。

c. 向孔内压风，清除孔内杂物。

d. 清洁锚垫板上的混凝土，修正孔口，用特制样板的周边圈，用石笔绘出锚圈安放位置。

e. 钢绞线对号穿束。

f. 为了校验预应力值，在张拉过程中亦应测出预应力筋的实际伸长值，如与计算值相差6％以上时，应检查其原因后，再行张拉。

g. 对使用千斤顶、油泵、油压表进行配套检查，并根据千斤顶校验曲线查出各级张拉吨位下油压表读数，填在卡片上，供张拉时使用。

h. 将千斤顶、油泵移至梁体张拉端，并把千斤顶卡盘擦洗干净，为减少摩阻损失，采用两端同时张拉。

i. 两端同时张拉时，应配对讲机联系，应保持油压上升速度相等，互报压力表读数和伸长量，尽量使两端伸长量相等，并密切注视滑丝和断丝情况，做好记录。

j. 将油泵空转1～2分钟后，令大缸进油，小缸回油，大缸活塞外伸200mm左右，再令小缸进油，大缸回油，使缸活塞回零，如此进行2～3次，以排除油管及顶内空气。

在张拉过程中，均需填写张拉记录，预应力张拉记录表，以备查核。

张拉程序：0→张拉初始力（0.1张拉控制力）→控制力（持荷5min）锚固→回零

B. 张拉注意事项

a. 千斤顶、油泵、油压表及锚具安装应符合要求。

b. 千斤顶、锚圈与孔口必须在一个同心圆内。

c. 初张拉吨位为控制吨位的10％，主要是使每束钢绞线受力均匀，并在初张拉后划量测伸长值记录。

d. 锚固时应一端先锚，另一端张拉力不足时，补足设计拉力后锚固。

e. 油压表读数计算

$$油压表读数 = \frac{预应力筋的总张拉力}{千斤顶张拉油缸液压面积}$$

实际操作中根据油压表及千斤顶校核数据内差求得。

f. 所有需要校验的张拉机具不准超过校验期限，若张拉途中出现故障应立即停止张拉。

g. 预应力张拉质量应符合《预应力筋用锚具、夹具和连接器应用技术规程》JGJ 85—92规定，张拉质量不合格时，应查明原因，重新张拉。

h. 割丝：用砂轮锯切割。有困难时，若使用气割，火焰应离开锚片20～30cm，并用破布包住锚具，不断浇水降温，避免热损伤。

C. 操作安全

a. 油管不许踩踏攀扶，如有破损及时更换。

b. 千斤顶内有油压时，不得拆卸油管接头，防止高压油射出伤人。

c. 油泵电源线应接地避免触电。

d. 要保持安全阀的灵敏可靠。

e. 张拉时，千斤顶后面严禁站人，张拉人员应站在千斤顶两侧面操作。

（4）孔道压浆

1）孔道压浆设备

根据本桥的孔道长度和压浆要求，可选用相应压浆泵，应配有低速搅拌设备。

2）作业程序

A. 张拉完毕后，应及时压浆，以不超过 24h 为宜，以免引起预应力筋锈蚀或松弛。

B. 张拉工艺完成后，应立即将锚塞周围预应力筋间隙用水泥砂浆封锚；封锚水泥砂浆强度不达到 10MPa 不得压浆。

C. 为使孔道压浆通畅，并使浆液与孔壁接触良好，压浆前应用压力水冲洗孔道，并用压缩空气排除孔内积水。

D. 灰浆经 4900 孔/cm² 的筛子进行过滤后存放在储浆桶内，保持低速搅拌，并保持足够数量，以使每个压浆孔道能一次连续完成；灰浆拌合时必须机械拌合均匀，水泥浆自调制至压入孔道的间隙时间不得大于 10min。

E. 压浆顺序应先压下面孔道，后压上面孔道，并应将其中一处的孔道一次压完，以免孔道漏浆堵塞邻近孔道，如集中孔道无法一次压完时，应将相邻未压浆孔道用压力水冲洗，使得今后压浆时通畅无阻。

F. 压浆泵输浆压力宜保持在 0.5～0.6MPa，以保证压入孔道内的水泥浆密实为准，并应有适当稳压时间（一般 30s）。

G. 压浆时压浆泵内绝不能有空缺现象的出现，在压浆泵工作暂停时，输浆管嘴不能与压浆孔口脱开，以免空气进入气孔内影响压浆质量。

H. 出浆孔在流出浓浆后即用木塞塞紧，然后关闭连接管和输浆管嘴，卸拔时不应有水泥浆反溢现象。

I. 同一孔道压浆作业应一次完成，不得中断，如遇机械事故，不能迅速修复，则应安装水管冲掉压入水泥浆，并将所有预留孔道疏通，重新压浆。

J. 输浆管最长不得超过 40m，当长于 30m 时，提高压力 0.1～0.2MPa。

K. 压浆完毕后等待一定时间，一般 0.5～2h，才拆除压浆孔及出浆孔上的阀门管节，并冲洗干净。

L. 每班应制作立方体水泥浆试件，不少于 3 组，用标准养护 28 天的试件评定水泥浆强度。

M. 压浆工作必须在梁件混凝土的温度在 40h 内不低于 5℃ 的情况下进行，如果压浆后温度下降，应采取保温措施。水泥浆在搅拌机中的温度不宜超过 25℃，夏季施工，尽量选择在夜间气温较低时压浆。

N. 水泥浆强度须保证在 R28 强度能达到设计要求或不低于 35MPa，施工完毕及时封锚。

O. 若在压浆过程中，发现局部漏浆，可用毡片盖好贴严顶紧堵漏。若堵漏无效，则应立即进行管道冲洗，待漏浆处理修补好后再重新压浆。

3）灰浆的调试及技术要求

A. 水泥浆使用的水泥及强度须与梁体用水泥相同；

B. 灰浆强度不得低于 35MPa；

C. 水灰比为 0.35～0.4，搅拌后 3h 泌水率宜控制在 2%；

D. 灰浆流动度用 3486 锥体不得大于 20S；

E. 具体配合比由试验室试配。

4）封锚

A. 封锚混凝土采用环氧砂浆。

B. 封锚前应将周围的杂物清理干净，梁端锚穴处应凿毛处理。

C. 封端混凝土灌注之前，先用环氧树脂涂抹锚具，再灌涂以 881-Ⅰ型聚氨酯防水涂料，绑扎封端钢筋，然后灌封端混凝土。

8. 施工组织

(1) 经理部成立箱梁施工管理小组，负责各方面协调组织。

组长：××

组员：××　××　××　××　××　××　××　××　××

组长负责箱梁施工的全面工作；××负责方案编制和施工现场技术指导工作，××、××负责施工现场技术指导工作及施工过程中质量、安全监控；××、××负责施工现场的各种原材料的试验、报验；××负责施工材料、机具的进场；××负责施工的质量控制，自检、报验；××负责施工现场的安全管理；现场领工员、××、××负责落实施工现场各项具体工作及安全、质量监督。

(2) 人员、机械、材料进场情况（表 6-12）

1) 施工人员表

施工人员表　　　　　　　　　　　　　　　　　　表 6-12

序　号	工　种	人　数	备　注
1	钢筋班	50	负责钢筋绑扎，预应力设置
2	木工班	30	负责立模
3	混凝土班	15	浇筑、振捣、养护混凝土
4	架子班	50	负责立、拆支架
5	张拉班	10	负责预应力的张拉
6	领工员	3	协调组织现场施工
7	技术组	6	技术指导
8	电工班	2	现场用电

2) 主要施工机械表

施工机械表

序　号	机械或设备名称	型号规格	数　量	功　率
1	电焊机	DN3-75	6	75kW
2	对焊机	GQH40	2	14.5-15 kW
3	钢筋调直、切断机	GQS40A	1	4.4kW
4	钢筋弯曲机	GWJ40-A	1	3kW
5	切割设备		1套	
6	汽车吊车	QY-50/25	2	
7	汽车混凝土输送泵	DC-S115B	4	40m³/h
8	插入式振动器	ZN30-50	6	1.3kW
9	张拉千斤顶	YCW250	2	
10	张拉千斤顶	YXW150	2	
11	油泵	ZB4/500	4	
12	挤压机		1套	
13	压浆设备		1套	
14	混凝土搅拌设备		一套	搅拌站提供
15	混凝土运输设备	罐车	20辆	搅拌站提供

3）门架周转材料计划表

门架周转材料计划表

序 号	材料名称、型号	单 位	数 量	备 注
1	MJ190	榀	21154	一联用
2	MJ170	榀	1000	一联用
3	调节杆190	个	7068	一联用
4	顶托	个	7068	一联用
5	底座	个	7068	一联用
6	交叉拉杆	个	22300	一联用

9. 安全技术措施

贯彻"安全第一、预防为主"的方针，项目经理部和各部门分级负责，以加强施工作业现场控制和职工的安全生产教育为重点，采取定期检查、专人检查、班组自查、职工互查相结合，确保本标段工程施工安全。

（1）高空坠落和物体打击的防护措施

1）认真贯彻执行××市市政工程局制定的《××市市政工程施工高空作业安全生产若干规定》、《××市市政工程立柱施工脚手架安全技术规定》等。

2）脚手架应按规定搭设外登高脚手架，搭成"之"字形人行道的登高梯。梯外侧周围用护网围好，并设立两侧扶手，扶手高度要超过人孔顶面1.05m。

3）脚手架到施工操作面做封头，外立杆高于内立杆1.0m，施工操作面工作平台四周设安全防护栏杆，高度1.2m，在平台以上40cm及顶部设两道栏杆，并用密目阻燃安全网封闭围护工作平台，走道四周贯通。

4）脚手架搭设完毕后按规定进行验收，经验收挂牌后方能投入使用。

5）脚手架拆除按规定自上而下进行，严禁乱扔乱抛、野蛮拆卸，并做到落手轻缓。

6）各工种进行上下立体交叉作业时，不得在同一垂直面上操作。

7）机械吊装桥梁时，要设专人有证指挥，严禁机臂及梁下站人。

8）认真搞好个人防护，正确使用安全帽、安全带、安全网。

（2）施工用电的安全防护措施

1）认真编制施工现场临时用电组织设计，制定电气安全操作规程、安装规程和运行管理规定，电气维修检查制度，电气交接班记录，接电电阻测试记录和漏电开关测试记录。

2）现场临时用电线路按施工组织设计的要求进行布置，并采用三相五线制，严禁乱拖乱拉。

3）施工现场使用××市要求的统一标准配电箱。严格做到三级配电二级漏电保护。

4）施工电器设备的保护接地、接零措施必须严格按照规定实施。工作照明灯使用安全电压。

5）经常对现场用电设备进行安全检查，定期测试漏电开关及接地电阻，发现隐患立即整改。

（3）轮胎起重机作业安全措施

1）起重机作业时，支腿必须全部伸出，并铺平垫实。当回转动作时，应平稳地接合回转离合器，减小重物摆动。

2）负荷时严禁伸缩臂杆。起落臂杆时，应缓慢动作。严禁碰撞作业平台和钢筋骨架。

3）操作司机必须视线开阔，视线前不得有障碍物阻碍视线。夜间施工必须有充足照明，照明灯不得逆向照射，影响司机观察。

4）当需要指挥吊装时，应安排专人指挥，定责定岗，上岗前进行技术培训，制定专项制度和指挥联络方法，考核合格后，持证上岗。指挥人员和操作司机在作业前要做必要的沟通，让司机知道作业内容和注意事项，避免产生误解。

5）严禁机电设备带病运转或超负荷作业。夜间作业时，有足够的照明设施，工作视线不清时不得作业。

6）起重机在操作时其下方均不能站人或有作业人员。

（4）高空作业安全措施

1）从事高空作业人员，必须定期进行体格检查，凡不适宜高空作业的人员，不得从事此项工作。作业人员必须拴安全带、戴安全帽、穿防滑鞋。

2）高空作业人员应配备工具袋。小型工具及材料应放入袋内，较大的工具必须拴好保险绳。不得随手乱放，防止堕落伤人，更严禁从高空向下乱扔乱丢。

3）双层作业或靠近交通要道施工时，要设置必要的封闭隔离措施或设置防护人员及有关施工标志。

4）夜间进行高空作业时，必须有足够的照明设备。爬梯空洞等处设明显的标志。

5）六级（包括六级）以上大风，为确保施工人员的人身安全，应停止高空作业。

（5）预应力施工安全技术措施

1）预应力张拉时张拉区应有明显标志，非工作人员禁止入内，张拉时两端禁止站人。

2）箱梁张拉属高空作业，操作人员必须严格按照高空作业安全操作规程配备劳保用品，箱梁两端必须搭设操作平台并有专门防护措施。

3）油泵与千斤顶之间所有的连接点、紫铜管的喇叭口要求完整无损，油表接头处要用纱布包扎，防止漏油喷射伤眼。

4）孔道压浆时操作人员应戴防护眼镜，穿胶鞋，戴手套，插嘴压紧在孔洞上，胶皮管与压浆泵连接牢固后方可进行工作。

5）千斤顶、管路、油泵等在张拉负荷时，不得撞击和拆接。

6）油泵使用开关、安全阀应进行调整，压力应调至高出工作压力的 $10\%\sim15\%$，并经常保持灵敏度。

7）高压油管及接头，使用前进行试压，并具足够的安全度。

8）张拉作业区，无关人员不得进入，千斤顶轴线方向不得站人，作业人员应站在千斤顶的两侧。

9）预制梁块在移梁及运送过程中应有防倾覆措施。在垫好支垫的同时，用方木或钢支撑撑于梁翼板下，运梁时还应用铁丝或钢丝绳、花篮螺栓进行加固固定。

10）定期对桥梁施工设备进行检查、保养、维修，确保设备正常运转，安全使用。

11）张拉操作中若出现异常现象（如油表振动剧裂、发生漏油、电机声音异常、发生断丝、滑丝等），应立即停机检查。

附：

附6.1 支架计算资料

1. 荷载分析

（1）混凝土自重产生的恒载 q_1；混凝土重度按 $25kN/m^3$ 计。施工时在翼板底口处水平分段，计算时为使计算偏于安全，依整断面计算自重。

对箱梁腹板处混凝土荷载考虑依 $45°$ 角扩散至底板底面。

（2）模板自重依 $q_2=1kN/m^2$ 计

（3）施工活载按 $q_3=2.5kN/m^2$ 计

（4）混凝土倾倒、振捣产生的冲击力 $q_4=4kN/m^2$ 计

（5）安全系数考虑混凝土超方等因素取 1.1 系数。

（6）按照模板检算规定

强度检算荷载：$q=(q_1+q_2+q_3+q_4)\times1.1$

挠度度检算荷载：$q=q_1+q_2$

（7）根据对梁体各部位的荷载分析及考虑支架的搭设方便，将支架分为三部分按各部分的最大荷载分别计算：①翼板处；②普通段；③15、18号墩处加厚段；④16、17号墩处加厚段；⑤15、18号墩端部横梁；⑥16、17号墩处横梁。

（8）按照可调重型门架说明每片门架最大载量150kN，允许载量75kN；

（各断面荷载分析图略）

2. 支架计算

（1）翼板处

1）底模计算

1.5cm厚光面竹胶板技术指标：

$$E＝10000\text{MPa}，[\sigma]＝15\text{MPa}，q_强＝17.9\ \text{kN/m}^2，q_挠＝10\text{kN/m}^2$$

按45cm横向间距布设100mm×100mm方木依三跨0.45m连续梁计算模板强度及挠度：

$$\sigma＝M/W$$
$$＝0.1\times17.9\times0.45^2\times6/1\times0.015^2$$
$$＝9.7\text{MPa}<[\sigma]$$
$$f＝ql^4/150EI$$
$$＝10\times0.45^4\times12/150\times10^7\times0.015^3$$
$$＝0.00097\text{m}<450/400＝1.125\text{mm}$$

模板强度、挠度均满足要求。

2）底模下方木检算

底模下统一采用100mm×100mm的方木。依最大两跨1.2m连续梁计算方木强度及挠度：
100mm×100mm的方木技术指标：

$$E＝10000\text{MPa}，[\sigma]＝15\text{MPa}$$
$$q_强＝17.9\times0.45＝8.1\text{kN/m}$$
$$q_挠＝10\times0.45＝4.5\text{kN/m}$$
$$\sigma＝M/W$$
$$＝0.125\times8.1\times1.2^2\times6/1\times0.1\times0.1^2$$
$$＝8.75\text{MPa}<[\sigma]$$
$$f＝ql^4/192EI$$
$$＝4.5\times1.2^4\times12/192\times10^7\times0.1\times0.1^3$$
$$＝0.00006\text{m}<1200/400＝3\text{mm}$$

方木强度、挠度均满足要求。

3）方木下分配梁检算

方木下分配梁统一采用15mm×10mm的方木。为便于计算按照最大跨距为1.0m的连续梁均布荷载计算。
15mm×10mm方木技术指标：

$$E＝10000\text{MPa}，[\sigma]＝15\text{MPa}$$
$$q_强＝17.9\times1.2＝21.48\text{kN/m}$$
$$q_挠＝10\times1.2＝12\text{kN/m}$$
$$\sigma＝M/W$$
$$＝0.1\times6\times21.48\times1.0^2/0.1\times0.15^2$$
$$＝5.7\text{MPa}<[\sigma]$$
$$f＝ql^4/150EI$$
$$＝12\times12\times1.0^4/150\times10^7\times0.1\times0.15^3$$
$$＝0.00028\text{m}<1000/400＝3\text{mm}$$

4）门架检算

$$N = 2 \times 1.2 \times 18$$
$$= 43.2kN < [N]$$

（2）普通段

1）底模计算

1.5cm厚光面竹胶板技术指标：

$$E = 10000MPa，[\sigma] = 15MPa，q_{强} = 38.2kN/m^2，q_{挠} = 28.2kN/m^2$$

按30cm横向间距布设100mm×100mm方木依三跨0.3m连续梁计算模板强度及挠度：

$$\sigma = M/W$$
$$= 0.1 \times 38.2 \times 0.3^2 \times 6/1 \times 0.015^2$$
$$= 9.168MPa < [\sigma]$$
$$f = ql^4/150EI$$
$$= 28.2 \times 0.3^4 \times 12/150 \times 10^7 \times 0.015^3$$
$$= 0.000541m < 300/400 = 0.75mm$$

模板强度、挠度均满足要求。

2）底模下方木检算

底模下统一采用100mm×100mm的方木。依三跨0.9m连续梁计算方木强度及挠度：

100mm×100mm的方木技术指标：

$$E = 10000MPa，[\sigma] = 15MPa$$
$$q_{强} = 38.2 \times 0.3 = 11.46kN/m$$
$$q_{挠} = 28.2 \times 0.3 = 8.46kN/m$$
$$\sigma = M/W$$
$$= 0.1 \times 11.46 \times 0.9^2 \times 6/1 \times 0.1 \times 0.1^2$$
$$= 5.6MPa < [\sigma]$$
$$f = ql^4/150EI$$
$$= 8.46 \times 0.9^4 \times 12/150 \times 10^7 \times 0.1 \times 0.1^3$$
$$= 0.00044m < 900/400 = 2.25mm$$

方木强度、挠度均满足要求。

3）方木下分配梁检算

方木下分配梁统一采用15mm×10mm的方木。为便于计算按照最大跨距为1.0m的连续梁均布荷载计算。

15mm×10mm方木技术指标：

$$E = 10000MPa，[\sigma] = 15MPa$$
$$q_{强} = 38.2 \times 0.9 = 34.4kN/m$$
$$q_{挠} = 28.2 \times 0.9 = 25.38kN/m$$
$$\sigma = M/W$$
$$= 0.1 \times 6 \times 34.4 \times 1.0^2/0.1 \times 0.15^2$$
$$= 9.2MPa < [\sigma]$$
$$f = ql^4/150EI$$
$$= 12 \times 25.38 \times 1.0^4/150 \times 10^7 \times 0.1 \times 0.15^3$$
$$= 0.0006m < 1000/400 = 3mm$$

4）门架立杆检算

$$N = 2 \times 38.2 \times 0.9$$
$$= 68.76kN < [N]$$

（3）15、18号墩处加厚段

1）底模计算

1.5cm厚光面竹胶板技术指标：

$$E=10000\text{MPa}，[\sigma]=15\text{MPa}，q_{强}=41.25\text{ kN/m}^2，q_{挠}=31\text{kN/m}^2$$

按30cm横向间距布设100mm×100mm方木依三跨0.3m连续梁计算模板强度及挠度：

$$\sigma=M/W$$
$$=0.1\times41.25\times0.3^2\times6/1\times0.015^2$$
$$=9.9\text{MPa}<[\sigma]$$
$$f=ql^4/150EI$$
$$=31\times0.3^4\times12/150\times10^7\times0.015^3$$
$$=0.000591\text{m}<300/400=0.75\text{mm}$$

模板强度、挠度均满足要求。

2）底模下方木检算

底模下统一采用100mm×100mm的方木。依三跨0.9m连续梁计算方木强度及挠度：

100mm×100mm的方木技术指标：

$$E=10000\text{MPa}，[\sigma]=15\text{MPa}$$
$$q_{强}=41.25\times0.3=12.375\text{kN/m}$$
$$q_{挠}=31\times0.3=9.3\text{kN/m}$$
$$\sigma=M/W$$
$$=0.1\times12.375\times0.9^2\times6/1\times0.1\times0.1^2$$
$$=6.01\text{MPa}<[\sigma]$$
$$f=ql^4/150EI$$
$$=9.3\times0.9^4\times12/150\times10^7\times0.1\times0.1^3$$
$$=0.00049\text{m}<900/400=2.25\text{mm}$$

方木强度、挠度均满足要求。

3）方木下分配梁检算

方木下分配梁统一采用15mm×10mm的方木。为便于计算按照最大跨距为1.0m的连续梁均布荷载计算。

15mm×10mm方木技术指标：

$$E=10000\text{MPa}，[\sigma]=15\text{MPa}$$
$$q_{强}=41.25\times0.9=37.125\text{kN/m}$$
$$q_{挠}=31\times0.9=27.9\text{kN/m}$$
$$\sigma=M/W$$
$$=0.1\times6\times37.125\times1.0^2/0.1\times0.15^2$$
$$=9.9\text{MPa}<[\sigma]$$
$$f=ql^4/150EI$$
$$=12\times27.9\times1.0^4/150\times10^7\times0.1\times0.15^3$$
$$=0.0007\text{m}<1000/400=3\text{mm}$$

4）门架立杆检算

$$N=0.9\times1.8\times41.25$$
$$=66.825\text{kN}<[N]$$

（4）16、17号墩处加厚段

1）底模计算：

1.5cm厚光面竹胶板技术指标：

$E=10000\text{MPa}，[\sigma]=14\text{MPa}，q_{强}=53.8\text{ kN/m}^2，q_{挠}=42.4\text{kN/m}^2$

按25cm横向间距布设100mm×100mm方木依三跨0.25m连续梁计算模板强度及挠度：

$$\sigma = M/W$$
$$= 0.1 \times 53.8 \times 0.25^2 \times 6/1 \times 0.015^2$$
$$= 8.97 \text{MPa} < [\sigma]$$
$$f = ql^4/150EI$$
$$= 42.4 \times 0.25^4 \times 12/150 \times 10^7 \times 0.015^3$$
$$= 0.0004 \text{m} < 250/400 = 0.625 \text{mm}$$

模板强度、挠度均满足要求。

2）底模下方木检算

底模下统一采用 100mm×100mm 的方木。依三跨 0.9m 连续梁计算方木强度及挠度：

100mm×100mm 的方木技术指标：

$$E = 10000 \text{MPa}, \quad [\sigma] = 14 \text{MPa}$$
$$q_{强} = 53.8 \times 0.25 = 12.45 \text{kN/m}$$
$$q_{挠} = 42.4 \times 0.25 = 10.6 \text{kN/m}$$
$$\sigma = M/W$$
$$= 0.1 \times 12.45 \times 0.9^2 \times 6/1 \times 0.1 \times 0.1^2$$
$$= 6.1 \text{MPa} < [\sigma]$$
$$f = ql^4/150EI$$
$$= 10.6 \times 0.9^4 \times 12/150 \times 10^7 \times 0.1 \times 0.1^3$$
$$= 0.00056 \text{m} < 900/400 = 2.25 \text{mm}$$

方木强度、挠度均满足要求。

3）方木下分配梁检算

方木下分配梁统一采用 15mm×10mm 的方木。为便于计算按照最大跨距为 1.0m 的连续梁均布荷载计算。

15mm×10mm 方木技术指标：

$$E = 10000 \text{MPa}, \quad [\sigma] = 15 \text{MPa}$$
$$q_{强} = 53.8 \times 0.9 = 48.42 \text{kN/m}$$
$$q_{挠} = 42.4 \times 0.9 = 38.16 \text{kN/m}$$
$$\sigma = M/W$$
$$= 0.1 \times 6 \times 48.42 \times 1.0^2/0.1 \times 0.15^2$$
$$= 12.91 \text{MPa} < [\sigma]$$
$$f = ql^4/150EI$$
$$= 12 \times 38.16 \times 1.0^4/150 \times 10^7 \times 0.1 \times 0.15^3$$
$$= 0.0009 \text{m} < 1000/400 = 3 \text{mm}$$

4）门架立杆检算

$$N = 0.9 \times 1.4 \times 53.8$$
$$= 67.8 \text{kN} < [N]$$

（5）15、18 号墩端部横梁

1）底模计算

1.5cm 厚光面竹胶板技术指标：

$$E = 10000 \text{MPa}, \quad [\sigma] = 14 \text{MPa}$$
$$q_{强} = 63.9 \text{kN/m}^2$$
$$q_{挠} = 51.6 \text{kN/m}^2$$

按 25cm 横向间距布设 100mm×100mm 方木依三跨 0.25m 连续梁计算模板强度及挠度：

$$\sigma = M/W$$
$$= 0.1 \times 63.9 \times 0.25^2 \times 6/1 \times 0.015^2$$
$$= 10.65 \text{MPa} < [\sigma]$$
$$f = ql^4/150EI$$
$$= 51.6 \times 0.25^4 \times 12/150 \times 10^7 \times 0.015^3$$
$$= 0.00047\text{m} < 250/400 = 0.625\text{mm}$$

模板强度、挠度均满足要求。

2）底模下方木检算

底模下统一采用 100mm×100mm 的方木。依三跨 0.6m 连续梁计算方木强度及挠度：

100mm×100mm 的方木技术指标：
$$E = 10000\text{MPa}, \quad [\sigma] = 14\text{MPa}$$
$$q_{强} = 63.9 \times 0.25 = 16\text{kN/m}$$
$$q_{挠} = 51.6 \times 0.25 = 12.9\text{kN/m}$$
$$\sigma = M/W$$
$$= 0.1 \times 16 \times 0.6^2 \times 6/1 \times 0.1 \times 0.1^2$$
$$= 3.456\text{MPa} < [\sigma]$$
$$f = ql^4/150EI$$
$$= 12.9 \times 0.6^4 \times 12/150 \times 10^7 \times 0.1 \times 0.1^3$$
$$= 0.00013\text{m} < 600/400 = 1.5\text{mm}$$

方木强度、挠度均满足要求。

3）方木下分配梁检算

方木下分配梁统一采用 15mm×10mm 的方木。为便于计算按照最大跨距为 1.0m 的连续梁均布荷载计算。

15mm×10mm 方木技术指标：
$$E = 10000\text{MPa}, \quad [\sigma] = 15\text{MPa}$$
$$q_{强} = 63.9 \times 0.6 = 38.34\text{kN/m}$$
$$q_{挠} = 51 \times 0.6 = 30.6\text{kN/m}$$
$$\sigma = M/W$$
$$= 0.1 \times 6 \times 38.34 \times 1.0^2/0.1 \times 0.15^2$$
$$= 10.2\text{MPa} < [\sigma]$$
$$f = ql^4/150EI$$
$$= 12 \times 30.6 \times 1.0^4/150 \times 10^7 \times 0.1 \times 0.15^3$$
$$= 0.0007\text{m} < 1000/400 = 3\text{mm}$$

4）门架立杆检算
$$N = 0.6 \times 1.7 \times 63.9$$
$$= 65\text{kN} < [N]$$

（6）16、17 号墩处横梁

1）底模计算

1.5cm 厚光面竹胶板技术指标：
$$E = 10000\text{MPa}, \quad [\sigma] = 14\text{MPa}, \quad q_{强} = 105\text{kN/m}^2, \quad q_{挠} = 88.5\text{kN/m}^2$$

按 20cm 横向间距布设 100mm×100mm 方木依三跨 0.2m 连续梁计算模板强度及挠度：
$$\sigma = M/W$$
$$= 0.1 \times 105 \times 0.2^2 \times 6/1 \times 0.015^2$$
$$= 11.2\text{MPa} < [\sigma]$$

$$f = ql^4/150EI$$
$$= 88.5 \times 0.20^4 \times 12/150 \times 10^7 \times 0.015^3$$
$$= 0.00033m < 200/400 = 0.5mm$$

模板强度、挠度均满足要求。

2）底模下方木检算

底模下统一采用 100mm×100mm 的方木。依三跨 0.45m 连续梁计算方木强度及挠度：

100mm×100mm 的方木技术指标：

$$E = 10000MPa, [\sigma] = 13MPa$$
$$q_{强} = 105 \times 0.2 = 21kN/m$$
$$q_{挠} = 88.5 \times 0.2 = 17.7kN/m$$
$$\sigma = M/W$$
$$= 0.1 \times 21 \times 0.45^2 \times 6/1 \times 0.1 \times 0.1^2$$
$$= 2.55MPa < [\sigma]$$
$$f = ql^4/150EI$$
$$= 17.7 \times 0.45^4 \times 12/150 \times 10^7 \times 0.1 \times 0.1^3$$
$$= 0.00006m < 450/400 = 1.125mm$$

方木强度、挠度均满足要求。

3）方木下分配梁检算

方木下分配梁统一采用 15mm×10mm 的方木。为便于计算按照最大跨距为 1.0m 的连续梁均布荷载计算。

15mm×10mm 方木技术指标：

$$E = 10000MPa, [\sigma] = 15MPa$$
$$q_{强} = 105 \times 0.45 = 47.25kN/m$$
$$q_{挠} = 88.5 \times 0.45 = 39.825kN/m$$
$$\sigma = M/W$$
$$= 0.1 \times 6 \times 47.25 \times 1.0^2/0.1 \times 0.15^2$$
$$= 12.6MPa < [\sigma]$$
$$f = ql^4/150EI$$
$$= 12 \times 39.825 \times 1.0^4/150 \times 10^7 \times 0.1 \times 0.15^3$$
$$= 0.0009m < 1000/400 = 3mm$$

4）门架立杆检算

$$N = 0.45 \times 1.4 \times 105$$
$$= 66.15kN < [N]$$

3. 地基承载力计算

$$P = N/A$$

式中　N——支架传之基础顶面处的轴心力；

　　　A——硬化层下素土受力面面积，840×640mm。

底座下硬化层至素土厚 35cm，底座 140mm×140mm 按 45°破裂角扩散至素土面。

取最大的顶托处支座力加支架自身自重后作为支架传之基础顶面处的轴心力计算

$$P_{max} = (37.5)/(0.84 \times 0.64) = 69kPa < [\sigma] = 110kPa$$

地面素土层②砂质粉土层：地基承载力标准值 110kPa③-1 黏质粉土层：

地基承载力标准值 125kPa，所以地基承载力满足要求。

4. 支架整体稳定性

支架的整体稳定性由构造措施保证。支架采用 φ48 的钢管连接各片门架并搭设剪刀撑。

5. 支架布置图略

附 6.2 边腹板侧模板计算

1. 模板侧压力

(1) 倾倒混凝土对垂直模板产生的荷载：4.0kPa

(2) 新浇混凝土对模板侧面产生的压力：

$$P_{max}=0.22\gamma t_0 k_1 k_2 v^{1/2}$$

式中　γ——混凝土重度 25(kN/m^3)；

　　　t_0——新浇混凝土初凝时间 6h；

　　　k_1——外加剂修正系数 1.2；

　　　k_2——坍落度修正系数 1.0；

　　　v——混凝土浇筑速度 0.4m/h。

$$P_{max}=0.22\times25\times6\times1\times1.2\times(0.4)^{1/2}=25kPa$$

(3) 荷载分项系数：倾倒混凝土对垂直模板产生的荷载分项系数 1.4 新浇混凝土对模板侧面产生的压力分项系数 1.2

(4) 总侧压力

强度计算：$P=25\times1.2+4\times1.4=35.6kPa$

挠度计算：$P=25\times1.2=30kPa$

2. 模板计算

(1) 模板挠度控制

按外露结构的模板挠度为模板构件跨度的 1/400 控制

采用竹胶版：15mm 厚，$E=10000MPa$，$\sigma=14MPa$

由 $f=\dfrac{ql^4}{150EI}=\dfrac{1}{400}$，知 $l^3=\dfrac{150EI}{400q}=\dfrac{150\times10^7\times0.015^3}{400\times12\times30}$

故 $l=0.33m$

(2) 模板强度控制

均布荷载下连续梁的近似计算强度为：

$$M=\frac{ql^2}{10}=[\sigma]\times\frac{1}{6}bh^2$$

故　　　　　　　$l=153\times h\times\sqrt{\dfrac{b}{q}}=153\times0.015\times\sqrt{\dfrac{1}{35.6}}=0.384m$

由上面两者相比知竖带方木可采用@30cm 间距，此时模板满足要求。

3. 竖带计算

竖带方木采用 5cm×10cm 的松木，$E=10000MPa$，$\sigma=14MPa$

横带方木上的均布荷载：强度控制 $q=35.6\times0.3=10.68kN/m$

挠度控制 $q=30\times0.3=9kN/m$

(1) 竖带挠度控制

按外露结构的模板挠度为模板构件跨度的 1/400 控制

由　　　　　　$f=\dfrac{ql^4}{150EI}=\dfrac{1}{400}$，知 $l^3=\dfrac{150EI}{400q}=\dfrac{150\times10^7\times0.05\times0.1^3}{400\times12\times9}$

故　　　　　　　　　　　　　$l=1.2m$

(2) 竖带强度控制

均布荷载下连续梁的近似计算强度为：

$$M = \frac{ql^2}{10} = [\sigma] \times \frac{1}{6}bh^2$$

故

$$l = 153 \times h \times \sqrt{\frac{b}{q}} = 153 \times 0.1 \times \sqrt{\frac{0.05}{10.68}} = 1.04\text{m}$$

由上面两者相比知竖带后的横带可采用最大@100cm间距，此时竖带亦满足要求。

4. 横带计算

采用 $2\phi 48 \times 3.5\text{mm}$ 钢管作为横带

$$W = 10.16\text{cm}^3 \quad I = 24.38\text{cm}^3 \quad E = 2.1 \times 10^5\text{MPa} \quad [\sigma] = 190\text{MPa}$$

（1）横带钢管上的均布荷载：强度控制 $q = 35.6 \times 1.0 = 35.6\text{kN/m}$

挠度控制 $q = 30 \times 1.0 = 30\text{kN/m}$

A. 横带挠度控制：

按外露结构的模板挠度为模板构件跨度的 1/400 控制

由

$$f = \frac{ql^4}{150EI} = \frac{1}{400}，知 \; l^3 = \frac{150EI}{400q} = \frac{150 \times 2.1 \times 10^8 \times 24.38 \times 10^{-3}}{400 \times 30}$$

故

$$l = 0.86\text{m}$$

B. 横带强度控制

均布荷载下连续梁的近似计算强度为：

$$M = \frac{ql^2}{10} = [\sigma] \times \frac{1}{6}bh^2$$

故

$$l^2 = \frac{\sigma \times w}{0.1 \times q} = \frac{10.16 \times 19}{365}$$

故

$$l = 0.73\text{m}$$

拉杆布设为：水平方向每排横带均设，间距70cm；竖向间距100cm，此时横带钢管可满足要求。

（2）横带钢管上的均布荷载：强度控制 $q = 35.6 \times 0.8 = 28.48\text{kN/m}$

挠度控制 $q = 30 \times 0.8 = 24\text{kN/m}$

A. 横带挠度控制：

按外露结构的模板挠度为模板构件跨度的 1/400 控制

由

$$f = \frac{ql^4}{150EI} = \frac{1}{400}，知 \; l^3 = \frac{150EI}{400q} = \frac{150 \times 2.1 \times 10^8 \times 24.38 \times 10^{-3}}{400 \times 24}$$

故

$$l = 0.92\text{m}$$

B. 横带强度控制

均布荷载下连续梁的近似计算强度为：

$$M = \frac{ql^2}{10} = [\sigma] \times \frac{1}{6}bh^2$$

$$l^2 = \frac{\sigma \times w}{0.1 \times q} = \frac{10.16 \times 19}{284.8}$$

故

$$l = 0.82\text{m}$$

拉杆布设为：水平方向每排横带均设，间距80cm；竖向间距80cm，此时横带钢管可满足要求。

所以横带后的拉杆布设统一：为水平方向每排横带均设，间距70cm；竖向间距同横带间距；此时横带钢管均可满足要求。

5. 拉杆直径

每根拉杆受力 $Q = 35.6 \times 1 \times 0.8 = 28.5\text{kN}$，故采用两端带螺纹的三号圆钢作拉杆，选用 $\phi 16$ 拉杆，其容许拉力为 $3.14 \times 8 \times 8 \times 170 = 34.2\text{kN}$。

编制者	××	审核者	××	批准者	××

分部（分项）工程与工种安全技术交底记录

单位工程名称	××	交底时间	×年×月×日
分部（分项）工程各工种名称	安全生产、纪律措施	交底人	××

    1. 安全生产六大纪律：

（1）进入现场必须戴好安全帽，扣好帽带；并正确使用个人劳动防护用品。

（2）2米以上的高处、悬空作业、无安全设施的、必须戴好安全带、扣好保险钩。

（3）高处作业时，不准往下或向上乱抛材料和工具等物件。

（4）各种电动机械设备必须有可靠有效的安全接地和防雷装置，方能开动使用。

（5）不懂电气和机械的人员，严禁使用和玩弄机电设备。

（6）吊装区域非操作人员严禁入内，吊装机械必须完好，把杆垂直下方不准站人。

    2. 十项安全技术措施：

（1）按规定使用安全"三宝"（注：安全帽、安全带和安全网）；

（2）机械设备防护装置一定要齐全有效；

（3）起重设备必须有限位保险装置，不准"带病"运转，不准超负荷作业，不准在运转中维修保养；

（4）架设电线线路必须符合当地电业局的规定，电气设备必须全部接零接地；

（5）电动机械和手持电动工具要设置漏电掉闸装置；

（6）脚手架材料及脚手架的搭设必须符合规程要求；

（7）各种缆风绳及其设置必须符合规程要求；

（8）在建工程的楼梯口、电梯口、预留洞口、通道口、必须有防护设施；

（9）严禁赤脚或穿高跟鞋、拖鞋进入施工现场，高空作业不准穿硬底和带钉易滑的鞋靴；

（10）施工现场的悬崖、陡坎等危险地区应设警戒标志，夜间要设红灯示警。

项目经理	××	被交底人签名	××

分部（分项）工程与工种安全技术交底记录

单位工程名称	××路综合整治工程	交底时间	×年×月×日
分部（分项）工程各工种名称	安全生产、纪律措施	交底人	××

    欢迎你来××路整治工程工地工作，为了你与你家人的幸福，高高兴兴来上班，平平安安回家去，请你在我工地工作时务必牢记以下几点安全生产须知：

（1）时刻牢记"安全生产、人人有责"树立"安全第一，预防为主"的思想，积极参加各项安全生产活动，接受安全教育，服从领导分配。

（2）熟悉本工程的安全操作规程，听从指挥，不违章作业，在作业时若不听从指挥，违章作业造成事故要承担直接责任和经济赔偿。

（3）由于本工程施工范围在××文一路上，是××城的主要交通要道，来往车辆及行人较多，在作业时，一定要遵守交通规则，如在横穿马路、搬运货物时违反交通规则一切后果自负。

（4）你在进入工地时首先要戴好安全帽，穿好反光背心，凡是特殊工种必须做好个人的安全防护工作。

（5）做好文明施工，遵守施工规则，由于本工程在施工范围内地下管线较多，所以我们作业时一定要注意保护地下管线及地上作业面周围的建筑物和电线杆等，一旦损坏或发现危险必须立即报告现场领导。

（6）如没有办理暂住证的职工请把本人身份证及 1 寸照片 2 张交给班长，由班长集中交工地安全员集体办证，不办暂住证者不准在本工地工作，如被当地派出所查获一切后果自负。办证费由本人自负在当月工资中扣回，同时在工地工作的职工不准留亲戚朋友在工地过夜，如发现按工地规章制度处罚。

（7）在工地临时宿舍里不准乱拉乱接电线乱装电源插座，一切由工地电工统一安排。不准用电炉炒菜、做饭，如发现按工地规章制度处罚，早上起床后把自己的被子折叠好，把自己的鞋、帽、雨衣等物摆放整齐，卫生要搞好，每间宿舍职工由班长安排好值日轮流，打扫清洁卫生等工作。

（8）不准在工地上发生打人骂人及赌博偷盗等行为，如发现按情节轻重作罚款处理，特别严重者送当地派出所处理。

（9）在工地工作时，难免会遭到机械伤害，触电等，特别是在沟槽内施工时，要防止发生坍塌坠落等事故，所以要处处事事注意安全，防止事故发生，一旦发生事故要积极参加抢救伤员物资等工作，要保护好现场配合事故调查。

以上各条望全体职工自觉执行。

××路整治工程项目部质量、安全部

×年×月

项目经理	××	被交底人签名	××

分部（分项）工程与工种安全技术交底记录

单位工程名称	××综合整治工程	交底时间	×年×月×日
分部（分项）工程各工种名称	新工人安全生产须知	交底人	××

（1）新工人进入工地前必须认真学习本工种安全技术操作规程。未经安全知识教育和培训，不得进入施工现场操作。

（2）进入施工现场，必须戴好安全帽，扣好帽带。

（3）在没有防护设施的 2m 高处，悬崖和陡坡施工作业必须系好安全带。

（4）高空作业时，不准往下或向上抛材料和工具等物件。

（5）不懂电器和机械的人员，严禁使用和玩弄机电设备。

（6）建筑材料和构件要堆放整齐稳妥，不要过高。

（7）危险区域要有明显标志，要采取防护措施，夜间要设红灯示警。

（8）在操作中，应坚守工作岗位，严禁酒后操作。

（9）特殊工种（电工、焊工、司炉工、爆破工、起重及打桩司机和指挥、架子工、各种机动车辆司机等）必须经过有关部门专业培训考试合格发给操作证，方准独立操作。

（10）施工现场禁止穿拖鞋、高跟鞋、赤脚和易滑、带钉的鞋和赤膊操作。

（11）施工现场的脚手架、防护设施、安全标志、警告牌、脚手架连接铅丝或连接件不得擅自拆除，需要拆除必须经过加固后经施工负责人同意。

（12）施工现场的洞、坑、井架、升降口、漏斗等危险处，应有防护措施并有明显标志。

（13）任何人不准向下、向上乱丢材、物、垃圾、工具等。不准随意开动一切机械。操作中思想要集中，不准开玩笑，做私活。

（14）不准坐在脚手架防护栏杆上休息和在脚手架上睡觉。

（15）手推车装运物料，应注意平稳，掌握重心，不得猛跑或撒把溜放。

（16）拆下的脚手架、钢模板、轧头或木模、支撑要及时整理，圆钉要及时拔除。

市政工程安全管理与台账编制范例

(17) 砌墙斩砖要朝里斩，不准朝外斩。防止碎砖堕落伤人。

(18) 工具用好后要随时装入工具袋。

(19) 不准在井架内穿行；不准在井架提升后不采取安全措施到下面去清理砂浆、混凝土等杂物；不准吊篮久停空中；下班后吊篮必须放在地面处，且切断电源。

(20) 脚手架上霜、雪、泥等要及时清扫。

(21) 脚手板两端间要扎牢，防止空头板（竹脚手片应四点扎牢）。

(22) 脚手架超载危险：

砌筑脚手架均布荷载每平方米不得超过270kg，即在脚手架上堆放标准砖不得超过单行侧放三侧高；20孔多孔砖不得超过单行侧放四侧高，非承重三孔砖不得超过单行平放五皮高。只允许两排脚手架上同时堆放；

脚手架连接物拆除危险；

坐在防护栏杆上休息危险；

搭、拆脚手架，井字架不系安全带危险。

(23) 单梯上部要扎牢，下部要有防滑措施。

(24) 挂梯上部要挂牢，下部要绑扎。

(25) 人字梯中间要扎牢，下部要有防滑措施，不准人坐在上面，骑马式移动。

(26) 从事高空作业的人员，必须身体健康。严禁患有高血压、贫血症、严重心脏病、精神症、癫痫病、深度近视眼在500度以上人员，以及经医生检查认为不适合高空作业的人员，从事高空作业。对井架，起重工等从事高空作业工种人员的要每年体检一次。

1) 在平台、屋沿口操作时，面部要朝外，系好安全带。

2) 高处作业不要用力过猛，防止失去平衡而坠落。

3) 在平台等处拆木模撬棒要朝里，不要向外，防止人向外坠落。

4) 遇有暴雨、浓雾和六级以上的强风应停止室外作业。

5) 夜间施工必须要有充分的照明。

××整治工程项目部质量、安全部
×年×月

项目经理	××	被交底人签名	××

分部（分项）工程与工种安全技术交底记录

单位工程名称	××综合整治工程	交底时间	×年×月×日
分部（分项）工程各工种名称	一般性安全技术交底	交底人	××

(1) 参加施工的工人（包括学徒工、实习生、代培人员和民工）要熟知工种的安全技术操作规程。在操作中，应坚守工作岗位，严禁酒后操作。

(2) 电工、焊工、司炉工、爆破工、起重机司机、打桩司机和各种机动车辆司机，必须经过专门训练，考试合格发给操作证，方准独立操作。

(3) 正确使用个人防护用品和安全防护措施，进入施工现场，必须戴好安全帽，禁止穿拖鞋或光脚；在没有防护设施的情况下高空、悬崖和陡坡施工，必须系安全带；上下交叉作业有危险的出入口要有防护棚或其他隔离设施；距地面2m以上作业要有防护栏杆、挡板或安全网。安全帽、安全带、安全网要定期检查，不符合要求的，严禁使用。

(4) 施工现场的脚手架、防护设施、安全标志和警告牌不得擅自拆动，需要拆动的，要经工地负责人同意。

（5）施工现场的洞、坑、沟、升降口、漏斗等危险处，应有防护设施或明显标志。

（6）施工现场要有交通指示标志，交通频繁的交叉路口，应设指挥；火车道口两侧，应设落杆；危险地区，要悬挂"危险"或"禁止通行"牌，夜间设红灯示警。

（7）工地行驶斗车、小平车的轨道坡度不得大于3‰。铁轨终点应有车挡，车辆的制动闸和挂钩要完好可靠。

（8）坑槽施工，应经常检查边壁土质稳固情况，发现有裂缝、疏松或支撑走动，要随时采取加固措施。根据土质、沟深、水位、机械设备重量等情况，确定堆放材料和施工机械坑边距离。往坑槽运材料，应用信号联系。

（9）调配酸溶液，应先将酸缓慢地注入水中，搅拌均匀，严禁将水倒入酸中。贮存酸液的容器应加盖和设有标志。

（10）做好女工在月经、怀孕、生育和哺乳期间的保护工作；女工在怀孕期间对原工作不能胜任时，根据医生的证明，应调换轻便工作。

（11）机械操作要束紧袖口，发辫要挽入帽内。

（12）机械和动力机的机座必须稳固，转动的危险部位要安设防护装置。

（13）工作前必须检查机械、仪表、工具等，确认完好方准使用。

（14）电气设备和线路必须绝缘良好，电线不得与金属物绑在一起。各种电动机具必须按规定接地接零，并设置单一开关。还有临时停电或停工休息时，必须拉闸加锁。

（15）施工机械和电气设备不得带病运行和超负荷作业。发现不正常情况应停机检查，不得在运行中修理。

（16）电气、仪表和设备试运转，应严格按照单项安全技术措施运行，运转时不准清洗和修理，严禁将头手伸入机械行程范围内。

（17）在架空输电线路下面工作应停电；不能停电时，应有隔离防护措施。起重机不得在架空输电线下面工作，通过架空输电线路下方时应将起重臂落下；在架空输电线路一侧工作时，不论在任何情况下，起重臂、钢丝绳或重物等与架空输电线路的最近距离应不小于表6-13规定。

起重臂、钢丝绳或重物等与架空输电线路最小距离　　　　表6-13

输电线路电压	1kV 以下	1～20kV	35～110kV	150～220kV
允许与输电线路的最近距离（m）	2.5	3	5	7

（18）行灯电压不得超过36V；在潮湿场所或金属容器内工作时，行灯电压不得超过12V。

（19）压力容器应有安全阀、压力表、并避免暴晒、碰撞，氧气瓶严防沾染油脂；乙炔发生器、液化石油气，必须有防止回火的安全装置。

（20）非操作人员，不准进入X光或γ射线探伤作业区。

（21）从事腐蚀、粉尘、放射性和有毒作业，要有防护措施，并进行定期检查。

（22）从事高空作业要定期体检，经医生诊断，凡患高血压、心脏病、贫血病、癫痫病以及其他不适于高空作业的人员，不得从事高空作业。

（23）高空作业衣着要灵便，禁止穿硬底和带钉易滑的鞋。

（24）高空作业所用材料要堆放平稳，工具应随手放入工具袋内，上下传递物体禁止抛掷。

（25）遇有恶劣气候（如风力在六级以上）影响施工安全时，禁止进行露天高空、起重和打桩作业。

（26）梯子不得缺档，不得垫高使用，梯子横档间距以30cm为宜。使用时上端要扎牢，下端应采取防滑措施。单面梯与地面夹角以60°～70°为宜。禁止两人同时在梯上作业。如需接长使用，应绑扎牢固。人字梯底脚应拉牢。在通道处使用梯子，应有人监护或设置围栏。

（27）没有安全防护措施，禁止在屋架的上弦、支撑、桁条、挑架的挑梁和半固定的构件上行走或作业。高空作业与地面联系，应设通信装置，并专人负责。

（28）乘人的外用电梯、吊笼，应有可靠的安全装置。除指派的专业人员外，禁止攀登起重臂、绳索和随同运料的吊笼吊装物上下。

市政工程安全管理与台账编制范例

(29) 暴雨台风前后，要检查工地临时设施；脚手架、机电设备、临时线路，发现倾斜、变形、下沉、漏雨、漏电等现象，应及时修理加固；有严重危险的，立即排除。

(30) 高层建筑、烟囱、水塔的脚手架及易燃、易爆物品、仓库和塔吊、打桩机等机械应设临时避雷装置，机电设备的电气开关，要有防雨、防潮设施。

(31) 现场道路应加强维护，斜道和脚手板应有防滑措施。

(32) 夏季作业应调整作息时间。从事高温工作的场所，应加强通风和降温措施。

(33) 冬期施工使用煤炭取暖，应符合防火要求和指定专人负责管理，并有防止一氧化碳中毒的措施。

××整治工程项目部质量、安全部

×年×月

项目经理	××	被交底人签名	××

分部（分项）工程与工种安全技术交底记录

单位工程名称	××综合整治工程	交底时间	×年×月×日
分部（分项）工程各工种名称	起重吊装十不吊规定交底	交底人	××

(1) 起重臂和吊起的重物下面不准有人停留或行走。

(2) 起重指挥应由技术培训合格的专职人员担任，无指挥或信号不清不准吊。

(3) 钢筋、型钢、管材等细长和多根物件必须捆扎牢靠，多点起吊。单头"千斤"或捆扎不牢靠不准吊。

(4) 多孔板、积灰斗、手推翻斗车不用四点吊或大模板外挂板不用卸甲不准吊。预制钢筋混凝土楼板不准双拼吊。

(5) 吊砌块必须使用安全可靠的砌块夹具，吊砖必须使用砖笼，并堆放整齐。木砖、预埋件等零星物件要用盛器堆放稳妥，叠放不齐不准吊。

(6) 楼板、大梁等吊物上站人不准吊。

(7) 埋入地面的板桩、井点管等，以及粘连、附着的物件不准吊。

(8) 多机作业，应保证所吊重物距离不小于3m，在同一轨道上多机作业，无安全措施不准吊。

(9) 六级以上强风区不准吊。

(10) 斜拉重物或超过机械允许荷载不准吊。

××整治工程项目部质量、安全部

×年×月

项目经理	××	被交底人签名	××

分部（分项）工程与工种安全技术交底记录

单位工程名称	××综合整治工程	交底时间	×年×月×日
分部（分项）工程各工种名称	气割气焊"十不烧"交底	交底人	××

（1）焊工必须持证上岗，无上海市特种作业人员安全操作证的人员，不准进行焊、割作业。

（2）凡属一、二、三级动火范围的焊、割作业，未经办理动火审批手续，不准进行焊、割。

（3）焊工不了解焊、割现场周围情况，不得进行焊、割。

（4）焊工不了解焊件内部是否安全时，不得进行焊、割。

（5）各种装过可燃气体、易燃液体和有毒物质的容器，未经彻底清洗，排除危险性之前，不准进行焊、割。

（6）用可燃材料作保温层、冷却层、隔声、隔热设备的部位，或火星能飞溅到的地方，在未采取切实可靠的安全措施之前，不准焊、割。

（7）有压力或密闭的管道、容器，不准焊、割。

（8）焊、割部位附近有易燃易爆物品，在未作清理或未采取有效的安全措施之前，不准焊、割。

（9）附近有与明火作业相抵触的工种在作业时，不准焊、割。

（10）与外单位相连的部位，在没有弄清有无险情，或明知存在危险而未采取有效的措施之前，不准焊、割。

××整治工程项目部质量、安全部

×年×月

项目经理	××	被交底人签名	××

分部（分项）工程与工种安全技术交底记录

单位工程名称	××综合整治工程	交底时间	×年×月×日
分部（分项）工程各工种名称	防火技术交底	交底人	××

1. 一般规定

（1）为保障施工现场的防火安全，以利施工作业的顺利进行，根据《中华人民共和国消防条例》和《中华人民共和国治安管理处罚条例》等有关法律、法规的规定，结合本市的实际情况，制定本规定。

（2）本市所有施工现场均适用本规定。

（3）施工单位的负责人应全面负责施工现场的防火安全工作，履行《中华人民共和国消防条例实施细则》第十九条规定的九项主要职责；建设单位应积极督促施工单位具体负责现场的消防管理和检查工作。

（4）施工现场都要建立、健全防火检查制度，发现火险隐患，必须立即消除；一时难以消除的隐患，要定人员、定项目、定措施限期整改。

（5）施工现场发生火警或火灾，应立即报告公安消防部门，并组织力量扑救。

（6）根据"三不放过"的原则，在火灾事故发生后，施工单位和建筑单位应共同作好现场保护和会同消防部门进行现场勘察的工作。对火灾事故的处理提出建议，并积极落实防范措施。

（7）施工单位在承建工程项目签订的"工程合同"中，必须有防火安全的内容，会同建设单位搞好防火工作。

2. 防火安全技术要求

（1）各单位在编制施工组织设计时，施工总平面图，施工方法和施工技术均要符合消防安全要求。

（2）施工现场应明确划分用火作业、易燃可燃材料堆场、仓库、易燃废品集中站和生活区等区域。

（3）施工现场夜间应有照明设备；保持消防车通道畅通无阻，并要安排力量加强值班巡逻。

（4）施工作业期间需搭设临时性建筑物，必须经施工企业技术负责人批准，施工结束应及时拆除。但不得在高压架空下面搭设临时性建筑物或堆放可燃物品。

（5）施工现场应配备足够的消防器材，指定专人维护、管理、定期更新，保证完整好用。

（6）在土建施工时，应先将消防器材和设施配备好，有条件的，应敷设好室外消防水管和消火栓。

市政工程安全管理与台账编制范例

（7）焊、割作业点与氧气瓶、电石桶和乙炔发生器等危险物品的距离不少于10m，与易燃易爆物品的距离不得少于30m；如达不到上述要求的，应执行动火审批制度，并采取有效的安全隔离措施。

（8）乙炔发生器和氧气瓶的存放之间距离不得少于2m；使用时两者的距离不得少于5m。

（9）氧气瓶、乙炔发生器等焊割设备上的安全附件应完整有效，否则不准使用。

（10）施工现场的焊、割作用，必须符合防火要求，严格执行"十不烧"规定：

1）焊工必须持证上岗，无上海市特种作业人员安全操作证的人员，不准进行焊、割作业；

2）凡属一、二、三级动火范围的焊、割作业，未经办理动火审批手续，不准进行焊、割；

3）焊工不了解焊、割现场周围情况，不得进行焊、割；

4）焊工不了解焊件内部是否安全时，不得进行焊、割；

5）各种装过可燃气体、易燃液体和有毒物质的容器，未经彻底清洗，排除危险性之前，不准进行焊、割；

6）用可燃材料作保温层、冷却层、隔声、隔热设备的部位，或火星能飞溅到的地方，在未采取切实可靠的安全措施之前，不准焊、割；

7）有压力或密闭的管道、容器，不准焊、割；

8）焊、割部位附近有易燃易爆物品，在未作清理或未采取有效的安全措施前，不准焊、割；

9）附近有与明火作业相抵触的工种在作业时，不准焊、割；

10）与外单位相连的部位，在没有弄清有无险情，或明知存在危险而未采取有效的措施之前，不准焊、割。

（11）施工现场用电，应严格执行市建委《施工现场电气安全管理规定》，加强电源管理，防止发生电气火灾。

（12）冬期施工采用保温加热措施时，应符合以下要求：

1）采用电热法加温，应设电压调整器控制电压；导线应绝缘良好，连接牢固，并在现场设置多处测量点。

2）采用锯生石灰蓄热，应选择安全配合比，并经工程技术人员同意后方可使用。

3）采用保温或加热措施前，应进行安全教育；施工过程中，应安排专人巡逻检查，发现隐患及时处理。

3. 防火安全管理要求

（1）施工现场的动火作业，必须执行审批制度。

（2）凡属下列情况之一的属一级动火：

1）禁火区域内；

2）油罐、油箱、油槽车和储存过可燃气体、易燃液体的容器以及连接在一起的辅助设备；

3）各种受压设备；

4）危险性较大的登高焊、割作业；

5）比较密封的室内、容器内、地下室等场所；

6）现场堆有大量可燃和易燃物质的场所。

（3）一级动火作业由所在单位行政负责人填写动火申请表，编制安全技术措施方案，报公司保卫部门及消防部门审查批准后，方可动火。

（4）凡属下列情况之一的为二级动火：

1）在具有一定危险因素的非禁火区域进行临时焊、割等用火作业；

2）小型油箱等容器；

3）登高焊、割等用火作业。

（5）二级动火作业由所在工地、车间的负责人填写动火申请表，编制安全技术措施方案，报本单位主管部门审查批准后，方可动火。

（6）在非固定的、无明显危险因素的场所进行用火作业，均属三级动火作业。

（7）三级动火作业由所在班组填写动火申请表，经工地、车间负责人及主管人员审查批准后，方可动火。

（8）古建筑和重要文物单位等场所动火作业，按一级动火手续上报审批。

（9）临时搭设的建筑物区域内应按规定配备消防器材。一般临时设施区，每100m²配备两只10L灭火机；大型临时设施总面积超过1200m²的，应备有专供消防用的太平桶、积水桶（池）、黄砂池等器材设施；上述设施周围不得堆放物品。

（10）临时木工间、油漆间、木、机具间等、每25m²应配置一只种类合适的灭火机；油库、危险品仓库应配备足够数量、种类合适的灭火机。

××整治工程项目部质量、安全部

×年×月

项目经理	××	被交底人签名	××

分部（分项）工程与工种安全技术交底记录

单位工程名称	××综合整治工程	交底时间	×年×月×日
分部（分项）工程 各工种名称	土方施工安全技术交底	交底人	××

1. 土方开挖

（1）进入现场必须遵守安全生产六大纪律。

（2）挖土中发现管道、电缆及其他埋设物应及时报告，不得擅自处理。

（3）挖土时要注意土壁的稳定性，发现有裂缝及倾坍可能时，人员应立即离开并及时处理。

（4）人工挖土，前后操作人员间距离不应小于2～3m，堆土要在1m以外，并且高度不得超过1.5m。

（5）每日或雨后必须检查土壁及支撑稳定情况，在确保安全的情况下继续工作，并且不得将土和其他物件堆在支撑上，不得在支撑下行走或站立。

（6）机械挖土，启动前应检查离合器、钢丝绳等，经空车试运转正常后再开始作业。

（7）机械操作中进铲不应过深，提升不应过猛。

（8）机械不得在输电线路下工作，应在输电线路一侧工作，不论在任何情况下，机械的任何部位与架空输电线路的最近距离应符合安全操作规程要求。

（9）机械应停在坚实的地基上，如基础过差，应采取走道板等加固措施，不得将挖土机履带与挖空的基坑平行2m停、驶。运土汽车不宜靠近基坑平行行驶，防止塌方翻车。

（10）电缆两侧1m范围内应采用人工挖掘。

（11）配合拉铲的清坡、清底工人，不准在机械回转半径下工作。

（12）向汽车上卸土应在车子停稳定后进行。禁止铲斗从汽车驾驶室上空越过。

（13）基坑四周必须设置1.5m高的护栏，要设置一定数量临时上下施工楼梯。

（14）场内道路应及时整修，确保车辆安全畅通，各种车辆应有专人负责指挥引导。

（15）车辆进出门口的人行道下，如有地下管线（道）必须铺设厚钢板，或浇捣混凝土加固。

（16）在开挖杯基坑时，必须设有切实可行的排水措施，以免基坑积水，影响基坑土结构。

（17）基坑开挖前，必须摸清基坑下的管线排列和地质开采资料，以利考虑开挖过程中的意外应急措施（流砂等特殊情况）。

（18）清坡清底人员必须根据设计标高做好清底工作，不得超挖。如果超挖不得将松土回填，以免影响基础的质量。

（19）开挖出的土方，要严格按照组织设计堆放，不得堆于基坑外侧，以免引起地面堆载超荷引起土体位移、板桩位移或支撑破坏。

（20）挖土机械不得在施工中碰撞支撑，以免引起支撑破坏或拉损。

（21）开挖土方必须有挖土令。

（22）基坑（槽）的支撑，应按回填的速度、施工组织设计及时要求依次拆除，即填土时应从深到浅分层进行，填好一层拆除一层，不能事先将支撑拆掉。

2．支护

（1）所有操作人员应严格执行有关"操作规程"。

（2）现场施工区域应有安全标志和围护设施。

（3）基坑施工期间应指定专人负责基坑周围地面变化情况的巡查。如发现裂缝或塌陷，应及时加以分析和处理。

（4）坑壁渗水、漏水应及时排除，防止因长期渗漏而使土体破坏，造成挡土结构受损。

（5）对拉锚杆件、紧固件及锚桩，应定期进行检查，对滑楔内土方及地面应加强检查和处理。

（6）挖土期间，应注意挡土结构的完整性和有效性，不允许因土方的开挖遭受破坏。

（7）其他可参照《建筑地基基础工程施工质量验收规范》（GB 50202—2002）。

××整治工程项目部质量、安全部

×年×月

项目经理	××	被交底人签名	××

分部（分项）工程与工种安全技术交底记录

单位工程名称	××综合整治工程	交底时间	×年×月×日
分部（分项）工程 各工种名称	灌注桩安全技术交底	交底人	××

（1）进入施工现场人员应戴好安全帽，施工操作人员应穿戴好必要的劳动防护用品。

（2）在施工全过程中，应严格执行有关机械的安全操作规程，由专人操作并加强机械维修保养，经安全部门检验认可，领证后方可投入使用。

（3）电气设备的电源，应按有关规定架设安装；电气设备均须有良好的接地接零，接地电阻不大于 4Ω，并装有可靠的触电保护装置。

（4）注意现场文明施工，对不用的泥浆地沟应及时填平；对正在使用的泥浆地沟（管）加强管理，不得任泥浆溢流，捞取的沉渣应及时清走。各个排污通道必须有标志，夜间有照明设备，以防踩入泥浆，跌伤行人。

（5）机底枕木要填实，保证施工时机械不倾斜、不倾倒。

（6）护筒周围不宜站人，防止不慎跌入孔中。

（7）吊车作业时，在吊臂转动范围内，不得有人走动或进行其他作业。

（8）湿钻孔机钻进岩石时，或钻进地下障碍物时，要注意机械的振动和颠覆，必要时停机查明原因方可继续施工。

（9）拆卸导管人员必须戴好安全帽，并注意防止扳手、螺栓等往下掉落。拆卸导管时，其上空不得进行其他作业。

（10）导管提升后继续浇筑混凝土前，必须检查其是否垫稳或挂牢。

（11）钻孔时，孔口加盖板，以防工具掉入孔内。

××整治工程项目部质量、安全部

×年×月

项目经理	××	被交底人签名	××

分部（分项）工程与工种安全技术交底记录

单位工程名称	××综合整治工程	交底时间	×年×月×日
分部（分项）工程 各工种名称	沉井施工安全技术交底	交底人	××

（1）所有操作人员应严格执行有关"操作规程"，树立"安全第一"的思想。

（2）施工中所有机操人员和配合工种，必须听从指挥信号，不得随意离开岗位，应经常注意机械运转情况，发现异常，应立即停机检查处理。

（3）机械设备必须实行专机专人持证操作，严格执行交接班制度和机具保养制度。

（4）潜水泵等水下设备应有安全保险装置严防漏电。井下照明必须采用安全电压。

（5）挖土下沉过程中应有专人指挥，井内不得采用人工和机械同时挖土。

（6）进行水下作业时必须由潜水员承担。

（7）应严格执行施工现场的一切规章制度。

（8）当进行井下作业时，井口应派专人看护。

××整治工程项目部质量、安全部

×年×月

项目经理	××	被交底人签名	××

分部（分项）工程与工种安全技术交底记录

单位工程名称	××综合整治工程	交底时间	×年×月×日
分部（分项）工程各工种名称	地下连续墙施工安全技术交底	交底人	××

（1）施工前必须制定严格的安全制度。

（2）现场施工区域应有安全标志和围护设施。

（3）挖槽的平面位置、深度、宽度和垂直度，必须符合设计要求。

（4）机械设备应由专人持证操作，操作者应严格遵守安全操作规程。

（5）潜水电钻等水下电器设备应有安全保险装置，严防漏电。电缆收放应与钻进同步进行，严防拉断电缆，造成事故。

（6）应控制钻进速度和电流大小，遇有地下障碍物要妥善处理，禁止超负荷强行钻进。

（7）地下连续墙的接头（接缝）处仅有少量夹泥，无漏水现象。

（8）泥浆配置质量、稳定性、槽底清渣和置换泥浆必须符合施工规范的规定。

××整治工程项目部质量、安全部

×年×月

项目经理	××	被交底人签名	××

分部（分项）工程与工种安全技术交底记录

单位工程名称	××综合整治工程	交底时间	×年×月×日
分部（分项）工程各工种名称	井点降水安全技术交底	交底人	××

（1）井点降水期间，安全人员必须详细检查基坑周围地面，防止塌方。

（2）所有轻型井点的主管以及支管顶部的连接胶管，不得埋入土中。

（3）深井井点抽水设备，应严防漏电，下井的电线及接头，必须安全可靠。

（4）轻型井点降水机组必须设置在安全可靠的地方，防止塌方翻机。

××整治工程项目部质量、安全部

×年×月

项目经理	××	被交底人签名	××

市政工程安全管理与台账编制范例

分部（分项）工程与工种安全技术交底记录

单位工程名称	××综合整治工程	交底时间	×年×月×日
分部（分项）工程 各工种名称	模板施工安全技术交底	交底人	××

1. 模板安装

（1）进入施工现场的操作人员必须戴好安全帽，扣好帽带。操作人员严禁穿硬底鞋及有跟鞋作业。

（2）高处和临边洞口作业应设护栏，张安全网，如无可靠防护措施，必须佩戴安全带，扣好带扣。高空、复杂结构模板的安装与拆除，事先应有切实的安全措施。

（3）工作前应先检查使用的工具是否牢固，扳手等工具必须用绳链系挂在身上，钉子必须放在工具袋内，以免掉落伤人。工作时要思想集中，防止钉子扎脚和空中滑落。

（4）安装模板时操作人员应有可靠的落脚点，并应站在安全地点进行操作，避免上下在同一垂直面工作。操作人员要主动避让吊物，增强自我保护和相互保护的安全意识。

（5）支模应按规定的作业程序进行，模板未固定前不得进行下一道工序。严禁在连接件和支撑件上攀登上下。

（6）支模时，操作人员不得站在支撑上，而应设立人板，以便操作人员站立。立人板应用木质中板为宜，并适当绑扎固定。不得用钢模板或5cm×10cm的木板。

（7）支模过程中，如需中途停歇，应将支撑、搭头、柱头板等钉牢。拆模间歇时，应将已活动的模板、牵杠、支撑等运走或妥善堆放，防止因踏空、扶空而坠落。模板上有预留洞者，应在安装后将洞口盖好，混凝土板上的预留洞，应在模板拆除后即将洞口盖好。

（8）竖向模板和支架的支撑部分，当安装在基土上时应加设垫板，且基土必须坚实并有排水措施。对湿陷性黄土，尚须有防水措施；对冻胀性土，必须有防冻融措施。

（9）模板及其支架在安装过程中，必须设置防倾覆的临时固定设施。

（10）现浇多层房屋和构筑物，应采取分段支模的方法：

1) 下层楼板应具有承受上层荷载的承载能力或加设支架支撑；

2) 上层支架的立柱应对准下层支架的立柱，并铺设垫板；

3) 当采用悬吊模板、桁架支模方法时，其支撑结构的承载能力和刚度必须符合要求。

（11）当层间高度大于5m时，宜选用桁架支模或多层支架支模。当采用多层支架支模时，支架的横垫板应平整，支柱应垂直，上下层支柱应在同一竖向中心线上。

（12）支设高度在3m以上的柱模板，四周应设斜撑，并应设立操作平台，低于3m的可用马凳操作。

（13）支撑、牵杠等不得搭在门窗框和脚手架上。通路中间的斜撑、拉杆等应设在1.8m高度以上。

（14）两人抬运模板时要互相配合，协同工作。传递模板、工具应用索具系牢，采用垂直升降机械运输，不得乱抛，组合钢模板装拆时，上下有人接应。钢模板及配件应随装拆随送，严禁从高处掷下。高空拆模时，应有专人指挥。地面应标出警戒区，用绳子和红白旗加以围拦，暂停人员过往。

（15）模板上施工时，堆物（钢模板等）不宜过多，且不宜集中一处。

（16）大模板施工时，存放大模板必须要有防倾措施。封柱子模板时，不准从顶部往下套。

（17）地下室顶模板，支撑还另需考虑机械行走、材料运输、堆物等额外载荷的要求，顶撑及模板的排列必须考虑施工荷载的要求。

（18）高空作业要搭设脚手架或操作台，上、下要使用梯子、不许站立在墙上工作；不准站在大梁底模上行走。

（19）遇六级以上的大风时，应暂停室外的高空作业，雪雷雨后应先清扫施工现场，待地面略干不滑时再恢复工作。

2. 模板拆除

（1）侧模，在混凝土强度能保证其表面及棱角不因拆除模板而受损坏后，方可拆除。

（2）底模，应在同一部位同条件养护的混凝土试块强度达到要求时方可拆除（表6-14）。

现浇结构拆模时所需混凝土强度   表6-14

结构类型	结构跨度（m）	按设计的混凝土强度标准值的百分率计（%）
板	≤2	50
	>2，≤8	75
	>8	100
梁、拱、壳	≤8	75
	>8	100
悬臂构件	≤2	75
	>2	100

注：本表中"设计的混凝土强度标准值"系指与设计混凝土强度等级相应的混凝土立方体抗压强度标准值。

（3）拆除高度在5m以上的模板时，应搭脚手架，并设防护栏杆，防止上下在同一垂直面操作。

（4）模板支撑拆除前，混凝土强度必须达到设计要求，并经申报批准后，才能进行。拆除模板一般用长撬棒，人不许站在正在拆除的模板上。在拆除楼板模板时，要注意整块模板掉下，尤其是用定型模板做平台模板时，更要注意，防止模板突然全部掉落伤人。

（5）拆模时必须设置警戒区域，并派人监护。拆模必须拆除干净彻底，不得保留有悬空模板。拆下的模板要及时清理，堆放整齐。高处拆下的模板及支撑应用垂直升降设备运至地面，不得乱抛乱扔。

（6）拆摸时、临时脚手架必须牢固，不得用拆下的模板作脚手板。

（7）脚手板搁置必须牢固平整，不得有空头板，以防踏空坠落。

（8）拆除的钢模作平台底模时，不得一次将顶撑全部拆除，应分批拆下顶撑，然后按顺序拆下搁栅、底模，以免发生钢模在自重荷载下一次性大面积脱落。

（9）预应力混凝土结构构件模板的拆除，除应符合《混凝土结构施工及验收规范》（GB 50204—2002）第4.3.2条的规定外，侧模应在预应力张拉前拆除；底模应在结构构件建立预应力后拆除。

（10）已拆除模板及其支架的结构，在混凝土强度符合设计混凝土强度等级的要求后，方可承受全部使用荷载；当施工荷载所产生的效应比使用荷载的效应更为不利时，必须经过核算，加设临时支撑。

（11）预制构件模板拆除时的混凝土强度，应符合设计要求；当设计无具体要求时，应符合下列规定：

1）侧模，在混凝土强度能保证构件不变形、棱角完整时，方可拆除；

2）芯模或预留孔洞的内模，在混凝土强度能保证构件和孔洞表面不发生坍陷和裂缝后，方可拆除；

3）底模，当构件跨度不大于4m时，在混凝土强度符合设计的混凝土标准值50%的要求后，方可拆除；当构件跨度大于4m时，在混凝土强度符合设计的混凝土强度标准值的75%的要求后，方可拆除。

3. 模板堆放

（1）模板的编序

1）模板及支撑系统应按使用的不同层次部位和先后顺序进行编序堆放，在周转使用中均应做到配套编序使用。

2）模板的配制、编号、施工顺序安排，应由专人负责组织设计并管理指导，以便用料合理，安装、拆卸、运输方便，综合利用率高，防止在实际操作中，产生乱拖乱用和浪费材料现象。

3）应加强模板和支撑体系的通用性和模数化，以便编序简单、使用方便。

4）模板的编号应用醒目的标记，标注在模板的背面，并注明规格尺寸、使用部位等。支撑体系的各部件也应分类放置，标注明确，以便按不同需要使用。

5）对大模板、台模等特殊形式的模板体系，应专门分类编号，并按操作工艺要求顺序放置。

（2）模板堆放

1）所有模板和支撑系统应按不同材质、品种、规格、型号、大小、形状分类堆放，应注意在堆放中留出空地或交通道路，以便取用。在多层和高层施工中还应考虑模板和支撑的竖向转运顺序合理化。

2）木质材料可按品种和规格堆放，钢质模板应按规格堆放，钢管应按不同长度堆放整齐。小型零配件应装袋或集中装箱转运。

3）模板的堆放一般以平卧为主，对桁架或大模板等部件，可采用立放形式，但必须采取抗倾覆措施，每堆材料不宜过多，以免影响部件本身的质量和转运方便。

4）堆放场地要求整平垫高，应注意通风排水，保持干燥；室内堆放应注意取用方便、堆放安全，露天堆放应加遮盖；钢质材料应防水防锈，木质材料应防腐、防火、防雨、防暴晒。

4．高大模板

（1）平模存放时应满足地区条件要求的自稳角，两块大模板应采取板面对板面的存放方法，长期存放模板，并将模板换成整体。大模板存放在施工楼层上，必须有可靠的防倾倒措施。不得沿外墙围边放置，并垂直于外墙存放。

没有支撑或自稳角不足的大模板，要存放在专用的堆放架上，或者平堆放，不得靠在其他模板或物件上，严防下脚滑移倾倒。

（2）模板起吊前，应检查吊装用绳索、卡具及每块模板上的吊环是否完整有效，并应先拆除一切临时支撑，经检查无误后方可起吊。模板起吊前，应将吊车的位置调整适当，做到稳起稳落，就位准确，禁止用人力搬动模板，严防模板大幅度摆动或碰倒其他模板。

（3）筒模可用拖车整体运输，也可拆成平模用拖车水平叠放运输。平模叠放时，垫木必须上下对齐，绑扎牢固。用拖车运输，车上严禁坐人。

（4）在大模板拆装区域周围，应设置围栏，并挂明显的标志牌，禁止非作业人员入内。组装平模时，应及时用卡具或花篮螺栓将相邻模板连接好，防止倾倒。

（5）全现浇结构安装外模板时，必须将悬挑端固定，位置调整准确后，方可摘钩，外模安装后，要立即穿好销杆，紧固螺栓。安装外楼板的操作人员必须挂安全带。

（6）在模板组装或拆除时，指挥、拆除和挂钩人员，必须站在安全可靠的地方方可操作，严禁人员随大模板起吊。

（7）大模板必须有操作平台、上下梯道，走桥和防护栏杆等附属设施，如有损坏，应及时修理。

（8）拆模起吊前，应复查穿墙销杆是否拆净，在确无遗漏且模板与墙体完全脱离后方可起吊，拆除外墙模板时，应先挂好吊钩，紧绳索，再行拆除销杆和担。吊钩应垂直模板，不得斜吊，以防碰撞相邻模板和墙体，摘钩时手不离钩，待吊钩吊起超过头部方可松手，超过障碍物以上的允许高度，才能行车或转臂。模板就位或拆除时，必须设置缆风绳，以利模板吊装过程中的稳定性。在大风情况下，根据安全规定，不得作高空运输，以免在拆除过程中发生模板间或与其他障碍物之间的碰撞。

（9）模板安装就位后，要采取防止触电的保护措施，要设专人将大模板串联起来，并同避雷网接通，防止漏电伤人。

（10）大模板拆除后，应及时清除模板上的残余混凝土，并涂刷隔离剂。在清扫和涂刷隔离剂时，模板要临时固定好，板面相对停放的模板间，应留出 50～60cm 宽人行道，模板上方要用拉杆固定。

××整治工程项目部质量、安全部

×年×月

项目经理	××	被交底人签名	××

分部（分项）工程与工种安全技术交底记录

单位工程名称	××综合整治工程	交底时间	×年×月×日
分部（分项）工程 各工种名称	脚手架施工安全技术交底	交底人	××

1. 满堂架

（1）满堂脚手架搭设应严格按施工组织设计要求搭设。

（2）满堂脚手架的纵、横距不应大于2m。

（3）满堂脚手架应设登高设施，保证操作人员上下安全。

（4）操作层应满铺竹笆，不得留有空洞。必须留空洞者，应设围栏保护。

（5）大型条形内脚手架，操作步层两侧，应设防护栏杆保护。

（6）满堂脚手架步距，应控制在2m内，必须高于2m者，应有技术措施保护。

（7）满堂脚手架的稳固，应采用斜杆（剪刀撑）保护。

（8）满堂脚手架不宜采用钢、竹混设。

2. 扣件式钢管脚手架搭设安全

（1）单位工程负责人应按施工组织设计中有关脚手架的要求，向架设和使用人员进行技术交底。

（2）应按《建筑施工扣件式钢管脚手架安全技术规范》（JGJ 130—2001）第8.1.1～8.1.5条的规定和施工组织设计的要求对钢管、扣件、脚手板等进行检查验收，不合格产品不得使用。

（3）经检验合格的构配件应按品种、规格分类、堆放整齐、平稳，堆放场地不得有积水。

（4）应清除搭设场地杂物，平整搭设场地，并使排水畅通。

（5）当脚手架基础下有设备基础、管沟时，在脚手架使用过程中不应开挖，否则必须采取加固措施。

（6）脚手架底座面标高宜高于自然地坪50mm。

（7）脚手架基础经验收合格后，应按施工组织设计的要求放线定位。

（8）脚手架必须配合施工进度搭设，一次搭设高度不应超过相邻连墙件以上两步。

（9）每搭完一步脚手架后，应按《建筑施工扣件式钢管脚手架安全技术规范》（JGJ 130—2001）表8.2.4的规定校正步距、纵距、横距及立杆的垂直度。

（10）底座安放应符合下列规定：

1）底座、垫板均应准确地放在定位线上；

2）垫板宜采用长度不少于2跨、厚度不小50mm的木垫板，也可采用槽钢。

（11）立杆搭设应符合下列规定：

1）严禁将外径48mm与51mm的钢管混合使用；

2）相邻立杆的对接扣件不得在同一高度内，错开距离应符合《建筑施工扣件式钢管脚手架安全技术规范》JGJ 130—2001第6.3.5条的规定；

3）开始搭设立杆时，应每隔6跨设置一根抛撑，直至连墙件安装稳定后，方可根据情况拆除；

4）当搭至有连墙件的构造点时，在搭设完该处的立杆、纵向水平杆、横向水平杆后，应立即设置连墙件；

5）顶层立杆搭接长度与立杆顶端伸出建筑物的高度应符合《建筑施工扣件式钢管脚手架安全技术规范》JGJ 130—2001第6.3.5、6.3.6条的规定。

（12）纵向水平杆搭设应符合下列规定：

1）纵向水平杆的搭设应符合《建筑施工扣件式钢管脚手架安全技术规范》（JGJ 130—2001）第6.2.1条的构造规定；

2）在封闭型脚手架的同一步中，纵向水平杆应四周交圈，用直角扣件与内外角部立杆固定。

（13）横向水平杆搭设应符合下列规定：

1）搭设横向水平杆应符合《建筑施工扣件式钢管脚手架安全技术规范》（JGJ 130—2001）第6.2.2条的构造规定；

2) 双排脚手架横向水平杆的靠墙一端至墙装饰面的距离不宜大于 100mm;

3) 单排脚手架的横向水平杆不应设置在下列部位:

A. 设计上不允许留脚手眼的部位;

B. 过梁上与过梁两端成 60°角的三角形范围内及过梁净跨度 1/2 的高度范围内;

C. 宽度小于 1m 的窗间墙;

D. 梁或梁垫下及其两侧各 500mm 的范围内;

E. 砖砌体的门窗洞口两侧 200mm 和转角处 450mm 的范围内;其他砌体的门窗洞口两侧 300mm 和转角处 600mm 的范围内;

F. 独立或附墙砖柱。

当脚手架施工操作层高出连墙件两步时,应采取临时稳定措施,直到上一层连墙件搭设完后方可根据情况拆除。

(14) 剪刀撑、横向斜撑搭设应随立杆、纵向和横向水平杆等同步搭设,各底层斜杆下端均必须支承在垫块或垫板上。

(15) 扣件安装应符合下列规定:

1) 扣件规格必须与钢管外径 (ϕ48 或 ϕ51) 相同;

2) 螺栓拧紧扭力矩不应小于 40N·m,且不应大于 65N·m;

3) 在主节点处固定横向水平杆、纵向水平杆、剪刀撑、横向斜撑等用的直角扣件、旋转扣件的中心点的相互距离不应大于 150mm;

4) 对接扣件开口应朝上或朝内;

5) 各杆件端头伸出扣件盖板边缘的长度不应小于 100mm。

(16) 作业层、斜道的栏杆和挡脚板的搭设应符合下列规定:

1) 栏杆和挡脚板均应搭设在外立杆的内侧;

2) 上栏杆上皮高度应为 1.2m;

3) 挡脚板高度不高小于 180mm;

4) 中栏杆应居中设置。

(17) 脚手板的铺设应符合下列规定:

1) 脚手板应铺满、铺稳,离开墙面 120~150mm;

2) 采用对接或搭接时均应符合规定;脚手板探头应用直径 3.2mm 的镀锌钢丝固定在支承杆件上;

3) 在拐角、斜道平台口处的脚手板,应与横向水平可靠连接,防止滑动;

4) 自顶层作业层的脚手板往下计,宜每隔 12m 满铺一层脚手板。

3. 扣件式钢管脚手架安全管理

(1) 脚手架搭设人员必须是经过按现行国家标准《特种作业人员安全技术考核管理规则》(GB 5306—85) 考核合格的专业架子工。上岗人员应定期体检,合格者方可持证上岗。

(2) 搭设脚手架人员必须戴安全帽、系安全带、穿防滑鞋。

(3) 脚手架的构配件质量与搭设质量,应按《建筑施工扣件式钢管脚手架安全技术规范》(JGJ 130—2001) 第 8 章的规定进行检查验收,合格后方准使用。

(4) 作业层上的施工荷载应符合设计要求,不得超载。不得将模板支架、缆风绳、泵送混凝土和砂浆的输送管等固定在脚手架上;严禁悬挂起重设备。

(5) 当有六级及六级以上大风和雾、雨、雪天气时应停止脚手架搭设与拆除作业。雨、雪后上架作业应有防滑措施,并应扫除积雪。

(6) 脚手架的安全检查与维护,应按规定进行。安全网应按有关规定搭设或拆除。

(7) 在脚手架使用期间,严禁拆除下列杆件:

1) 主节点处的纵、横向水平杆,纵、横向扫地杆;

2) 连墙件。

（8）不得在脚手架基础及其邻近处进行挖掘作业，否则应采取安全措施，并报主管部门批准。

（9）临街搭设脚手架时，外侧应有防止坠物伤人的防护措施。

（10）在脚手架上进行电、气焊作业时，必须有防火措施和专人看守。

（11）工地临时用电线路的架设及脚手架接地、避雷措施等，应按现行行业标准《施工现场临时用电安全技术规范》（JGJ 46—88）的有关规定执行。

（12）搭拆脚手架时，地面应设围栏和警戒标志，并派专人看守，严禁非操作人员入内。

4. 扣件式钢管脚手架拆除

（1）拆除脚手架前的准备工作应符合下列规定：

1）全面检查脚手架的扣件连接、连墙件、支撑体系等是否符合构造要求；

2）应根据检查结果补充完善施工组织设计中的拆除顺序和措施，经主管部门批准后方可实施；

3）应由单位工程负责人进行拆除安全技术交底；

4）应清除脚手架上杂物及地面障碍物。

（2）拆脚手架时，应符合下列规定：

1）拆除作业必须由上而下逐层进行，严禁上下同时作业；

2）连墙件必须随脚手架逐层拆除，严禁先将连墙件整层或数层拆除后再拆脚手架；分段拆除高差不应大于两步，如高差大于两步，应增设连墙件加固；

3）当脚手架拆至下部最后一根长立杆的高度（约6.5m）时，应先在适当位置搭设临时抛撑加固后，再拆除连墙件；

4）当脚手架采取分段、分立面拆除时，对不拆除的脚手架两端，应先按《建筑施工扣件式钢管脚手架安全技术规范》（JGJ 130—2001）第6.4.2条第4款、第6.6.3条第1、2款的规定设置连墙件和横向斜撑加固。

（3）卸料时应符合下列规定：

1）各构配件严禁抛掷至地面；

2）运至地面的构配件应按《建筑施工扣件式钢管脚手架安全技术规范》（JGJ 130—2001）第8.1.2～8.1.5条的规定及时检查、整修与保养，并按品种、规格随时码堆存放。

5. 门架搭设

（1）脚手架搭设前，工程技术负责人应按本规程和施工组织设计要求向搭设和使用人员做技术和安全作业要求的交底。

（2）对门架、配件、加固件应按规定要求进行检查验收；严禁使用不合格的门架、配件。

（3）对脚手架的搭设场地应进行清理、平整，并做好排水。

（4）基础上应先弹出门架立杆位置线，垫板、底座安放位置应准确。

（5）搭设门架及配件应符合下列规定：

1）交叉支撑、水平架、脚手板、连接棒和锁臂的设置应符合《建筑施工门式钢管脚手架安全技术规范》（JGJ 128—2000）第6.2节要求；

2）不配套的门架与配件不得混合使用于同一脚手架；

3）门架安装应自一端向另一端延伸，并逐层改变搭设方向，不得相对进行。搭完一步架后，应按《建筑施工门式钢管脚手架安全技术规范》（JGJ 128—2000）第7.4.5条要求检查并调整其水平度与垂直度；

4）交叉支撑、水平架或脚手板应紧随门架的安装及时设置；

5）连接门架与配件的锁臂、搭钩必须处于锁住状态；

6）水平架或脚手板应在同一步内连续设置，脚手板应满铺；

7）底层钢梯的底部应加设钢管并用扣件扣紧在门架的立杆上，钢梯的两侧均应设置扶手，每段梯可跨越两步或三步门架再行转折；

8）栏板（杆）、挡脚板应设置在脚手架操作层外侧、门架立杆的内侧。

（6）加固杆，剪刀撑等加固件的搭设需做到：

1）加固杆、剪刀撑必须与脚手架同步搭设；

2）水平加固杆应设于门架立杆内侧，剪刀撑应设于门架立杆外侧并连牢。

（7）连墙件的搭设除应符合《建筑施工门式钢管脚手架安全技术规范》（JGJ 128—2000）第6.5节的要求外，尚应符合下列规定：

1）连墙件的搭设必须随脚手架搭设同步进行，严禁滞后设置或搭设完毕后补做；

2）当脚手架操作层高出相邻连墙件以上两步时，应采用确保脚手架稳定的临时拉结措施，直到连墙件搭设完毕后方可拆除；

3）连墙件宜垂直于墙面，不得向上倾斜，连墙件埋入墙身的部分必须锚固可靠；

4）连墙件应连于上、下两榀门架的接头附近。

（8）加固件、连墙件等与门架采用扣件连接时应符合下列规定：

1）扣件规格应与所连钢管外径相匹配；

2）扣件螺栓拧紧扭力矩宜为50～60N·m，并不得小于40N·m；

3）各杆件端头伸出扣件盖板边缘长度不应小于100mm。

（9）脚手架应沿建筑物周围连续、同步搭设升高，在建筑物周围形成封闭结构；如不能封闭时，在脚手架两端应按《建筑施工门式钢管脚手架安全技术规范》（JGJ 128—2000）第6.5.2条的规定增设连墙件。

（10）在安装前应在楼面或地面弹出门架的纵横方向位置线并进行抄平。

（11）门架、调节架及可调托座应根据支撑高度设置，支撑架底部可采用固定底座及木楔调整标高。

（12）用于梁模板支撑的门架，可采用平行或垂直于梁轴线的布置方式。垂直于梁轴线布置时，门架两侧应设置交叉支撑；平行于梁轴线设置时，两门架应采用交叉支撑或梁底模小楞连接牢固。

（13）当模板支撑高度较高或荷载较大时，模板支撑可采构架形式支撑。

（14）门架用于楼板模板支撑时，门架间距与门架跨距应由计算和构造要求确定。

（15）门架的水平加固杆应在脚手架的周边顶层、底层及中间每5列、5排通长连续设置，并应采用扣件与门架立杆扣牢。

（16）楼板模板支撑较高时（大于10m），剪刀撑应在脚手架外侧周边和内部每隔15m间距设置，剪刀撑宽度应大于4个跨距或间距，斜杆与地面倾角宜为45°～60°。

（17）门架用于整体式平台模板时，门架立杆、调节架应设置锁臂，模板系统与门架支撑应作满足吊运要求的可靠连接。

（18）模板支撑脚手架组装完毕后应进行下列各项内容的验收检查：

1）门架设置情况；

2）交叉支撑、水平架及水平加固杆、剪刀撑及脚手板配置情况；

3）门架横杆荷载状况；

4）底座、顶托螺旋杆伸出长度；

5）扣件紧固扭力矩；

6）垫木情况；

7）安全网设置情况。

（19）安装满堂脚手架前，应在楼面或地面弹出门架的纵横方向位置线并进行抄平。

（20）门架的跨距和间距应根据实际荷载经设计确定，一般间距不宜大于1.2m。

（21）交叉支撑应在每列门架两侧设置，并应采用锁销与门架立杆锁牢，施工期间不得随意拆除。

（22）水平架或脚手板应每步设置。顶步作业层应满铺脚手板，并应采用可靠连接方式与门架横梁固定，大于200mm的缝隙应挂安全平网。

（23）水平加固杆应在满堂脚手架的周边顶层、底层及中间每5列、5排通长连续设置，并应采用扣件与门架立杆扣牢。

（24）剪刀撑应在满堂脚手架外侧周边和内部每隔15m间距设置，剪刀撑宽度不应大于4个跨距或间距，斜杆与地面倾角宜为45°～60°。

（25）满堂脚手架距墙或其他结构物边缘距离应小于0.5m，周围应设置栏杆。

（26）满堂脚手架中间设置通道时，通道处底层门架可不设纵（横）方向水平加固杆，但通道上部应每步设置水平加固杆。通道两侧门架应设置斜撑杆。

（27）满堂脚手架高度超过 10m 时，上下层门架间应设置锁臂，外侧应设置抛撑或缆风绳与地面拉结牢固。

（28）满堂脚手架的搭设可采用逐列逐排和逐层搭设的方法，并应随搭随设剪刀撑、水平纵横加固杆、抛撑（或缆风绳）和通道板等安全防护构件。

（29）搭设、拆除满堂脚手架时，施工操作层应铺设脚手板，工人应系安全带。

（30）满堂脚手架组装完毕后应进行下列各项内容的验收检查：

1）门架设置情况；

2）交叉支撑、水平架及水平加固杆、剪刀撑及脚手板配置情况；

3）门架横杆荷载状况；

4）底座、顶托螺旋杆伸出长度；

5）扣件紧固扭力矩；

6）垫木情况；

7）安全网设置情况。

（31）可调底座、顶托应采取防止砂浆、水泥浆等污物填塞螺纹的措施。

（32）不得采用使门架产生偏心荷载的混凝土浇筑顺序，采用泵送混凝土时，应随浇随捣随即摊铺平整，混凝土不得堆积在泵送管路出口处。

（33）应避免装卸物料对模板支撑和脚手架产生偏心、振动和冲击。

（34）交叉支撑、水平加固杆、剪刀撑不得随意拆卸。因施工需要临时局部拆卸时，施工完毕后应立即恢复。

（35）拆除时应采用先搭后拆的施工顺序。

（36）拆除满堂脚手架时应采用可靠的安全措施，严禁高空抛掷。

6. 门架安全管理

（1）搭拆脚手架必须由专业架子工担任，并按现行国家标准《特种作业人员安全技术考核管理规则》（GB 5036—85）考核合格，持证上岗。上岗人员应定期进行体检，凡不适于高处作业者，不得上脚手架操作。

（2）搭拆脚手架时工人必须戴安全帽，系安全带，穿防滑鞋。

（3）操作层上施工荷载应符合设计要求，不得超载；不得在脚手架上集中堆放模板、钢筋等物件。严禁在脚手架上拉缆风绳或固定、架设混凝土泵、泵管及起重设备等。

（4）六级及六级以上大风和雨、雪、雾天应停止脚手架的搭设、拆除及施工作业。

（5）施工期间不得拆除下列杆件：

1）交叉支撑，水平架；

2）连墙件；

3）加固杆件：如剪刀撑、水平加固杆、扫地杆、封口杆等；

4）栏杆。

（6）作业需要时，临时拆除交叉支撑或连墙件应经主管部门批准，并应符合下列规定：

1）交叉支撑只能在门架一侧局部拆除，临时拆除后，在拆除交叉支撑的门架上、下层面应满铺水平架或脚手板。作业完成后，应立即恢复拆除的交叉支撑；拆除时间较长时，还应加设扶手或安全网；

2）只能拆除个别连墙件，在拆除前、后应采取安全措施并应在作业完成后立即恢复；不得在竖向或水平向同时拆除两个及两个以上连墙件。

（7）在脚手架基础或邻近严禁进行挖掘作业。

（8）临街搭设的脚手架外侧应有防护措施，以防坠物伤人。

（9）脚手架与架空输电线路的安全距离、工地临时用电线路架设及脚手架接地避雷措施等应按现行行业标准《施工现场临时用电安全技术规范》（JGJ 46—2005）的有关规定执行。

（10）沿脚手架外侧严禁任意攀登。

（11）对脚手架应设专人负责进行经常检查和保修工作。对高层脚手架应定期作门架立杆基础沉降检查，发现问题应立即采取措施。

（12）拆下的门架及配件应清除杆件及螺纹上的砧污物，并按《建筑施工门式钢管脚手架安全技术规范》（JGJ 128—2000）附录 A 的规定分类检验和维修，按品种、规格分类整理存放，妥善保管。

（13）脚手架搭设完毕或分段搭设完毕，应按《建筑施工门式钢管脚手架安全技术规范》（JGJ 128—2000）第 7.3 节、第 7.4.5 条的规定对脚手架工程的质量进行检查，经检查合格后方可交付使用。

（14）高度在 20m 及 20m 以下的脚手架，应由单位工程负责人组织技术安全人员进行检查验收。高度大于 20m 的脚手架，应由上一级技术负责人随工程进行分阶段组织单位工程负责人及有关的技术人员进行检查验收。

（15）验收时应具备下列文件：

1）根据《建筑施工门式钢管脚手架安全技术规范》（JGJ 128—2000）第 5.1.2 条要求所形成的施工组织设计文件；

2）脚手架构配件的出厂合格证或质量分类合格标志；

3）脚手架工程的施工记录及质量检查记录；

4）脚手架搭设过程中出现的重要问题及处理记录；

5）脚手架工程的施工验收报告。

（16）脚手架工程的验收，除查验有关文件外，还应进行现场检查，检查应着重以下各项，并记入施工验收报告。

1）构配件和加固件是否齐全，质量是否合格，连接和挂扣是否紧固可靠；

2）安全网的张挂及扶手的设置是否齐全；

3）基础是否平整坚实、支垫是否符合规定；

4）连墙件的数量、位置和设置是否符合要求；

5）垂直度及水平度是否合格。

（17）脚手架搭设的垂直度与水平度允许偏差应符合表 6-15 的要求：

脚手架搭设的垂直度与水平度允许偏差 　　　　　　　　　　　　　　　　　　表 6-15

项　　目		允许偏差（mm）
垂直度	每步架	$h/1000$ 及 ± 2.0
	脚手架整体	$\dfrac{H}{600}$ 及 ± 50
水平度	一跨距内水平架两端高差	$\pm \dfrac{l}{600}$ 及 ± 3.0
	脚手架整体	$\pm \dfrac{L}{600}$ 及 ± 50

注：h—步距；H—脚手架高度；l—跨距；L—脚手架长度。

（18）脚手架经单位工程负责人检查验证并确认不再需要时，方可拆除。

（19）拆除脚手架前，应清除脚手架上的材料、工具和杂物。

（20）拆除脚手架时，应设置警戒区和警戒标志，并由专职人员负责警戒。

（21）脚手架的拆除应在统一指挥下，按后装先拆、先装后拆的顺序及下列安全作业的要求进行：

1）脚手架的拆除应从一端走向另一端、自上而下逐层地进行；

2）同一层的构配件和加固件应按先上后下、先外后里的顺序进行，最后拆除连墙件；

3）在拆除过程中，脚手架的自由悬臂高度不得超过两步，当必须超过两步时，应加设临时拉结；

4）连墙杆、通长水平杆和剪刀撑等，必须在脚手架拆卸到相关的门架时方可拆除；

5）工人必须站在临时设置的脚手板上进行拆卸作业，并按规定使用安全防护用品；

6）拆除工作中，严禁使用榔头等硬物击打、撬挖，拆下的连接棒应放入袋内，锁臂应先传递至地面并放室内堆存；

7）拆卸连接部件时，应先将锁座上的锁板与卡钩上的锁片旋转至开启位置，然后开始拆除，不得硬拉，严禁敲击；

8）拆下的门架、钢管与配件，应成捆用机械吊运或由井架传送至地面，防止碰撞，严禁抛掷。

××整治工程项目部质量、安全部

×年×月

项目经理	××	被交底人签名	××

分部（分项）工程与工种安全技术交底记录

单位工程名称	××综合整治工程	交底时间	×年×月×日
分部（分项）工程 各工种名称	钢筋绑扎作业安全管理	交底人	××

（1）进入施工现场，必须戴好安全帽，扣好帽带，佩带并正确使用个人劳动保护用具。

（2）作业人员必须身体健康，取得有效钢筋操作证后，方可独立操作。学徒必须在师傅的指导下进行工作。

（3）密切注意基坑土方及围护情况，观察基坑排水状况，发现问题应立刻上报。

（4）雷雨时必须停止露天操作，预防雷击钢筋伤人。钢筋断料、配料、弯料等工作应在钢筋加工棚内进行，不宜在绑机现场进行断料、弯料或配料。

（5）搬运钢筋要注意附近有无障碍物、架空电线和其他临时电气设备，防止钢筋在回转时碰撞电线或发生触电事故。

（6）起重臂和吊起的重物下面有人停留或行走时不准吊。

（7）起重指挥应由技术培训合格的专职人员担任，无指挥或信号不清不准吊。

（8）钢筋、型钢、管材等细长和多根物件必须捆扎牢靠，多点起吊。单头"千斤"或捆扎不牢靠不准吊。

（9）起吊钢筋骨架时，下方禁止站人，必须待骨架降到距模板1m以下才准靠近，就位支撑好方可摘钩。

（10）绑扎立柱和墙体钢筋时，不得站在钢筋骨架上或攀登骨架上下。3m以内的柱钢筋，可在地面或楼面上绑扎，整体竖立。绑扎3m能上能下的柱钢筋，必须搭设操作平台。

××整治工程项目部质量、安全部

×年×月

项目经理	××	被交底人签名	××

分部（分项）工程与工种安全技术交底记录

单位工程名称	××综合整治工程	交底时间	×年×月×日
分部（分项）工程 各工种名称	混凝土浇捣安全技术交底	交底人	××

（1）作业人员进入现场必须戴好安全帽，扣好帽带，并正确使用个人劳动保护用品。

（2）操作人员必须身体健康持有效操作证，方可独立操作。

（3）脚手架、工作平台和斜道应绑扎牢固。若有探头板应及时绑扎搭好，脚手架上的钉子等障碍物应清除干净。高处作业或较深的地下作业，必须设有供操作人员上下的走道。

（4）浇筑地下工程的混凝土前，应检查土边坡有无裂缝、坍塌等现象。

（5）夜间施工应有足够的照明，临时电线必须架空在2.5m高以上。在深坑和潮湿地点施工必须使用低压安全照明。

（6）所有电气设备的修理拆换工作应由电工进行，严禁混凝土操作工自行拆动。

（7）泵送设备放置应离基坑边缘保持一定距离。在布料杆动作范围内无障碍物，无高压线。

（8）水平泵送的管道敷设线路应接近直线，少弯曲，管道与管道支撑必须紧固可靠，管道接头处应密封可靠。"Y"形管道应装接锥形管。

（9）严禁将垂直管道直接装接在泵的输出口上，应在垂直管架设的前端装接长度不小于10m的水平管，水平管近泵处应装逆止阀。敷设向下倾斜的管道时，下端应装接一段水平管，其长度至少为倾斜管高低差的五倍，否则应采用弯管等办法，增大阻力。如倾斜度较大，必要时，应在坡度上端装置排气活阀，以利排气。

（10）支腿应全部伸出并支固，未支固前不得启动布料杆。布料杆升离支架后方可回转。布料杆伸出时应按顺序进行。严禁用布料杆起吊或拖拉物件。

（11）当布料杆处于全伸状态时，严禁移动车身。作业中需要移动时，应将上段布料杆折叠固定，移动速度不超过10km/h。布料杆不得使用超过规定直径的配管，装接的软管应系防脱安全绳带。

（12）应随时监视各种仪表和指示灯，发现不正常应及时调整或处理。如出现输送管道堵塞时，应进行逆向运转使混凝土返回料斗，必要时应拆管排除堵塞。

（13）泵送工作应连续作业，必须暂停时应每隔5～10min（冬季3～5min）泵送一次。若停止较长时间后泵送时，应逆向运输1～2个行程，然后顺向泵送。泵送时料斗内应保持一定量的混凝土，不得吸空。

（14）应保持水箱内储满清水，发现水质混浊并有较多砂粒时应及时检查处理。

（15）泵送系统受压力时，不得开启任何输送管道和液压管道。液压系统的安全阀不得任意调整，蓄能器只能充入氮气。

（16）浇筑离地2m以上框架、过梁、雨篷和小平台时，应设操作平台，不得直接站在模板或支撑件上操作。

（17）浇筑拱形结构，应自两边拱脚对称地相向进行。浇筑储仓，下口应先行封闭，并搭设脚手架以防人员坠落。

（18）特殊情况下如无可靠的安全设施，必须系好安全带并扣好保险钩，或架设安全网。

（19）地下工程深度超过3m时，应设混凝土溜槽。滑放混凝土时，应上下配合。

（20）浇筑无板框架的梁、柱混凝土时，应搭设脚手架，并应附设防护栏杆，不得站在模板上操作。

（21）浇捣圈梁、挑檐、阳台、雨篷混凝土时，外脚手架上应加设护身栏杆。

（22）使用振动机前应检查：电源电压，输电必须安装漏电开关；保护电源线路是否良好，电源线不得有接头；机械运转是否正常。振动机移动时，不能硬拉电线，更不能在钢筋和其他锐利物上拖拉，防止割破拉断电线而造成触电伤亡事故。

（23）用草帘或草袋覆盖混凝土时，构件表面的孔洞部位应有封堵措施并设明显标志，以防操作人员跌落或受伤。草帘或草袋等用完后随时清理，堆放到指定地点，并应在堆置地点设置消防设施。

（24）在大风雪或暴风、雷雨的情况下（六级风以上），不得在露天进行高空作业；气温较低（－15℃左右），又在高空或迎风方向连续作业时，应加强保暖，必要时休息取暖。

（25）应经常检查脚手架的接头处是否牢固，检查安全防护设置是否齐全，是否因冰、雪、风、雨的影响而松动下沉。走道及跳板通道，应经常清扫或进行防滑处理。

（26）酒后及患有高血压、心脏病、癫痫症的人员，严禁参加高空作业。

××整治工程项目部质量、安全部

×年×月

项目经理	××	被交底人签名	××

分部（分项）工程与工种安全技术交底记录

单位工程名称	××综合整治工程	交底时间	×年×月×日
分部（分项）工程 各工种名称	构件吊装安全技术交底	交底人	××

（1）进入现场，必须戴好安全帽，扣好帽带，并正确使用个人劳动防护用具。

（2）操作人员必须身体健康，并经过专业培训考试合格，在取得有关部门颁发的操作证或特殊工种操作证后，方可独立操作。学员必须在师傅的指导下进行操作。

（3）悬空作业处应有牢靠的立足处。并必须视具体情况，配置防护网、栏杆或其他安全设施。

（4）悬空作业所用的索具、脚手板、吊篮、吊笼、平台等设备，均需经过技术鉴定或检证方可使用。

（5）吊装前应检查机械索具、夹具、吊环等是否符合要求并应进行试吊。

（6）吊装时必须有统一的指挥、统一的信号。

（7）高空作业人员必须系安全带，安全带生根处须安全可靠。

（8）高空作业人员不得喝酒，在高空不得开玩笑。

（9）高空作业穿着要灵便，禁止穿硬底鞋、高跟鞋、塑料底鞋和带钉的鞋。

（10）吊车行走道路和工作地点应坚实平整，以防沉陷发生事故。

（11）六级以上大风和雷雨、大雾天气，应暂停露天起重和高空作业。

（12）拆卸千斤顶时，下方不应站人。

（13）使用撬棒等工具，用力要均匀，要慢，支点要稳固，防止撬滑发生事故。

（14）构件在未经校正、焊牢或固定之前，不准松绳脱钩。

（15）起吊笨重物件时，不可中途长时间悬吊、停滞。

（16）起重吊装所用的钢丝绳，不准触及有电线路和电焊搭铁线或与坚硬物体摩擦。

（17）遵守有关起重吊装的"十不吊"中的有关规定。

××整治工程项目部质量、安全部

×年×月

项目经理	××	被交底人签名	××

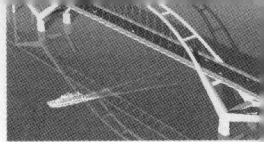

分部（分项）工程与工种安全技术交底记录

单位工程名称	××综合整治工程	交底时间	×年×月×日
分部（分项）工程 各工种名称	管道施工安全技术交底	交底人	××

1. 施工安全

(1) 扳手的开口尺寸应与螺栓、螺母尺寸相符合。管子钳的开口尺寸应与管子、管件的尺寸相符合。操作时应双手扶持，一手握手柄，一手握钳头。手柄不得套管子加长。

(2) 使用手锤，不得戴手套。锤柄、锤头部位不得有油污，防止打滑。锤头与锤柄连接牢固可靠。挥锤时四周不得有障碍，人员应避让。

(3) 管子被夹于台钳或套丝机上，除本身应夹紧外，较长一侧管子应有支撑，使管子保持水平状态。

(4) 切断管子时，速度不得太快，快被切断跌落的管子，应将其托住，防止坠落伤人。

(5) 管子套丝时，人工套丝应防止扳把旋转打伤人或铰板未咬上口跌落伤人。机械套丝不得戴手套操作，防止手被卷入。

(6) 弯管时，液压机应注意检查液压软管完好，防止爆裂。电动机应注意旋转轴旋转时，手和衣服不得接近旋转轴。脱下弯管模具时，锤击不宜过重，防止脱模时伤人。

(7) 气、电焊作业时，应先清除作业区的易燃物品，并防止火星溅落于缝隙留下火种。配合气、电焊作业时应戴防护眼镜或面罩。

(8) 在砖墙、楼板上打洞时，应戴防护镜。快打穿时应通知隔墙或楼下人员，防止击穿时伤人。

(9) 人力搬运管子、阀门等时，小心轻装轻卸，动作一致，互相照应。起吊重物，必须先认真检查吊具、绳索是否可靠。起吊重物时，吊起重物下不准站人。

(10) 架空管道未正式固定前，应有临时性绑扎或卡定，防止滚动、滑落。

(11) 管道安装前应清理和检查管道内杂物。管道施工中途停工时应临时堵封管子敞口，防止小支物进入管内。

(12) 阀门安装后，应关闭严密。试压时可打开，试压后仍关闭。待调试或试运时加以开启调节流量。

(13) 水压试验前，应检查一遍管线，有不符合设计要求的立即修正，临时封堵应有足够的强度，阀件应开启到最大，孔板、调压阀、温度计等应拆除。

(14) 水压试验时，升压应缓慢，沿程管线应有专人巡视，压力在 0.3MPa 以下允许紧螺栓和用手锤检查焊缝。在法兰、盲板等处，人员应避开结合口。严禁带压检修，必须放压汇水后进行修理工作。

(15) 夏季进行水压试验，必须放压泄水后进行修理工作。冬季进行水压试验，应有防冻措施，试压后泄尽存水。

(16) 蒸汽吹洗时，吹洗阀应缓慢开大，吹洗距离内用围绳围起，严禁人员进入。

2. 管道安装

(1) 凡是从事管道安装工作的人员应执行国家、行业有关安全技术规程。

(2) 新工人，应进行安全技术培训和教育，没有经过安全技术教育的人不得上岗施工，对本工种安全技术规程不熟悉的人，不得独立作业。

(3) 凡编制施工组织设计或施工技术措施文件时，应同时编制切合实际情况的安全技术措施。

(4) 每项工程开工前，在进行技术交底的同时，均应进行安全技术交底，重要部位重点交底。

(5) 进入施工现场，必须戴好安全帽，扣好帽带，正确使用劳动防护用品。

(6) 凡参与管道施工的电焊工、气焊工、起重吊车司机和现场叉车司机，必须经过当地劳动部门安全培训，考试合格后方可参与施工。

(7) 凡在有易爆、易燃物质的地点施工时，应按专门的防护规定进行操作。

(8) 在有毒性、刺激性或腐蚀性的气体、液体或粉尘的场所工作时，应编制专门的防护措施进行作业。

(9) 管沟开挖时土方离管沟边沿不得小于 800mm，所用材料及工具不得在沟边存放，施工时，应经常检查沟壁两侧是否有松动和裂缝或渗水现象，可能有塌方时应及时加护板和支撑。

（10）铸铁管打口用工具不得放在管子上，两人同时打口应互相配合，精力集中。

（11）使用大锤和手锤之前，应检查木柄是否牢靠。

（12）两人使用套丝板套丝时应均匀用力，并随时检查松板，压力挂钩是否扣紧，退套丝板应慢退，防止套丝板快速滑下伤人。

（13）使用管钳或扳手时在近地面、墙、设备操作，手指应撒开把柄，而用手掌用力。

（14）管道组装对口或水平移动时，严禁用手摸管口，以免将手指切伤或压伤。

（15）使用手提砂轮或角向磨光时，应戴防护眼镜，进入工件时应缓慢，旋转方向应正确，操作时面部与砂轮偏侧，停用时待停转后才可将砂轮放于安全处。

（16）吊装管子时，两端应拴好拉绳，预制件翻身或转动时应考虑重心位置，防止滑动或重心偏移而伤人。

（17）在协助电焊工组对管道焊口时，应有必要的防护措施，以免弧光刺伤眼睛，脚应站在干燥的木板或其他绝缘板上。

（18）新旧管道交叉时，应弄清旧管道中介质并采取安全措施，防止爆炸、燃烧及中毒事故发生。

（19）氧气管道在安装、吹扫、试压时所用的工具及防护用品不得有油。

（20）氨管道充氨、试运转应配置防毒面具、灭火器、湿毛巾。

3. 管道试验

（1）压力试验用压力表，必须经校验合格后方可使用，表数应为两块以上。

（2）管道试压前应检查管道与支架的紧固性和管道堵板的牢靠性，确认无问题后，方能进行试压。

（3）压力较高的管道试压时，应划定危险区，并安排人员警戒，禁止无关人员进入。

（4）试压时升压和降压应缓慢进行，不能过急。压力必须按设计或验收规范要求进行，不得任意增加，停泵稳压后方可进行检查，发现渗漏时严禁带压修理，排放口不得对准电线、基础和有人操作的场地。

（5）管道清洗及脱脂应在通风良好的地方进行，如用易燃物品清洗或脱脂时，周围严禁有火源，并应配备消防设备。脱脂剂不得与浓酸、浓碱接触，二氯乙烷与精馏酒精不得同时使用，脱脂后的废液应妥善处理。

（6）用酸碱清洗管子时，应戴防护面罩、耐酸手套和穿耐酸胶靴，裤脚应置于胶靴外，调配酸液时，必须先放水后倒酸。

（7）管道吹扫口应设置在开阔安全地域。

（8）吹扫口和气源之间应设置通讯联络，并设专人负责安全。

（9）用氧气、燃气、天然气吹扫时，排气口必须远离火源，用天然气吹扫管线时，必须以不大于4m/s的流速缓慢地置换管内空气，当管内天然气含量达95%时，方可在吹扫压力下进行吹扫，吹扫口的天然气必须烧掉。

（10）管内存水必须在吹扫前排放完毕。

（11）乙炔和管道宜在空气吹扫后再用氮气进行置换，在管道终端取样检查，气体内氧气含量不大于3%为合格。

（12）如遇特殊情况时，应按有关规定执行。

××整治工程项目部质量、安全部

×年×月

| 项目经理 | ×× | 被交底人签名 | ×× |

分部（分项）工程与工种安全技术交底记录

单位工程名称	××综合整治工程	交底时间	×年×月×日
分部（分项）工程各工种名称	混凝土搅拌机安全技术交底	交底人	××

（1）固定式搅拌机应安装在牢固的台座上。当长期固定时，应埋置地脚螺栓；在短期使用时，应在机座上铺设木枕并找平放稳。

（2）固定式搅拌机的操纵台，应使操作人员能看到各部工作情况。电动搅拌机的操纵台，应垫上橡胶或干燥木板。

（3）移动式搅拌机的停放位置应选择平整坚实的场地，周围应有良好的排水沟渠。就位后，应放下支腿将机架顶起达到水平位置，使轮胎离地。当使用期较长时，应将轮胎卸下妥善保管，轮轴端部用油布包扎好，并用枕木将机架垫起支牢。

（4）对需设置上料斗地坑的搅拌机，其坑口周围应垫高夯实，应防止地面水流入坑内。上料轨道架的底端支承面应夯实或铺砖，轨道架的后面应采用木料加以支承，应防止作业时轨道变形。

（5）料斗放到最低位置时，在料斗与地面之间，应加一层缓冲垫木。

（6）作业前重点检查项目应符合下列要求：

1）电源电压升降幅度不超过额定值的5％；

2）电动机和电器元件的接线牢固，保护接零或接地电阻符合规定；

3）各传动机构、工作装置、制动器等均紧固可靠，开式齿轮、皮带轮等均有防护罩；

4）齿轮箱的油质、油量符合规定。

（7）作业前，应先启动搅拌机空载运转。应确认搅拌筒或叶片旋转方向与筒体上箭头所示方向一致。对反转出料的搅拌机，应使搅拌筒正、反转运转数分钟，并应无冲击抖动现象和异常噪声。

（8）作业前，应进行料斗提升试验，应观察并确认离合器、制动器灵活可靠。

（9）应检查并校正供水系统的指示水量与实际水量的一致性；当误差超过2％时，应检查管路的漏水点，或应校正节流阀。

（10）应检查骨料规格并应与搅拌机性能相符，超出许可范围的不得使用。

（11）搅拌机启动后，应使搅拌筒达到正常转速后进行上料。上料时应及时加水。每次加入的拌合料不得超过搅拌机的额定容量，并应减少物料粘罐现象，加料的次序应为石子—水泥—砂子或砂子—水泥—石子。

（12）进料时，严禁将头或手伸入料斗与机架之间。运转中，严禁用手或工具伸入搅拌筒内扒料、出料。

（13）搅拌机作业中，当料斗升起时，严禁任何人在料斗下停留或通过；当需要在料斗下检修或清理料坑时，应将料斗提升后用铁链或插入销锁住。

（14）向搅拌筒内加料应在运转中进行，添加新料，应先将搅拌筒内原有的混凝土全部卸出后方可进行。

（15）作业中，应观察机械运转情况，当有异常或轴承温升过高等现象时，应停机检查；当需检修时，应将搅拌筒内的混凝土清除干净，然后再行检修。

（16）加入强制式搅拌机的骨料最大粒径不得超过允许值，并应防止卡料。每次搅拌时，加入搅拌筒的物料不应超过规定的进料容量。

（17）强制式搅拌机的搅拌叶片与搅拌筒底及侧壁的间隙，应经常检查并确认符合规定，当间隙超过标准时，应及时调整。当搅拌叶片磨损超过标准时，应及时修补或更换。

（18）作业后，应对搅拌机进行全面清理；当操作人员需进入筒内时，必须切断电源或卸下熔断器，锁好开关箱，挂上"禁止合闸"标牌，并应有专人在外监护。

（19）作业后，应及时将机内、水箱内、管道内的存料、积水放尽，并应清洁保养机械，清理工作场地，切断电源，锁好开关箱。

（20）作业后，应将料斗降落到坑底，当需升起时，应用链条或插销扣牢。

（21）冬期作业后，应将水泵、放水开关、量水器中的积水排尽。

（22）搅拌机在场内移动或远距离运输时，应将进料斗提升到上止点，用保险铁链或插销锁住。

××整治工程项目部质量、安全部

×年×月

项目经理	××	被交底人签名	××

分部（分项）工程与工种安全技术交底记录

单位工程名称	××综合整治工程	交底时间	×年×月×日
分部（分项）工程 各工种名称	混凝土泵送安全技术交底	交底人	××

（1）混凝土泵应安放在平整、坚实的地面上，周围不得有障碍物，在放下支腿并调整后应使机身保持水平和稳定，轮胎应楔紧。

（2）泵送管道的敷设应符合下列要求：

1）水平泵送管道宜直线敷设；

2）垂直泵送管道不得直接装接在泵的输出口上，应在垂直管前端加装长度不小于20m的水平管，并在水平管近泵处加装逆止阀；

3）敷设向下倾斜的管道时，应在输出口上加装一段水平管，其长度不应小于倾斜管高低差的5倍。当倾斜度较大时，应在坡度上端装设排气活阀；

4）泵送管道应有支承固定，在管道和固定物之间应设置木垫作缓冲，不得直接与钢筋或模板相连，管道与管道间应连接牢靠；管道接头和卡箍应扣牢密封，不得漏浆；不得将已磨损管道装在后端高压区；

5）泵送管道敷设后，应进行耐压试验。

（3）砂石粒径、水泥强度等级及配合比应按出厂规定，满足泵机可泵性的要求。

（4）作业前应检查并确认泵机各部螺栓紧固，防护装置齐全可靠，各部位操纵开关、调整手柄、手轮、控制杆、旋塞等均在正确位置，液压系统正常无泄漏，液压油符合规定，搅拌斗内无杂物，上方的保护格网完好无损并盖严。

（5）输送管道的管壁厚度应与泵送压力匹配，近泵处应选用优质管子。管道接头、密封圈及弯头等应完好无损。高温烈日下应采用湿麻袋或湿草袋遮盖管路，并应及时浇水降温，寒冷季节采取保温措施。

（6）应配备清洗管、清洗用品、接球器及有关装置。开泵前，无关人员应离开管道周围。

（7）启动后，应空载运转，观察各仪表的指示值，检查泵和搅拌装置的运转情况，确认一切正常后，方可作业。泵送前应向料斗加入10L清水和0.3m³的水泥砂浆润滑泵及管道。

（8）泵送作业中，料斗中的混凝土平面应保持在搅拌轴轴线以上。料斗格网上不得堆满混凝土，应控制供料流量，及时清除超料径的骨料及异物，不得随意移动格网。

（9）当进入料斗的混凝土有离析现象时应停泵，待搅拌均匀后再泵送。当骨料分离严重，料斗内灰浆明显不足时，应剔除部分骨料，另加砂浆重新搅拌。

（10）泵送混凝土应连续作业；当因供料中断被迫暂停时，停机时间不得超过30min。暂停时间内应每隔5～10min（冬期3～5min）作2～3个冲程反泵—正泵运动，再次投料泵送前应先将料搅拌。当停泵时间超限时，应排空管道。

（11）垂直向上泵送中断后再次泵送时，应先进行反向推送，使分配阀内混凝土吸回料斗，经搅拌后再正向泵送。

（12）泵机转动时，严禁将手或铁锹伸入料斗或用手抓握分配阀。当需在料斗或分配阀上工作时，应先关闭电动机和消除蓄能器压力。

（13）不得随意调整液压系统压力。当油温超过70℃时，应停止泵送，但仍应使搅拌叶片和风机运转，待降温后再继续运行。

（14）水箱内应贮满清水，当水质混浊并有较多砂粒时，应及时检查处理。

（15）泵送时，不得开启任何输送管道和液压管道；不得调整、修理正在运转的部件。

（16）作业中，应对泵送设备和管路进行观察，发现隐患应及时处理。对磨损超过规定的管子、卡箍、密封圈等应及时更换。

（17）应防止管道堵塞。泵送混凝土应搅拌均匀，控制好坍落度；在泵送过程中，不得中途停泵。

（18）当出现输送管堵塞时，应进行反泵运转，使混凝土返回料斗；当反泵几次仍不能消除堵塞，应在泵

机卸载情况下，拆管排除堵塞。

（19）作业后，应将料斗内和管道内的混凝土全部输出，然后对泵机、料斗、管道等进行冲洗。当用压缩空气冲洗管道时，进气阀不应立即开大，只有当混凝土顺利排出时，方可将进气阀开至最大。在管道出口端前方 10m 内严禁站人，并应用金属网篮等收集冲出清洗球和砂石粒。对凝固的混凝土，应采用刮刀清除。

（20）作业后，应将两侧活塞转到清洗室位置，并涂上润滑油。各部位操纵开关、调整手柄、手轮、控制杆、旋塞等均应复位。液压系统应卸载。

××整治工程项目部质量、安全部

×年×月

项目经理	××	被交底人签名	××

分部（分项）工程与工种安全技术交底记录

单位工程名称	××综合整治工程	交底时间	×年×月×日
分部（分项）工程各工种名称	木工安全技术交底	交底人	××

1. 圆盘锯

（1）工作场所应备有齐全可靠的消防器材。工作场所严禁吸烟和明火，并不得存放油、棉纱等易燃品。

（2）工作场所的待加工和已加工木料应堆放整齐，保证道路畅通。

（3）机械应保持清洁，安全防护装置齐全可靠，各部连接紧固，工作台上不得放置杂物。

（4）锯片上方必须安装保险挡板和滴水装置，在锯片后面，离齿 10～15mm 处，必须安装弧形楔刀。锯片的安装，应保持与轴同心。

（5）锯片必须锯齿尖锐，不得连续缺齿两个，裂纹长度不得超过 20mm，裂缝末端应冲止裂孔。

（6）被锯木料厚度，以锯片能露出木料 10～20mm 为限，夹持锯片的法兰盘的直径应为锯片直径的 1/4。

（7）启动后，待转速正常后方可进行锯料。送料时不得将木料左右晃动或高抬，遇木节要缓缓送料。锯料长度应不小于 500mm。接近端头时，应用推棍送料。

（8）如锯线走偏，应逐渐纠正，不得猛扳，以免损坏锯片。

（9）操作人员不得站在和面对与锯片旋转的离心力方向操作，手不得跨越锯片。

（10）锯片温度过高时，应用水冷却，直径 600mm 以上的锯片，在操作中应喷水冷却。

（11）作业后，切断电源，锁好闸箱，进行擦拭、润滑、清除木屑、刨花。

2. 平面锯

（1）工作场所应备有齐全可靠的消防器材。工作场所严禁吸烟和明火，并不得存放油、棉纱等易燃品。

（2）工作场所的待加工和已加工木料应堆放整齐，保证道路畅通。

（3）机械应保持清洁，安全防护装置齐全可靠，各部连接紧固，工作台上不得放置杂物。

（4）作业前，检查安全防护装置必须齐全有效。

（5）刨料时，手应按在料的上面，手指必须离开刨口 50mm 以上。严禁用手在木料后端送料跨越刨口进行刨削。

（6）被刨木料的厚度小于 30mm，长度小于 400mm 时，应用压板或压棍推进。厚度在 15mm，长度在 250mm 以下的木料，不得在平刨上加工。

（7）被刨木料如有破裂或硬节等缺陷时，必须处理后再施刨。刨旧料前，必须将料上的钉子、杂物清除干净。遇木楂、节疤要缓慢送料。严禁将手按在节疤上送料。

（8）刀片和刀片螺丝的长度、重量必须一致，刀架夹板必须平整贴紧，合金刀片焊缝的高度不得超出刀头，刀片紧固螺栓应嵌入刀片槽内，槽端离刀背不得小于10mm。紧固刀片螺丝时，用力应均匀一致，不得过松或过紧。

（9）机械运转时，不得将手伸进安全挡板里侧去移动挡板或拆除安全挡板进行刨削。严禁戴手套操作。

（10）作业后，切断电源，锁好闸箱，进行擦拭、润滑、清除木屑、刨花。

3. 压刨床

（1）工作场所应备有齐全可靠的消防器材。工作场所严禁吸烟和明火，并不得存放油、棉纱等易燃品。

（2）工作场所的待加工和已加工木料应堆放整齐，保证道路畅通。

（3）机械应保持清洁，安全防护装置齐全可靠，各部连接紧固，工作台上不得放置杂物。

（4）压刨床必须用单向开关，不得安装倒顺开关，三、四面刨应按顺序开动。

（5）作业时，严禁一次刨削两块不同材质、规格的木料，被刨木料的厚度不得超过50mm。操作者应站在机床的一侧，接、送料时不得戴手套，送料时必须先进大头。

（6）刨刀与刨床台面的水平间隙应在10～30mm之间，刨刀螺丝必须重量相等，紧固时用力应均匀一致，不得过紧或过松，严禁使用带开口槽的刨刀。

（7）每次进刀量应为2～5mm，如遇硬木或节疤，应减小进刀量，降低送料速度。

（8）刨料长度不得短于前后压滚的中心距离，厚度小于10mm薄板，必须垫托板。

（9）压刨必须装有回弹灵敏的逆止爪装置，进料齿辊及托料光辊应调整水平和上下距离一致，齿辊应低于工件表面1～2mm，光辊应高出台面0.3～0.8mm，工作台面不得歪斜和高低不平。

（10）作业后，切断电源，锁好闸箱，进行擦拭、润滑、清除木屑、刨花。

××整治工程项目部质量、安全部

×年×月

项目经理	××	被交底人签名	××

分部（分项）工程与工种安全技术交底记录

单位工程名称	××综合整治工程	交底时间	×年×月×日
分部（分项）工程 各工种名称	手持电动工具安全技术交底	交底人	××

（1）使用刃具的机具，应保持刃磨锋利，完好无损，安装正确，牢固可靠。

（2）使用砂轮的机具，应检查砂轮与接盘间的软垫并安装稳固，螺母不得过紧，凡受潮、变形、裂纹、破碎、磕边缺口或接触过油、碱类的砂轮均不得使用，并不得将受潮的砂轮片自行烘干使用。

（3）在潮湿地区或在金属构架、压力容器、管道等导电良好的场所作业时，必须使用双重绝缘或加强绝缘的电动工具。

（4）非金属壳体的电动机、电器，在存放和使用时不应受压、受潮，并不得接触汽油等溶剂。

（5）作业前的检查应符合下列要求：

1）外壳、手柄不出现裂缝、破损；

2）电缆软线及插头等完好无损，开关动作正常，保护接零连接正确牢固可靠；

3）各部防护罩齐全牢固，电气保护装置可靠。

（6）机具启动后，应空载运转，应检查并确认机具联动灵活无阻。作业时，加力应平稳，不得用力过猛。

（7）严禁超载使用。作业中应注意声响及温升，发现异常应立即停机检查。在作业时间过长，机具温升超过60℃时，应停机，自然冷却后再行作业。

市政工程安全管理与台账编制范例

（8）作业中，不得用手触摸刃具、模具和砂轮，发现其有磨钝、破损情况时，应立即停机修整或更换，然后再继续进行作业。

（9）机具转动时，不得撒手不管。

（10）使用冲击电钻或电锤时，应符合下列要求：

1）作业时应掌握电钻或电锤手柄，打孔时先将钻头抵在工作表面，然后开动，用力适度，避免晃动；转速若急剧下降，应减少用力，防止电机过载，严禁用木杠加压；

2）钻孔时，应注意避开混凝土中的钢筋；

3）电钻和电锤为40％断续工作制，不得长时间连续使用；

4）作业孔径在25mm以上时，应有稳固的作业平台，周围应设护栏。

（11）使用瓷片切割机时应符合下列要求：

1）作业时应防止杂物、泥尘混入电动机内，并应随时观察机壳温度，当机壳温度过高及产生炭刷火花时，应立即停机检查处理；

2）切割过程中用力应均匀适当，推进刀片时不得用力过猛。当发生刀片卡死时，应立即停机，慢慢退出刀片，应在重新对正后方可再切割。

（12）使用角向磨光机时应符合下列要求：

1）砂轮应选用增强纤维树脂型，其安全线速度不得小于80m/s。配用的电缆与插头应具有加强绝缘性能，并不得任意更换；

2）磨削作业时，应使砂轮与工件面保持15°～30°的倾斜位置；切削作业时，砂轮不得倾斜，并不得横向摆动。

（13）使用电剪时应符合下列要求：

1）作业前应先根据钢板厚度调节刀头间隙量；

2）作业时不得用力过猛，当遇刀轴往复次数急剧下降时，应立即减少推力。

（14）使用射钉枪时应符合下列要求：

1）严禁用手掌推压钉管和将枪口对准人；

2）击发时，应将射钉枪垂直压紧在工作面上，当两次扣动扳机，子弹均不击发时，应保持原射击位置数秒钟后，再退出射钉弹；

3）在更换零件或断开射钉枪之前，射枪内均不得装有射钉弹。

（15）使用拉铆枪时应符合下列要求：

1）被铆接物体上的铆钉孔应与铆钉滑配合，并不得过盈量太大；

2）铆接时，当铆钉轴未拉断时，可重复扣动扳机，直到拉断为止，不得强行扭断或撬断；

3）作业中，接铆头子或并帽若有松动，应立即拧紧。

××整治工程项目部质量、安全部

×年×月

项目经理	××	被交底人签名	××

分部（分项）工程与工种安全技术交底记录

单位工程名称	××综合整治工程	交底时间	×年×月×日
分部（分项）工程 各工种名称	龙门架、物料提升机	交底人	××

1. 安装

（1）安装与拆卸作业前，应根据现场工作条件及设备情况编制作业方案。对作业人员进行分工交底，确定指挥人员，划定安全警戒区域并设监护人员，排除作业障碍。

（2）提升架体实际安装的高度不得超出设计所允许的最大高度。

（3）安装作业前检查的内容一般包括：

1）金属结构的成套性和完好性；

2）提升机构是否完整良好；

3）电气设备是否齐全可靠；

4）基础位置和做法是否符合要求；

5）地锚的位置、附墙架连接埋件的位置是否正确和埋设牢靠；

6）提升机的架体和缆风绳的位置是否靠近或跨越架空输电线路。必须靠近时，应保证最小安全距离，并应采取安全防护措施。

（4）安装架体时，应先将地梁与基础连接牢固。每安装2个标准节（一般不大于8m），应采取临时支撑或临时缆风绳固定，并进行初校正，在确认稳定时，方可继续作业。

（5）安装龙门架时，两边立柱应交替进行，每安装2节，除将单肢柱进行临时固定外，尚应将两立柱横向连接成一体。

（6）利用建筑物内井道做架体时，各楼层进料口处的停靠门，必须与司机操作处装设的层站标志灯进行联锁。阴暗处应装照明。

（7）架体各节点的螺栓必须紧固，螺栓应符合孔径要求，严禁扩孔和开孔，更不得漏装或以铅丝代替。

（8）装设摇臂把杆时，应符合以下要求：

1）把杆不得装在架体的自由端处；

2）把杆底座要高出工作面，其顶部不得高出架体；

3）把杆应安装保险钢丝绳，起重吊钩应装设限位装置；

4）把杆与水平面夹角应在45°～70°之间，转向时不得碰到缆风绳；

5）随工作面升高把杆需要重新安装时，其下方的其他作业应暂时停止。

（9）在拆卸缆风绳或附墙架前，应先设置临时缆风绳或支撑，确保架体的自由高度不得大于2个标准节（一般不大于8m）。

（10）拆卸龙门架的天梁前，应先分别对两立柱采取稳固措施，保证单柱的稳定。

（11）拆卸作业中，严禁从高处向下抛掷物件。

（12）拆卸作业宜在白天进行。夜间作业应有良好的照明。因故中断作业时，应采取临时稳固措施。

（13）卷扬机应安装在平整坚实的位置上，宜远离危险作业区，视线应良好。因施工条件限制，卷扬机安装位置距施工作业区较近时，其操作棚的顶部应符合规定要求。

（14）固定卷扬机的锚桩应牢固可靠，不得以树木、电杆代替锚桩。

（15）当钢丝绳在卷筒中间位置时，架体底部的导向滑轮应与卷筒轴心垂直，否则应设置辅助导向滑轮，并用地锚、钢丝绳拴牢。

（16）提升钢丝绳运行中应架起，使之不拖地面和被水浸泡。必须穿越主要干道时，应挖沟槽并加保护措施。严禁在钢丝绳穿行的区域内堆放物料。

2. 使用

（1）安装后使用前的验收应符合下列规定：

提升机安装后，应由主管部门组织按照本规范和设计规定进行检查验收，确认合格发给使用证后，方可交付使用。使用前和使用中的检查宜包括下列内容：

1）使用前的检查：

A. 金属结构有无开焊和明显变形；

B. 架体各节点连接螺栓是否紧固；

C. 附墙架、缆风绳、地锚位置和安装情况；

D. 架体的安装精度是否符合要求；

E. 安全防护装置是否灵敏可靠；

F. 卷扬机的位置是否合理；

G. 电气设备及操作系统的可靠性；

H. 信号及通信装置的使用效果是否良好清晰；

I. 钢丝绳、滑轮组的固接情况；

J. 提升机与输电线路的安全距离及防护情况。

2）定期检查。定期检查每月进行1次，由有关部门和人员参加，检查内容包括：

A. 金属结构有无开焊、锈蚀、永久变形；

B. 扣件、螺栓连接的紧固情况；

C. 提升机构磨损情况及钢丝绳的完好性；

D. 安全防护装置有无缺少、失灵和损坏；

E. 缆风绳、地锚、附墙架等有无松动；

F. 电气设备的接地（或接零）情况；

G. 断绳保护装置的灵敏度试验。

3）日常检查。日常检查由作业司机在班前进行，在确认提升机正常时，方可投入作业。检查内容包括：

A. 地锚与缆风绳的连接有无松动；

B. 空载提升吊篮做1次上下运行，验证是否正常，并同时碰撞限位器和观察安全门是否灵敏完好；

C. 在额定荷载下，将吊篮提升至离地面1～2m高度停机，检查制动器的可靠性和架体的稳定性；

D. 安全停靠装置和断绳保护装置的可靠性；

E. 吊篮运行通道内有无障碍物；

F. 作业司机的视线或通信装置的使用效果是否清晰良好。

（2）使用提升机时应符合下列规定：

1）物料在吊篮内应均匀分布，不得超出吊篮。当长料在吊篮中立放时，应采取防滚落措施；散料应装箱或装笼。严禁超载使用；

2）严禁人员攀登、穿越提升机架体和乘吊篮上下；

3）高架提升机作业时，应使用通信装置联系。低架提升机在多工种、多楼层同时使用时，应专设指挥人员，信号不清不得开机。作业中不论任何人发出紧急停车信号，应立即执行；

4）闭合主电源前或作业中突然断电时，应将所有开关扳回零位。在重新恢复作业前，应在确认提升机动作正常后方可继续使用；

5）发现安全装置、通信装置失灵时，应立即停机修复。作业中不得随意使用极限限位装置；

6）使用中要经常检查钢丝绳、滑轮工作情况。如发现磨损严重，必须按照有关规定及时更换；

7）采用摩擦式卷扬机为动力的提升机，吊篮下降时，应在吊篮行至离地面1～2m处，控制缓缓落地，不允许吊篮自由落下直接降至地面；

8）装设摇臂把杆的提升机，作业时，吊篮与摇臂把杆不得同时使用；

9）作业后，将吊篮降至地面，各控制开关扳至零位，切断主电源，锁好闸箱。

××整治工程项目部质量、安全部

×年×月

项目经理	××	被交底人签名	××

分部（分项）工程与工种安全技术交底记录

单位工程名称	××综合整治工程	交底时间	×年×月×日
分部（分项）工程 各工种名称	起重吊装安全技术交底	交底人	××

（1）起重机的内燃机、电动机和电气、液压装置部分，应执行《建筑机械使用安全技术规程》（JGJ 33—2001）第3.1节、第3.2节、第3.4节及附录C的规定。

（2）操作人员在作业前必须对工作现场环境、行驶道路、架空电线、建筑物以及构件重量和分布情况进行全面了解。

（3）现场施工负责人应为起重机作业提供足够的工作场地，清除或避开起重臂起落及回转半径内的障碍物。

（4）各类起重机应装有声响清晰的喇叭、电铃或汽笛等信号装置。在起重臂、吊钩、平衡重等转动体上应标以鲜明的色彩标志。

（5）起重吊装的指挥人员必须持证上岗，作业时应与操作人员密切配合，执行规定的指挥信号。操作人员应按照指挥人员的信号进行作业，当信号不清或错误时，操作人员可拒绝执行。

（6）操纵室远离地面的起重机，在正常指挥发生困难时，地面及作业层（高空）的指挥人员均应采用对讲机等有效的通信联络进行指挥。

（7）在露天有六级及以上大风或大雨、大雪、大雾等恶劣天气时，应停止起重吊装作业。雨雪过后作业前，应先试吊，确认制动器灵敏可靠后方可进行作业。

（8）起重机的变幅指示器、力矩限制器、起重量限制器以及各种行程限位开关等安全保护装置，应完好齐全、灵敏可靠，不得随意调整或拆除。严禁利用限制器和限位装置代替操纵机构。

（9）操作人员进行起重机回转、变幅、行走和吊钩升降等动作前，应发出声响信号示意。

（10）起重机作业时，起重臂和重物下方严禁有人停留、工作或通过。重物吊运时，严禁从人上方通过。严禁用起重机载运人员。

（11）操作人员应按规定的起重性能作业，不得超载。在特殊情况下需超载使用时，必须经过验算，有保证安全的技术措施，并写出专题报告，经企业技术负责人批准，有专人在现场监护下，方可作业。

（12）严禁使用起重机进行斜拉、斜吊和起吊地下埋设或凝固在地面上的重物以及其他不明重量的物体。现场浇筑的混凝土构件或模板，必须全部松动后方可起吊。

（13）起吊重物应绑扎平稳、牢固，不得在重物上再堆放或悬挂零星物件。易散落物件应使用吊笼栅栏固定后方可起吊。标有绑扎位置的物件，应按标记绑扎后起吊。吊索与物件的夹角宜采用45°～60°，且不得小于30°，吊索与物件棱角之间应加垫块。

（14）起吊载荷达到起重机额定起重量的90%及以上时，应先将重物吊离地面200～500mm后，检查起重机的稳定性、制动器的可靠性、重物的平稳性、绑扎的牢固性，确认无误后方可继续起吊。对易晃动的重物应拴拉绳。

（15）重物起升和下降速度应平稳、均匀，不得突然制动。左右回转应平稳，当回转未停稳前不得作反向动作。非重力下降式起重机，不得带载自由下降。

（16）严禁起吊重物长时间悬挂在空中，作业中遇突发故障，应采取措施将重物降落到安全地方，并关闭发动机或切断电源后进行检修。在突然停电时，应立即把所有控制器拨到零位，断开电源总开关，并采取措施使重物降到地面。

（17）起重机不得靠近架空输电线路作业。起重机的任何部位与架空输电导线的安全距离不得小于表6-16的规定。

（18）起重机使用的钢丝绳，应有钢丝绳制造厂签发的产品技术性能和质量的证明文件。当无证明文件时，必须经过试验合格后方可使用。

（19）起重机使用的钢丝绳，其结构形式、规格及强度应符合该型起重机使用说明书的要求。钢丝绳与卷

市政工程安全管理与台账编制范例

起重机与架空输电导线的安全距离　　　　　表 6-16

电压（kV）	<1	1~15	20~40	60~110	220
沿垂直方向（m）	1.5	3.0	4.0	5.0	6.0
沿水平方向（m）	1.0	1.5	2.0	4.0	6.0

筒应连接牢固，放出钢丝绳时，卷筒上应至少保留三圈，收放钢丝绳时应防止钢丝绳打环、扭结、弯折和乱绳，不得使用扭结、变形的钢丝绳。使用编结的钢丝绳，其编结部分在运行中不得通过卷筒和滑轮。

（20）钢丝绳采用编结固接时，编结部分的长度不得小于钢丝绳直径的 20 倍，并不应小于 300mm，其编结部分应捆扎细钢丝。当采用绳卡固接时，与钢丝绳直径匹配的绳卡的规格、数量应符合表 6-17 的规定。最后一个绳卡距绳头的长度不得小于 140mm。绳卡滑鞍（夹板）应在钢丝绳承载时受力的一侧，"U"形螺栓应在钢丝绳的尾端，不得正反交错。绳卡初次固定后，应待钢丝绳受力后再度紧固，并宜拧紧到使两绳直径高度压扁 1/3。作业中应经常检查紧固情况。

与绳径匹配的绳卡规格数量　　　　　表 6-17

钢丝绳直径（mm）	10 以下	10~20	21~26	28~36	36~40
最少绳卡数（个）	3	4	5	6	7
绳卡间距（mm）	80	140	160	220	240

（21）每班作业前，应检查钢丝绳及钢丝绳的连接部位。当钢丝绳在一个节距内断丝根数达到或超过表 6-18 根数时，应予报废。当钢丝绳表面锈蚀或磨损使钢丝绳直径显著减少时，应将表 6-18 报废标准按表 6-19 折减，并按折减后的断丝数报废。

（22）向转动的卷筒上缠绕钢丝绳时，不得用手拉或脚踩来引导钢丝绳。钢丝绳涂抹润滑脂，必须在停止运转后进行。

钢丝绳报废标准（一个节距内的断丝数）　　　　　表 6-18

采用的安全系数	钢丝绳规格					
	6×19+1		6×37+1		6×61+1	
	交互捻	同向捻	交互捻	同向捻	交互捻	同向捻
6 以下	12	6	22	11	36	18
6~7	14	7	26	13	38	19
7 以上	16	8	30	15	40	20

钢丝绳锈蚀或磨损时报废标准的折减系数　　　　　表 6-19

钢丝绳表面锈蚀或磨损量（%）	10	15	20	25	30~40	大于 40
折减系数	85	75	70	60	50	报废

（23）起重机的吊钩和吊环严禁补焊。当出现下列的情况之一时应更换：

1）表面有裂纹、破口；

2）危险断面及钩颈有永久变形；

3）挂绳处断面磨损超过高度 10%；

4）吊钩衬套磨损超过原厚度 50%；

5）心轴（销子）磨损超过其直径的 3%~5%。

（24）当起重机制动器的制动鼓表面磨损达 1.5~2.0mm（小直径取小值，大直径取大值）时，应更换制动鼓，同样，当起重机制动器的制动带磨损超过厚度 50%时，应更换制动带。

××整治工程项目部质量、安全部

×年×月

项目经理	××	被交底人签名	××

桥涵施工检查评分记录

（按"评分办法"检查评分）

工程名称：××工程项目部　　　　　　　　　　　　检查时间：×年 × 月 × 日

序号	检 查 项 目	检 查 情 况	应得分数	扣减分数	实得分数
1	基坑	临边护栏不到位	21	3	18
2	桩基	钻孔后未及时遮盖	20	10	10
3	预应力张拉	符合要求	20		20
4	预制构件运输与安装	符合要求	20		20
5	索塔施工及斜缆索安装	高处存在不使用安全带情况	19	5	14
	小计	（1～5项保证项目）	100	18	82
6					
7					
8					
9					
项目经理	××	检查负责人	××	参检人员	××、××

6.6 市政工程施工安全台账（六）

隧道施工安全技术

施工单位 _____ ×× _____

工程名称 _____ ×× _____

项目经理 _____ ×× _____

安 全 员 _____ ×× _____

开竣工日期 _____ ×年×月×日至 ×年×月×日 _____

目 录

隧道工程施工方案

（安全技术措施）

×年×月×日

××工程安全文明施工方案

1. 工程概况

本工程位于××区域，隧道主体采用双孔双向四车道结构形式。在××路以南设隧道北出入口，沿××路向南设隧道南入口，沿解放路向东设隧道入口。

主隧道西线全长1280m，其中暗埋段1080m，北引道敞开段95m，南引道敞开段95m。东线全长1240m，其中暗埋段1055m，南引道敞开段80m。

工程内容包括暗埋段、北引道敞开段、北变电所（1号），1号雨水、消防泵房、1号废水泵房。

工程位于风景名胜区内，且连接市区繁华道路，要特别重视环境保护，做好各种管线的施工配合与协调工作，保护好绿化、古树、杆线、已交底的地下管线及相邻建筑物。

2. 安全生产的技术组织措施

（1）安全生产保证体系

安全生产是关系到社会稳定和每个职工的生命及国家财产的大事，是关系到现代化建设和改革开放的大事，亦是一项经济部门和生产部门的大事，必须贯彻"安全第一"和"预防为主"的方针，切实加强安全生产工作。

（2）安全生产目标

我项经部结合工程的自身特点，根据多年的施工实践经验，确定本工程的安全目标：

无重大伤亡事故。

伤亡事故频率控制在0.3‰以下。

无管线、火警、重大交通、设备事故。

同时为了确保目标实施，制定了一套安全控制、安全检查、安全保证、安全责任制、安全制度等保障措施，并采用有效的组织方式和监控手段，制定安全管理目标实施网络。

（3）安全保证组织机构图

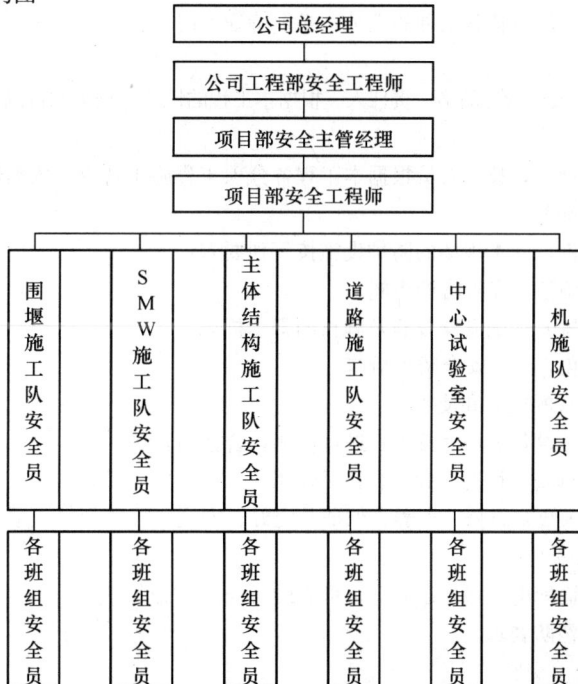

第6章 市政工程安全台账编制范例

(4) 安全责任制

为了贯彻执行安全生产方针，强化"谁承包，谁负责"的原则，本工程实行安全责任制。

1) 项目经理为安全施工的总责任人。

2) 分管生产的项目副经理对安全施工负直接领导责任，具体组织实施各项安全措施和安全制度。

3) 项目总工程师负责组织安全技术措施的编制和审核，安全技术的交底和安全技术教育。

4) 施工员对分管施工范围内的安全施工负责，贯彻落实各项安全技术措施。

5) 工地设专职安全管理人员，负责安全管理和监督检查。

6) 各专业人员负有岗位的安全职责。

7) 每个施工人员亦有安全职责。

(5) 保证工程安全的措施

我项目部将严格执行我公司的保证安全生产的程序文件，使本工程的所有施工项目的安全都处于受控状态，以保证实现我项目部对本工程的安全目标。

1) 安全管理保障

A 安全管理依据及原则

工程安全管理将依据国家、行业、××省有关安全生产的现行相关法律、法规、规章以及标准进行管理，以安全生产作为标准化管理重点，在整个施工过程中严格执行有关各项安全措施，施工现场必须严格执行安全生产六大纪律及《建筑施工高处作业安全技术规范》（JGJ 80—91）、《建筑机械使用安全技术规程》（JGJ 33—2001）《施工现场临时用电安全技术规范》（JGJ 46—2005）、《建筑施工普通脚手架安全技术规定》、《施工现场防火规定》、《施工现场机械设备安全管理规定》、《施工现场电气安全管理规定》、《建筑施工扣件式钢管脚手架安全技术规范》（JGJ 130—2001）等文件，切实做到"安全生产，预防为主"，确保工程的安全。

B. 安全管理内容

a. 施工前期安全准备

施工开始前，组织各有关部门共同编制施工组织设计，并对各分项工程在交接过程中或者交叉施工作业中的施工安全措施进行协调。

b. 安全教育工作

建立、健全对施工人员的日常安全教育、技术培训和考核制度，并严格组织、实施、建立、健全施工人员的上岗证制度，特别是对于从事特殊工种的人员，必须持证上岗。

c. 安全管理责任人

项目经理是整个项目施工安全管理的第一责任人。根据本工程的性质、规模和特点，落实专职的安全管理员。

d. 安全技术措施

在编制正式施工组织设计中，技术人员根据本工程各分项工程施工特点，依据规范编制安全技术措施。

e. 施工安全防护设施的设置

现场施工应达到安全条件，施工现场的防护设施按下列要求：

（a）根据工程进度及时调整和完善防护措施。

（b）对事故易发区，设置专项的安全设施及醒目的警示标志。

（c）根据季节或天气变化，调整安全防护措施。

f. 机械、机具、电气设备的安装和使用

（a）重大危险安装性机械设备进场后按规定进行检测，合格后挂牌。

（b）使用前，按规定进行安全性能试验，合格后使用。

（c）使用期间，指定专人负责维修、保养，保证其完好、安全。

g. 电气安全保护和防火安全

（a）保持变配电设施和输配电线路处于安全、可靠的可使用状态。

（b）确保用火作业符合消防要求。

h. 施工中的专项安全技术交底

施工中应根据施工组织设计和施工进度，向不同工种的施工人员进行专项的安全技术交底。

i. 施工人员作业的安全要求

施工人员必须使用符合规定标准的劳动防护用品，并按下列安全要求操作。

（a）按安全技术标准和安全操作规程进行施工。

（b）按国家劳动保护规定。

（c）发现异常采取有效防护措施，并向安全管理人员报告。

j. 现场日常安全管理及安全监督检查

（a）建立施工现场日常安全巡视和检查，发现事故隐患和违反安全标准应及时进行纠正。

（b）由安全监督员定期进行安全检查，发现问题限期整改。

C. 其他

项目部根据工程实际情况，制定一套现场安全生产、文明施工、安全用电、机械设备、奖罚制度等实施管理办法，为执行安全管理目标提供管理制度保障。

D. 安全管理的组织、制度、条例、标准及责任制体系

a. 根据本工程的特点，以及安全管理的内容要求，编制安全管理组织体系、制度、条例、标准和责任制。

b. 落实总承包安全管理责任，成立项目施工安全管理部门，全面负责施工全过程的安全检查、安全布置、安全监督和安全奖惩。

c. 所有分包商进入施工现场必须纳入总承包的安全管理网，并应与总承包签订安全生产协议书。

d. 总包将根据施工不同阶段制定有关遵守安全生产的若干规定，各分包单位除了熟悉并认真执行国家和上海市建委颁布的有关安全生产规章制度外，还应遵守总包制定的有关规定，制定专业安全技术方案，根据总包要求，对安全施工方案进行调整、修改、完善。

e. 根据工程实际情况，制订专业防火、防盗、防冻及动用明火、临时用电等方面的管理办理，按计划定期检查执行情况，发现问题责成其在规定时间内进行整改。

f. 各专业施工单位按总包划定区域，认真做好现场材料堆放、设备和机械存放。宿舍管理等文明施工方面工作。

g. 月度组织施工人员进行安全设施大检查，总结评比和奖罚。

h. 组织各班组的兼职安全员进行轮值班制，进行互相监督。

i. 为了统一管理好各作业人员，将对作业人员发放有效证件，所有作业人员应持证上岗。

j. 在每个施工作业区和加工区设若干灭火器，实行统一管理，组织兼职消防员，进行有关消防知识的培训，以便正确使用灭火器。

2）项目安全生产制度

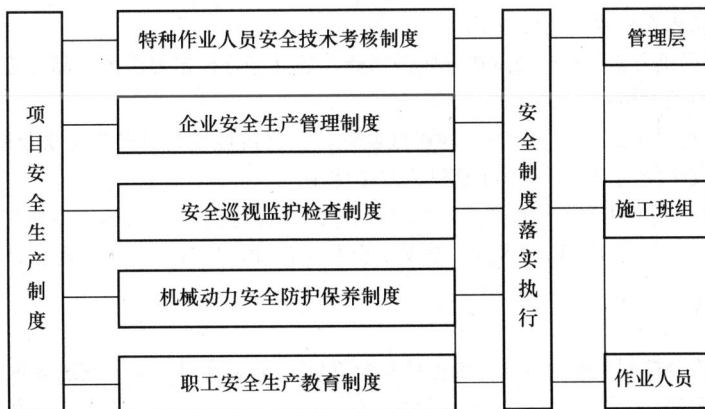

3）项目安全生产措施

施工安全生产措施
- 安全教育
  - 安全生产六大纪律
  - 安全生产操作规程
  - 新进场人员岗位安全教育
  - 安全生产奖励条例
- 技术措施
  - 安全生产小改小革技术措施
  - 施工组织方案安全措施
  - 安全生产技术新方案实施措施和条例
- 安全巡视
  - 消除事故隐患及整改措施
  - 施工现场管线监护保护措施
  - 施工现场劳动防护

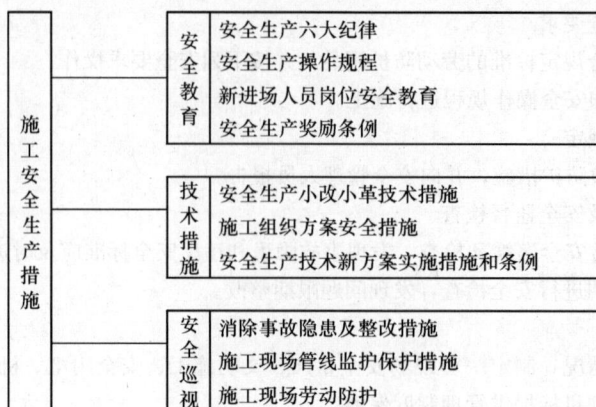

4）项目安全生产实施标准

实施标准
- 施工现场标准化管理规定
- 市政施工安全检查评分标准
- 工程施工安全技术规程
- 机械操作规程
- 施工现场安全防护标准
- 起重机械安全管理标准
- 施工现场防火措施及标准
- 安全用电检查标准

5）项目安全生产责任制

A. 项目经理：是工程的安全生产第一责任人，全面负责工程安全生产。

B. 项目副经理：按各自分工的职责范围，合理组织施工生产，后勤保障，认真执行各项安全生产规范、规定、标准及上级有关文明施工的规定要求。

C. 项目工程师：负责"施工组织设计"中安全技术措施的编制、实施、检查和新工艺、新技术的安全操作规程、安全技术措施制定和交底，对危险点、重要部位制订监控措施和落实人员。

D. 安全员：在项目经理的领导下，认真做好日常安全管理工作，负责工地的人员安全教育工作及安全检查整改复查，掌握安全动态，当好项目经理参谋，负责日常的安全资料整理积累工作。

E. 施工员：按各自分工的职责范围，负责对施工班组的安全操作技术、规程，作业环境、区域的安全技术交底，并检查督促班组交底要求进行施工。

F. 材料员：确保提供合格的安全技术措施所需物资，且有符合规定要求的产品合格证明书，并经常检查将废损不能使用的物料及时清还。

G. 机管员：确保提供施工生产中所需要的机械设备，大型机械设备经验收合格及检测合格后挂牌使用，中小型机械必须符合安全使用规定标准，不能进入现场使用。

H. 外劳力负责人：按上级有关规定要求，严格审查劳务队伍资质，许可证及办妥各类证件。

I. 安全监护：负责各自分工的监护区域，发现隐患及时消除，发现违章及时阻止，劝阻无效立即报告领导处理。

6）安全管理流程及控制

安全管理既包括安全控制和安全保证，也包括安全方针、安全策划、安全改进等内容，安全控制和安全保证的某些活动相互关联。

A. 施工安全管理工作流程

```
                           开始
                            │
        ┌───────────────────┴───────────────────┐
   施工前期准备方案                          方案策划
   工程总体布置                          安全措施编制及审核
        │                                       │
        │                    ┌──────────────────┘
        │                   实施
        │                    │
   公司检查          项目自检          整改"三定"
        │                    │
        │                   合格
        │                    │
        └─────────────────  完成
```

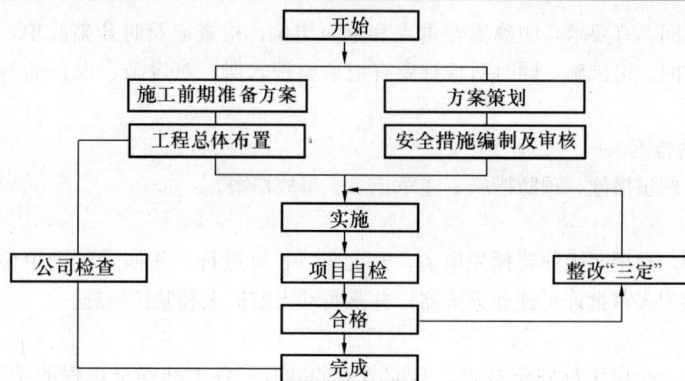

B. 分包作业队的安全控制

安全设施包括所需材料、设备及防护用品的采购，原则上同材料采购安全工作流程图，所不同是还需记录安全用品的验收台账。

a. 根据进度计划和资源使用计划编制分包计划，其中安全控制作为主要的内容之一。

b. 各分包应配备专人分管安全生产及消防工作，完善并健全安全、消防管理各种台账、强化安全、消防管理软件资料工作，对分包工程落实相关的安全、消防技术措施。

c. 分包所有作业人员进场前及施工过程中都须做好安全教育工作，做好分部分项工程技术安全交底工作。尤其是指定分包范围内的安全。消防工作的重点和薄弱环节要进行针对性的教育，督促所属员工遵守现场的安全生产及消防各项规定。

d. 各分包有义务保护现场各项安全、消防设施的完好，如临边防护设施及消防器材等，不得擅自变更及增加施工荷载。

e. 各分包必须接受总承包安全监控，参与工地的各项安全、消防检查工作，并落实有关整改事宜，分包的整改工作若不能达到有关安全消防管理标准（或不能及时达到管理要求的），总承包可以协助分包予以整改，其发生的人工、机械、材料等一切费用将由分包承包。

f. 特殊工种必须持证上岗，复印件汇总报总承包。

g. 重大伤亡事故应及时向总承包报告，立即组织抢救及保护现场。

h. 分包的所属人员，在作业过程中发生各类违章作业，将依据情节轻重危害程度等具体情况或有关规定予以劝阻警告、罚款处理，情节严重者，责令停工整顿直至退场。

C. 施工现场的安全过程控制

a. 施工人员进场安全交底

b. 各工种操作交底

c. 分部、分项安全技术交底

d. 全监控培训、交底、监控

e. 特殊工种人员名册管理

f. 安全检查、检验控制

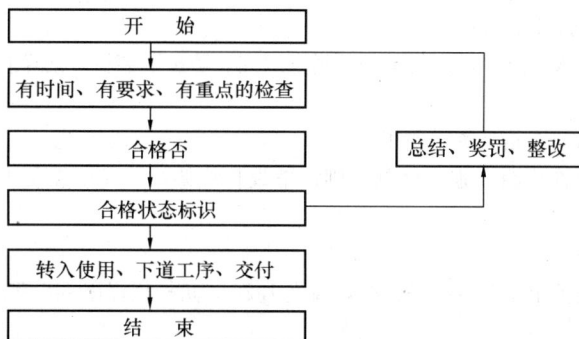

```
              开  始
                │
    有时间、有要求、有重点的检查 ──────────┐
                │                          │
            合格否                    总结、奖罚、整改
                │                          │
          合格状态标识 ───────────────────┘
                │
      转入使用、下道工序、交付
                │
              结  束
```

检查和检验应有时间、有要求，明确工作重点和危险岗位，检查应及时开整改单，对查出的隐患应限期整改并做到定人、定时间、定措施，同时对检查要有记录整理入册，对设施、设备的验收也要有记录，包括支架等。

g. 安全事故隐患的检测

事故隐患的评审、纠正措施，预防措施、违章记录、事故档案。

D. 动火作业管理

建立动火审批制度，动用明火前要预先申请，经批准后才可进行，并抄送监理单位备案，操作时要带好特殊工种操作证，动用明火审批许可证和灭火器，并落实动火监护人和监护措施。

E. 教育和培训

新进场人员的教育、交换工种安全教育，节前节后的教育，各工种安全规程的学习，定期的安全教育、安全活动的记录。

F. 安全资料的记录。

(6) 确保本工程安全的技术措施

1) 工程基本工序的安全技术措施

A. 施工阶段支架的防护措施

a. 支架所用的桩木、万能杆件应详细检查，不得使用腐朽、断裂、大节疤的圆木及锈蚀、扭曲严重的万能杆件和钢管等。

b. 地基承载能力应符合设计标准，支架基础采用槽钢或方木垫块，各类金属支架应加设接地装置。

c. 根据施工季节、支架工程应采取防冲刷或防冻涨等安全措施。

d. 支立排架要按设计要求施工，应有足够的承载能力和稳定性，并要连接牢固，防止不均匀沉落，失稳和变形。

e. 支立排架时，应设专人统一指挥，支立排架以整排竖立为宜，排架竖立后，用临时支撑撑牢后再竖立第二排，两排架间的水平和剪刀撑用螺栓拧紧，形成整体。

f. 用吊机竖立排架时，应用溜绳控制支架排架起吊时的摆动。

g. 支立支架时，不得与便桥式脚手架相连，防止支架失稳。

B. 施工阶段洞口防护

a. 预留洞口小于 500mm×500mm 防护采用木板覆盖固定。

b. 预留洞口小于 1500mm×1500mm，大于 500mm×500mm，防护上部采用木板覆盖固定，下焊接钢筋网。

c. 预留洞口大于以 1500mm×1500mm，防护采用钢管扣件脚手架栏杆、洞口安装安全网。

C. 施工阶段的平网张拉

a. 主要施工出入口式临近道路交通边必须设置平网，平网张设宽度大于 2m，外高内低，挑网钢管斜撑每隔 3m 设计一根，采取下撑下拉形式。

b. 平网网绳齐全，里口与结构相边，网与网拼接严密。

c. 拆模时，在支架桥面临边用小安全网封闭，并张设万能拆模。

D. 人行通道防护隔离棚，护线架

a. 施工中影响到车辆，人行路口，人行道必须搭设双层，防护隔离棚，防坠棚和通道防护棚必须相对独立的架体结构。

b. 防护隔离棚必须验收，合格后签字使用。

c. 在施工区域内，公用管线距离施工区的，则需搭设护线架，护线架按各类公用事业规定的要求进行施工。

E. 施工作业临边的防护

a. 结构施工作业临边设置上下两道防护栏杆，高度 1.2m，防护栏杆用 ϕ48 钢管搭设，并用红白双色油漆做醒目标识。

b. 防护栏杆设置不低于18cm的踢脚板，踢脚板的材料应有足够的机械强度，满足安全使用条件。

c. 防护栏、支架内侧用2000目的密目式安全网进行全封闭。

F. 小型施工机械的管理

a. 木工平（压）刨

(a) 外露传动部位必须装有防护装置。

(b) 刨面必须有靠山。

(c) 平刨刀刃处必须设护手防护装置。

(d) 压刨设有刀口防回弹装置。

(e) 必须单独接地或接零保护，并安装漏电保护器。

b. 木工圆据

(a) 传动部位必须有可靠的防护罩和安全防护挡板及月牙罩。

(b) 圆锯要设松动口刀（分料器）。

(c) 操作必须使用单向电动开关。

(d) 要有良好的接地保护，并安装漏电保护器。

c. 手持电动机具

(a) 必须单独安装漏电保护器。

(b) 防护罩壳齐全有效。

(c) 外壳必须有效接地或接零。

(d) 橡皮电线不得破损。

d. 电焊机

(a) 有可靠的防雨措施。

(b) 一、二次线（电源、龙头）接线处应有齐全的防护罩，二次线应使用线鼻子。

(c) 有良好的接地或接零保护，并安装漏电保护器。

(d) 配线不得乱拉乱搭，焊把绝缘良好。

(e) 若使用交流电焊机，必须配备二次空载降压保护器。

e. 气瓶

(a) 各类气瓶应有明显色标和防振圈，并不得在露天暴晒。

(b) 乙炔气瓶与氧气瓶距离应大于5m。

(c) 乙炔气瓶在使用时必须装回火防止器。

(d) 皮管应用夹头紧固。

(e) 操作人员应持有效证上岗操作。

f. 水泵

(a) 电源线不得破损。

(b) 有良好的接零保护装置。

(c) 应单独安装漏电保护器，灵敏可靠。

G. 施工机械的管理

a. 施工机械的资料管理

必须建立施工现场的机械设备使用台账，该项工作也是现场施工管理中必不可少的内容。机械设备在施工现场的安全运行是否处于受控状态。台账应有下列几方面的内容。

(a) 大型施工机械的施工组织设计资料，包括大型施工机械的安装和拆卸的技术方案和安全作业的技术措施。

(b) 机械设备租赁使用协议书或合同书。

(c) 机械设备安全生产的（出租与承租双方）责任协议书。

(d) 大型施工机械设备安装调试完毕的验收书。

(e) 特殊工种作业人员（机组的机操工、驾驶员、起重工和指挥员）的登记手册。

(f) 机组人员上岗操作的安全技术交底书。

(g) 机械设备定期检查、例保及维修资料

(h) 设备的运行台时、班次的签证单。

b. 机械设备的使用和维护

（a）为保障机械设备在施工现场安全运行，首先是机械设备方应确保以完好的机械设备提供给施工现场使用。带"病"的机械设备及缺少安全装置失效的机械设备不得进入施工现场。

（b）施工现场应负责为机械设备进入现场作业而提供道路、水电、临时机棚或停机场地等必需的条件，并消除对机械设备作业妨碍或不安全因素，需夜间作业的必须设置充足的照明。

（c）机械设备进入现场的作业点后，施工技术人员应向机械操作人员进行施工任务及安全技术措施的书面交底，操作人员应熟悉现场环境和施工条件，听从指挥。遵守施工现场安全规则。

c. 机械设备安装与启用

（a）大型施工机械设备进入施工现场安装位置应与现场布图所示意的位置相符，起重机不得靠近架空输电线，如限于现场条件必须在线路近旁作业时，采取安全保护措施方可作业。

（b）大型施工机械设备的安装、拆卸必须根据原有生产厂的规定，按机械设备施工组织设计的技术方案和安全作业技术措施，由专业队伍的队（组）人员在队（组）长的负责统一指挥下进行，并要有技术和安全人员监护。

（c）大型施工机械设备安装完毕后，必须经调试、试运转和安装队（组）负责人、机组负责人、技术员、安全员会同施工现场负责人及有关部门负责人及有关部门对设备进行验收检查。经验收合格签证后，在设备明显处挂上"验收合格"牌，"机械性能"牌方可投入施工生产运行。

d. 机械设备的操作人员

（a）机械设备的专业操作人员应持有效证上岗，并佩戴胸卡。

（b）在岗时不得随意离开操作岗位，如需人员离机，必须切断设备的总电源开关，锁好电闸箱，以防他人误操作。

（c）机组人员应定期做好机械设备的注油润滑维护保养工作，并做好例保记录、安全上岗记录、运行台时记录和交接班记录。

H. 起重吊装

a. 大型吊装工程，应编制施工组织设计，制定安全技术措施，并向参加施工作业人员进行安全技术交底。

b. 吊装作业应指派专人统一指挥，参加吊装的起重工要掌握作业安全要求，其他人员要有明确分工。

c. 吊装作业前必须严格检查起重设备各部件的可靠性和安全性，并进行试吊。

d. 各种起重机具不得超负荷使用。

e. 钢丝绳的安全系数，不应小于表 6-20 的要求。

钢丝绳安全系数   表 6-20

用 途	安全系数	用 途	安全系数
缆风绳	3.5	吊挂和捆绑用	6
支承动臂用	4	千斤绳	8～10
卷扬机用	5	缆索承重绳	3.75

f. 作业中遇六级大风或其他特殊情况应立即停止施工。

g. 其他

（a）施工场地任何人不准擅自拆除施工场地的支架、安全防护设施和现场安全标志。如需要拆除，须由项目负责人会同有关人员商议后，并采取相应措施由有关工种进行操作。

（b）各施工班组不准因施工不便等原因随意割除结构中的钢筋，工程上的模板，支撑杆件，支架等防护措施，做好协调工作，发现问题及时协商解决。

（7）不同施工阶段的具体安全措施

1）基础阶段的施工安全措施

基坑顶周边防护栏杆的搭设必须稳定、牢固。

2）结构阶段的施工安全措施

A. 钢筋施工

a. 钢筋断料、配料等工作应地面进行，不准在高空操作。

b. 搬运钢筋应注意附近有无障碍物，架空电线和其他临时用电器设备，防止碰撞发生触电事故。

B. 模板施工

a. 撑板拆模时，不得使用腐烂、跷裂、暗伤的木质脚手板，亦不得使用5cm×10cm的木条线薄板作立人板。

b. 不准在支架通道上堆放大量模板等材料，并严格将模板支撑在脚手架上。

c. 支撑模板时，木工应保管好随身带的工具，如中途停歇就将搭头及支撑钉牢，拆模间歇时应将已活动的模板、牵杠，支撑等运走或妥善堆放，防止坠落伤人。

d. 拆模板必须一次拆清，不得留有无撑模板，拆下的模板要及时清理，堆放整齐。

C. 混凝土施工

使用振动前应检查电源电压，漏电开关，保护电源线路是否良好。电源线不得有接头。振动机移动时，不能硬拉电线，更不能在钢筋及其他锐利物上拖拉，防止割破拉断电线，而造成触电伤亡事故。

D. 区间排水工程安全措施

沟槽开挖前，根据开挖深度、土质条件、地下水位等各种影响因素，编制施工安全方案。

支撑构件必须有足够强度，支撑方式及其布置必须严格按安全方案施工，随挖随撑，支撑必须牢固可靠，施工期间应经常检查支撑情况，如有松动、变形，应及时加固或更换，特别是雨期，更应加强检查。

支撑的拆除应按回填顺序依次进行，自下而上逐层拆除，随拆随填。

钢板桩施工时，桩机应符合安全操作规程。

尽量减少打桩时的振动和噪声对周围建筑物及居民的影响。

拔桩时，必须将桩身绑扎牢固，不能同时起拔两块钢板桩，而且要有一定间隔，减少相互的扰动影响。拔桩后，孔穴应立即填实，然后再拔下一根。

3）施工中用电的安全措施

A. 施工用电的一般规定

a. 现场施工用电必须采用三相五线制。

b. 照明与动力用电严禁混用，插座上标明设备使用名称。

c. 电缆线及支线架设必须架空或埋地，架空敷设必须采用绝缘子，不准直接绑扎在金属构架上，严禁用金属裸线绑扎。

d. 移动电箱内动力与照明严禁合置，应分箱设置。

e. 施工现场临时用电必须编制施工方案，并有可靠的安全技术措施，上报审批后才能进行。

f. 施工现场的电器设备设施必须有有效的安全管理制度，现场电线电气设备设施必须有专业电工经常检查整理，发现问题必须立即解决。凡是触及或接近带电体的地方，均应采取绝缘保护以及保护安全距离等措施。电力线和设备选型必须按国家标准限定安全载流量。所有电气设备和金属外壳必须具备良好的接地或接零保护，所有的临时电源和移动电具必须装置有效的二级漏电保护开关。十分潮湿的场所必须使用安全电压，设置醒目的电气安装标志。无有效的安全措施的电气设备不准使用。电线和设备安装完毕以后，由动力部门会同安全部门对施工现场其他人员一律不准上岗作业。每日收工和节假日前必须拔掉保险丝，切断电源。

B. 施工用电的安全保证措施

a. 电缆线用绝缘子架空，高度2m以上，每个施工点，施工段设一个100A的施工电箱。

b. 电缆的接头不许埋设和架空，必须接入线盒并附在墙上。接线盒内应能防水、防尘，防机械损伤并应远离易燃、易爆、易腐蚀场所。

c. 所使用的配电箱必须是符合《施工现场临时用电安全技术规范》(JGJ 46—2005)规范要求的标准电箱。

d. 开关箱的电源线长度不得大于 30m，三相动力开关箱做到"一机、一闸、一漏、一箱"，并与其控制固定式用电设备的水平距离不宜超过 3m。

e. 所有配电箱、开关箱必须编号，箱内电气完好匹配。

f. 工作接地的电阻值不得大于 4Ω。保护零线每一重复接地装置的接地电阻值应不大于 10Ω。并由电工每季度检测一次，做好原始记录。

g. 与电气设备相连接的保护零线必须选择截面不小于 2.5mm² 的绝缘多股铜线，统一标志为绿/黄双色线，在任何情况下不准使用绿/黄比色线作负荷线。

h. 所有电机、电器、照明器具、手持电动工具的金属外壳，不带电的外露导电部分，应做保护接零。

i. 所有的电机、电器照明器具、手持电动工具的电源线应装置二级漏电保护器。

j. 施工现场灯具距地面不得低于 3m，室内灯具不得低于 2.4m。现场固定照明要全面布置，并必须采用保护接零。

施工现场严禁使用花线、塑料胶质线作拖线箱的电源线，严禁使用木制的拖线箱、板及民用塑壳拖线板。

(8) 施工中其他安全措施

1) 消防管理措施

A. 现场组建以项目经理为第一责任人的防火领导小组和义务消防队员、班组防火员，消防干部持证上岗。

B. 层层签订消防责任书，消防责任书落实到重点防火班组、重点工作岗位。

C. 施工现场配备足够的消防器材，统一由消防干部负责维护、管理、定期更新、保证完整、临警好用，并做好书面记录。

D. 一般临时设施，每 100m² 配备两只 9L 灭火机，临时木工间、油漆间等每 25m² 配一只种类合适的灭火机。

E. 划分动火区域，现场的动火作业必须执行审批制度，并明确一、二、三级动火作业手续，落实好防火监护人员。

F. 电焊工在动用明火时必须随身带好"二证"(电焊工操作证、动火许可证)，"一器"(消防灭火机)、"一监护"(监护人职责交底书)。

G. 气割作业场所必须清除易燃物品，乙炔气和氧气存放距离不得小于 5m，使用时两者的距离不得少于 10m。

H. 施工现场配置独立的 DN100 消防水管和独立电源的消防水泵。

I. 消防管理必须符合规范要求。

J. 建立灭火施救方案，在自救的同时及时报警。

2) 防汛防台措施

台风期间每天不少于 2 人专项值班，发现险情及时上报，并组织力量及时抢救。加强对电线、脚手架、活动房等的加固。

特殊注意点：

A. 雷雨天气，应停止高空露天操作，防止雷击伤人。

B. 严禁乱拖乱拉电线，使用电焊、气割设备及动用明火应有动火证，严禁违章。每天收工时，必须有专人负责切割电源，严禁不懂机电人员乱开、乱动机械设备，严格遵守"十不烧"规定。

C. 遇六级以上的大风时应暂停室外的高空作业，雪霜雨后应先清扫施工现场，略干不滑时再进行工作。

D. 防护架须设剪刀撑和防风设施，防止倒塌。

3) 突发事件应急措施

根据工程施工现场和周围环境等具体情况，制定有针对性的关于施工过程的应急措施。

A. 治安管理：施工人员如发生打架斗殴、流血事件，应立即制止，在现场不能控制事态的情况下，立即拨打"110"电话。

B. 停电处理：为确保混凝土浇捣的顺利进行，现场准备柴油发电机，并在混凝土浇捣前预先考虑好施工缝的留设位置，以备浇筑过程中突遇大雨造成的停工。

C. 消防：施工现场、生活区按规定设置灭火机和消防水龙头，发生火灾，应立即切断电源，人员疏散，氧气、乙炔瓶等易燃易爆物品及时转移到安全地带。同时组织人员利用灭火器材进行灭火，并拨打"119"电话，组织好消防车的进出场工作。

4）公用管线保护措施

A. 公用管线保护目标

工程施工全过程中无公用管线责任事故。

公用管线保护责任制

为了做好公用管线保护工作，强化"谁承包，谁负责"的原则，本工程实行公用管线保护责任制，项目经理部经理为本工程的公用管线保护责任人。

B. 公用管线保护措施

详细阅读、熟悉掌握设计、建设单位提供的地下管线图纸资料，并在工程实施前召开由各管线单位参加的施工配合会议，进一步搜集管线资料。在此基础上，对影响施工和受施工影响的地下管线开挖必要的样洞（开挖样洞时通知管线单位监理单位监护人员到场），核对弄清地下管线的确切情况（包括标高、埋深、走向、规格、容量、用途、性质、完好程度等），做好记录，并填写《公用管线施工配合业务联系单》，双方签字认可，由建设单位见证。

在编制工程施工组织设计时，把保护地下管线工作列为施工组织设计的主要内容之一，并在施工总平面布置图上标明影响施工和受施工影响的地下管线。

工程实施前，向有关管线单位提出监护的书面申请，办妥《地下管线监护交底卡》手续。

工程实施前，把施工现场地下管线的详细情况和制定的管线保护措施向现场施工技术负责人、工地主管、班组长直至每一位操作工人作层层安全交底，随即填写《管线交底卡》，并建立"保护公用事业管线责任制"，明确各级人员的责任。

工程实施前，落实保护本工程地下管线的组织措施，委派管线保护专职人员负责本工程地下管线的监护和保护工作，项经部、施工队和各班组设兼职管线保护负责人，组织成地下管线监护体系，严格按照经公司总工程师审定批准的施工组织设计和经管线单位认定的保护地下管线技术措施的要求落实到现场，并设置必要的管线安全标志牌，悬挂"地下管线无事故日数牌"和保护地下管线安全的"十个不准"。

工程实施前，对参与本工程施工的全体职工（包括外包工）进行"保护公用事业管线重要性及损坏公用管线危害性"的宣传教育，组织职工学习市、局、公司颁布的关于保护地下管线的通知、实施细则、补充规定和"十个不准"等文件，并要求职工在施工中严格遵守有关文件的规定。

工程实施前，对受施工影响的地下管线设置若干数量的沉降观测点，工程实施时，定期观测管线的沉降量，及时向建设单位和有关管线管理单位提供观测点布置图与沉降观测资料。

成立由建设单位、各管线单位和施工单位的有关人员参加的现场管线保护领导小组，定期开展活动，检查管线保护措施的落实情况及保护措施的可靠性，研究施工中出现的新情况、新问题，及时采取措施完善保护方案。

工程实施时，严格按照经公司总工程师审定的施工组织设计和地下管线保护技术措施的要求进行施工，各级管线保护负责人深入施工现场监护地下管线，督促操作（指挥）人员遵守操作规程，制止违章操作、违章指挥和违章施工。

如果某管线由于本工程原因要永久性地切断，必须事先定出方案，由有关各方讨论决定，办妥手续后，方可实施。施工单位的竣工图上需明确表明，资料交业主存档。

在燃气管区域施工之前，事先按动火作业审批制度提出"动用明火报告"，办妥审批手续，并落实消防设备，否则不准施工。

施工过程中发现管线现状与交底内容、样洞资料不符或出现直接危及管线安全等异常情况时，立即通知建设单位和有关管线单位到场研究，商议补救措施，在未作出统一结论前，不擅自处理或继续施工。

施工过程中对可能发生意外情况的地下管线，事先制订应急措施，配备好抢修器材，以便在管线出现险兆时及时抢修，做到防患于未然。

一旦发生管线损坏事故，在24小时内报上级部门和建设单位，特殊管线立即上报，并立即通知有关管线单位要求抢修，积极组织力量协助抢修工作；

对人为原因造成损坏地下管线事故，要认真吸取教训，并按"三不放过"的原则进行处理。

一旦公用管线发生损坏事故，施工单位必须立即通知项目监理，并上报业主，应立即通知有关管线单位，组织力量抢修，公用管线的修复工作应使有关管线单位满意。

施工时，应详细阅读、熟悉地下管线等资料，并把保护地下管线措施方案作为重点内容写入。

建立项目组的兼职管线保护员组成的地下管线监护体系，把保护措施、加固方案落到实处。

施工过程中发现管线现状与交底内容、样洞资料不符或直接危及管线安全等异常情况时，应立即通知业主和有关管线单位到场研究，未有结论前，不得擅自处理。

在沟槽开挖前必须挖好样洞，摸清周围管线实际走向、埋深、等分布情况，对于地下管线情况不明的地段，应当采取人工进行沟槽开挖，严禁机械盲目开挖，不准野蛮施工。

管线挖出后，通知业主和公用管线单位派人监护，共同商量，决定具体加固措施，重要管线必须派人监护、跟踪观测。

5) 地下管线保护技术措施

本工程地下管线较复杂，而且有可能存在未探明的各种管线，因此必须引起重视，作为安全生产的重要工作去抓。施工前积极与政府有关部门、管线有关部门联系，明确对施工有影响的管线。对于存在的管线，为了确保施工期间的各种地下管线的安全，各施工队必须排专人负责管线保护工作，并实施层层管线交底制度，加强对施工作业工人的教育，提高管线的保护意识，确保管线安全。对于存在的管线，采取如下具体的保护措施。

A. 施工前准备工作

a. 摸清地下管线分布情况，根据初步掌握的情况，绘制管线平面图，与管线单位联系，进一步了解完善管线资料，校核管线位置、走向、性质。

b. 及时与各管线单位签订保护协议，办理管线监护交底等有关手续。

c. 分阶段召开管线配合会，通报管线保护情况和施工作业情况，协调管线施工配合，确认施工保护措施。

d. 由于管线复杂，可能所提供的管线位置尺寸与实际情况有出入，施工单位必须对所有墩台位置事先组织人员开挖样洞，确认管线的正确位置、性质、走向和管径。

B. 管线保护技术措施

a. 工程施工中，请管线单位派人定期监测，本标段对管线保护的原则为"一般性质的软管离承台边线净距为0.8～1.0m以外，一般性质的硬管离承台基坑边0.5m以外"。

b. 管线穿越基坑采用吊空的保护方法。施工前应与管线单位联系确定管线的性质。针对重要管线必须采取有效措施，加强观测，及时汇报。如管线穿过承台，需联系设计等有关部门，采用落低承台等措施。

c. 对围护结构的拔除，如贴近地下管线，应采取边拔除边下灌砂石填充料，并注意间隔跳的方式振动拔除围护结构之措施。

d. 原有地下管线两侧净距各1m范围内所形成的两平行线之间的区域为保护区，禁止用机械挖掘。

e. 施工过程中发现管线有异常现象或管位有差异对地下管线的安全和维修产生影响时应立即停止施工，同时与相关管线单位联系，落实保护管线的安全措施后方可连续施工。

f. 施工中发现不明管线应及时报告业主，并会同相关管线单位专业人员实地鉴定确定相关施工方法和处理办法，不准擅自处理。

6) 周边建筑物保护技术措施

本工程周边建筑物的保护主要解决开挖施工对沿线邻近建筑物，包括地下管线的影响。根据我们施工以往经验，对于工程周边建筑物的保护以加强监控、跟踪保护的思想为原则。

保护原则：

A. 对周边建筑物四周设置沉降观测点，施工中定期派专人观察。

B. 对周边建筑物的裂缝进行检查，并做好记录。在施工中，应派专人对这些裂缝进行检查，如有变化应立即采取对应措施。

3. 确保文明施工的技术组织措施

（1）文明施工保证措施

文明施工是进行"两个文明"建设的重要内容，是提高工程经济效益和社会效益的重要保证。为了认真贯彻"集中、快速、文明施工"的方针，树立"文明施工为人民"的便民利民思想，确实保证工程建设的按期完成，特制定本文明施工措施。

我们项目经理部，将严格遵守市有关文明施工管理的规定，严格执行市政工程局颁布文明施工手册条例，并接受有关部门的监督和检查。

（2）文明施工目标

创文明工地。

（3）文明施工责任制

为了全面落实创建文明工地的要求，本工程实行文明施工责任制，项目经理部经理为本工程的文明施工责任人。

（4）文明施工管理网络

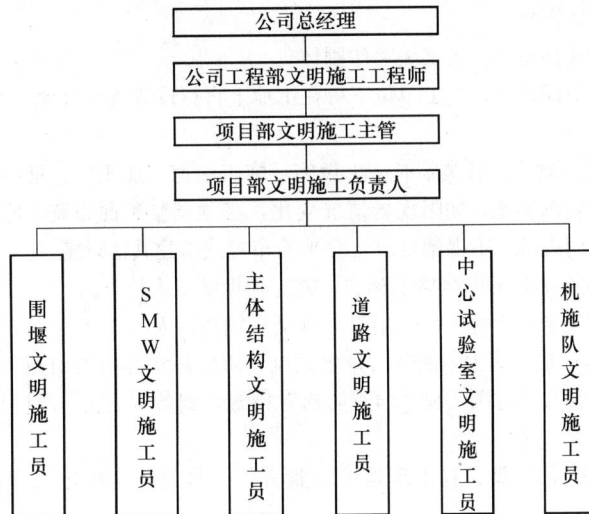

```
┌─────────────────────┐
│      公司总经理       │
└─────────────────────┘
┌─────────────────────┐
│ 公司工程部文明施工工程师 │
└─────────────────────┘
┌─────────────────────┐
│   项目部文明施工主管   │
└─────────────────────┘
┌─────────────────────┐
│  项目部文明施工负责人   │
└─────────────────────┘
   │    │    │    │    │    │
┌────┐┌────┐┌────┐┌────┐┌────┐┌────┐
│围堰││SMW││主体││道路││中心││机施队│
│文明││文明││结构││文明││试验室││文明│
│施工││施工││文明││施工││文明││施工│
│员  ││员  ││施工││员  ││施工││员  │
│    ││    ││员  ││    ││员  ││    │
└────┘└────┘└────┘└────┘└────┘└────┘
```

（5）文明施工措施

A. 在编制施工组织设计时，把文明施工列为主要内容之一，制订出以"方便人民生活，有利生产发展，维护市容整洁和环境卫生"为宗旨的文明施工措施。

B. 在工程开工前，将详细的文明施工管理措施呈报给项目监理批准，并指派专职人员负责文明施工的日常管理工作。

C. 全面开展创建文明工地活动

本工程施工全过程中将全面开展创建文明工地活动，切实做到"两通三无五必须"。（即：施工现场人行道畅通；施工工地沿线单位和居民出入口畅；施工中无管线事故；施工现场排水畅通无积水；施工工地道路平整无坑塘；施工区域与非施工区域必须严格分隔，施工现场必须挂牌施工，管理人员必须佩卡上岗，工地现场施工材料必须堆放整齐，工地生活设施必须文明，工地现场必须开展以创建文明工地为主要内容的思想政治工作）。

D. 工地宣传

在工地四周的围墙建筑物、宿舍外墙以及其他地方，必须有反映企业精神、时代风貌的醒目宣传标语，工地内设置宣传栏、黑板报等宣传阵地，及时反映工地内外各类动态。施工人员遵守市民行为规范。

E. 场容场貌

我们将按业主文明施工管理的规定，采取有效措施将施工区域和非施工区域明显地分割开来，并在工地四周设置连续、密闭的围墙。

a. 工地围墙

(a) 围墙的高度在市区主要路段，市容景观道路及机场码头，车站广场处不得低于 2.5m，其他路段不得低于 1.8m。

(b) 围墙下部结构必须砌筑 50cm 高的砖墙，并用水泥砂浆抹光。

(c) 围墙所使用的材料应稳固、整洁、美观并得到项目监理的批准。施工单位应负责维修养护临时围墙，以保证设施完好。

(d) 一旦工程结束，施工单位应负责拆除这些临时围墙。

b. 标志牌

施工单位应在建设工程工地的主要出入口和项目监理指定的位置设置施工标志牌，每个施工点至少两块，标志牌必须在整个施工期间保护完好，醒目，并在竣工后拆除。

标志牌应按下列规定制作：

(a) 外形尺寸：1.0m×2.0m（高×宽）

(b) 色泽：白底黑字，四周红边线（宽 5cm）

(c) 材质：带木框的镀锌钢板

(d) 文字：中英文，中文仿宋体，英文大写印刷体

(e) 除非有项目监理的书面许可，施工单位不得在工地上自行设置或允许他人设置任何广告牌。

F. 现场管理

a. 实行施工现场平面管理制度，各类临时施工设施、施工便道、加工厂、堆物场和生活设施均按经审定的施工组织设计和总平面布置图实施；如因现场情况变化，必须调整平面布置，应画出总平面布置调整图报上级部门审批，未经上级部门批准，不得擅自改变总平面布置或搭建其他设施。

b. 施工区域或危险区域有醒目的安全警示标志，并定期组织专人检查。

c. 工地主要出入口设置交通指令标志和示警灯，保证车辆和行人的安全。

d. 施工现场设置以明沟、集水池为主的临时排水系统，施工污水经明沟引流、集水池沉淀滤清后，间接排入下水道；同时落实"防台"、"防汛"和"雨季防涝"措施，配备"三防"器材和值班人员，做好"三防"工作。

e. 工程材料、制品构件分门别类、有条理地堆放整齐；机具设备定机定人保养，保持运行整洁，机容正常。

f. 加强土方施工管理，挖出的湿土先卸在场内暂堆，沥干后再驳运外弃，如湿土直接外运，则使用经专门改装的带密封车斗的自卸卡车装运湿土，防止湿土如泥浆沿途滴漏污染马路。

g. 加强泥浆施工管理，防止泥浆污染场地；废浆采用罐车装运外弃，严禁排入下水道或附近场地。

h. 设立专职的"环境保洁岗"，负责检查、清除出场车辆上的污泥，清扫受污染的马路，做好工地内外的环境保洁工作；

G. 工地卫生

a. 生活区应设置醒目的环境卫生宣传标牌责任区包干图。现场"五小"设施齐全、设置合理。

b. 除四害要求。防止蚊蝇孳生，同时要落实各项除四害措施，控制四害孳生。生活区内做到排水畅通，无污水外流或堵塞排水沟现象。有条件的施工现场进行绿化布置。

c. 宿舍。宿舍统一使用 36V 低压电，日常生活用品力求统一并放置整齐，现场办公室、更衣室、厕所等应经常打扫，保持整齐清洁。

d. 生活垃圾。生活垃圾要有容器放置并有规定的地点，有专人管理，定时清除。

e. 食堂卫生。食堂内应整齐清洁,食堂四周应做到场地平整、清洁、没有积水;有条件的食堂要设密封间和配置纱罩。食物盛器要有生熟标记;每年5月到10月底,中、夜两餐加工的食品都要严格消毒,使用的代价券必须每天消毒,防止交叉污染,现场茶水供应、茶具消毒,要符合卫生要求;炊事员必须每年体检,持有健康证和卫生上岗证,持证上岗;炊事人员必须做到"四勤"、"三白"保持良好的个人卫生习惯;达不到"三专一严"及无地区卫生防疫站许可证的食堂,一律不准供应冷面、冷馄饨、冷菜等。

f. 现场要设医务室,如确无条件,至少要设巡回医疗点,每周不少于2次到现场巡回医疗;做好对职工卫生防病的宣传教育工作,针对季节性流行病、传染病等,要利用板报等形式向职工介绍防病、治病的知识和方法;医务人员对生活卫生要起到监督作用,定期检查食堂饮食等卫生情况。工地上配齐更衣室、食堂、医务室、浴室、厕所和饮用水供应点等生活设施,并制定卫生制度,定期进行大扫除,保持生活设施整洁卫生和周围环境整洁卫生。

H. 噪声控制

a. 在选择施工设施,设备及施工方式时,施工单位将考虑由此产生的噪声以及它对施工单位的劳动力和周围地区居民的影响。

b. 在有关规章规定的地方或项目监理的要求下,施工单位应该向其劳动力提供听觉保护装置,并应指导他们正确地使用这些装置。

c. 施工单位必须确保施工期间,其发生的噪声不超过周围环境噪声的规定值。

I. 治安综合治理:加强工地治安综合治理,做到目标管理,制度落实,责任到人。施工现场治安防范措施有力,重点要害部位防范设施到位。施工现场的外包队伍情况明、点数清,建立档卡;签订治安、防火协议书,加强法制教育。

J. 根据地区的气候特点和本工程的位置,工地应严格按市政府防台防汛领导小组的要求和有关文件规定,及时做好防台防汛工作。

K. 建立防火安全组织,义务消防和防火档案,明确项目负责人,管理人员及操作岗位的防火安全职责;按规定配置消防器材,有专人管理;落实防火制度和措施;按施工区域、层次划分动火级别,动火必须具有"二证一器一监护";严格管理易燃、易爆物品,设置专门仓库放存。

L. 项经部、施工队设文明施工负责人,每周召开一次关于文明施工的例会,定期与不定期检查文明施工措施落实情况,组织班组开展"创文明班组竞赛"活动,经常征求建设单位和项目监理对文明施工的批评意见,及时采取整改措施,切实搞好文明施工。

(6)环境保护措施

1)全面运行ISO14000环境保护体系

作为一个高速发展的现代化大城市,环境问题日益受到全社会的普遍关注。为了适应当今社会的潮流,实现社会经济的可持续化健康发展,在本工程施工的全过程中,我们将全面运行ISO14000环境保护体系标准,系统地采用和实施一系列环境保护管理手段,以期得到最优化的结果。

2)环境保护方针

我们的环境保护方针是:

生产目的:优化城市环境;

施工组织:考虑环境污染;

施工过程:控制环境污染;

竣工交付:满足环境要求。

3)对持续改进和污染预防的承诺

我们在建设施工的全过程中,根据客观存在的粉尘、污水、噪声和固体废物等环境因素,实施全过程污染预防控制,尽可能地减少或防止不利的环境影响。

预防为主,加强宣传,全面规划,合理布局,改进工艺,节约资源,为企业争取最佳经济效益和环境效益。

严格遵守国家和地方政府部门颁布的环境管理法律、法规和有关规定。

4) 对环境保护的管理规定

A. 施工组织设计

在承接项目后，根据该项目的《环境影响评价报告》，针对周围实际环境状况，提出行之有效的环境保护措施，并按照《编制施工组织设计内容要求的规定》，编入《施工组织设计》。

B. 开工准备

a. 各类政府许可

在项目开工前或施工期间，应办理或协助业主办理以下工程项目可能需要的各类政府主管部门许可证及申报，主要包括：

(a) 施工许可证

(b) 掘路执照

(c) 公路、城市道路施工许可证

(d) 临时占路许可证

(e) 渣土处置证

(f) 封堵原排水管道报批手续

(g) 夜间施工许可

(h) 水上水下施工作业安全许可

如涉及分承包方作业的，应要求分承包方办理上述许可证或申报。

b. 召开协调会议

项目开工前，应召开项目协调会议，邀请项目所在地的环保、环卫、管线（水、电、燃气）、电信、交警、消防、质监、市容监察、绿化园林、街道、派出所等机构出席会议，通过协调会议的形式，达到以下目的：

(a) 向项目所在地的政府主管部门及街道通报项目情况；

(b) 了解当地政府主管部门对项目施工的环境保护具体要求；

(c) 了解当地社区、居民对项目施工的具体要求；

(d) 与各政府主管部门建立联络渠道；

(e) 获取当地的有关法律法规信息；

(f) 接受社会公众的监督。

从而与政府主管部门及周围社区建立良好的关系，以利于项目施工的顺利开展。

c. 管线保护

应与管线（水、电、燃气、电信）管理部门进行协调，申请管线监护，签订管线配合联系单或协议书，进行管线交底，取得施工可能涉及的地下管线资料，以制订管线保护方案。同时由管理部门派专业人员到施工现场进行监护和巡视，指导施工过程中的管线保护。

C. 采购环境管理规定

(a) 设备采购

a) 凡是在生产及相关辅助活动中使用的可能对环境产生影响的设备，均应对其设备的环境指标进行审查。

b) 在采购和订货前应了解市场的行情，进行对比选择。除了对各设备生产厂家的文明施工、价格等情况对比外，应优先采购环境指标良好的设备。

c) 设备采购时，应向设备供应商索取相关的设备使用说明，并对设备涉及的相关环境指标进行评审，最终对设备环境指标情况作出结论。

d) 设备采购合同签定时，应在合同中明确设备供应商对设备的环境指标符合性作出承诺。

e) 凡是新增设备可能产生的环境因素，均应及时将其列入《环境因素清单》中，并对其重要性进行评价。

f) 资产管理部根据国家发布的《淘汰落后生产能力、工艺和产品目录》及有关文件的要求，制定《禁止及限制采购设备清单》，并每半年更新一次，以指导和规范采购行为。

（b）材料采购

a）根据国家《中国禁止或严格限制的有毒化学品目录》、市政工程局以及有关文件，制定《禁止及限制采购材料清单》，凡属于目录所列的设备、产品及物资，应一律不予采购。

b）各基层单位在采购或选用建设工程材料，如混凝土小型空心砌块、水泥、建筑防水材料、建筑用硬聚氯乙烯排水管、建筑门窗、建筑给水用塑料管、建筑砂石料、烧结砖等产品时，应对上述工程材料生产企业的《××省建筑工程材料准用证》进行验证，没有上述准用证的工程材料，将不予采购和选用。

c）各基层单位应每半年更新一次清单，并将清单通过总经理办公室向各项目管理部、专业（分）公司传达，并要求其在采购材料时予以实施。

（c）绿色采购的原则

在实施设备、产品及物资采购时，遵循以下原则：

a）凡是实施 ISO14001 环境管理体系的设备、产品及物资供应商，优先考虑其作为合格分承包方。

b）凡是产品及物资有绿色环境标志的，优先考虑其作为选购产品。

c）凡是环境指标优于同类产品的，优先考虑其作为选购产品。

D. 临时占用城市道路管理规定

（a）临时占路的申请和审批

确需临时占用城市道路时，应填写《××市临时占用城市道路申请表》，分别向市政工程管理部门和公安交通管理部门提出申请。

（b）占路申请经批准后，应遵守下列规定：

a）将《××市临时占用城市道路许可证》的标牌悬挂在占路范围内的醒目处。

b）按批准的期限、范围和用途占路。

c）在被占用的城市道路上堆物的，设置安全围护设施。

d）不损坏被占用的城市道路及其设施。

e）遵守其他法规、规章的有关规定。

f）不超面积、范围占路。

（c）其他要求

a）临时占用公路、城市道路的施工作业，不得损毁绿化、行道树和市政、公用、交通等设施。

b）施工期间，设计管线埋设、开挖的，按照《管线保护环境管理程序》的要求实施。

c）如在施工的地面开挖过程中，施工人员发现地下文物的，应及时向当地文物主管部门通报，并派人保护好现场，防止出现哄抢、破坏文物的现象。

E. 绿地、林地环境管理规定

（a）绿化工程的委托

a）本部、各基层单位辖区内或承接项目所附属的绿化工程，其设计和施工均应当选择有相应资格证书的设计单位。

b）绿化工程最终应由园林部门负责验收。

（b）绿化迁移、砍伐、采伐

由于施工原因，必须迁移、砍伐、采伐树林或变更绿地、林地，必须办理审批手续，领取许可证。

a）迁移

●迁移公共绿地内的树林或市区和县属镇范围内所有胸径在 25cm 以上的树木，必须报市园林管理局审批。

●迁移农场、水利系统范围内除沿海防护林以外的树木，分别由市主管部门审批。

b）采伐、砍伐

●所有防护林只准进行抚育性采伐。采伐海塘、江堤的防护林，由各县区林业管理部门会同防汛、水利部门提出意见，报市农业局审批。其他防护林的采伐应由市主管部门审批。

●砍伐郊县范围内农场系统除沿海防护林以外的树木，由主管部门审批。

●因改建或扩建铁路、公路而影响护路林生长的，除紧急工程外，应安排在树木移植季节中迁移；确需砍伐的，分别由××铁路分局或××市市政工程管理局审批。非改建或扩建铁路、公路不得擅自砍伐护路林木。

(c) 管理线架要求

由于施工建设各种电力、电信、公用、市政管线应符合以下规定：

a) 地下管线的外缘，离市区行道树干中心不少于 0.95m 高；

b) 架设电杆、消防设备，离树干中心不少于 1m；

(d) 临时占用

因建设施工需要临时使用绿地、林地，除按有关规定外，须办理下列手续：

a) 临时使用郊县各种防护林地，须经市农业局批准；

b) 临时使用公共绿地，须经市园林管理局批准；

c) 临时使用其他绿地、林地（包括本单位的绿地、林地），面积在 50m² 以下（含 50m²）的，须经区、县园林或林业管理部门批准；面积超过 50m² 的，须经市园林管理局或市农业局批准。

(e) 其他管理要求

项目施工期间，严禁发生以下行为：

a) 擅自侵占绿地、林地，或改变用途；

b) 擅自折损树木，在树旁和绿地、林地倾倒垃圾或有害渣废水、堆放杂物、借树搭棚的；

c) 故意破坏林木、绿地、园林设施的；

d) 属于古树名木的一律严禁砍伐，不准攀折树枝，不准剥损树皮，不准借树搭棚作业，不准在树上挂物、敲钉、刻画。在树冠直投影 2m 的范围内，不准挖土、堆物、造房、作业。

(f) 注意事项

如施工所在地政府或环境保护主管部门对绿地林地环境管理有特定的要求，将按照其要求执行。

5) 河道环境保护管理规定

A. 施工期间日常管理

a. 河道两侧坡岸禁止堆放建筑垃圾、生活垃圾、危险废物，以防止上述固体废物污染河道水体。

b. 禁止施工期间发生以下破坏河道的行为：

(a) 向河道倾倒垃圾、粪便及未经处理的生产污水；

(b) 向河道倾倒油类、渣土、施工泥浆、污泥、危险废物等；

(c) 向河道排放有毒有害、易燃易爆等物资；

(d) 清洗装贮过油类或者有毒有害污染物的车辆及容器；

(e) 其他妨碍河道进行防洪排涝、危及河道堤防安全、污染和堵塞的活动。

B. 施工项目的管理

承接项目所属河道范围内的环境管理工作。

a. 建设项目施工时禁止擅自填堵河道。确因建设需要填堵河道的，由公司通知业主委托具有相应资质的水利规划设计单位进行规划论证。

b. 经批准填堵河道的工程，在施工前由将施工方案报地方河道行政主管部门审核，并在规定的界限内进行施工。

c. 施工过程中在河道沿岸进行建筑材料、化学品装卸活动的，应设置必要的保护措施，防止建筑材料及化学品在搬运中向河道泄漏，污染水体。同时装卸过程应由安全员监督，禁止野蛮作业的人为因素而影响河道环境。

d. 建设项目施工期间，不得擅自设置阻水障碍物。确因工程建设需要，在沿江河第一线河道破堤施工或者开缺、凿洞的，应向堤防或者防汛墙主管部门提出申请，经审核同意，报地方防汛指挥部批准后，方可施工。同时，应在《施工组织设计报告》中落实相应操作性的保护、急应措施，并贯彻在施工过程中。

6) 土方运输环境管理规定

A. 车辆情况

a. 车次车貌整洁，制动系统完好。

b. 车辆后拦板的保险装置完好，并另再增设一付保险装置，做到双保险，预防后板崩板。

c. 车辆应配置灭火器，以防发生火灾时应急。

d. 设备分公司负责对本公司的运输车辆进行定期检修；土方运输承包方自行负责车辆的定期检修，以保持车况的良好。

B. 土方装卸

a. 土方装卸时，场地必须保持清洁，预防车轮粘带。

b. 车辆出门时，必须对车轮进行冲洗。

c. 车辆装载土方不应超高超载，并应有覆盖物以防止土方在运输中沿途扬撒。

C. 土方运输

a. 严格按交通、市容管理部门批准的路线行驶。

b. 配备专用车辆对运输沿线进行巡视，发现问题能够及时处理。

D. 应急响应

a. 驾驶员必须严格遵守交通、市容法规，一旦发现崩板立即停车，并及时向领导和管理部门汇报。同时围护好现场，以防污染进一步扩大。

b. 土方运输承包商必须有一支10人左右的应急队伍，配备货运车一辆，铲、草包（蛇皮袋）、水管10～20m等应急物资。

c. 如车辆在行驶中突发火灾，驾驶员应及时用车用灭火器第一时间进行灭火。如火灾无法控制，应及时拨打"119"电话向消防部门报警。

7）建筑垃圾和工程渣土环境管理规定

A. 申报

a. 应在工程开工前五日按规定向渣土管理处或市、县环境卫生管理部门（以下统称渣土管理部门）申报建筑垃圾、工程渣土的种类、数量、运输路线及处置场地等事项，并与渣土管理部门签订环境卫生责任书。

b. 建筑垃圾、工程渣土需分批排放的，除申报总排放处置计划外，还应在每批排放前五日申报排放处置计划。临时变更排放处置计划的，应补报调整后的排放处置计划。

c. 施工单位自行安排建筑垃圾、工程渣土受纳场地的，应在申报排放处置计划时，提交受纳场地管理的上级行政管理部门同意受纳的证明。

B. 运输

a. 施工单位持渣土管理部门核发的处置证向运输单位办理建筑垃圾、工程渣土托运手续；运输单位不得承运未经渣土管理部门核准处置的建筑垃圾、工程渣土。

b. 运输建筑垃圾、工程渣土时，运输车辆、船舶应随车携带处置证，接受渣土管理部门的检查。处置证不准出借、转让、涂改、伪造。

c. 运输车辆应按渣土管理部门会同公安交通管理部门规定的运输路线进行运输。

d. 管理单位签发的回执，交托运单位送渣土管理部门查验。

C. 其他管理要求

a. 各类建设工程竣工后，施工单位应在一个月内将工地的建筑垃圾、工程渣土处理干净。

b. 任何单位不得占用道路堆放建筑垃圾、工程渣土。确需临时占用道路堆放的，必须取得公安部门核发的《临时占用道路许可证》。

D. 注意事项

如施工所在地政府或环境保护主管部门对施工建筑垃圾、工程渣土有特定的要求，将按照其要求执行。

8）排水设施环境管理规定

A. 排水设施的建设

排水设施的建设应当遵守国家和××市规定的技术标准，如区域内实行雨水、污水分流制的，雨水和污水管道不得混接。

B. 排水设施的验收

a. 工程所属排水设施建设项目竣工后，公司所属基层单位新建排水设施的主管部门应当按照国家规定组织验收，并取得《排水许可证》。属于环境保护治理设施的，应向环境保护主管部门申报竣工验收。

b. 未经验收或验收不合格的排水设施建设项目，不得交付使用。

C. 施工期间的管理

a. 因施工确需临时封堵排水管道的，由公司向区排水行政主管部门提出申请，经批准后取得××市市政局或者县（区）排水行政主管部门核发的《临时排水许可证（施工）》方可实施。

b. 施工期间，应当采取临时排水措施。各类施工作业临时排水中有沉淀物和污泥，足以造成排水设施堵塞或者损坏，必须严格按二次沉淀后再排放。

9）施工现场废水控制管理规定

A. 施工组织设计

公司在承接项目后，应根据该项目的《环境影响评价报告》提出的环境保护措施，结合周围实际环境状况，编制《施工组织设计》报告，报告应建立施工期间的临时排水系统，对项目可能对周围水环境造成的影响提出可行的控制措施。

B. 施工废水的控制措施

a. 施工排水系统

对于市区中心重点工程工地及各单位的基地，根据施工现场排放废水的水质情况，采用以明沟、集水池为主的临时三级排放系统。

（a）一级排放系统：生活用水（食堂、浴室、洗手池等）较清洁，可直接排入市政污水管，主要布置在生活、办公区。

（b）二级排放系统：以排放雨水为主，水中含泥量较少，可直接排入市政污水管，但必须在出口端设置集水井，拦截水中垃圾。

b. 生活污水

（a）各施工项目在现场均应建立厕所收集粪便污水；固定式厕所应设立化粪池，移动式厕所也应设置收集装置，同时派专人维护厕所的清洁，并定期消毒。

（b）厕所定期由当地环卫部门上门抽清。

c. 运输车辆清洗废水

各类土方、建筑材料运输车辆在离开施工现场时，为保持车容应清洗车辆轮胎及车厢，清洗废水应接入施工现场的临时排水系统。

d. 其他施工废水

（a）散料堆场四周应设置防冲墙，防止散料被雨水冲刷流失，而堵塞下水道或污染附近水体及土壤。

（b）施工活动中开挖所产生的泥浆水及泥浆，必须用密封的槽车外运，送到指定地点处置。

C. 排水设施维护

a. 各项目经理部、专业（分）公司应定期对临时排水设置进行疏通工作。

b. 市区中心重点工程工地及各单位的基地，每逢汛期、梅雨期来临之前都要对下水道及场内各排水系统进行疏通。

D. 其他管理要求

在施工现场禁止以下行为：

a. 施工废水不允许未经任何处理，而直接排入城市雨水管道或附近的水体；

b. 任何堵塞排水管道的行为；

c. 擅自占压、拆卸、移动排水设施；

d. 向排水管道倾倒垃圾、粪便。

10）施工现场废气控制管理规定

A. 施工组织设计

根据本工程特点，编制了本施工组织实施方案，本方案对项目可能对周围空气环境造成的影响提出可行的控制措施，并落实在实际施工管理中。

　　B. 施工废气的控制措施

　　C. 施工扬尘

　　a. 水泥扬尘

　　（a）根据项目施工特点，尽可能使用商品水泥及散装水泥，减少使用袋装水泥，以削减使用水泥带来的环境污染。

　　（b）在散装水泥罐车下部出口处设置防尘袋，以防水泥散逸。

　　b. 施工扬尘

　　（a）在施工作业现场按照《公司文明施工标准》的要求，对施工现场进行分隔。

　　（b）加强建筑材料的存放管理，各类建材及混凝土拌合处应定点定位，禁止水泥露天堆放，并采取防尘抑尘措施，如在大风天气对散料堆放采用水喷淋防尘。

　　（c）运输车辆进出的主干道应定期洒水清扫，保持车辆出入口路面清洁，以减少由于车辆行驶引起的地面扬尘污染。

　　（d）由于施工产生的扬尘可能影响周围正常居民生活、道路交通安全的，应设置防护网，以减少扬尘及施工渣土的影响。如防护网发生破损，应及时对其进行修补。

　　c. 车辆废气

　　（a）运输、施工作业所使用的车辆均应通过当年机动车尾气检测，并获得合格证。

　　（b）运输、施工作业的车辆在离开施工作业场地前，应对车辆的轮胎、车厢、车身进行全面清洗，防止泥浆在车辆行驶过程对外界环境造成的污染。

　　（c）装有建筑材料、渣土等易扬撒物资的车辆，车厢应用覆盖封闭起来，以避免运输过程中的扬撒、飘逸，污染运输沿线的环境。

　　（d）加强对施工机械、运输车辆的维修保养，禁止以柴油为燃料的施工机械超负荷工作，减少烟度和颗粒物排放。

　　d. 其他废气

　　（a）食堂饮食活动产生的油烟气应安装抽排风装置，装置的安装位置应不影响周围居民的生活，油烟气排放应符合当地排放标准。

　　（b）空调设备安装位置也尽可能考虑周围环境特定，避免空调设备运行产生的热气影响周围居民的生活。

　　（c）实施地下结构作业时，如地下设施在施工过程或运行期间有可能产生 H_2S、CH_4 等有害气体，而危害作业环境，损害作业人员安全与健康的，应按要求实施检测，记录监测结果，以及时发现问题并采取措施，加强地下设施的通风效率，保障作业人员健康。

　　D. 注意事项

　　如施工所在地政府或环境保护主管部门对施工废气有特定的要求，将按照其要求执行。

　　（1）施工现场噪声及振动控制管理规定

　　A. 施工组织设计

　　根据本工程特点，编制了本施工组织实施方案，本方案对项目可能对周围空气环境造成的影响提出可行的控制措施，并落实在实际施工管理中。

　　B. 施工噪声及振动的管理

　　a. 施工申报

　　（a）除紧急抢险、抢修外，不得在夜间10时至次日早晨6时内，从事打桩等危害居民健康的噪声建设施工作业。

　　（b）由于特殊原因须在夜间11时至次日早晨6时内从事超标准的、危害居民健康的建设施工作业活动的，必须事先向作业活动所在地的区、县环境保护主管部门办理审批手续，并向周围居民进行公告。

　　b. 施工噪声及振动的控制

（a）施工噪声的控制

a）根据施工项目现场环境的实际情况，合理布置机械设备及运输车辆进出口，搅拌机等高噪声设备及车辆进出口应安置在离居民区域相对较远的方位。

b）合理安排施工机械作业，高噪声作业活动尽可能安排在不影响周围居民及社会正常生活的时段下进行。

c）对于高噪声设备附近加设可移动的简易隔声屏，尽可能减少设备噪声对周围环境的影响。

d）离高噪声设备近距离操作的施工人员应配戴耳塞，以降低高噪声机械对人耳造成的伤害。

（b）施工振动的控制

a）如施工引起的振动可能对周围的房屋造成破坏性影响，应向周围居民分发"米字格贴"，避免因振动而损坏窗户玻璃。

b）为缓解施工引起的振动，而导致地面开裂和建筑基础破坏，可采取以下措施：

● 设置防振沟

● 放置应力释放孔

c. 施工运输车辆噪声

（a）运输车辆驶入城市区域禁鸣区域，驾驶员应在相应时段内遵守禁鸣规定，在非禁鸣路段和时间每次按喇叭不得超过 0.5 秒，连续按鸣不得超过 3 次。

（b）加强施工区域的交通管理，避免因交通堵塞而增加的车辆鸣号。

d. 其他噪声

（a）运输车辆进出口应保持平坦，减少由于道路不平而引起的车辆颠簸噪声和产生的振动。

（b）城市施工区域不得用高音喇叭及鸣哨进行生产指挥。

（c）禁止在施工作业过程中从高空抛掷钢材、铁器等施工材料及工具而造成的人为噪声。

C. 噪声监测

a. 公司负责对承建项目建设期间的建筑施工场界噪声定期监测，并填写《建筑施工产地噪声测量记录表》。

b. 如发现有超标现象，应采取对应措施，减缓可能对周围环境敏感点造成的环境影响。

D. 施工工艺的变更

如果施工现场周围有较重要的环境保护目标，或政府环境保护主管提出明确降噪要求，而可能导致原设计工艺发生改变时，如打桩工艺需要改为压桩工艺和钻孔灌注桩的，公司应按照文明施工管理体系的要求提出更改工艺的申请，并经总工室批准，设计部门修改后实施。

E. 注意事项

如施工所在地政府或环境保护主管部门对施工噪声有特定的要求，将按照其要求执行。

（2）环境卫生管理规定

A. 生活区

a. 生活区设围栏，有"五小"设施平面图和卫生包干块示意图。

b. 门口标明企业和工程项目名称。

c. 场地平整，无坑洼积水，无蚊蝇孳生地。

d. 保持排水通畅，明沟、暗沟应清洁无杂物和黑臭。

e. 生活区设施符合要求，垃圾分类入箱，保持环境整洁。

f. 生活区周围的过道、马路要落实三包，保洁率做到路面整洁，无废弃物，无垃圾，不影响市容市貌。

g. 禁止在生活区域内乱涂乱画乱写。

B. 办公室、宿舍及更衣室

a. 室内外环境整洁卫生，无蛛网、积灰、无痰迹、烟头、纸屑。

b. 宿舍、更衣室内通风、明亮、干燥、无异味，办公室内部整洁、整齐、美观大方。

c. 使用标准床铺，床上生活用具堆放整齐，床下不得随意堆放杂物。

d. 办公室、更衣室宿舍都有卫生值日制。

e. 附近应设置供职工清洗手的水斗和清洗台，并保持排水畅通。

C. 浴室

a. 专人管理、清扫，保持整洁。

b. 室内排水畅通，浴水不随意排放路边，影响交通。

D. 医务室

a. 相对集中的工地应设医务室，无工地医务室应配急救药箱。

b. 医务人员至少每周 1～2 次巡视工地并有记录，做好季节性防病卫生宣传工作。

c. 医务人员或者兼职卫生员要抓好防病和食堂卫生工作，并有记录，每天到食堂验收食品，以防食物中毒。

E. 饮水卫生

应有合格的可供食用的水源（如自来水），无自来水，须打集水井，井离厕所、河道距离应大于 30m，专人管理消毒、加盖，并在安全处理后使用。

F. 厕所

a. 严禁厕所设置于河道上，并将粪便直接排入河道。

b. 应有贮粪池或集粪坑，并密封加盖，粪便不得满溢，要及时清运。

c. 必须有水源供冲洗用，市区内不得设旱厕，并不能直接把粪便排入雨水管道。

d. 有专人管理，每日清洗，保持整洁。

G. 食堂

a. 食堂位置与厕所、污水沟距离应大于 30m。

b. 有《卫生许可证》，内外环境整洁、工作台和地上无油腻。

c. 有消毒、防尘、灭蝇、除鼠措施。

d. 内部布局符合生熟一条龙。

e. 设熟食间或有熟食食罩，内不得有蝇和蟑螂，生熟炊具分开，已消毒熟食具皿必须置于规定的每日用消毒液浸洗的无虫害消毒柜中。禁止使用再生塑料盆、桶。

f. 必须备冰箱，有专人管理，生熟分开，定期清洗并有记录，有进货标志。

g. 有留样菜、进货验收记录，变质食品有处理和记录。

h. 炊事人员必须持健康合格证和培训证上岗，并做到"三白"。

| 编制者 | ×× | 审核者 | ×× | 批准者 | ×× |

分部（分项）工程与工种安全技术交底记录

单位工程名称	××	交底时间	年 月 日
分部（分项）工程各工种名称	暗挖隧道施工安全技术交底	交底人	××

1. 施工前的准备工作

（1）在进行暗洞施工前应按防坍塌应急预案要求，准备好各项应急物资，并标识清楚，严禁挪用。

（2）所搭设的临时操作平台，应通知项目部相关部门组织检查后方可进行施工。

（3）所需的各项基本物资如砂、石、水泥等应准备足够。

（4）调查清楚暗洞附近的管线，并按相应的管线保护方案做好保护工作后方可进行暗洞施工。

2. 施工过程中所须的注意事项

（1）在破除暗洞混凝土时应相应的监督人员和指挥人员在现场。

（2）破除混凝土时所用高压风管每班前必须由班长或工区值班人员检查，如有破损的必须立即更新或采取其他相应措施消除隐患后才能进行施工。

（3）使用电动葫芦时应严格按电动葫芦操作规程操作。起吊过程中电动葫芦司机必须按电铃警示，并内工作人员避开，吊桶下方严禁站人。

（4）焊接、切割、电工作业人员也必须持有相应的特种作业人员资格证方可入场操作，在进行焊接、切割时，必须按动火审批制度办理相关手续，并按规定检查现场作业条件是否符合要求。

（5）电工必须保证按临时施工用电要求，布置好现场的施工用电，并满足现场的照明以及机械的使用要求。

（6）暗洞施工过程中必须随时注意现场情况，发现有坍塌现象时应及时采取相应措施处理，防止坍塌事故继续发生或扩大，如发生较大坍塌时应按相应程序上报工区或项目部，必要时应立即疏散现场作业人员。

（7）施工过程中应严格按施工方案以及交底施工，严禁私自变更方案和交底，必须改变时，必须经相应领导或部门批准，并有相应的签字手续。

3. 环境保护要求

（1）夜间施工时，一切产生噪声源的机械或施工过程中产生的噪声等应加强控制，尽量产生少或小的噪声源。

（2）使用氧气、乙炔、电焊前应检查现场有无易燃易爆物品。

（3）进行喷射混凝土施工时，应检查好风管以及喷射机是否有漏风现象，确保喷混凝土过程中粉尘危害降到最低限度。

（4）渣土弃运过程中应严格按项目部及地方相应管理文件要求做好环保工作。

项目经理	××	被交底人签名	××

隧道施工检查评分记录

（按"评分办法"检查评分）

工程名称：××工程项目部　　　　　　　　　　　　检查时间：×年×月×日

序号	检查项目	检查情况	应得分数	扣减分数	实得分数
1	爆破方案		20		20
2	爆破准备		20		20
3	放炮		30		30
4	开挖	存在超挖情况	30	8	22
	小计	（1～4项保证项目）	100	8	92
	合计	（1～4项）	100	8	92
项目经理	××	检查负责人	××	参检人员	××、××

第6章　市政工程安全台账编制范例

271

脚手架与模板工程安全技术

施工单位 _____ ××_____

工程名称 _____ ××_____

项目经理 _____ ××_____

安全员 _____ ××_____

开竣工日期 _____ ×年×月×日至×年×月×日_____

目　录

第6章　市政工程安全台账编制范例

脚手架与模板工程施工方案

（安全技术措施）

×年×月×日

××工程地下通道部分模板工程专项施工方案

1. 编制依据

（1）××工程实施性施工组织设计。

（2）××公司设计的××工程相关图纸以及施工图修改单。

（3）现场实际情况及我项目部实际施工试验能力、机械设备装备能力、施工技术与管理水平。

（4）国家、省市人大发布实施的相关法令、法规及行政命令。

（5）设计图纸中所明文要求执行的技术规范、规定和标准，以及国家现行的技术规范、标准及有关市政工程的技术资料，如《建筑施工扣件式钢管脚手架安装技术规范》JGJ 130—2001、《组合钢模板技术规范》GB 50214—2001《混凝土结构工程施工质量验收规范》GB 50204—2002 等。

（6）××公司管理手册及各类控制程序。

2. 工程概况

地下通道起迄桩号 0+201，终点桩号 1+023.5，地下通道长度 822.5m，地下通道采用单箱双室矩形断面，结构形式采用敞开段 U 形槽及封闭式箱涵两种形式组合而成，全长分别在清江路路口及新安江路路口设置进出口，并且在地下通道北侧预留地下停车库进、出口各一个。地下通道主体结构混凝土采用 C30S8 防水混凝土，并且掺入水泥用量 6%～8% 的 WG-HEA 膨胀剂，垫层混凝土采用 C15 普通混凝土。

地下通道在桩号 0+251、0+301、0+378.5、0+446.5、0+506.5、0+511.5、0+631.5、0+716.5、0+790、0+828、0+895、0+953.5、0+988.5 设置变形缝。变形缝设计构造做法：变形缝宽度 3cm，缝内相嵌 BW 闭孔泡沫填缝板，背水面相嵌 3×2.5cmPG321 弹性密封膏，缝内设置 E2-13（350×10×10）钢边橡胶止水带，底板下及侧墙外设置 E3-4A（350×35）外贴式橡胶止水带，缝内另设置 $\phi40@40$ 剪力钢筋，剪力钢筋单端固定，单端套钢制套筒，以利活动。

地下通道在桩号：0+226、0+276、0+331、0+412.5、0+476.5、0+529、0+586.5、0+672、0+751.5、0+861、0+925.5 设置后浇带。后浇带设计构造做法：后浇带净宽度 80cm，底板及侧墙采用钢筋混凝土外包结构，外包结构底宽度：160cm，上口宽度 240cm，厚度 40cm，外包结构中间也留设 8cm 宽缝隙，缝隙内嵌 BW 闭孔泡沫填缝板，板内嵌填 PG321 弹性密封膏，后浇带外包结构外侧设置 E2-6（350×35×8）外贴式橡胶止水带止水。顶板后浇带采用倒⊥形，即上小下大，即上口 60cm 宽，下口 80cm 宽，中间转角10cm，转角处设置 2cm×3cm 遇水膨胀止水条。

由于结构体积大，实际施工时采用留设水平施工缝，水平施工缝采用 400×4 钢板止水带，钢板止水带两侧采用 8mm×8mm 单组分水膨胀聚氨酯密封胶，水平施工缝留设位置为底板加强角以上 90cm。

3. 施工部署

（1）施工作业面安排

根据设计图纸中沉降缝及后浇带分布规律，本地下通道平面可分为 25 个区段，每个区段长度各有不同，也有相同，具体有 22.5m 两节，25m 四节，28m 一节，30m 三节，30.5m 一节，33m 一节，34m 三节，35m四节，38m 一节，38.5m 一节，40.5m 一节，44.5m 一节，45m 一节，47.5m 一节，因此根据工程结构特点，分布标高及与管廊工程的平面关系，以及综合桩基及江干排灌渠拆迁影响等影响综合考虑，宜分为两个作业区展开施工，并且每个作业面均引成流水作业，具体二个作业区划分桩号如下：

第一作业区：桩号 0+201～0+551.5 段，长度 350.5m，共 12 个板块。

第二作业区：桩号 0+551.5～1+023.5 段，长度 472m，共 13 个板块。

（2）施工队伍安排

根据总进度计划的要求，以及项目管理的要求出发，并结合管廊模板工程的作业计划，在项目部下设一

个模板施工队，施工队下设三个作业班，具体各班组施工任务分配如下：

第一作业班：负责地下通道各类模板及零配件的制作、加工；

第二作业班：负责第一作业区桩号内的地下通道中的模板安装、拆除、搬运、清理等各项工作。

第三作业班：负责第二作业区桩号内的地下通道中的模板安装、拆除、搬运、清理等各项工作。

各作业班组由模板施工队统一协调、调度，根据各作业区的实际情况，加强各班组人员，机械设备的协调和管理，最大限度地发挥人员及机械设备的功效和能力。

由于管廊工程与地下通道存在标高上的制约性，因此管廊工程中的模板作业班组随着地下通道工程的展开而产生一定的变化，即地下通道工程第一作业班与管廊工程的第一作业班合并为一个班组共同施工，地下通道工程第二作业班及第三作业班分别与管廊工程中的第二作业班、第三作业班合并为一个班组共同施工，而管廊工程中的第四、第五两个作业班仍维持原状不变，仅在操作人员人数及机械设备配备上作适当调整即可。

4. 施工管理网络

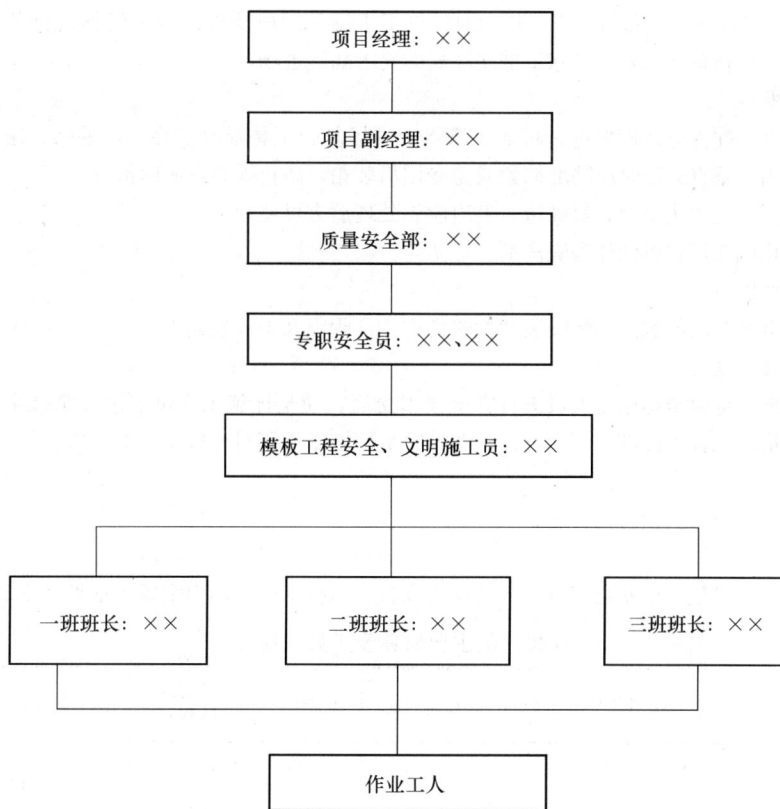

5. 总体施工程序

地下通道模板工程总体上分以下几步：

1）垫层混凝土工程模板立设及拆除；

2）基础及基础折高部分混凝土工程模板立设及拆除；

3）壁板及顶板部分混凝土工程模板立设及拆除；

4）地下通道内部附属物（如混凝土铺装层、排水沟、横截沟、路缘石）部分混凝土工程模板立设及拆除。

6. 施工总平面布置

模板工程施工总平面布置主要有：模板及零配件加工车间、模板、配件及各类支架堆场布置，二次以上搬运道路、配电线路等。

模板及模板支架采用机动翻斗车来回短驳，施工道路主要通过管廊南侧的施工便道来回运输。

施工用电：木工棚内采用 $50mm^2$ 铝芯线三相五线架设到加工间内，配设动力分配箱及照明分配箱，各动力机械采用 5 芯电缆移动式铁制配电箱连接，实行三级配电及一机一闸一漏保，确保用电安全。沿线采用现场南北架空线下的动力配电箱下用铁制移动箱引入，同样实行三级配电及一机一闸、一漏保，确保用电安全。模板工程周转材料如小型材料、轧头、三型夹、螺杆、铁丝、铁钉等采用专用仓库集中堆放，其余钢管、方木、定型模板等堆放在施工便道附近的堆场中，以便于使用及搬运。

7. 施工准备工作

（1）技术准备

1）项目总工组织模板工程相关技术人员、生产人员熟悉图纸，认真学习掌握施工图的内容、要求和特点，同时学习相关的规范、规程、操作要点，熟悉各部位截面尺寸、标高、制定模板初步设计方案。

2）根据设计图纸要求，深刻领会设计意图，了解地下通道工程总体施工组织设计，绘制模板配板设计图，连接件和支承布置图，各细部结构及异形模板制作详图。

（2）材料备料计划

根据模板配板图、支承图、细部详图，以及总体施工进度计划所要求的施工流程进行各种材料、配件的数量计算，并且列出材料备料计划，按施工进度计划的要求陆续进场。

（3）材料进场准备

现场使用的模板，配件应按规格进行堆放、清点。进场复合板叠板时应稳当，妥帖，避免碰撞，板下应加垫垫木，平行运输，垂直运输时应整堆捆紧或用专用吊装箱，防止摇晃及侧向滑移。

复合板整捆分散后应逐块检查，对破边、毛边应先处理后方可使用。

复合板使用前均应涂刷轻机油作为隔离剂。

（4）布置好测量网点

施工现场应设有可靠的能满足模板安装和检验需用的高程点及轴线控制点。

（5）进行安全技术交底

模板工程施工前，应对全体施工人员进行安全技术交底，使全体施工人员熟悉并掌握本工程所执行的各项安全措施、技术措施、技术标准，领会设计意图，并掌握施工规范对模板工程的要求。

（6）机具准备

拟投入的主要机具及工具设备见表 6-21。

（7）劳动力准备

根据施工进度计划及施工流水段划分进行劳动力安排，拟投入的劳动力配置计划见表 6-22。

拟投入的主要机具及工具设备表　　　　　　　　　　　　表 6-21

序号	机械或设备名称	型号规格	数量	国别产地	制造年份	额定功率（kW）	生产能力	用于施工部位
1	木工圆锯机	MJ104	3	××	2003 年	3		模板工程
2	木工刨板机	MB504	3	××	2003 年	4		模板工程
3	木工刨床	MB106	2	××	2003 年	7.5		模板工程
4	钻床	24016	1	××	2004 年	3		模板工程
5	电动型材切割机	GB400	3	××	2004 年	3.3		模板工程
6	交流弧焊机	B×6-315	5	××	2004 年	20		模板工程
7	活动扳手		300	××	2004 年			模板工程
8	手提电钻	GBM6	30	××	2003 年	1		模板工程
9	手提电锤	GBH2SR	10	××	2003 年	2		模板工程

序号	机械或设备名称	型号规格	数量	国别产地	制造年份	额定功率 (kW)	生产能力	用于施工部位
10	钢丝钳		100	××	2004 年			模板工程
11	台虎钳	6″	4	××	2003 年			模板工程
12	气割设备		2	××	2004 年			模板工程
13	套丝机		3	××	2004 年	0.5		

拟投入的主要劳动力配置表　　　　　　　　　　表 6-22

工　种	人　数	工　种	人　数
管理人员	8	电工	2
木工	100	普工	55
架子工	30	合　计	200 人
电焊工	5		

8. 模板拆除

（1）模板拆除指标

1）垫层、基础底板、壁板模板的拆除是在所浇的混凝土强度达到 1.2MPa，并且能保证混凝土表面棱角不因拆模板而受损后方可拆除。

2）顶板模板拆除参考顶板混凝土同条件养护试件抗压强度来确定，当同条件养护的混凝土试件强度达到设计强度约 100% 后方可拆除。

（2）模板拆除安全技术要求

1）垫层拆除方案：先拆除垫层外方木支撑，再用撬棍松动模板，使模板与混凝土脱离，然后将模板移出场地。

2）基础底板、壁板模板拆除方案：先拆除内、外短钢管支撑，拆除对拉螺杆螺栓，再拆除竖向外楞，然后用撬棍轻轻撬动模板，使模板脱离墙面混凝土，然后逐块抬出。

3）顶板模板拆除方案

A. 拆除顶板模板前，先拆除壁板模板，然后将顶板斜向加强角的模板及支架钢管拆除。

B. 松开可调顶托，将顶托螺栓往下调 10cm 左右，使模板与混凝土脱离，然后自上而下拆除顶板模板。

C. 顶板模板拆除时，先将可调顶托下调 10cm 左右，然后将 7cm×9cm 方木拆除，待拆出一块复合板面积后，将复合板先拆除，然后待拆出一根纵向水平钢管长度后（约 6m），将水平钢管拆下，然后再继续上述步骤将复合板逐块拆下。

D. 拆除时必须严格按先、后程序拆除，切不可盲目先将支架拆除后再大面积拆除复合板，防止复合板大面积掉下伤人。

E. 顶板模板拆除时注意保护模板，不能硬撬模板接缝处，以防止损坏复合板。拆除的复合板、钢管、方木等应码放整齐，分类堆放。

F. 拆下的模板应及时清理粘结物，修理并涂刷隔离剂。分类整齐堆放备用，拆下的连接件及配件应及时收集，集中统一管理。

9. 模板工程施工安全技术措施

（1）项目技术管理措施

第 6 章　市政工程安全台账编制范例

1）施工前，对使用的水准仪、经纬仪由法定检测单位进行检测合格，符合工程测量规范有关技术要求。

2）所有观察、测量数据应在现场直接记入手薄，字迹清楚，严禁涂改，测量资料有两人互检后方可使用。做好水准点、定位桩的保护、校核工作，并将其标于平面图上，现场固定保护到竣工。

3）健全各工艺的班组自检、互检、交接检工作，做到班组自检合格、项目部专检合格后再递交监理验收的管理制度。

4）对工程的施工技术方案，组织主要施工人员优化讨论，从保证质量、工期方面做到科学合理、切实可行具有保证措施。

5）组织施工主要人员学习施工规范、明确优良工程评定标准，使施工中每一环节、每道工艺在质量上得到预先控制，提高分项、分部工程的优良率。

6）工程材料的采购、验收由质量员、材料员报交验收，杜绝不合格及次品进场使用，对钢管、轧头、对拉螺杆钢筋等要有质保单，并且按规范要求进行抽样试验，合格后方可用于工程中。

7）对进入工地的材料按标准化管理的要求按规格分别入库有效、码放整齐、不混堆，并且有一定的防雨措施，防止污染和变形，保证材料的使用质量。

（2）施工技术措施

1）模板的支撑体系必须进行结构强度、刚度和稳定性验算，规定模板的装拆程序，现场施工时必须严格按验算计算书中相关指标要求搭设。

2）所有模板由专人绘制模板、支架图、定型模板由现场木工车间完成后再运至现场使用。

3）施工前要由施工技术人员向施工班组进行技术交底，对于施工内容，操作方法、操作程序和节点处理、预埋件、预留洞以及质量要求、安全技术措施应着重交底清楚。

4）壁板模板应根据底板折高部分壁板所弹墨线来进行立模，模板下口标高应经过水准仪检测合格后方可安装上道模板，壁板安装结束后应经过经纬仪或水准仪校核后方可进行对撑固定及安装顶板模板。

5）壁板模板立模前，应先将壁板钢筋及水平施工缝清理干净后方可立模。

6）壁板模板与第一次混凝土接触处应相嵌 3mm 海绵条，并且用专用螺杆穿插拧紧，以防止漏浆及局部移位，影响混凝土表面平整度及光洁度。

7）壁板下口应采用通长木条及钢管可靠支撑，防止壁板整体下沉。

8）模板拼装应平整、拼缝严密、不漏浆，板缝外侧用胶带及方木封闭。

9）模板安装好后，应进行自检、互检和技质人员的逐级验收，并报监理验收，经验收合格后方可再进入下道工序施工。

10）在混凝土浇过程中，应设专人旁站监督，及时检查模板与支架的变形情况，及时调校、加固，确保成品混凝土的质量。

11）模板应选择质地坚硬、表面平整、不易挠曲变形的板材。模板使用前应涂刷适宜的隔离剂，每次使用完毕后，应及时清理上油，不经清理的模板不得周转使用。模板使用前，对变形、翘曲超出规范的应即刻退出现场，不予使用。

12）由于各杆件存有一定的允许挠曲度，以及支架一定的压缩性，故在支架施工过程中，对顶板中间作一定的预拱度，并且顶板与壁板相接处不设预拱度以确保构筑物由净尺寸的正确。

13）支架是支撑模板、钢筋、混凝土和施工荷载的承重杆件，应采用标准化、通用化、系列化的杆件拼装。

14）支架立杆必须安装在密实、稳定的地基上，并有足够的支撑面积。浇筑混凝土后不发生超过允许的沉降。

15）立杆在高度方向所设的水平撑和剪力撑，应按构造和整体稳定性布置。

16）模板拆除必须要达到规范要求的强度后方可拆除，拆除前必须征得监理工程师的同意，对于承重模板应待其混凝土强度达到设计强度 100% 后方可拆除，壁板模板应达到不损伤棱角混凝土后方可拆除。

17）模板拆除后，要加强模板的保护，及时清理混凝土浆，上油及维护，并按规格分类堆放，以利再次利用，禁止未清理的模板直接再次进行使用。

（3）季节性施工措施

1）雨期及台风季节施工措施

××处在多雨地带，在施工期间，必定会遇到三个多雨时段，即"春雨期"，"梅雨期"及"台风雨期"，由于本工程工期紧，不可能在雨天完全停工，因此必须采取雨期施工措施：

A. 雨期施工注意切实做好防漏电措施及做好避雷装置。

B. 雨期及台风雨季对基坑作业、脚手架、支撑等均应加强观察，及时加固。

C. 加强个人劳保用品的使用。

D. 减少对模板、支架的水平及垂直运输。

2）夏季施工措施

A. 合理调节作息时间，尽量避免高温下露天作业。

B. 加强机械的维护保养工作。

C. 加强后勤工作，茶水供应充足，基坑内作业面上设置排风扇。

D. 模板立设完成后，在浇捣前必须浇水湿润模板及对模板进行降温处理。

10. 安全生产措施

安全生产是关系到社会稳定和每个职工的生命及国家财产的大事，是关系到现代化建设和改革开放的大事，亦是一项经济部门和生产部门的大事，必须贯彻"安全第一"和"预防为主"的方针，切实加强安全生产工作。

为了贯彻执行安全生产方针，强化"谁承包，谁负责"的原则，确实保障广大职工在本工程施工中的安全和健康，确保工程施工安全、优质、按期低耗完成建设任务，特制定本安全生产措施。

（1）安全生产目标

无工程事故和重大设备、人身伤害事故。

（2）安全生产措施

1）组织保证措施

A. 建立以岗位责任制为中心的安全生产逐级负责制，制度明确，责任到人，奖罚分明。

B. 认真贯彻执行国家安全生产、劳动保护方面的方针、政策和法规，以及××省、××市有关安全生产管理规定。

C. 抓生产必须抓安全，以安全促生产。按照"综合治理、管生产必须管安全、安全否决制、从严治理、标准化作业"五项原则，建立健全生产保证体系，建立和实施安全生产责任制，层层签订安全生产责任状，明确各级人员的责任及考核奖惩办法，抓好本工程安全生产工作，各项经济承包有明确的安全指标和安全保证措施，奖惩明确。

D. 编制详细的安全操作规程、细则、制度及切实可行的安全技术措施，分发至工班，组织逐条落实。搞好"五同时"（即在计划、布置、检查、总结、评比生产的同时，计划、布置、检查、总结、评比安全工作）和"三级安全教育"。

E. 每一工序开始前，做出详细的施工方案和实施措施，报经监理工程师审批后，及时做好施工技术及安全技术交底，并在施工过程中督促检查，严格坚持特殊工种持证上岗。

F. 进行定期和不定期的安全检查，及时发现和解决不安全的事故隐患，杜绝违章作业和违章指挥现象，同时加大安全教育及宣传力度，在作业场所门口醒目位置设"五牌一图"，即：工程告示牌、安全生产记录牌、防火须知牌、安全无重大事故记录牌、工地主要管理人员铭牌、施工总平面图。

G. 针对重点工程项目及关键工序，编制专项安全措施和专项技术交底，并设专人进行安全监督与落实。

H. 施工现场设置救护室，配置医务人员，落实保健措施，做好除害灭病和饮食卫生工作，做好现场医护和急救工作。

I. 将"安全用电、高空坠落、物体打击、行车安全"四大施工"惯性"事故作为日常安全管理的重点加以防范。

J. 加强全员的安全教育和技术培训考核，使各级干部和广大职工认识到安全生产的重要性、必要性，掌握安全生产的科学知识，形成一个"人人讲安全、事事为安全、时时想安全、处处要安全"的良好生产氛围，自觉地遵守各项安全生产法令和规章制度，严格执行操作规程。

2）技术保证措施

A. 工程实施前及施工过程中，对参与本工程施工的全体职工进行安全生产教育，组织职工学习国务院、市、局、公司颁发的关于安全生产的规定、条例和安全生产操作规程等，并要求职工在施工中严格遵守。

B. 重视个人自我防护，凡进入工地按规定佩戴安全帽。进行高空作业和特殊作业前，先落实防护设施，正确使用攀登工具、安全带、安全网或特殊防护用品，防止发生人身安全事故。

C. 施工现场的临时用电严格按照施工现场临时用电安全技术规范的规定执行。

D. 从事电焊、架子工作业及起重作业等特殊作业人员，各种机械的操作人员。

E. 在现场使用的电动工具，应采用专用配电箱。

F. 登高作业时，连接件必须放在箱盒或工具袋中，严禁放在模板或脚手架上，扳手等各类工具必须系挂在身上或置放于工具袋内不得掉落。

G. 复合模板装拆时，上下应有人接应，模板应随装拆随转运，不得堆放在脚手板上，严禁抛掷踩踏，若中途停歇，必须把活动部件固定牢靠。

H. 装拆模板，必须有稳固的登高工具或脚手架。装拆过程中，除操作人员外，下面不得站人，高处作业时，操作人员应挂上安全带。

I. 安装壁板模板时，应随时支撑固定，防止倾覆。顶板模板安装完毕后，必须用铁钉或螺栓及时固定，防止人员踩踏时单侧翘起，引起危险。

J. 拆除承重模板时，应先加设临时支撑，然后进行拆卸。

3）施工机械的安全保护措施

A. 各种机械操作人员和车辆驾驶员必须取得操作合格证，不准将机械设备交给无本机械操作的人员操作，对机械操作人员要建立档案，专人管理。

B. 操作人员必须按照机械说明规定，严格执行工作前的检查制度和工作中注意观察、工作后的检查保养制度。

C. 保持机械操作室整洁，严禁存放易燃易爆物品。不酒后操作机械，机械不带病运转、超负荷运转。

D. 定期组织机电设备以及车辆安全大检查。对每次检查中查出的安全隐患按照"三不放过"原则进行调查处理，制定防范措施，防止机械事故的发生。

E. 木工机械各外露传动部位必须有防护罩，平刨刀刃处装有护手防护装置，压刨设有回弹安全装置。同时，必须接零保护，并安装漏电保护器。

F. 手持电动机具防护罩壳齐全，橡皮电线不得破损，单独安装漏电保护器。接地接零良好。

G. 电焊机外壳必须完好，1～2侧接线防护罩必须有且牢固，露天使用要有防雨措施，电焊机必须连接保护零线，二次线要用接线卡子（线鼻子）连接，采用专用橡胶龙头线，把线无破损现象，严禁两焊钳绞头连接或两把铜线绑扎不包的连接，二次线使用时要注意不要很长，以免有危险时不易排除造成隐患。

H. 各类气瓶有明显标志，并设有防振防爆、防晒措施，乙炔气瓶必须装有回火防止器，工作时与氧气瓶之间距离应大于5m。

4）高空作业安全保证措施

A. 所有高处作业必须设置安全防护设施，工作人员戴安全帽，挂好安全带，严禁重叠作业。

B. 吊装设备、提升系统由专人定期检查，操作人员严格按操作规程操作。

C. 脚手架、模板支架工程实施前必须进行专项设计验算，保证结构有足够的承载能力和稳定性。

D. 支架搭设完毕须经质安部验收，合格后方可进行下道工序施工。

E. 支架上作业要严格执行有关高空作业的安全规定，不得抛掷各种工具及材料。

F. 不同型号的支架、不同型号的钢管不得混用。

G. 扣件紧固应以扭矩扳手检查，紧固应达到扭力矩不小于40N·m，且不应大于65 N·m。

5) 施工现场设立安全标志。危险地区必须悬挂"危险"或"禁止通行"、"严禁烟火"等标志,夜间设红灯警示。

6) 电气设备和照明灯具有良好的接地、接零保护,并在可能受雷击的场所设置防雷击设施;保证变配电达到"四防"要求,输电线路、配电箱、漏电开关的选型正确、敷设符合规定要求。各种电器设备配有专用开关,室外使用的开关、插座外装防水箱并加锁,在操作处加设绝缘垫层。

7) 各种电器的检查维修、一般停电作业,如必须带电作业时,有可靠的安全措施并派专人监护。

8) 施工现场应有防火管理制度和措施,建立防火责任制,易燃易爆物品应设专人管理,并配有足够合格的消防器材,逐步统一消防器材专用箱。

9) 木工间应设禁烟牌,及时清理木削、刨花等。并配有足够的灭火机等消防设备。

11. 文明施工措施

文明施工是进行"两个文明"建设的重要内容,是提高工程经济效益和社会效益的重要保证。为了认真贯彻杭州市委、市政府"集中、快速、文明施工"的方针,树立"文明施工为人民"的便民思想,确实保证工程建设的按期完成,根据市建委和市政公用局关于创建文明工地的要求,特制定本文明施工措施。

(1) 文明施工目标

创市级标化工地

(2) 文明施工总体措施

1) 加强宣传,增强意识

在施工生产和生活活动中,加强对施工人员的文明行为教育,加大文明宣传力度,使广大干部职工认识到文明施工是企业形象、队伍素质的反映、生产的保证。增强现场管理和全体员工文明施工的自觉性。做到管理程序化,作业标准化。

2) 建立健全文明施工规章制度

结合本工程实际情况,在项目经理部及班组负责人中明确分工,落实文明施工现场责任区,明确各级领导及有关职能部门和个人的文明施工的责任和义务,建立健全各项文明施工的管理制度,如岗位责任制、经济责任制、奖罚制度、会议制度、专业管理制度、检查制度、资料管理制度等。确保文明施工现场管理有章可循。从思想上、行动上、管理上、计划上和技术上重视起来,切实提高现场文明施工的质量和水平。

3) 加强检查监督,从严要求

加强检查监督,从严要求,持之以恒,使文明施工现场管理真正抓出成效。项目经理组织人员定期与不定期检查文明施工措施落实情况,每月组织一次专项检查,对照评分,严格奖惩,交流经验,查纠不足。

组织班组开展"创文明班组"竞赛活动,经常征求建设单位和监理单位对文明施工的批评意见,及时采取整改措施,严格按规范施工切实搞好现场的文明施工,争创安全文明样板工地。

4) 遵守法律法规,协调好各方面的关系

加强法律、法规和治安方面的宣传教育,制定切实可行的预防措施,防止员工发生违法、违规、违禁或妨碍治安的行为。在施工过程中协调好与当地居民、当地政府等各方面的关系。

(3) 现场文明施工措施

1) 工地设置专职文明施工安全员,做到佩证上岗、动态管理,及时收集、记录、整理、管理台账等技术资料。

2) 施工现场的各主要出入口处均设置醒目的施工标示牌,标明下列内容:

A 工地总平面图:标明工地方位及管理、生产、生活、各类材料、机械设备设置的区域;大门进出口、便道以及水电的走向;现场安全标志和宣传标语、横幅布置等。

B 工程概况牌:注明工程项目名称、工程主要结构类型及管道口径和道路总面积、总长度;建设、设计、施工、监理、质量监督和安全监督等单位名称;项目负责人、技术负责人及施工员、质量员、安全员的姓名;开竣工日期和监督电话。

C 建设规划许可证、建设用地许可证、施工许可证批准文号。

3) 施工现场按文明施工安全生产的要求,设置各项临时设施,并达到下列要求:

A　工程周边设置围挡，围挡牢固、顺直、整洁、美观，上方设置一排红色警示灯。

B　施工区域与非施工区域严格分隔。

C　设置连续、畅通的排水设施，严禁泥浆、污水、废水外流或堵塞下水道，或直接排入××江。

D　施工区域内设置能保证施工安全的夜间照明和警示标志，并采取安全防护措施。

E　各类材料、机具设备按工地总平面图的布置，在固定场整齐堆放，不得侵占场内道路及安全防护措施。

F　施工现场便道硬化平整，工地出入口5m内用水泥混凝土硬化，硬化宽度不小于出入口宽度，并配备必要的车辆冲洗设施。道路畅通、排水系统处于良好使用状态，无建筑垃圾。

4）施工现场按卫生标准和环境卫生、通风照明的要求。

5）工地宿舍卫生要求和居住条件，地面用素混凝土硬化，照明电线敷设符合规范，不任意拉线接电。宿舍保持整洁有序。

6）施工现场的食堂符合××市职工食堂管理的有关规定，并配备冷冻、冷藏设备，其位置远离厕所、垃圾容器等污染源，炊事员持有效健康证明及岗位培训合格证。施工现场设置茶桶，保障茶水供应。

7）严格按照《中华人民共和国消防条例》的规定，在工地建立和执行防火管理制度，重点部位设置符合消防要求的消防设施，并保持完好的备用状态。

8）施工过程中遵守下列规定：

A　完善技术和操作管理规程，确保防汛设施和地下管线通畅、安全。

B　采取各种有效措施，控制扬尘、噪声。

C　设置各种防护设施，防止施工中泥浆水、废弃物、杂物影响周围环境，伤害过往行人。

D　随时清理建筑垃圾，控制工地污染。

E　控制夜间施工作业，确需夜间作业的，事先向环保部门申办《夜间施工许可证》。

F　运用其他有效方式，减少施工时对市容、绿化和环境的不良影响。

G　遵守交通管理规定，不得使用人力车、三轮车向场外运输垃圾、废料、物料。

（4）文明规范施工

认真开展"5S"活动，有效地实现文明施工。

施工中严格按照要求实施各道工序，工人操作要求达到标准化、规范化、制度化。

12. 环境保护措施

（1）施工单位应遵守《中华人民共和国环境保护法》的有关规定。

（2）严格按《建筑施工现场界噪声限值》（GB 123—90）中的有关规定和要求进行施工。对于噪声影响大的机械，合理安排施工组织计划，避免夜间施工扰民，尽量减少施工对当地居民的不利影响。

（3）妥善处理施工期间产生的各类污染物，对施工产生的固体废物和生活垃圾集中处理，不得随便遗弃。

（4）做好生产、生活区的卫生工作，保持工地清洁，定时打扫木工加工间，垃圾定点存放，定期运到环保部门指定的位置。

（5）施工单位必须管理好隔离剂，避免倾倒污染周围环境。

编制者	××	审核者	××	批准者	××

分部（分项）工程与工种安全技术交底记录

单位工程名称	××	交底时间	×年×月×日
分部（分项）工程 各工种名称	主体结构	交底人	××

1. 基本安全注意事项

（1）进入现场必须戴好安全帽；并正确使用个人劳动防护用品（进行脚手架及模板搭拆作业时严格穿水鞋及其他不防滑的鞋）；

（2）2m 以上的高处、悬空作业、无安全设施的，必须戴好安全带、扣好保险钩；

（3）搭设前应严格进行钢管的筛选，凡严重锈蚀、薄壁、严重弯曲裂变的杆件不能使用。

（4）搭设前应严格进行扣件的筛选，凡严重锈蚀、变形、螺栓螺纹已损坏的不能使用。

（5）所进场的脚手架应按《建筑施工扣件式钢管脚手架安全技术规范》(JGJ 130—2001)第 8.1.1～8.1.5 条的规定和施工组织设计的要求对钢管、扣件、脚手板等进行检查验收，不合格产品不得使用。

（6）脚手架及模板搭设前技术部门必须根据现场情况编制脚手架及模板专项施工方案，方案中必须对脚手架的步距、纵距、横距等有明确规定，并有受力计算书，交底资料齐全。

（7）经主管部门批准后方可实施脚手架及模板的搭拆作业；并且按照制定的搭拆除顺序和安全措施进行操作。

（8）拆除脚手架前，应清除脚手架上杂物及地面障碍物；拆除现场必须设置警戒区域，张挂醒目的警戒标志；警戒区域内严禁非操作人员通行或在脚手架下方施工；监护人员必须履行职责。

2. 脚手架及模板搭拆作业

（1）必须按照技术交底要求设置剪刀撑、扫地杆，每搭完一步脚手架后，应按规范校正步距、纵距、横距及立杆的垂直度，步距、纵距、横距及立杆等要求必须符合技术交底要求。

（2）严禁将外径 48mm 与 51mm 的钢管混合使用。

（3）作业层上的施工荷载必须符合设计要求，不得超载。不得将模板支架、泵送混凝土的输送管等固定在脚手架上；出入口施工时由于有坡度，脚手架底座必须牢固平稳，必须要时可设置地锚。

（4）在脚手架上进行电、气焊作业时，必须有防火措施及防护措施，并有专人监护。

（5）所有扣件螺栓拧紧扭力矩不应小于 40N·m，且不应大于 65N·m；对接扣件开口应朝上或朝内。

（6）拆除作业必须由上而下逐层进行，严禁上下同时作业。

（7）各构配件严禁抛掷至地面；运至地面的构配件应按规定及时检查、整修与保养，并按品种、规格随时码堆存放。

3. 环境保护方面

（1）使用电焊机和氧气、乙炔时应注意防火，必须有动火手续并做好相应的劳动保护，有相应的劳保用品（口罩、护目镜等）。

（2）遵守项目部或工区相应的环保规章制度。

项目经理	××	被交底人签名	××

第 6 章 市政工程安全台账编制范例

分部（分项）工程与工种安全技术交底记录

单位工程名称	××工程	交底时间	×年×月×日
分部（分项）工程 各工种名称	1-2仓木工制作施工	交底人	××

（1）模板支撑不得使用腐朽、扭裂、劈裂的材料。顶撑要垂直，底端要平坚实并加垫木。木楔要钉牢，并用横顺拉杆和剪刀撑拉牢。

（2）支撑模应按工序进行，模板没有固定前，不得进行下道工序禁止利用拉杆，支撑攀登上下。

（3）支设4m以上的立柱模板，四周必须顶牢。操作时要搭设工作台，不足4m的可使用马凳操作。

（4）拆除模板应经施工技术人员同意，操作时应按顺序分段进行，严禁猛撬、硬砸或大面积撬落、拉倒。完工前不得留下松动和悬挂的模板。拆下模板应及时运至指定地点集中堆放，防止钉子扎脚。

（5）平刨机必须有安全防护装置，否则禁止使用。

（6）刨料应保持身体稳定双手操作。刨大面时手要按在料上面，刨小面时手指不低于料高的一半，并不少于3cm，禁止手在料后推送。

（7）刨削量每次一般不得超过1.5mm，进料速度保持均匀，经过刨口时用力要轻，禁止在刨刃上方加料。

（8）刨厚度小于1.5mm，长度小于30cm的木料，必须用压板或推棍，禁止用手推进。

（9）遇节疤、戗槎要减慢推料速度，禁止手按节疤上推料。刨旧料必须将铁钉、泥沙等消除干净。

（10）换刀片应拉闸断电或摘掉皮带。

（11）机床只准采用单向开关，不准采用倒顺双向开关。

（12）送料和接料不准戴手套，并应站在机床一侧。到削量每次不得超过5mm。

（13）送料必须平直，发现材料走横可卡住，应停机降低台面拨正。遇硬节减慢送料速度，送料时手指必须序开滚筒20cm以外，接料必须等料走出台面。

（14）刨短料长度不得短于前后压滚距离，厚度小于1cm的木料，必须垫托板。

（15）操作前应进行检查，锯片不得有裂口，螺栓要上紧。

（16）操作要戴防护眼镜，人站在锯片一侧，禁止站在与锯片一直线上手臂不得跨越锯片。

（17）进料必须紧贴靠口，不得用力过猛，遇硬节慢推。接料要等料出锯片15cm，不得用手硬拉。

（18）短窄料应用推棍，接料使用刨构超过锯片半径的木料，禁止上锯。

项目经理	××	被交底人签名	××

脚手架与模板工程安全检查评分记录

（按"评分办法"检查评分）

工程名称：××工程项目部　　　　　　　　检查时间：×年×月×日

序号	检查项目	检查情况	应得分数	扣减分数	实得分数
1	施工方案	基本符合	10		
2	支撑系统	未经验收擅自使用	10	3	7
3	立柱稳定	底部无垫板	10	3	7
4	施工荷载	基本符合	10		10
5	模板存放	基本符合	10		10
6	支拆模板	基本符合	10		10
7	防护栏杆	底部未设踢脚板	10	5	5
8	验收	符合要求	10		10
9	混凝土强度	符合要求	10		10
10	运输道路	符合要求	5		5
11	作业环境	临边防护不齐全	5	3	2
	合计	（1～11项）	100	14	86

项目经理	××	检查负责人	××	参检人员	××、××

6.8　市政工程施工安全台账（八）

施工现场安全防护

施 工 单 位 _____ ×× _____

工 程 名 称 _____ ×× _____

项 目 经 理 _____ ×× _____

安 全 员 _____ ×× _____

开竣工日期 _____ ×年×月×日至×年×月×日 _____

目　录

第6章　市政工程安全台账编制范例

安全防护技术交底记录

单位工程名称	××工程	交底时间	×年×月×日
分部（分项）工程 各工种名称	安全救护技能	交底人	××

对现场受伤人员的急救知识

当事故发生后，及时、正确的现场急救，能够有效地防止伤情恶化，减少伤残，甚至挽救伤员的生命。

根据施工企业的特点，事故中可能对人员造成的伤害主要有以下几类：呼吸心跳停止、创伤性出血、休克、骨折、颅脑外伤、开放性外伤、烧伤烫伤等。

对受伤人员的急救原则：

(1) 发现伤员后，应迅速查明伤员受伤情况，包括受伤部位、性质、程度，根据具体情况采取不同的急救措施。

(2) 现场急救以"先救命、后治伤"为原则，遇呼吸、心跳停止者，应立即进行人工呼吸，胸外心脏挤压。在医务人员到达之前，应采取急救措施。

1. 呼吸心跳停止

当发生触电、窒息等事故时，伤员呼吸心跳中断后，应立即进行心肺复苏的抢救，否则伤员会由于缺氧而危及生命。

发现有伤员昏迷不醒时，应立即检查伤者呼吸、心跳并可采用下列措施，如图 6-8 所示。

伤员呼吸、心跳情况的判定，通过看伤员的胸部、腹部有无起伏动作，用耳贴近伤员的口鼻处，听有无呼气声音，试测口鼻有无呼气的气流，再用两手指轻试一侧（左或右）喉结旁凹陷处的颈动脉有无搏动。若看、听、试结果，既无呼吸又无颈动脉搏动，则可判定为呼吸、心跳停止。应立即采用心肺复苏法进行抢救。

通畅气道：触电伤员呼吸停止，重要的是应始终确保气道通畅。如发现伤员口内有异物，可将其身体及头部同时侧转，并迅速用一个手指或用两手指交叉从口角处插入，取出异物。操作中要注意防止将异物推到咽喉深部。通畅气道可采用仰头抬颌法，如图 6-9 所示。用一只手放在触电者前额，另一只手的手指将其下颌骨向上抬起，两手协同将头部推向后仰，舌根随之抬起，气道即可通畅，严禁用枕头或其他物品垫在伤员头下。头部抬高前倾，会加重气道的阻塞，且使胸外按压时心脏流向脑部的血流减少，甚至消失。

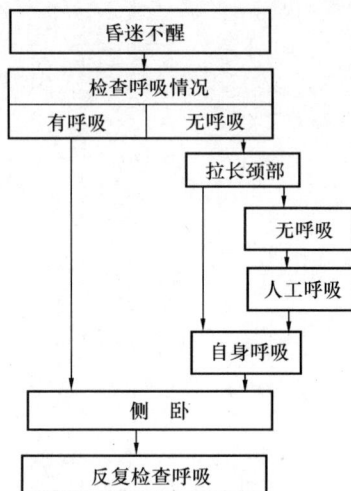

```
┌──────────────┐
│   昏迷不醒    │
└──────┬───────┘
       │
┌──────────────┐
│  检查呼吸情况 │
├───────┬──────┤
│ 有呼吸 │ 无呼吸│
└───────┴──┬───┘
           │
    ┌──────────────┐
    │   拉长颈部    │
    └──────┬───────┘
           │
      ┌──────────┐
      │  无呼吸   │
      └────┬─────┘
           │
      ┌──────────┐
      │  人工呼吸 │
      └────┬─────┘
           │
    ┌──────────────┐
    │   自身呼吸    │
    └──────┬───────┘
           │
┌──────────────┐
│     侧  卧    │
└──────┬───────┘
       │
┌──────────────┐
│  反复检查呼吸 │
└──────────────┘
```

图 6-8 急救程序

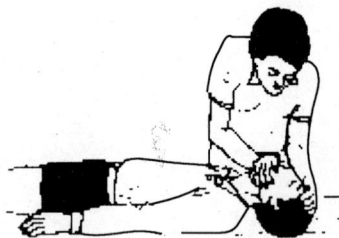

图 6-9 抬下颌角

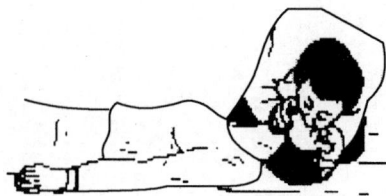

图 6-10 人工呼吸

口对口（鼻）人工呼吸如图 6-10 所示，在保持伤员气道通畅的同时，救护人员一手将伤者下颌托起，使其头尽量后仰，另一只手捏住伤者的鼻孔，深吸一口气，对住伤者的口用力吹气，然后立即离开伤者口，同时松开捏鼻孔的手。吹气力量要适中，次数以每分钟16~18次为宜。吹气和放松时要注意伤员胸部应有起伏的呼吸动作。吹气时如有较大阻力，可能是头部后仰不够，应及时纠正。

伤员如牙关紧闭，可口对鼻进行人工呼吸。口对鼻人工呼吸吹气时，要将伤员嘴唇紧闭，防止漏气。

胸外心脏按压：将伤者仰卧在地上或硬板床上，救护人员跪或站于伤者一侧，面对伤者，将右手掌置于伤者胸骨下段及剑突部，左手置于右手之上，以上身的重量用力把胸骨下段向后压向脊柱，随后将手腕放松，每分钟挤压 60~80 次。在进行胸外心脏按压时，宜将伤者头放低以利静脉血回流。胸外按压要以均匀速度进行，每分钟 80 次左右，每次按压和放松的时间相等。

胸外按压与口对口（鼻）人工呼吸同时进行，其节奏为：单人抢救时，每按压 4 次后吹气 1 次，反复进行；双人抢救时，每按压 5 次后由另一人吹气 1 次，反复进行。

按压吹气 1min 后，应用看、听、试方法，在 5~7s 时间内完成对伤员呼吸和心跳是否恢复再判定。若判定颈动脉已有搏动但无呼吸，则暂停胸外按压，而再进行 2 次口对口人工呼吸，接着每 5s 时间吹气 1 次（即每分钟 12 次）。如脉搏和呼吸均未恢复，则继续坚持心肺复苏法抢救。在医务人员到达之前或送到医院过程中，心跳呼吸停止者要继续心肺复苏法抢救。

如伤员的心跳和呼吸经抢救后均已恢复，可暂停心肺复苏法操作，但心跳呼吸恢复的早期有可能再次骤停，应严密监护，不能麻痹，要随时准备再次抢救。

2. 创伤性出血（图 6-11）

出血轻微或伤口渗血，可采用消毒纱布盖住伤口，在现场可用清洁的手帕、毛巾或其他棉织品代替，然后进行包扎。若包扎后仍旧有较多渗血，可以再加绷带，适当加压止血或用布带止血。

当伤口出血呈喷射状或鲜血涌出时，立即用手指压迫出血点上方（近心端）使血流中断，或在出血肢体伤口的近端扎止血带，上止血带者应有标记，注明时间，并且每 20min 放松一次，以防肢体的缺血坏死（图 6-12）。并将出血肢体抬高或举高，以减少出血量，再送医院。

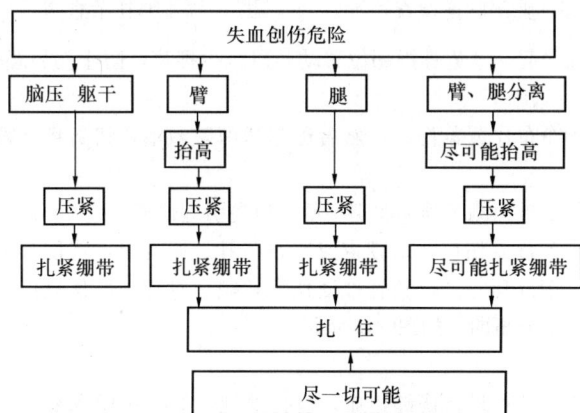

图 6-11　创伤性出血抢救流程图

图 6-12　压紧血管

3. 休克

受伤者失血过多就有危险，出现面色苍白、四肢发凉、额部出汗、口吐白沫、显著焦躁不安、脉搏跳动变得越来越快和虚弱，最后脉搏几乎摸不出来等休克症状，由于休克时间过长，可能致死，所以应及时采取下列措施：

（1）安置病人到安静的环境（图 6-13）。

（2）自我输血：抬起腿部到处于垂直状态，使休克停止（图 6-14）。

（3）检查脉搏与呼吸（图 6-15、图 6-16）。

（4）并注意保暖，及时送就近有条件的医院治疗。

4. 骨折

骨折部位未固定前，严禁搬动或运送伤员，搬运脊柱骨折伤员尤其要小心，防止损伤其脊髓。

发现伤者手足骨折，不要盲目搬运伤者。应在骨折部位用夹板把受伤位置临时固定，使断端不再移位或刺伤肌肉、神经或血管。固定方法：以固定骨折处上下关节为原则，可就地取材，用木板、竹头等，在无材料

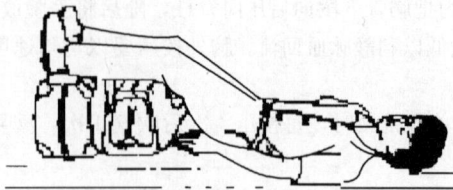

图 6-13　休克病人的正确安置

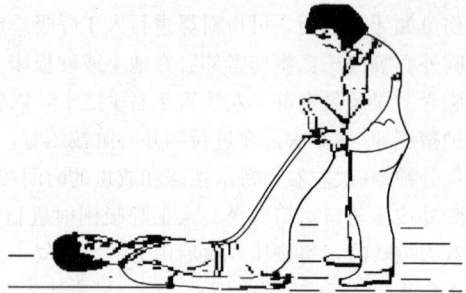

图 6-14　抬起腿部（自我输血）

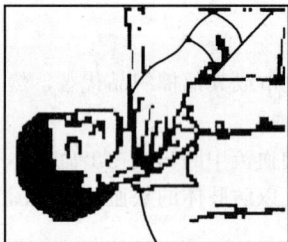

图 6-15　喉部脉搏检查

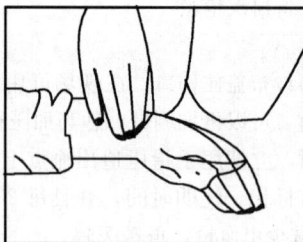

图 6-16　腕部脉搏检查

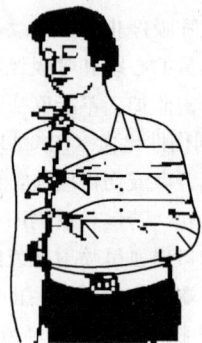

图 6-17　绑扎示意图

的情况下，上肢可固定在身侧，下肢与腱侧下肢缚在一起，避免骨折部位移动，以减少疼痛，防止伤势恶化，如图 6-17 所示。

开放性骨折，伴有大出血者，必须先止血并用干净布片覆盖伤口，然后迅速送医院救治，切勿将外露的断骨推回伤口内。

疑有颈椎骨折，应该在使伤员平卧后，用沙土袋放置两侧至颈部固定不动，以免引起瘫痪。

发现脊椎受伤者，创伤处用消毒的纱布或清洁布等覆盖伤口，用绷带或布条包扎。搬运时，将伤者平卧放在硬板上，以免受伤的脊椎移位、断裂造成截瘫，招致死亡。抢救脊椎受伤者，搬运过程，严禁只抬伤者的两肩与两腿或单肩背运，应数人合作，保持平稳，不能扭曲，如图6-18所示。

5. 颅脑外伤

如果伤员神志清醒，呼吸脉搏正常，损伤不严重时，可进行伤部止血，包扎处理，如图 6-19 所示。然后扶伤员靠墙或树旁坐下，找一块垫子将头和肩垫好。

若伤员出现昏迷，必须维持呼吸道通畅，并密切注意呼吸和脉搏。迅速设法清除伤者气管内的尘土、砂石，应使伤员采取平卧位，面部转向一侧，以防舌根下坠或分泌物、呕吐物吸入，发生喉阻塞。耳鼻有液体流

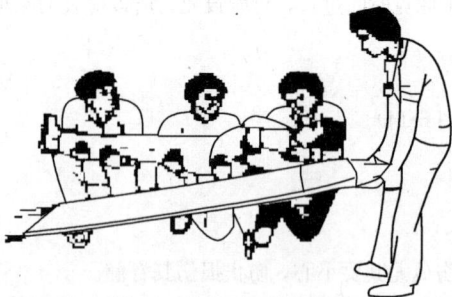

图 6-18　颈椎受伤搬运示意图

图 6-19　头部风帽式包扎法

出时，不要用棉花堵塞，只可轻轻拭去，以利降低颅内压力。有骨折者，应初步固定后再搬运。

有凹陷骨折、严重的颅底骨折及严重的脑损伤症状出现，创伤处用消毒的纱布或清洁布等覆盖伤口，用绷带或布条包扎后，颅脑外伤病情复杂多变，禁止给予饮食，立即送就近有条件的医院治疗。在救护转移时，护送人员扶置伤者呈半侧卧状，头部用衣物垫好，略加固定。

6. 开放性外伤

遇有开放性颅脑或开放性腹部伤，脑组织或腹腔内脏脱出者，不应将污染的组织塞入，可用干净碗覆盖，然后包扎；避免进食、饮水或用止痛剂，速送往医院诊治。

当有尖锐物体刺入体腔或肢体，不宜拔出，宜锯断刺入物的体外部分（近体表的保留一段），等到达医院后，准备手术时再拔出，有时戳入的物体正好刺破血管，暂时须填塞止血，一旦现场拔出，会招致大量出血而来不及抢救。

若有胸壁浮动，应立即用衣物、棉垫等充填后适当加压包扎，以限制浮动，无法充填包扎时，使伤员卧向浮动壁，也可起到限制反常呼吸的效果。

若有开放性胸部伤，立即取半卧位，对胸壁伤口应严密封闭包扎。使开放性气胸改变成闭合性气胸，速送医院，途中注意减少颠簸。

7. 烧伤、烫伤

发生烧伤烫伤事故后，现场急救人员必须采取各种措施将受伤人员尽快转移到安全地点。查看烫伤程度和烧伤面积，判断伤情。

Ⅰ度烫伤时只表现为皮肤红肿、灼热、疼痛、没有水疱；

Ⅱ度烫伤时皮肤出现水疱、局部红肿、疼痛剧烈；

Ⅲ度烫伤最为严重，损害深、皮肤焦黑、坏死、骨髓和血管暴露、伤部发黑或棕黄色、疼痛反而减轻。

烧伤面积的简单判定方法是一个手掌的面积相当于人体表面积的1%，当然，在掌测过程中手不能接触烫伤部位。

Ⅰ度和小面积的Ⅱ度烧伤可使用冷却的办法在现场进行处理：尽可能早地用大量清水冲洗，对伤口进行冷却（10～15分钟），直到没有痛与热的感觉；穿着衣服时，应连衣服一起冷却。充分冷却之后，用干净的布子进行包扎。对Ⅰ度大面积烫伤进行冷却时，注意保持体温。不要将出现的水疱弄破，不要擅自涂抹药品，防止伤口感染。将烫伤人员送至医院作进一步治疗。

烫伤部位被衣服粘住时，不可硬脱下来，可以一面浇水，一面用剪刀小心剪开。伤者口渴严重时可饮淡盐水，以减少皮肤渗出，有利于预防休克，切忌口服大量无盐茶水。若沥青溅入眼内，应立即用生理盐水进行冲洗，带有色眼镜进行保护。

当发生大面积的Ⅱ度和Ⅲ度烫伤时，现场负责人应尽快与"120"急救中心联系，尽早请医生到现场救治；对烫伤部位不要用水冲洗，冲洗会增加感染机会，可用干净的毛巾、床单等物对伤口进行覆盖。

8. 车辆事故伤员的救护

（1）受伤者在车内无法自行下车时，可按图6-20所示将其从车内拖出。

（2）从车行道上将受伤者拖离的正确方法，如图6-21～图6-23所示。

就近寻找合适的场地，临时安置伤员。

（3）包扎伤口，防止创口继续出血。

（4）对昏迷不醒的受伤者抢救方法，与前述呼吸停止的抢救方法同。

9. 抢救伤员工作必须遵循原则

（1）出血必须先止血

1）伤口渗血：用消毒纱布盖住伤口，然后进行包扎。若包扎后仍旧有较多渗血，可以再加绷带，适当加压止血或用布带止血。

2）伤口出血呈喷射状或鲜血脓涌出时，立即用清洁手指压迫出血点上方（近心端）使血流中断，并将出血肢体抬高或举高，以减少出血量，再送医院。

（2）骨折急救

图6-20 拖移受伤者示意图

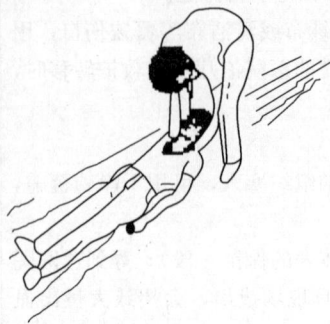

图 6-21　平躺拖法　　　　图 6-22　直立拖法　　　　图 6-23　坐姿拖法

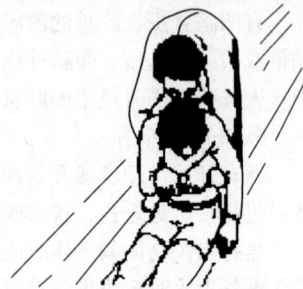

1) 肢体骨折可用夹板或木棍、竹竿等将断骨上、下方关节固定，避免骨折部位移动，以减少疼痛，防止伤势恶化。

2) 开放性骨折，伴有大出血者，必须先止血并用干净布片覆盖伤口，然后迅速送医院救治，切勿将外露的断骨推回伤口内。

3) 疑有颈椎骨折或身手损伤，应该在使伤员平卧后，用沙土袋旋转状况两侧至颈部固定不动，以免引起瘫痪。

4) 腰椎骨折应该在使伤员平卧在平硬木板上，并将椎躯干以及两侧下肢一同进行固定预防瘫痪。搬动时应数人合作，保持平稳，不能扭曲。

(3) 颅脑外伤

1) 应使伤员采取平卧位，保持气管通畅，若有呕吐，扶好头部，和身体同时侧转防窒息。

2) 耳鼻有液体流出时，不要用棉花堵塞，只可轻轻拭去，以利降低颅内压力。

3) 颅脑外伤。病情复杂多变，禁止给予饮食，应该立即送医院。

项目经理	××	被交底人签名	××

安全防护技术交底记录

单位工程名称	××工程	交底时间	×年×月×日
分部（分项）工程各工种名称	施工现场	交底人	××

(1) 攀登作业应有牢固可靠的防护设施结构。

(2) 悬空作业防护立足处应坚固牢靠，悬空作业所用的脚手架（板）、平台、吊篮、索具等设备经技术鉴定合格，书面验收合格后使用，在吊装过程中不得在吊装构件上站人和行走，严禁在安装中或无安全措施的管道上站立行走，不得在连接件或支撑件上攀登上下，悬空大梁板钢筋的绑扎必须在铺满脚手架或操作平台上作业。不准直接站在模板或支撑上浇捣混凝土。

(3) 注重个人防护，严格执行各工种安全操作中的规定要求。

项目经理	××	被交底人签名	××

安全防护检查评分记录

（按"评分办法"检查评分）

工程名称：××工程项目部 检查时间：×年×月×日

序号	检查项目	检查情况	应得分数	扣减分数	实得分数
1	安全帽	符合要求	10		10
2	安全网	符合要求	15		15
3	安全带	立柱钢筋笼保护层垫块绑扎1人未系安全带	10	3	7
4	出入口及预留洞口防护	符合要求	3		3
5	窨井及坑井口防护	未及时遮盖	7	7	0
6	通道口防护	基本符合	5		5
7	桥梁、沉井、大型气柜临边	临边防护不符合要求	5	2	3
8	防毒措施	符合要求	15		15
9	防电措施	电气作业未带绝缘手套	15	5	10
10	防灼措施	符合要求	5		5
11	防尘措施	符合要求	5		5
12	防机械伤害措施	台钻作业佩戴手套，存在隐患	5	2	3
	合计	（1～12项）	100	19	81

项目经理	××	检查负责人	××	参检人员	××、××

6.9 市政工程施工安全台账（九）

施工机械安全技术

施工单位 _____ ××

工程名称 _____ ××

项目经理 _____ ××

安 全 员 _____ ××

开竣工日期 ___×年×月×日至×年×月×日___

目　录

第6章　市政工程安全台账编制范例

现场施工机械一览表

设备编号	机械名称	操作人员	维修人员
DH500-5	履带起重机		
GB26-031	地下连续墙液压抓斗		
BX-500/BX1-400	电焊机		
BW-40型	切割机		
BQ-40	弯曲机		
BOd-250	灌灰架		
Bod-600	刷壁器		
Bod-70	调浆灌		
PC-120	挖掘机		
UN-200	对焊机		
—	钢筋套丝连接机		
3GG-400	型材切割机		

施工机械维修保养记录

设备编号	BX-500/BX1-400	机械名称	电焊机
操作人员	××	维修人员	××

维修保养日期及内容：
×年×月×日，BX-500/BX1-400号电焊机进行维修保养，维修部件为壳体接地线更新。

市政工程安全管理与台账编制范例

施工机具检查评分记录

（按"评分办法"检查评分）

工程名称：××工程项目部　　　　　　　　检查时间：＿×＿年＿×＿月×日

序号	检查项目	检查情况	应得分数	扣减分数	实得分数
1	压路机、摊铺机、装卸机	使用记录不齐全	5	2	3
2	平刨	无护手挡板	5	3	2
3	圆盘锯	无防护挡板	5	3	2
4	手持电动工具	无保护接零	5	5	0
5	钢筋机械	安装后未进行验收	5	3	2
6	电焊机	未使用二次降压保护装置	5	5	0
7	搅拌机	基本符合	5		5
8	气瓶	符合要求	5		5
9	翻斗车	符合要求	5		5
10	潜水泵	未作保护接零	5	5	0
11	打桩机械	基本符合	5		5
12	物料提升机	基本符合	20		20
13	起重吊装	基本符合	25		25
	合计	（1～13项）	100	26	74
项目经理	××	检查负责人	××	参检人员	××、××

6.10 市政工程施工安全台账（十）

安 全 教 育

施 工 单 位 　　　　　　××
工 程 名 称 　　　　　　××
项 目 经 理 　　　　　　××
安 全 员 　　　　　　××
开竣工日期 　　　×年×月×日至×年×月×日

目　录

第6章　市政工程安全台账编制范例

三级安全教育花名册

序号	姓名	性别	年龄	工 种	家庭地址	何年何月进单位（工地）	身份证号码
1	××	男	34	管理人员	武汉市汉阳区汉钢路×号×栋×单元×楼×号	×年×月×日	××
2	××	男	35	管理人员	武汉市汉阳区汉钢路×号×栋×单元×楼×号	×年×月×日	××
3	××	男	23	安全员	武汉市汉阳区汉钢路×号×栋×单元×楼×号	×年×月×日	××
4	××	男	33	管理人员	湖南省湘阴县临资口镇云集村××组×号	×年×月×日	××
5	××	男	25	技术员	河北省成安县商城镇中郎堡村	×年×月×日	××
6	××	男	45	材料员	江西省南昌市高新技术开发区紫阳大道×号×栋×单元×楼×号	×年×月×日	××
7	××	男	30	成槽机司机	湖北省大悟县×号×栋×单元×楼×号	×年×月×日	××
8	××	男	27	成槽机司机	湖北省大悟县×号×栋×单元×楼×号	×年×月×日	××
9	××	男	21	吊车司机	山东省临沂市河东区太平办事处×号×栋×单元×楼×号	×年×月×日	××
10	××	男	30	吊车司机	江苏省睢宁县场面镇苏源社区×号×栋×单元×楼×号	×年×月×日	××
11	××	男	46	杂工	河南省叶县邓李乡康营村	×年×月×日	××
12	××	男	18	杂工	河北省魏县大辛庄乡中高村	×年×月×日	××
13	××	男	26	杂工	河北省大名县西未庄乡白水村	×年×月×日	××
14	××	男	36	杂工	河北省邯郸县介固乡徐许庄村	×年×月×日	××
15	××	男	18	钢筋工	内蒙古赤峰市宁城县大双庙乡前七家村	×年×月×日	××
16	××	男	42	钢筋工	河北省隆化县疙瘩营满族乡喇叭沟村	×年×月×日	××
17	××	男	26	钢筋工	河北省平泉县平泉镇双桥子村	×年×月×日	××
18	××	男	37	钢筋工	河北省平泉县平房乡白池沟村	×年×月×日	××

市政工程安全管理与台账编制范例

职工（新工人）安全教育登记表

单位：

姓名	杨×	性别	男	年龄	42	工种	木工	参加工作时间	83年

公司安全教育内容	国家安全生产方针、政策法令、安全法制，企业安全生产规章制度，安全生产形势、各类事故案例及应吸取的教训

教育时间累计15小时	教育者	××	受教育者	杨×	教育日期	×年×月×日～×日

职工（新工人）安全教育登记表

单位：

姓名	杨×	性别	男	年龄	42	工种	木工	参加工作时间	83年

项目部安全教育内容	现场安全生产纪律、施工安全规程、机电设备、基坑、高处等作业安全和毒、爆火等方面安全防护知识以及发生事故后如何抢救伤亡、排险、保护现场和及时进行事故报告等

教育时间累计15小时	教育者	××	受教育者	杨×	教育日期	×年×月×日～×日

职工（新工人）安全教育登记表

单位：

姓名	杨×	性别	男	年龄	42	工种	木工	参加工作时间	83年

班组安全教育内容	本工种安全操作规程要点和易发生事故的地方、部位及其防范措施； 明确岗位安全职责，正确使用个人防护用品，以及有关防护装置设施的使用和维护

教育时间累计20小时	教育者	××	受教育者	杨×	教育日期	×年×月×日～×日

变 换 工 种 记 录

姓　名	变换前工种	变换后工种	变换时间	备　注
张×	泥工	普工	×年×月×日	
陈×	木工	普工	×年×月×日	

外来人员注册登记表

序号	姓名	性别	家 庭 地 址	身份证号码	外出做工证明	计划生育证明
1	易×	男	南昌市郊区罗家镇江西省水文地质大队集体宿舍			
2	梁×	男	山西省文水县西槽头乡西槽头村			
3	杜×	男	湖南省湘阴县临资口镇云集村			
4	易×	男	河北省成安县商城镇中郎堡村			
5	冯×	男	江西省南昌市高新技术开发区紫阳大道168号			
6	唐×	男	湖北省大悟县夏店镇高坡村			
7	田×	男	湖北省大悟县夏店镇高坡村			
8	田×	男	山东省临沂市河东区太平办事处王太平村			
9	王×	男	江苏省睢宁县场面镇苏源社区			
10	张×	男	河南省叶县邓李乡康营村			
11	王×	男	河北省魏县大辛庄乡中高村			
12	高×	男	河北省大名县西未庄乡白水村			
13	王×	男	河北省邯郸县介固乡徐许庄村			
14	许×	男	内蒙古赤峰市宁城县大双庙乡前七家村			
15	张×	男	河北省隆化县疙瘩营满族乡喇叭沟村			
16	焦×	男	河北省平泉县平泉镇双桥子村			
17	崔×	男	河北省平泉县平房乡白池沟村			
18	贾×	男	武汉市汉阳区汉钢路2号			

外来人员"三证"复印件

特种作业人员注册登记表

序号	姓名	工种	培训班号码	上岗证号码	操作证号码
1	朱×	电焊工	电气焊班 01	电焊-01	
2	徐×	电焊工	电气焊班 01	电焊-02	
3	杨×	电焊工	电气焊班 01	电焊-03	
4	王×	电焊工	电气焊班 01	电焊-04	
5	张×	电焊工	电气焊班 01	电焊-05	
6	杨×	电焊工	电气焊班 01	电焊-06	
7	朱×	电焊工	电气焊班 01	电焊-07	
8	王×	电焊工	电气焊班 01	电焊-08	
9	许×	电焊工	电气焊班 01	电焊-09	
10	李×	电焊工	电气焊班 01	电焊-10	
11	崔×	电工	电工班 02	电工-01	
12	杨×	电工	电工班 02	电工-02	
13	贾×	起重机械司机	司机班 03	司机-01	
14	董×	起重机械司机	司机班 03	司机-02	
15	王×	起重机械司机	司机班 03	司机-03	
16	张×	重型专项作业车司机	司机班 03	司机-04	
17	杨×	变型运输车司机	司机班 03	司机-05	
18	朱×	挖掘机司机	司机班 03	司机-06	
19					

特种作业人员（包括机操工）上岗证复印件

市政工程施工安全检查评分汇总表

企业名称：××

资质等级：市政一级

单位工程（施工现场）名称	××工程
工程造价	8000万元
结构类型	钢混凝土框架
总计得分（满分分值为100分）	89

项目名称及分值	安全管理（满分分值为15分）	15
	文明施工（满分分值为15分）	13
	施工用电（满分分值为15分）	12
	土方工程施工（满分分值为15分）	12
	桥涵施工（满分分值为10分）	10
	隧道施工（满分分值为10分）	10
	脚手架与模板工程（满分分值为5分）	5
	安全防护（满分分值为8分）	6
	施工机具（满分分值为7分）	6

评语	本工程安全生产文明施工管理基本合格。工程需加强如下方面的管理： 1. 需强化对分包单位现场施工安全的管理； 2. 现场文明施工方面需要加强，特别是土方堆置及泥浆的随意排放较严重； 3. 需严格设置设备的接地保护； 4. 应急救援的交底需到现场所有人员，且应落实演练工作
检查单位	××
负责人	××
受检项目	××
项目经理	××

安全管理检查评分表

序号	检查项目		扣 分 标 准	应得分数	扣减分数	实得分数
1	保证项目	安全生产责任制	1. 企业和项目部未建立健全各级、各职能部门及各类人员安全生产责任制，责任制未装订成册，其中项目部管理人员安全生产责任制未挂墙，扣10分； 2. 各级各部门未认真执行责任制和管理人员责任制考核不合格扣2分； 3. 施工现场项目部及分包作业队伍没有设置专职安全员，或专职安全员设置数量不足。产值小于50万元的项目和班组没有兼职安全员，产值伍仟万元以上大型工地没有设置安全部门负责人扣10分； 4. 施工现场各工程安全技术操作规程不齐全、未装订成册扣5分	10		

序号	检查项目		扣　分　标　准	应得分数	扣减分数	实得分数
2	保证项目	目标管理	1. 未制定安全管理目标（伤亡控制指标和安全达标，文明施工目标及安全措施）扣5分； 2. 总分包单位之间、企业和项目部之间、项目部与施工管理人员和班组之间、班组与职工之间不签订安全生产目标责任书，不以责任书形式把工地总的安全管理目标层层分解，落实到每一个责任单位和责任人，各项经济承包合同与安全生产目标责任书中没有明确的安全生产指标，没有制定有针对性的安全保证措施扣5分； 3. 项目部未制定安全目标责任考核制度和奖惩制度考核无记录扣5分； 4. 考核与奖惩制度未落实或落实不好扣5分	10		
3	保证项目	施工组织设计	1. 施工组织设计（施工方案）中没有编写较全面、具体、针对性强的安全技术措施扣3分； 2. 施工组织设计和专项安全施工组织设计未经企业技术负责人审批、签名盖公章扣5分； 3. 专业性较强的工程项目，如易燃易爆有毒作业场所、沉箱、深坑、爆破、大型预制构件吊装、水下支拆模、临时施工用电等大型特殊工程没有编制专项安全施工组织设计扣10分； 4. 安全措施不落实，包括施工过程中更改方案不经原单位审批人员同意形成书面方案扣5分	10		
4	保证项目	分部分项工程安全技术交底	1. 未建立安全技术交底制度扣10分； 2. 交底不全面，针对性不强扣3分； 3. 交底不是以书面形式并履行签字手续扣3分	10		
5	保证项目	安全检查	1. 企业和项目部未建立定期安全检查制度，未明确检查方式、时间、内容和整改、奖惩措施等内容，特别是未明确工程安全防范的重点部位和危险岗位的检查方式和方法，检查次数公司每月少于一次，项目部每半月少于一次，班组每星期少于一次扣5分； 2. 各种安全检查（包括被检）未做到每次有记录，对查处的事故隐患未做到定人、定时、定措施进行整改，没有复查情况与整改回执单扣3分； 3. 对重大事故隐患整改通知书所列项目未如期完成扣5分	10		

序号	检查项目		扣 分 标 准	应得分数	扣减分数	实得分数
6	保证项目	安全教育	1. 无安全教育制度扣5分； 2. 新进企业工人未进行三级安全教育扣5分； 3. 无具体安全教育内容扣3分； 4. 变换工种时未进行安全教育扣3分； 5. 每有一人不懂本工种安全技术操作规程扣3分； 6. 施工管理人员特别是法人代表和分管经理不按规定进行培训扣3分； 7. 专职安全员不按规定进行复训、考核和考核不合格上岗扣5分	10		
		小计	（1～6项保证项目）	60		
7	一般项目	班前安全活动	1. 施工现场未建立班组班前安全活动制度扣5分； 2. 班组未开展班前"三上岗"（上岗交底、上岗检查、上岗教育）和班后讲评扣5分； 3. 班组班前活动和检查、讲评没有记录与考核措施扣3分	10		
8	一般项目	特种作业持证上岗	1. 施工现场没有按实际情况配备特种作业人员，建立特种作业人员花名册扣2分； 2. 特种作业人员未经有关部门培训考核合格后上岗扣5分； 3. 特种作业人员未持证上岗和操作证超期使用扣3分	10		
9	一般项目	工伤事故处理	1. 工伤事故不按规定报告扣3分； 2. 发生伤亡事故不按"四不放过"（事故原因调查不清不放过，事故责任不明不放过，事故责任者和群众未受到教育不放过，防范措施不落实不放过）的原则进行调查处理扣5分； 3. 未建立工伤事故档案扣2分	10		
10	一般项目	安全标志	1. 现场无安全标志和布置总扣3分； 2. 安全标志不按图挂设，特别是主要施工部位、作业点和危险区域及主要通道口没有挂设相关的作业标志扣5分； 3. 各种安全标志不符合国家《安全标志》（GB 2894—82)规定扣2分	10		
		小计	（7～10项一般项目）	40		
		检查项目合计（1～10项）		100		

市政工程安全管理与台账编制范例

文明施工检查评分表

序号	检查项目		扣 分 标 准	应得分数	扣减分数	实得分数
1	保证项目	现场围档	1. 市区工程未实施全封闭或施工场地未设置便道扣3分； 2. 便道不平整或堆放物料、机具扣2分； 3. 未设置夜间照明和安全警示灯扣5分； 4. 车道、便道与施工场地之间未设置2.1m高围档扣2分； 5. 围档材料不坚固、不稳定、不整洁、不美观扣3分； 6. 围档没有沿工地设置扣3分	10		
2	保证项目	封闭管理	1. 未建立值班制度，无专人进行值班扣2分； 2. 未设置值班室扣3分，位置不适宜扣2分； 3. 进入施工现场不佩带工作卡扣3分； 4. 企业标志未设置扣3分，位置不显眼扣2分，未使用硬质材料扣2分	10		
3	保证项目	施工场地	1. 大门口等处未做硬化处理扣2分； 2. 施工现场道路不畅通、不平坦、不整洁、有散落物扣2分； 3. 无排水设施、排水不畅扣2分； 4. 无防止泥浆、污水、废水外流或堵塞下水道和排水河道措施扣5分； 5. 工地有积水，特别是便道有积水影响交通和行人安全扣3分； 6. 在易燃易爆等危险作业区没有挂禁止吸烟牌扣3分，起重吊装作业无警戒标志、无专人警戒扣3分	10		
4	保证项目	材料堆放	1. 材料、构件、料具不按总平面图布局堆放扣3分； 2. 堆放未分门别类、悬挂标牌，标牌不统一制作，未标明名称、品种、规格、数量，超高堆料和大型构件堆放无稳定措施，影响安全扣3分； 3. 不建立材料技术管理制度，仓库、工具间材料堆放不整齐，易燃易爆物品不分类堆放，无专人负责扣3分； 4. 市区和重点工程施工现场未建立清扫制度并落实到人，未做到工完料尽场地清，建筑垃圾不及时清运，临时存放现场不集中堆放整齐、不悬挂标牌、不用施工机具和设备不及时出场扣3分	10		

序号	检查项目		扣　分　标　准	应得分数	扣减分数	实得分数
5	保证项目	现场住宿	1. 施工现场没有根据作业需要设置职工宿舍，宿舍不集中统一布置扣3分； 2. 施工现场作业区与办公生活区没有明显划分，确因场地狭窄不能划分的，没有可靠的隔离栏护措施扣3分； 3. 宿舍内无消暑、防煤气中毒、防蚊虫叮咬措施扣3分； 4. 宿舍主体结构不安全，设施不完好，用钢管、毛竹及竹片搭设简易工棚作宿舍（工期少于三个月的项目允许搭设整洁的简易工棚作宿舍。）活动房搭设超过二层扣5分； 5. 宿舍未建立完善的卫生管理制度，宿舍人员名单不上墙，宿舍内不设置统一床铺和储物框，室内脏、乱、差扣2分； 6. 宿舍内使用燃气灶、煤油炉、电饭煲、热得快、电炉、电炒锅等器具扣5分； 7. 宿舍周围环境不卫生、不安全扣3分	10		
6	保证项目	现场防火	1. 施工现场未建立健全消防责任制和管理制度扣5分； 2. 施工现场未配备足够灭火器和灭火器放置位置不正确扣3分； 3. 无动火审批手续和动火监护人员扣3分； 4. 易燃易爆物品堆放间、加工间、油漆间等防火重点部位未建立必要的消防安全措施，未配备专用的消防器材，消防器材无专人负责扣5分	10		
小计			（1～6项保证项目）	60		
7	一般项目	治安综合治理	1. 五千万以上大型项目，生活区未给工人设置学习和娱乐场所扣3分； 2. 施工现场未建立治安保卫责任制，责任制未分解到人扣2分； 3. 治安防范措施不力，常发生盗窃、斗殴、赌博等事件扣5分	8		

市政工程安全管理与台账编制范例

序号	检查项目		扣 分 标 准	应得分数	扣减分数	实得分数
8	一般项目	施工现场标牌	1. 大门口处或场内明显位置挂的"五牌一图",即工程概况牌、管理人员名单及监督电话牌、消防保卫（防火责任）牌、安全生产牌、文明施工牌和施工现场平面图,内容不全的,缺一项扣2分; 2. 标牌不规范、不整齐的扣2分; 3. 施工现场没有合理悬挂安全生产宣传和警示牌,标牌悬挂不牢固,特别是主要施工部位含航道、作业点和危险区域及主要通道口没有针对性悬挂醒目安全警示牌扣2分; 4. 无宣传栏（读报栏、黑板报等）扣2分	8		
9	一般项目	卫生设施	1. 无男、女厕所,随地大小便的扣3分; 2. 厕所不符合卫生要求,扣1分; 3. 夏天无男、女淋浴室或淋浴室不符合要求,扣2分; 4. 食堂不符合卫生要求扣2分; 5. 厕所、食堂无卫生责任制,扣3分; 6. 生活垃圾未及时清理,未装容器,无专人管理扣2分; 7. 不能保证供应卫生饮水扣3分	8		
10	一般项目	保健急救	1. 施工现场没有配备保健药箱（箱内配备一些工地常用的药品）扣2分; 2. 施工现场未配备兼职急救人员或急救人员未经过卫生部门培训,未掌握常用的"人工呼吸"、"固定绑扎"、"止血"等急救措施扣3分; 3. 施工现场不常开展防病宣传教育扣3分	8		
11	一般项目	社区服务	1. 无防尘、防噪声措施扣2分; 2. 夜间未经许可施工扣2分; 3. 现场焚烧有毒、有害物质扣4分; 4. 未建立施工不扰民措施扣2分	8		
	小计		（7～11项一般项目）	40		
	检查项目合计（1～11项）			100		

施工用电检查评分表

序号	检查项目		扣　分　标　准	应得分数	扣减分数	实得分数
1	保证项目	外电防护	1. 施工现场的外侧顶端边缘（含施工机械作业时最高限位）与外电架空线路之间的安全距离小于表6-23所列数值的扣15分； 表6-23 （见下表） 2. 施工现场的机动车道与外电架空线路交叉时，架空线路的最低点与路面的垂直距离小于表6-24所列数值的扣10分； 表6-24 （见下表） 3. 对达不到表6-23中规定的最小安全距离，又不编制外电线路防护方案，不采取防护措施和增设屏障、遮拦、围栏或保护网（防护屏障应采用绝缘材料搭设）并悬挂醒目警告标志牌的扣10分； 4. 外电线路与遮拦、屏障等防护设施之间的安全距离小于表6-25所列数值而强行施工的扣2分； 表6-25 （见下表） 5. 脚手架的上下斜道搭设在外电线路一侧的扣5分	20		

表6-23

外电线路电压	1kV以下	1～10kV	35～110kV	154～220kV	330～500kV
最小安全操作距离（m）	4	6	8	10	15

表6-24

外电线路电压	1kV以下	1～10kV	35kV
最小垂直距离（m）	6	7	7

表6-25

外电线路电压（kV）	1-3	6	10	35	60	110	220	330	500
线路边线至遮拦的安全距离（m）	0.95	0.95	0.95	1.15	1.35	1.75	2.65	4.5	
线路边线至网状防护的安全距离（m）	0.3	0.3	0.3	0.5	0.7	1.1	1.9	2.7	5

序号	检查项目		扣　分　标　准	应得分数	扣减分数	实得分数
2	保证项目	接地与接零保护系统	1. 在施工现场专用的中性点直接接地的电力系统中必须采用 TN-S 接零保护系统,不符合要求扣 8 分; 2. 施工现场每一处重复接地的接地电阻值应不大于 10Ω,且不得少于 3 处(即总配电箱、线路的中间和末端处),重复接地线应与保护零线相连,接地电阻每季度公司至少复测一次,现场每月检测一次,不符合要求扣 5 分; 3. 接地装置的接地线应采用两根以上导体,在不同点与接地体作电气连接,垂直接地体应采用角钢、钢管或圆钢,不得采用螺纹钢材,不符合要求扣 5 分; 4. 保护零线应由工作接地线、配电室的零线或第一级漏电保护器电源侧的零线引出,保护零线应单独敷设,不得装设任何开关与熔断器,保护零线应接至每一台用电设备的金属外壳(包括配电箱),不符要求扣 5 分; 5. 保护零线的截面应不小于工作零线的截面,并使用统一标志的绿/黄双色线,任何情况下不得将绿/黄双色线作负荷线,与电气设备相连的保护零线应为截面不小于 2.5mm 的绝缘多股铜线,不符要求扣 5 分; 6. 保护零线与电气设备连接应采用铜鼻子等可靠连接,不得采用铰接,电气设备接线柱应镀锌或涂防腐油脂,工作零线和保护零线在配电箱内应通过端子板连接,其中保护零线在其他地方不得有接头,不符要求扣 5 分; 7. 同一施工现场的电气设备不得一部分作保护接零,一部分作保护接地,不符要求扣 5 分	10		
3	保证项目	配电箱开关箱	1. 施工现场配电系统应设置总配电箱(屏)、分配电箱、开关箱,实行三级配电、二级保护,分配电箱与开关箱的距离不得超过 30m,开关箱与其控制的固定式用电设备的水平距离不得超过 3m,配电箱周围应有足够两人同时工作的空间和通道,不符要求扣 5 分; 2. 开关箱应由从末级分配电箱配电,动力配电箱与照明配电箱应分别设置,不符要求扣 5 分; 3. 每台用电设备应有各自专用的开关箱,开关箱内严禁用同一个开关电器直接控制两台及两台以上用电设备(含插座),不符要求扣 8 分;	20		

序号	检查项目		扣 分 标 准	应得分数	扣减分数	实得分数
3	保证项目	配电箱开关箱	4. 所有配电箱内应装设熔断器，统一漏电保护器的漏电动作，开关箱漏电保护器的额定漏电动作电流不得大于 30mA，手持式电动工具的漏电保护器额定漏电动作均应小于 0.1S，不符要求扣 5 分； 5. 配电箱进、出线应在箱底进出，并分路成束加 PVC 套管保护，配电箱内的连接线应采用绝缘导线，排列整齐，不得有外露带点部分，箱内应设置铜质的保护零线端子板和工作零线端子板，不符合要求扣 5 分； 6. 固定式配电箱安装高度底部距地面应大于 1.3m，小于 1.5m，安装牢固，移动式配电箱安装高度底口距地面应大于 0.6m，小于 1.5m，有固定支架，不符要求扣 5 分； 7. 配电箱必须采用铁板制作，铁板厚度应大于 1.5mm，配电箱应编号，标明其名称、用途、维修电工姓名，箱内应有配电系统图、标明电器元件参数及分路名称，严禁使用倒顺开关，不符要求扣 10 分； 8. 配电箱门应配锁，有防雨、防砸措施，箱内应保持清洁，不得有杂物，不符要求扣 5 分； 9. 所有配电箱、开关箱应每月进行检查、维修一次，不符要求扣 5 分	20		
4	保证项目	现场照明	1. 施工现场照明用电应单独设置照明配电箱，箱内应设置隔离开关、熔断器和漏电保护器，熔断器的熔断电流不大于 30A，漏电保护器的漏电动作电流应小于 30mA，动作时间小于 0.1s，不符要求扣 3 分； 2. 施工现场照明器具金属外壳需要保护接零必须采用三芯橡皮护套电缆，严禁使用花线和护套线，导线不得随地拖拉或缠绑在脚手架等设施构架上，不符要求扣 5 分； 3. 照明灯具的金属外壳和金属支架必须作保护接零，不符要求扣 5 分； 4. 室外灯具的安装高度应大于 3m，室内灯具应大于 2.4m，大功率的金属卤化灯和钠灯应大于 5m，不符要求扣 3 分； 5. 在下列情况下现场照明不采用 36V 以下安全电压扣 5 分： 1) 室内线路和灯具安装低于 2.4m 的； 2) 在潮湿和易接触及带电体的工作场所； 3) 使用手持照明灯具的 6. 在一个工作场所内，不得只装设局部照明，不符要求扣 2 分	10		
		小计	（1～4 项保证项目）	60		

市政工程安全管理与台账编制范例

序号	检查项目		扣　分　标　准	应得分数	扣减分数	实得分数
5	一般项目	配电线路	1. 架空线必须设在专用电杆上，严禁架设在树木、脚手架上。电杆应采用混凝土或木杆，不得采用竹竿，木杆梢径不小于 130mm，不符要求扣 15 分； 2. 架空线路应装设横担、绝缘子并采用绝缘导线。绝缘铝线截面不小于 16mm，绝缘铜线截面不小于 10mm。档距不得大于 35m，线间距离不得小于 0.3m，横担间的最小垂直距离不得小于 0.6m。不符要求扣 3 分； 3. 架空线的相序排列为：和保护零线在同一横担架设时，面向负荷从左侧起为 L_1、L_2、L_3、PE；动力、照明线在两个横担上下分别架设时，上层横担面向负荷从左侧起为 L_1、L_2、L_3，下层横担面向负荷从左侧起为 L_1、L_2、L_3、N、PE，不符要求扣 3 分； 4. 配线应分色（包括配电箱内连线），相线 L_1 为黄色，L_2 为绿色，L_3 为红色，工作零线 N 为黑色，保护零线 PE 为绿/黄双色，不符要求扣 3 分； 5. 施工现场电缆干线应采用埋地或架空敷设，严禁沿路面明设、随地拖拉或绑架在脚手架上，不符要求扣 3 分； 6. 电缆在室外直接埋地敷设的深度不得小于 0.6m，在电缆上下各均匀铺设不小于 50mm 的细砂，然后覆盖硬质保护层，电缆接头应设在地面上的接线盒内，架空敷设时，应沿墙壁或电杆设置，并用绝缘子固定，严禁用金属裸线作绑线，橡皮电缆的最大弧垂距地不得小于 2.5m，不符要求扣 3 分； 7. 电缆穿越建筑物、道路和易受机械损伤的场所，必须采取加设防护套管等进行线路过路保护，不符要求扣 3 分； 8. 严禁采用四芯或三芯电缆外加一根电线代替五芯或四芯电缆，违者扣 10 分； 9. 电线必须符合有关规定，禁止使用老化电线，破皮的应进行包扎或更换，不符要求扣 8 分； 10. 两台以上的变压器供电线路，两线路的端点距离应大于 30m，并设有警示牌（不同变压器禁混接），不符要求扣 3 分	15		

序号	检查项目		扣 分 标 准	应得分数	扣减分数	实得分数
6	一般项目	电器装置	1. 设备容量大于 5.5kW 的动力电路必须采用加设自动开关电器或降压启动装置，不得采用手动电器直接控制，不符要求扣 5 分； 2. 各种开关电器的额定值应与其控制用电设备的额定值相适应，不符要求扣 5 分； 3. 熔丝应与设备容量相匹配，不得用多根熔丝铰接代替一根熔丝，每根熔丝的规格应一致，严禁用其他金属丝代替熔丝，不符要求扣 5 分； 4. 配电箱内的电器必须可靠完好，不得使用破损、不合格的电器，不符要求扣 5 分	10		
7	一般项目	变配电装置	1. 配电室内配电屏的正面操作通道宽度不小于 1.5m，前面及两侧操作通道不小于 1m，配电室的高度不小于 3m，不符要求扣 3 分； 2. 配电屏（盘）装设有功、无功电度表、电流、电压表，短路、过负荷保护装置和漏电保护器，各配电线路编号并标明用途标记，不符要求扣 3 分； 3. 配电室内应有电工值班、维修制度、禁令标志牌，停送电必须专人负责，不符要求扣 3 分； 4. 未设置砂箱等绝缘灭火材料扣 2 分	5		
8	一般项目	用电档案	1. 临时用电设备在 5 台及 5 台以上或设备总容量在 50kW 及 50kW 以上的，必须编制临时用电施工组织设计，临时用电设备在 5 台及 5 台以下或设备总容量在 50kW 及 50kW 以下的，应制定安全用电技术措施，不符要求扣 8 分； 2. 临时用电施工组织设计内容应包括：工程概况、用电负荷计算书、确定导线截面和电器的类型、规格，电气平面图、立面图和接线系统图，制定安全用电技术措施和电气防火措施。安全用电技术措施内容包括：工程概况、负荷计算书、用电平面图和系统图，电气防火措施，不符要求扣 3 分； 3. 临时用电施工组织设计必须由电气工程技术人员编制，企业技术负责人审批，有关部门批准盖章后实施，变更临时用电施工组织设计必须由原编制者、审批者和批准部门同意后实施，并补充有关资料图纸，不符要求扣 3 分； 4. 临时用电施工组织设计的编制者必须参加临时用电的验收工作，不符要求扣 3 分； 5. 临时用电技术档案应有专人负责，各项验收、检查、测试、维修记录内容真实、填写详细、数据量化，不符要求扣 3 分； 6. 建立现场用电定期检查制度，做到施工现场每月检查一次，基层公司每季度检查一次，对检查、检测中发现的不安全因素，必须及时处理并履行复查验收手续，不符要求扣 3 分	10		
	小计		（5～8 项一般项目）	40		
	检查项目合计（1～8 项）			100		

土方工程施工安全检查评分表（含沟槽、基坑、沉井）

序号	检查项目		扣 分 标 准	应得分数	扣减分数	实得分数
1	保证项目	施工方案	1. 基础施工无支护方案扣15分； 2. 深度超过2m未编制专项施工方案的扣10分，深度超过5m的基坑专项方案未实施专家论证的扣15分； 3. 未合理确定挖槽断面和堆土位置各扣3分； 4. 现场地下管线未正确注明标志和或无实地交底记录各扣5分； 5. 施工方案针对性差不能指导施工扣2分；施工未按方案要求的扣5分； 6. 支护、井点降水、沉井下沉方案未经上级审批各扣3分； 7. 沟槽和基坑深度超过5m无专项支护设计扣5分； 8. 基坑专项方案中未明确开挖方式的扣5分； 9. 施工方案中，对沟槽、基坑、沉井施工时，附近建筑物可能出现的沉降、裂缝和倒塌等，事先没有预防技术措施扣5分； 10. 深度2m及以上基坑未设置有效临边防护的扣5分	20		
2	保证项目	排水措施	1. 挖土及基坑施工未设置有效排水措施扣3分； 2. 不合理使用井点降水，造成地面沉陷，影响周围环境扣3分； 3. 井点降水没有设置应急供电设施的扣3分； 4. 井点安装不严密，空运转时的真空度大于93kPa，因井点管淤塞或真空度太小等因素引起沟槽边坡失稳、有流砂现象，出现滑裂等险情，井点严重位移各扣10分； 5. 对降水影响区域内的建筑物、地下构筑物以及地下管线未采取保护措施扣3分； 6. 未对降水影响区域内实施监测并落实监护的扣5分	15		
3	保证项目	土方开挖	1. 施工机械进场未经验收扣2分； 2. 挖土或吊运作业时，有人员进入作业半径内扣2分； 3. 作业机具位置不牢、不安全扣3分； 4. 不支撑的直壁挖槽深度超过下列规定扣5分：砂土和砂砾石≤1.0m；砂质黏土和粉质黏土≤1.25m；黏土≤1.5m； 5. 开槽边坡未按施工方案或设计要求放坡扣5分；	15		

第6章 市政工程安全台账编制范例

序号	检查项目		扣 分 标 准	应得分数	扣减分数	实得分数
3	保证项目	土方开挖	6. 沟槽内未采取有效排水措施扣5分； 7. 淘洞挖土扣8分； 8. 沉井下沉时混凝土强度应符合要求，下沉前抽除垫木应分区、依次、对称、同步进行，违反的各扣5分	15		
4	保证项目	沟槽及坑壁支护	1. 支撑系统未做强度和稳定校核扣5分； 2. 支撑形式应便于支设和拆除，并便于后续工序的操作，横支撑不应妨碍下管和稳管，为了确保施工安全通道尽可能采用工具式支撑代替木支撑，不符合要求扣5分； 3. 纵横支撑的水平和垂直间距超过规定扣5分； 4. 钢板桩要根据沟槽挖深选用，不合格的不准使用，弯曲的钢板桩应经矫正后方可使用，不符合要求扣5分； 5. 钢板桩应根据设计要求有足够的入土深度和支护形式，与要求不符扣5分； 6. 在支撑系统中，支撑结构发现弯曲、松动、劈裂、位移扣5分，严重扣10分，未立即采取措施的扣10分	20		
	小计		（1～4项保证项目）	70		
5	一般项目	物料上下吊运	1. 直径ϕ500以上的管道严禁用人压绳方法下管，ϕ500以下的管道用人工下管，应有安全技术方案；机械下管时有专人指挥，起重机械沿沟槽开行应有安全距离，避免沟壁坍塌；违反要求各扣3分； 2. 管节下入沟槽时，不得与槽壁支撑及槽下的管道相互碰撞，发现一处碰撞扣3分； 3. 沉井、沟槽上下传递工具及材料时，采用扔抛等操作方法，每发现一处扣3分； 4. 施工车辆及机械在沟槽边卸料，槽边无拦板挡模等措施每发现一处扣3分	15		
6	一般项目	堆土	1. 土方堆土距沟槽或基坑边小于1m，高度超过1.5m扣5分； 2. 沿靠墙体堆土扣3分； 3. 堆土掩埋消火栓、雨水口、测量标志以及地下管道的井盖和施工料具的各扣2分	8		

序号	检查项目		扣 分 标 准	应得分数	扣减分数	实得分数
7	一般项目	还土	1. 沟槽拆除支撑还土时拆板程序和高度未按施工规程施工扣3分； 2. 槽内禁止带水回填，发现一处扣2分； 3. 管顶50cm内禁止回填大于5cm的砖、石及其他硬块，回填质量不符合压实度要求，发现一处不合格扣2分	7		
	小计		（5～7项一般项目）	30		
	检查项目合计（1～7项）			100		

桥涵施工安全检查评分表

序号	检查项目		扣 分 标 准	应得分数	扣减分数	实得分数
1	保证项目	基坑	按土方工程施工安全检查评分表中1～4项的保证项目得分的30%考评	21		
2	保证项目	桩坑	1. 无桩基施工方案扣10分； 2. 钻孔后未加盖或未采取围护措施扣10分； 3. 泥浆未经沉淀处理就直接排放或随其流淌，发现一处扣2分	20		
3	保证项目	预应力张拉	1. 张拉区应有明显标志、非工作人员禁止入内违反要求扣5分； 2. 张接的两端要设置档板，在千斤顶后不得站人，违反规定发现一次扣5分； 3. 操作千斤顶和测量伸长量的人员，应在侧面操作，违反要求扣5分； 4. 张拉时，千斤顶行程不得超过额定行程，张接缸进油时，油压不得超过最大张接油压，违反操作规程扣5分	20		
4	保证项目	预制构件运输及安装	1. 结合设备条件和安全、高质、高效，切实制定施工方案，不符要求扣5分； 2. 混凝土构件强度达到设计或规范要求方可启运，不符要求扣2分； 3. 大型构件在场内（外）移动或运输过程中场地（道路）应平整坚固，构件应有防止倾倒的固定措施，不符要求扣5分； 4. 构件堆放，应按构件强度、地面承载力、垫块的强度以及堆放以后的稳定性而定，一般大型构件以2层为宜，不超过3层，小型构件一般不宜多于6～10层，超过规定扣3分			

序号	检查项目		扣 分 标 准	应得分数	扣减分数	实得分数
4	保证项目	预制构件运输及安装	5. 采用钢桁架导梁安装时，导梁必须有足够的刚度和稳定度，高度必须具有安装构件的高度，不符要求扣3分； 6. 预制构件的起吊、纵横向移动及落地、就位等均统一指挥，协调一致，并按规定的施工顺序妥善进行，不符要求扣3分； 7. 构件在安装当中的移动和就位均应进行临时撑固，防止倾倒，未采取措施扣5分； 8. 大型梁板安装时无专人监护扣2分	20		
5	保证项目	索塔施工及斜缆索的安装	1. 严格遵守高空作业的安全技术规定及施工技术规范，制定索塔施工和斜缆索安装施工方案，无施工方案或内容不具体，未经审批扣5分； 2. 当塔身混凝土浇捣一定高度后，应采取稳定措施或设置风缆，待斜缆索全部安装并张拉完成后方可撤除风缆，不符要求扣5分； 3. 支架和平台应有足够的刚度和强度，并应设置安全护栏，支架还应有足够的抗风稳定性，一般高度5m，水平间距7m，设一与索塔联接点，不符要求扣5分； 4. 支架顶端设防雷击装置，每四层在适当位置配备消防器材，不符要求扣2分； 5. 未配合模板及张拉千斤顶的垂直提升，支架与索塔间距宜为50cm，内侧需设护栏，外侧配置可靠的安全网，不符要求扣3分	19		
检查项目合计（1～5项保证项目）				100		

隧道施工安全检查评分表

序号	检查项目		扣 分 标 准	应得分数	扣减分数	实得分数
1	保证项目	爆破方案	1. 无爆破施工方案扣15分； 2. 施工方案无审批手续扣3分； 内容不具体，不能指导作业扣2分	20		
2	保证项目	爆破准备	1. 爆破材料的运输、储存、加工、现场装药、起爆及瞎炮处理未遵守《爆破安全规程》规定扣10分； 2. 爆破前应将施工机具撤离至距爆破工作面不少于100m的安全地点，对难以撤离的施工机具、设备应加以妥善保护，不符要求扣10分	20		

序号	检查项目		扣　分　标　准	应得分数	扣减分数	实得分数
3	保证项目	放炮	1. 放炮时，无专人统一指挥扣10分； 2. 人员应撤至受飞石、有害气体和爆破冲击波的影响范围之外，现场应有明显安全警告标志和警戒区域，不符要求扣8分； 3. 相向开挖的两工作面相距30m放炮时，双方人员均须撤离工作面，相距15m时应停止一方单向开挖贯通，违反规定各扣5分； 4. 采用电力引爆方法，装炮时距工作面30m以内，应断开电采用其他方法照明，违反规定扣5分	30		
4	保证项目	开挖	1. 开挖面与衬砌面平行作业时的距离应根据混凝土强度、围岩特性、爆破规模等因素确定，距离小于30m扣8分； 2. 隧洞的出渣运输应按施工方案的要求进行，不按要求进行扣8分； 3. 隧洞内各交叉口应设安全标志和防护措施，不符要求扣8分	30		
	检查项目合计（1～4项保证项目）			100		

脚手架与模板工程安全检查评分表（含隧道衬砌及支护）

序号	检查项目		扣　分　标　准	应得分数	扣减分数	实得分数
1	一般项目	施工方案	1. 模板工程无施工方案或施工方案未经审批扣7分； 2. 未按 JGJ 59—99 表 3.0.4 要求搭设脚手架扣3分； 3. 未根据混凝土输送方法制定有针对性安全措施扣2分	10		
2	一般项目	支撑系统	1. 现浇混凝土楼板的支撑系统无设计计算扣5分； 2. 支撑系统不符合设计要求扣2分； 3. 支撑系统未经验收擅自使用扣3分	10		
3	一般项目	立柱稳定	1. 支撑模板的支柱材料不符合要求扣3分； 2. 立柱底部无垫板或用砖垫高扣3分； 3. 不按规定设置纵模向支撑扣2分； 4. 立柱间距不符合规定扣2分	10		
4	一般项目	施工荷载	1. 模板上施工荷载超过规定扣8分； 2. 模板上堆料不均匀扣2分	10		

序号	检查项目		扣 分 标 准	应得分数	扣减分数	实得分数
5	一般项目	模板存放	1. 大模板存放无防倾倒措施扣5分; 2. 各模板存放不整齐、超高等不符合安全要求扣5分	10		
6	一般项目	支拆模板	1. 1.2m以上高处作业无可靠立足点扣5分; 2. 拆除区域未设置警戒线且无监护人扣5分,留有未拆除的悬空模板扣4分	10		
7	一般项目	防护栏杆	1. 无防护栏杆或栏杆高度不足1.2m或底部未设踢脚板各扣5分; 2. 未设上下通道或扶梯易滑移、缺档不牢固等各扣5分	10		
8	一般项目	验收	1. 模板拆除前未经拆模申请批准扣2分; 2. 无验收手续擅自使用扣3分; 3. 验收单无量化验收内容扣3分; 4. 支拆模板未进行安全技术交底扣3分	10		
9	一般项目	混凝土强度	1. 模板拆除前无混凝土强度报告扣5分; 2. 混凝土强度未达规定要求提前拆模扣5分	10		
10	一般项目	运输道路	1. 在模板上运输混凝土无走道垫板扣3分; 2. 走道垫板不稳不牢扣2分	5		
11	一般项目	作业环境	1. 作业面孔洞及临边无防护措施扣3分; 2. 垂直作业上下无隔离防护措施扣2分	5		
检查项目合计（1～11项）				100		

安全防护检查评分表

序号	检查项目		扣 分 标 准	应得分数	扣减分数	实得分数
1	一般项目	安全帽	1. 有一人不戴安全帽扣5分; 2. 安全帽不符合标准的每发现一项扣1分; 3. 不按规定佩戴安全帽的有一人扣1分	10		
2	一般项目	安全网（交警另有要求的除外）	1. 桥梁等高处作业的外侧未用密目安全网封闭影响车辆行人安全扣5分; 2. 安全网规格、材质不符合要求扣5分; 3. 安全网未取得建筑安全管理部门准用证扣5分	15		

序号	检查项目		扣 分 标 准	应得分数	扣减分数	实得分数
3	一般项目	安全带	1. 桥梁等高处作业每有一人未系统安全带扣5分； 2. 有一人安全带系挂不符合要求扣3分； 3. 安全带不符合标准，每发现一条扣2分	10		
4	一般项目	出入楼梯口、预留洞口防护	1. 每一处无防措施扣3分； 2. 每一处防护措施不符合要求或不严密扣1分； 3. 防护设施未形成定型化、工具化扣1分	3		
5	一般项目	窨井及坑井口防护	1. 每一处无防护措施扣5分； 2. 防护设施未形成定型化、工具化扣1分； 3. 每一处防护设施不符合要求扣2分	7		
6	一般项目	通道口防护	1. 每一处无防护棚栏扣3分； 2. 每一处防护不严扣2分； 3. 每一处防护棚栏不牢固、材质不符合要求扣2分	5		
7	一般项目	桥梁、沉井、大型气柜临边防护	1. 每一处临边无防护扣5分； 2. 每一处临边防护不符合要求扣2分	5		
8	一般项目	防毒措施	1. 下窨井、管道、污水池、拆封头等危险场所作业，不执行报批制度扣10分； 2. 下窨井、管道、污水池、拆封头等危险场所作业，没有采取有效的安全措施，特别是防毒、防爆措施或安全措施不落实各扣5分； 3. 从事沥青操作不戴防毒口罩扣1分； 4. 从事其他有毒有害作业无个人防护措施扣1分	15		
9	一般项目	防电措施	1. 电气作业不戴绝缘手套扣5分； 2. 电气作业不穿绝缘鞋扣5分； 3. 高压电气操作无绝缘地毯扣5分； 4. 管道内作业用行灯时不使用安全电压扣5分	15		
10	一般项目	防灼措施	1. 电焊、司炉以及接触明火、加热沥青作业不穿白帆布工作服、不戴防灼手套、不戴防灼脚盖或工作鞋，第一项扣2分，后两项各扣1分； 2. 电焊作业不佩戴有色防护目镜扣2分	5		
11	一般项目	防尘措施	1. 接触粉尘作业不戴防护眼镜扣2分； 2. 接触粉尘作业不戴防尘口罩扣3分	5		

第6章 市政工程安全台账编制范例

序号	检查项目		扣　分　标　准	应得分数	扣减分数	实得分数
12	一般项目	防机械伤害措施	根据操作工种规定，不穿工作服、不穿工作鞋、不戴工作帽、不戴工作手套各扣2分	5		
			检查项目合计（1～12项）	100		

施工机具检查评分表

序号	检查项目		扣　分　标　准	应得分数	扣减分数	实得分数
1	一般项目	压路机摊铺机装卸机（车）	1. 机械技术状况良好，工作能力达到规定要求。不符要求扣2分； 2. 机具、车辆清洁、紧固、润滑、调整、防腐不符合要求扣2分； 3. 零部件、附属装置和随机工具完整齐全，不符要求扣2分； 4. 设备使用、维修记录资料齐全、准确，不符合要求扣2分	5		
2	一般项目	平刨	1. 平刨安装后无验收后合格手续，扣3分； 2. 无护手安全装置，扣3分； 3. 传动部位无护罩扣3分； 4. 未做好保护接零、无漏电保护器的，各扣5分； 5. 无人操作时未切断扣3分； 6. 使用平刨和圆盘锯合用一台电机的多功能木工机具的，平刨和圆盘锯各扣3分	5		
3	一般项目	圆盘锯	1. 电锯安装后无验收合格手续扣3分； 2. 无锯盘护罩、分料器、防护挡板安全装置和传动部位无防护每缺一项扣3分； 3. 未做保护接零、无漏电保护器，各扣5分； 4. 无人操作时未切断电源扣3分	5		
4	一般项目	手持电动工具	1. Ⅰ类手持电动工具无保护接零扣5分； 2. 使用Ⅰ类手持电动工具不按规定穿戴绝缘用品扣5分； 3. 使用手持电动工具随意接长电源线或更换插头扣3分	5		
5	一般项目	钢筋机械	1. 机械安装后无验收合格手续扣3分； 2. 未做保护接零、无漏电保护器各扣5分； 3. 钢筋冷拉作业及对焊作业区无防护措施扣3分； 4. 传动部位无防护扣3分	5		

序号	检查项目		扣 分 标 准	应得分数	扣减分数	实得分数
6	一般项目	电焊机	1. 电焊机安装后无验收合格手续扣3分； 2. 未做保护接零、无漏电保护器的各扣5分； 3. 无二次空载降压保护器或无触电保护器扣5分； 4. 一次线长度超过规定或不穿管保护扣3分； 5. 电源不使用自动开关扣3分； 6. 焊把线接头超过3处或绝缘老化、破损扣5分； 7. 电焊机无防雨罩扣1分； 8. 无防光污染和防飞渣隔离措施各扣3分	5		
7	一般项目	搅拌机	1. 搅拌机安装后无验收合格手续扣3分； 2. 未做保护接零、无漏电保护器的各扣5分； 3. 离合器、制动器、钢丝绳达不到要求的每项扣1分； 4. 操作手柄无保险装置扣3分； 5. 搅拌机无防雨棚和作业台不安全扣2分； 6. 料斗无保险挂钩或挂钩不使用扣1分； 7. 传动部位无防护罩扣4分； 8. 作业平台不平稳扣3分	5		
8	一般项目	气瓶	1. 各种气瓶无标准色标扣2分； 2. 气瓶间距小于5m、距明火小于10m又无隔离措施的各扣5分； 3. 乙炔瓶使用或存放时平放扣3分； 4. 气瓶存放不符合要求扣3分； 5. 气瓶无防振圈和防护帽的每一个扣2分	5		
9	一般项目	翻斗车	1. 翻斗车未取得准用证扣3分； 2. 翻斗车制动装置不灵敏扣3分； 3. 无证司机驾车扣5分； 4. 行车载人或违章行车的每次扣3分	5		
10	一般项目	潜水泵	1. 未做保护接零、无漏电保护器的各扣5分； 2. 保护装置不灵敏、使用不合理扣2分	5		
11	一般项目	打桩机械	1. 打桩机未取得准用证和安装后无验收合格手续扣3分； 2. 打桩机无超高限位装置扣5分； 3. 打桩机行走路线地耐力不符合说明书要求扣3分； 4. 打桩作业无方案扣3分； 5. 打桩操作违反操作规程扣3分	5		

序号	检查项目		扣 分 标 准	应得分数	扣减分数	实得分数
12	一般项目	物料提升机	1. 架体制作无设计计算书或未经上级审批,架体制作不符合要求和规范的各扣3分; 2. 架体与构筑物、建筑物连接以及缆风绳设置不符合要求的各扣3分; 3. 吊篮提升使用单根钢丝绳扣10分; 4. 安装验收无验收手续和责任人签字,验收单无量化验收内容各扣3分; 5. 架体安装、拆除无施工方案扣3分; 6. 卷扬机地锚不牢固、滑轮与钢丝绳不匹配各扣3分; 7. 未按规定进行备案登记的扣5分	20		
13	一般项目	起重吊装	1. 起重机吊装作业无方案或方案未经上级审批以及方案针对性不强的各扣5分; 2. 起重机无超高和力矩限制器,吊钩无保险装置各扣3分,使用前未按规定备案登记扣5分; 3. 起重机无准用证,使用前未经验收各扣5分; 4. 起重扒杆无设计计算书或未经审批,组装不符设计要求的各扣8分,扒杆使用前未经试吊扣3分; 5. 起重钢丝绳磨损、断丝超标扣8分,滑轮不符合规定扣4分,缆风绳安全系数小于3.5倍扣6分,地锚埋设不符合设计要求扣3分; 6. 吊点、指挥和地耐力不符合要求各扣3分; 7. 起重作业有下列情况之一扣3分: 1) 被吊物体重量不明就吊装的; 2) 有超载作业情况的; 3) 每次作业前未经试吊检验的。 8. 作业平台与构件堆放不符合下列要求之一扣3分: 1) 结构吊装要设置防坠落措施; 2) 作业人员要系安全带或安全带要牢靠悬挂; 3) 人员上下有专设爬、斜道; 4) 起重吊装人员作业有可靠立足点; 5) 作业平台临边防护符合规定; 6) 作业平台脚手板要满铺	25		
检查项目合计(1~13项)				100		

第7章

市政安全设施计算
软件操作简介

施工安全设施计算是一门多学科的计算技术，它不同于一般建筑结构的设计计算，而是一种纯粹为施工安全控制和管理必须的计算，与一般结构计算相比较，施工安全设施计算书具有实用性强、涉及面广、计算边界条件复杂、无专门的规范标准可循、使用周期短、随机性大、对安全性要求高等特点。除了需要应用专业知识外，还需要把其他专业学科渗透融合到施工中应用，将施工安全技术和计算机科学有机地结合起来，针对施工现场的特点和要求，本软件依据有关国家规范和地方规程，根据常用的施工现场安全设施的类型进行计算和分析，是施工企业安全技术管理便捷的计算工具。为施工组织设计的编制提供了可靠的依据。适用于广大施工技术人员、总工、项目技术负责人、监理和安全监督机构的技术工程师使用。

7.1 软 件 特 点

1. 严格按规范进行计算

严格按现行施工及结构设计规范进行计算，确保每一计算过程都符合规范要求。

2. 按工程保存计算参数

可以根据不同的实际工程，创建工程文件，添加所需的模块类型，您设置的所有参数都可以被保存下来，方便以后修改和调阅。

3. 生成各种模块的计算方案的完整计算书

计算书中包括计算依据、计算过程、计算简图及计算结果，计算书可以保存成 word 文件。您可以直接将计算书插入到 word 标书中。

4. 自动生成弯矩、剪力、变形图。

自动生成主要受力构件的计算简图，及弯矩、剪力、变形图，节约大量计算时间。

5. 计算结果智能调整

对于满足要求的计算结果，将以绿色显示，不满足要求则显示为红色，并给出参数调整建议。使您一目了然，方便初学者使用；即使是经验丰富的工程技术人员，也能从中受益。

6. 计算参数可以设置为默认值

您可以将常见的计算参数设置为软件默认值，这样您再次新建时，会自动调用您所保存的默认值。例如对于地区、风压等数据您只要设置一次，就无需修改。

7. 三维立体图形显示

根据填写数值自动生成立体三维图形，让您对构件及受力方式一目了然。

7.2 软 件 包 含 内 容

1. 模板计算

（1）墙模板

（2）梁模板（扣件钢管架）

（3）梁模板（门架）

（4）梁模板（木支撑）

（5）柱模板

（6）板模板（扣件钢管架）

（7）板模板（扣件钢管高架）

（8）板模板（门架）

（9）板模板（木支撑）

2．脚手架计算：

（1）钢管落地脚手架

（2）门式落地脚手架

（3）普通型钢悬挑脚手架

（4）联梁型钢悬挑脚手架

（5）三角钢管悬挑脚手架

（6）悬挑脚手架阳角型钢

（7）钢管落地卸料平台

（8）型钢悬挑卸料平台

（9）梁底模板支撑架

（10）板底模板支撑架

（11）板底高模板支撑架

（12）竹木脚手架

3．混凝土计算

（1）自约束裂缝控制计算

（2）浇筑前裂缝控制计算

（3）浇筑后裂缝控制计算

（4）裂缝控制技术措施

（5）温度控制计算

（6）结构位移

（7）混凝土配合比计算

（8）混凝土透料量计算

（9）泵送混凝土现浇施工

4．降排水计算

（1）基坑涌水量

（2）降水井数量

（3）过滤器长度

（4）水位降深

5．结构吊装

（1）吊绳

（2）吊装工具

（3）滑车和滑车组

（4）卷扬机牵引及锚固压重

6．钢结构计算

（1）钢筋支架

（2）钢结构强度和稳定性计算

（3）钢结构连接计算

7. 用水用电计算

（1）施工临时用电方案

（2）施工临时用水计算

（3）施工临时供热计算

7.3 软件操作指南

1. 模板计算

参数设置窗口如图 7-1 所示。

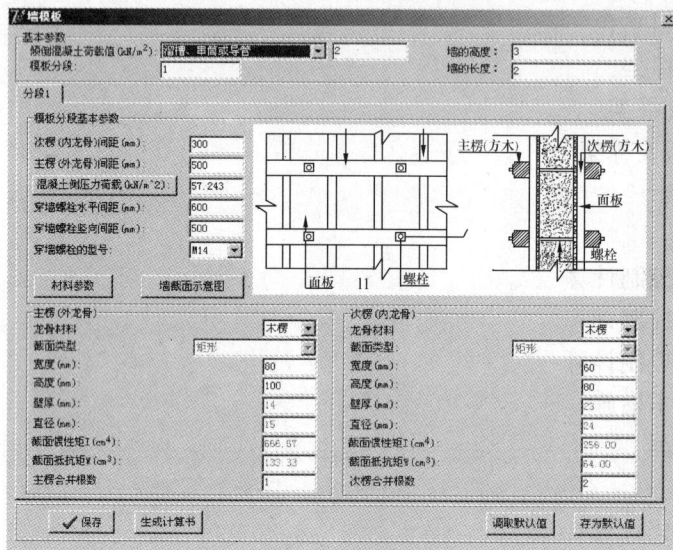

图 7-1 参数设置窗口

倾倒混凝土时产生的荷载标准值：是指倾倒混凝土时混凝土对墙模板的压力荷载，分三种软件中可以选择使用。

模板分段：如混凝土坍落度较大，而模板高度较高下部模板受压比上部模板大很多，所以可以对模板进行分段设置。

次楞间距：即模板的内楞间距。

主楞间距：即模板的外楞间距。

龙骨材料：分木楞和钢楞。

穿墙螺栓水平间距：墙模板的传力顺序是面板→次楞→主楞→穿墙螺栓，这里表示的是穿墙螺栓在墙侧平面上的水平间距。

穿墙螺栓竖向间距：表示穿墙螺栓在墙侧平面上的竖向间距。

截面类型：当龙骨材料为钢楞时，截面类型进入使用状态，可以选择矩形钢管、圆形钢管、

槽钢等类型。

截面惯性矩和截面抵抗矩都是软件自动计算用户无需修改。

主楞合并根数：如果主楞受力比较大，而没有相应截面的材料使用，可以使用若干根截面相对较小的材料进行合并使用。

次楞合并根数：如果次楞受力比较大，而没有相应截面的材料使用，可以使用若干根截面相对较小的材料进行合并使用。

参数设置完毕后，可点击三维图形，图形自动根据墙模板参数的变化而变化，如图 7-2 所示。

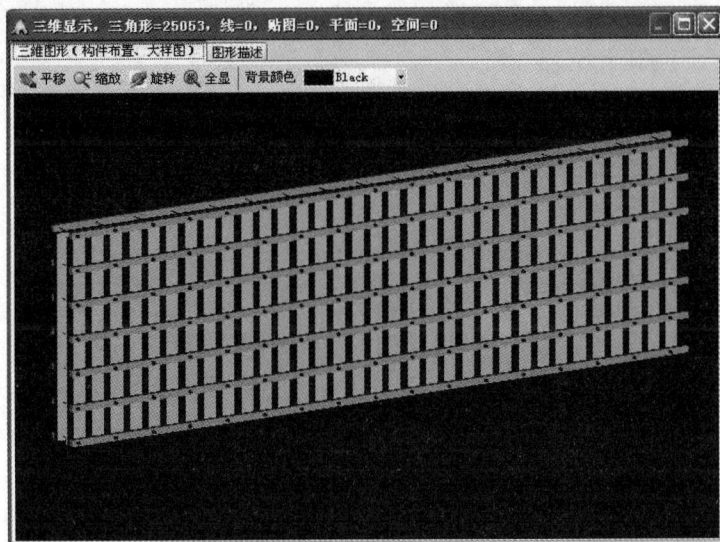

图 7-2　墙模板图形

材料参数设置窗口如图 7-3 所示。

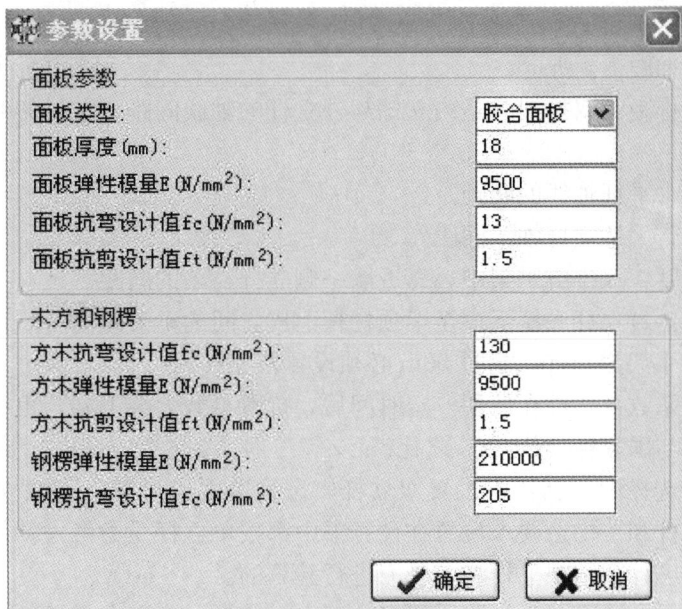

图 7-3　材料参数设置窗口

面板类型：分为胶合面板和钢面板。

面板弹性模量、抗弯设计值、抗剪设计值是根据面板类型自动变化用户可以根据实际情况修改。

混凝土侧压力参数设置窗口如图 7-4 所示。

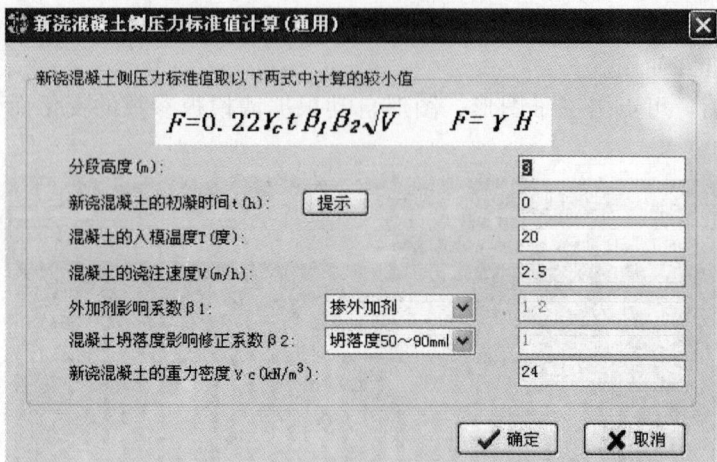

新浇混凝土侧压力标准值取以下两式中计算的较小值

$$F=0.22\gamma_c t \beta_1 \beta_2 \sqrt{V} \qquad F=\gamma H$$

分段高度(m)：　　　　　　　　　　　　　　　　3

新浇混凝土的初凝时间 t (h)：　　〔提示〕　　　　0

混凝土的入模温度T (度)：　　　　　　　　　　　20

混凝土的浇注速度V (m/h)：　　　　　　　　　　2.5

外加剂影响系数β1：　　掺外加剂　　　　　　　　1.2

混凝土坍落度影响修正系数β2：　坍落度50～90mm　1

新浇混凝土的重力密度 γc (kN/m³)：　　　　　　24

图 7-4　混凝土侧压力参数设置窗口

分段高度：计算混凝土的高度，不分段时从算到墙顶位置，分段时计算至分段位置。

新浇混凝土的初凝时间：即混凝土的初凝时间，可以根据现场实际情况测定，如不能测定则直接填 "0" 软件可以自动计算。

混凝土的入模温度：浇筑混凝土时的大气温度。

混凝土的浇筑速度：这里是指混凝土以高度方向的浇筑速度。

新浇混凝土的重力密度：一般混凝土的重力密度为 24kN/m³。

参数设置完毕后，点击 "生成计算书" 按钮，一键快速生成计算书。

2. 脚手架计算（钢管落地脚手架）

参数设置主界面如图 7-5 所示。

立杆横向间距或排距：双排架时是内立杆与外立杆的轴线间距；单排架时是立杆轴线与外墙中心线的间距。

立杆步距：上下水平杆轴线的间距。

纵距：即跨距，脚手架立杆轴线间距。

内排架距离墙长度：双排脚手架中，靠近墙一侧立杆与墙的间距。

脚手架搭设高度：自立杆底座下皮至架顶栏杆上皮之间的垂直距离（规范中规定单排脚手架最高为 24m，双排脚手架为 50m，超过 50m 必须设置双立杆）。

扣件抗滑承载力系数：扣件在使用一定时间后，抗滑承载力会下降，可将扣件进行抗滑承载力试验，取得数据后与国家标准值 8kN 之比。

双立杆计算方法选择中包括：不设置双立杆、按构造要求设置、按双立杆均匀受力三种选项。其中不设置双立杆和按构造要求设置在计算书中都按单立杆受力考虑；而按双立杆均匀受力计算则在计算书中考虑计算两根立杆均匀受力进行验算的。

双立杆计算高度：在搭设双立杆脚手架时，双立杆搭设一般不会搭设到顶端，一般是脚手架下半段为双立杆，上半段为单立杆。故双立杆搭设高度是双立杆部分的搭设高度。

计算脚手架配件用量：脚手架配件包括大小横杆、直角扣件、旋转扣件、脚手板等。在构选

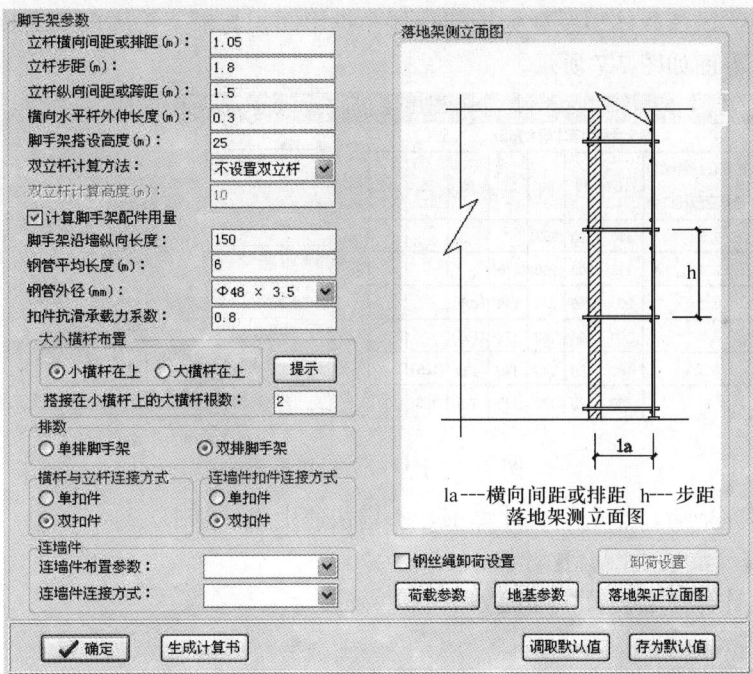

图 7-5　脚手架计算参数设置主界面

框里打勾后，脚手架沿墙纵向长度（一般按照建筑物外围周长计算）即显现，输入长度后即可在计算书中计算配件数量。

横杆与立杆连接方式：横杆与立杆连接是采用扣件的，当脚手架荷载比较大，单个扣件的抗滑力（标准为 8kN）不能满足要求时可以采用双扣件进行连接以增加抗滑力。

连墙件布置参数：连墙件是连接脚手架与建筑的构件，是按照脚手架的步、跨来设置的，一般有二步二跨、二步三跨、三步三跨三种。根据我国长期的使用经验，连墙件的设置常采用二步三跨、三步三跨设置。

连墙件连接方式：连墙件有扣件连接、焊缝连接、螺栓连接、膨胀螺栓连接。

荷载参数设置界面如图 7-6 所示。

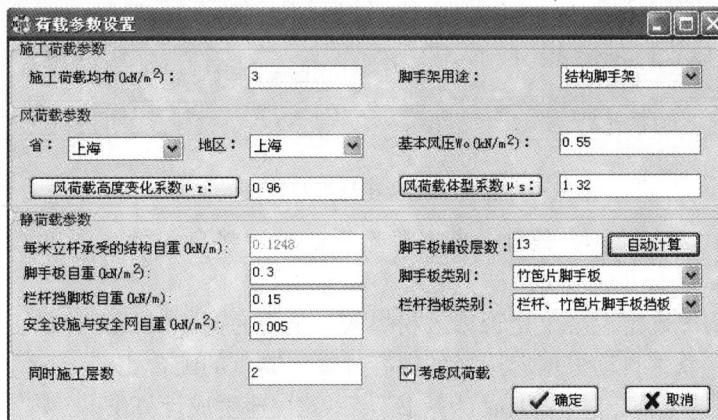

图 7-6　荷载参数设置界面

施工荷载均布：选择脚手架的用途，软件自动填写施工荷载。

风荷载参数：选择工程所在地区，确定基本风压；根据地面的粗糙程度确定高度变化系数；

将脚手架视为桁架，风荷载体型系数为桁架挡风净投影面积与桁架轮廓面积之比。

土承载力设置界面如图 7-7 所示。

图 7-7　土承载力设置界面

参数全部填写完毕后，点击生成计算书，一键快速生成计算书。

3. 混凝土计算（混凝土配合比计算）

混凝土配合比计算参数设置主界面如图 7-8 所示。

图 7-8　混凝土配合比计算参数设置主界面

强度标准差取值，填写试块资料，点击确定后，软件将自动计算强度标准差，如图 7-9 所示。

根据工程实际情况确定混凝土是否掺入粉煤灰、是否为抗冻混凝土、是否为抗渗混凝土、是否掺引气剂等内容，软件自动根据您选择的内容计算混凝土的配合比。

所有参数设置完毕后，点击"生成计算书"，一键快速生成计算书。

4. 用水用电计算（施工临时用水计算）

参数设置主界面如图 7-10 所示。

施工用水主要为：工程用水、机械用水、工地生活用水、生活区生活用水和消防用水五个方面，分别点击用水选项，在弹出的对话框中选择或者填入相应的用水项，如图 7-11 所示。

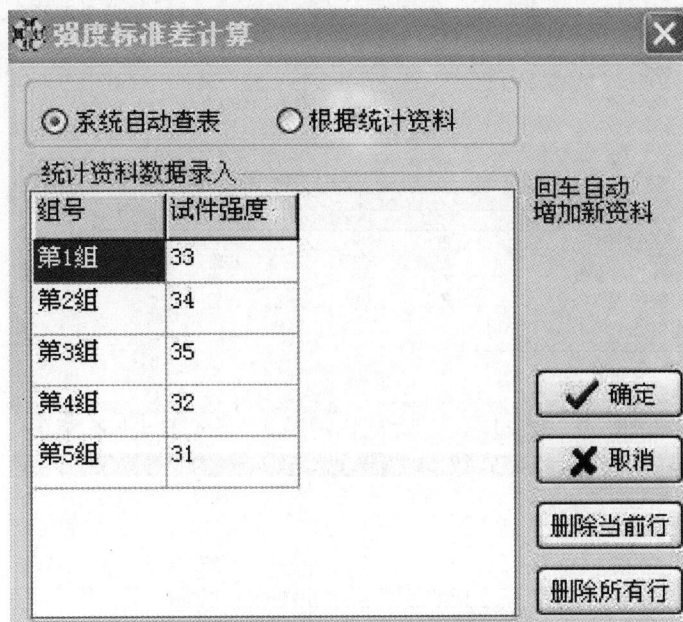

图7-9 强度标准差计算

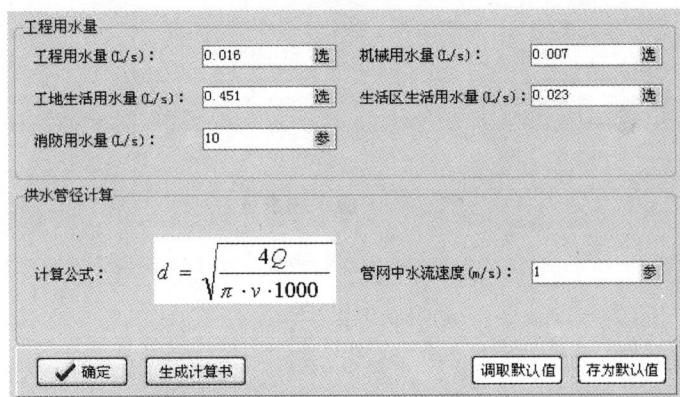

图7-10 施工用水参数设置主界面

参数全部设置完毕后，点击生成计算书按钮，一键快速生成计算书。

5. 降排水计算（基坑涌水量）

参数设置主界面如图7-12所示。

基坑类型：本系统对五类井进行涌水量计算：均质含水层潜水完整井、均质含水层潜水非完整井、均质含水层承压完整井、均质含水层承压非完整井、均质含水层承压—替水非完整井。

基坑位置：该［基坑类型］下的基坑位置。如当基坑类型为均质含水层潜水完整井基时，基坑位置有四种情况：基坑远离边界、岸边降水、基坑位于两地表水体间、基坑靠近隔水边界。

降水影响半径：宜通过试验或根据当地经验确定，当基坑侧壁安全等级为二、三级时，可通过点击右边的小按钮弹出的对话框进行计算。

基坑等效半径：当基坑为圆形时，基坑等效半径应取圆半径，当基坑为非圆形时，等效半径可通过点击右边的小按钮弹出的对话框进行计算。

渗透系数：即适用含水层渗透系数，喷射井点可查表7-1取值。

图 7-11　施工用水量

$$Q=1.366K\frac{(2H-S)S}{1g\left(1+\dfrac{R}{ro}\right)}$$

降水影响半径R(m)：46.3

基坑等效半径ro(m)：2

基坑到水体的距离b：15

基坑到第二水体间距b2(m)：12

基坑类型：均质含水层潜水完整井基坑

基坑位置：基坑远离边界

潜水含水层厚度H(m)：6.7

井点管底部至底不透水层距离h(m)：0.6

过滤器长度1(m)：16.4

过滤器中点至底不透水层长度M(m)：3

基坑水位降深S(m)：4

渗透系数k(m/d)：5

图 7-12　基坑参数设置主界面

喷射井点渗透系数表　　　　　　　　　　　　　　　　　表 7-1

井点型号	1.5 型并列式	2.5 型圆心式	4.0 型圆心式	6.0 型圆心式
渗透系数	0.1～5.0	0.1～5.0	5.0～10.0	10.0～20.0

参数设置完毕后，点击"生成计算书"按钮，一键快速生成计算书。

6. 钢结构计算（钢筋支架）

参数设置主界面如图 7-13 所示。

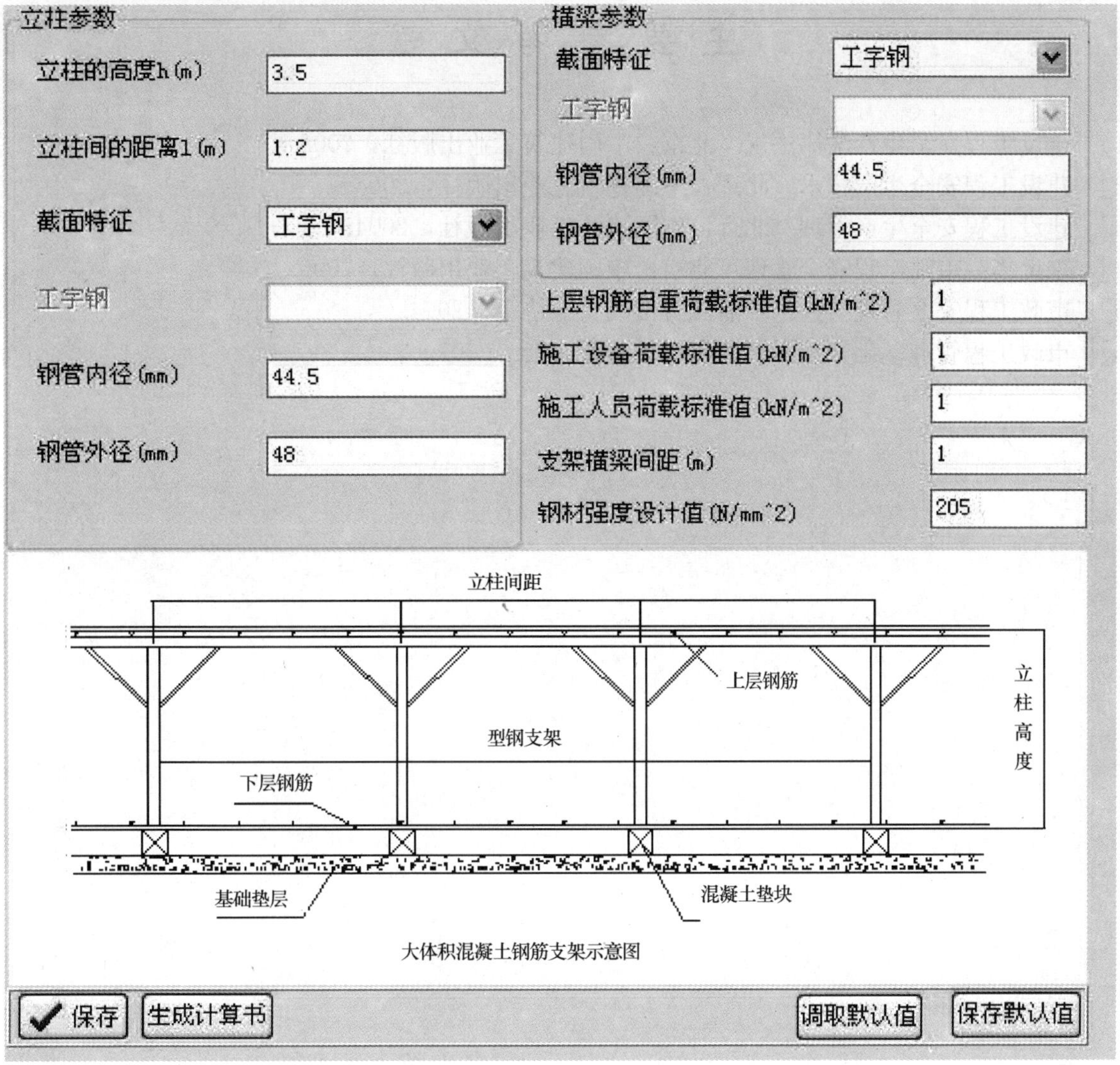

图 7-13　钢筋支架参数设置主界面

参数设置完毕后，点击"生成计算书"按钮，一键快速生成计算书。

主 要 参 考 文 献

[1] 建设工程安全生产法律法规. 北京：中国建筑工业出版社，2006.

[2] 建设工程安全生产技术. 北京：中国建筑工业出版社，2004.

[3] 建设工程安全生产管理. 北京：中国建筑工业出版社，2004.

[4] 李世华. 市政工程安全管理. 北京：中国建筑工业出版社，2006.

[5] 市政工程安全管理与技术. 浙江省市政行业协会. 2004.

[6] 市政工程管理基础知识. 浙江省市政行业协会. 2007.

市政工程安全管理与台账编制范例

尊敬的读者：

感谢您选购我社图书！建工版图书按图书销售分类在卖场上架，共设22个一级分类及43个二级分类，根据图书销售分类选购建筑类图书会节省您的大量时间。现将建工版图书销售分类及与我社联系方式介绍给您，欢迎随时与我们联系。

★建工版图书销售分类表（详见下表）。

★欢迎登陆中国建筑工业出版社网站www.cabp.com.cn，本网站为您提供建工版图书信息查询，网上留言、购书服务，并邀请您加入网上读者俱乐部。

★中国建筑工业出版社总编室　电　话：010—58934845

　　　　　　　　　　　　　　　传　真：010—68321361

★中国建筑工业出版社发行部　电　话：010—58933865

　　　　　　　　　　　　　　　传　真：010—68325420

　　　　　　　　　　　　　　　E-mail：hbw@cabp.com.cn

建工版图书销售分类表

一级分类名称（代码）	二级分类名称（代码）	一级分类名称（代码）	二级分类名称（代码）
建筑学（A）	建筑历史与理论（A10）	园林景观（G）	园林史与园林景观理论（G10）
	建筑设计（A20）		园林景观规划与设计（G20）
	建筑技术（A30）		环境艺术设计（G30）
	建筑表现·建筑制图（A40）		园林景观施工（G40）
	建筑艺术（A50）		园林植物与应用（G50）
建筑设备·建筑材料（F）	暖通空调（F10）	城乡建设·市政工程·环境工程（B）	城镇与乡（村）建设（B10）
	建筑给水排水（F20）		道路桥梁工程（B20）
	建筑电气与建筑智能化技术（F30）		市政给水排水工程（B30）
	建筑节能·建筑防火（F40）		市政供热、供燃气工程（B40）
	建筑材料（F50）		环境工程（B50）
城市规划·城市设计（P）	城市史与城市规划理论（P10）	建筑结构与岩土工程（S）	建筑结构（S10）
	城市规划与城市设计（P20）		岩土工程（S20）
室内设计·装饰装修（D）	室内设计与表现（D10）	建筑施工·设备安装技术（C）	施工技术（C10）
	家具与装饰（D20）		设备安装技术（C20）
	装修材料与施工（D30）		工程质量与安全（C30）
建筑工程经济与管理（M）	施工管理（M10）	房地产开发管理（E）	房地产开发与经营（E10）
	工程管理（M20）		物业管理（E20）
	工程监理（M30）	辞典·连续出版物（Z）	辞典（Z10）
	工程经济与造价（M40）		连续出版物（Z20）
艺术·设计（K）	艺术（K10）	旅游·其他（Q）	旅游（Q10）
	工业设计（K20）		其他（Q20）
	平面设计（K30）	土木建筑计算机应用系列（J）	
执业资格考试用书（R）		法律法规与标准规范单行本（T）	
高校教材（V）		法律法规与标准规范汇编/大全（U）	
高职高专教材（X）		培训教材（Y）	
中职中专教材（W）		电子出版物（H）	

注：建工版图书销售分类已标注于图书封底。